简化设计丛书

钢结构简化设计

原第7版

[美] 詹姆斯·安布罗斯 编著
董军 夏冰青 吴建霞 译

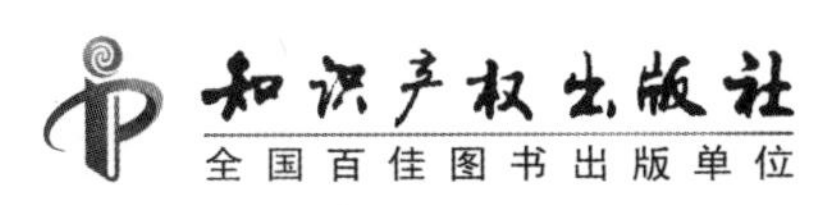

内容提要

本书是“简化设计丛书”中的一本，内容根据美国与钢结构有关的相关规范和设计手册编写，用浅显易懂的方式解释了钢结构的分析设计方法及过程，反映了当前钢结构行业以及建筑设计领域的新实践和新经验。书中主要是讨论如何设计结构，包括结构性能数学分析之外的许多方面，而不是讨论如何计算。

本书强调的是设计的基本要点，而不是分析方法，所以书中大部分设计工作采用的是更为简单的容许应力设计法（ASD法），但由于荷载抗力系数法（LRFD法）正在成为设计工作的常用方法，所以也用LRFD法解释了很多设计过程。本书附有详细的设计实例及分析，便于自学。

本书可供结构设计人员以及土木建筑相关专业的师生参考。

责任编辑：段红梅　张　冰

图书在版编目（CIP）数据

钢结构简化设计：第7版／（美）安布罗斯（Ambrose，J.）编著；董军，夏冰青，吴建霞译．—北京：知识产权出版社：中国水利水电出版社，2012．8

（简化设计丛书）

书名原文：Simplified Design of Steel Structures

ISBN 978－7－5130－1345－1

Ⅰ．①钢…　Ⅱ．①安…　②董…　③夏…　④吴…　Ⅲ．①钢结构－结构设计　Ⅳ．①TU391．04

中国版本图书馆CIP数据核字（2012）第100312号

简化设计丛书

钢结构简化设计　原第7版

［美］詹姆斯·安布罗斯　编著

董军　夏冰青　吴建霞　译

出版发行：知识产权出版社　中国水利水电出版社

社　　址：北京市海淀区马甸南村1号　　邮　　编：100088

网　　址：http：//www.ipph.cn　　邮　　箱：bjb@cnipr.com

发行电话：010－82000860转8101/8102　　传　　真：010－82005070/82000893

责编电话：010－82000860转8024　　责编邮箱：zhangbing@cnipr.com

印　　刷：知识产权出版社电子印制中心　　经　　销：新华书店及相关销售网点

开　　本：787mm×1092mm　1/16　　印　　张：16.25

版　　次：2005年10月第1版　　印　　次：2012年8月第2次印刷

字　　数：385千字　　定　　价：36.00元

京权图字：01－2003－4620

ISBN 978－7－5130－1345－1/TU·058（4222）

本丛书由南京工业大学组译

帕克/安布罗斯　简化设计丛书
翻 译 委 员 会

原第7版前言

本书适用于对钢结构建筑设计感兴趣的人士。由于一些读者对工程分析、应用力学及结构基本性能不是很了解，我将数学知识，计算步骤以及一般的分析复杂程度控制在相对容易理解的水平。本书主要不是讨论如何计算，而是讨论如何设计结构，包括结构性能数学分析之外的许多方面。

本书的主要部分以哈里·帕克（Harry Parker）教授的著作为基础，他希望对工程分析仅进行有限训练的人也能理解其著作。本前言后面节选了帕克教授为本书第1版所作前言的部分内容。自第1版在1945年出版以来，帕克以及有关人士对本书进行了定期修订（本人参与了前两个版本的编写），以反映钢结构行业以及建筑设计领域的新实践和新经验。与时代同步需要面对很大挑战，因为开发钢产品资源、改进设计施工过程、研究正在进行的新的工程中的紧迫问题，有大量工作要做。

本版内容与得到广泛认可的美国钢结构协会（American Institute of Steel Construction，AISC）的最新版规范相一致。目前美国钢结构协会出版了两种手册，每种手册套用不同的规范：一种规范支持传统的容许应力设计（the allowable stress design，ASD）方法，而另一种支持荷载抗力系数设计（the load and resistance factor design，LRFD）方法（两种手册都有大量的数据来帮助设计工作）。由于本人强调的是设计的基本要点，而不是分析方法，所以本书大部分的设计工作采用更简单的ASD方法的形式，而且尽可能使之简化。

由于 LRFD 方法正在成为设计工作的常用方法，在第 5 章对它做了一些基本的阐述。此外在用 ASD 方法论述后，我又用 LRFD 方法解释了很多设计过程。

我们目前所采用的建筑结构是带有许多配件的新老材料的复杂组合。相对木材、砌块、混凝土而言，钢材是一种比较新的建筑材料，但我们已对钢材的应用有了大量了解——已有约 150 年历史，而且目前的建设过程不仅利用了现有的工艺，也利用了我们所有的经验和知识。

本书主要介绍结构设计人员，特别是建筑结构设计人员工作的整个过程。有很多实际问题和具体需要限制和影响设计工作。但自始至终大量需要的建筑材料真正限制了设计结果是否满足要求。

由于建筑本质上有很高的重复性，设计工作的绝大部分倾向于用预设计单元与体系——可能来源于公开出版的表格、图表、计算机辅助设计程序、厂商的目录表或者设计人员的个人资料，说明了怎样通过实例学习利用这些参考资料。

本书主要针对没有经验的设计人员，因此包含了许多基本概念以及相互关系的详细解释。有不同知识背景和特定兴趣的读者，可以从中选择以满足各自特定的需要。为保证本书可用作自学手册，书末提供了学习参考。

我感谢以下几个组织的许可，引用了他们出版物中的资料：国际建筑官员大会（the International Conference of Building Officials，ICBO）许可引用其《统一建筑规范》（Uniform Building Code）中的内容；美国钢结构协会许可引用其手册中的有关内容；以及钢梁协会（the Steel Joist Institute，SJI）与钢承板协会（the Steel Deck Institute，SDI）许可引用其出版文献的相关内容。

我感谢约翰·威利出版公司持续关注和出版这套实用设计指南丛书。在此我特别感谢职业、参考、贸易集团（the Professional，Referance，and Trade Group）的佩吉·伯恩斯（Peggy Burns）、阿曼达·米勒（Amanda Miller）、玛丽·马西（Mary Masi）；同时感谢威利产品部的珍妮弗·马祖克（Jennifer Mazurkie）。

按照惯例，我必须向我的业务合作者、我的妻子佩吉致谢，没有她的直接帮助和一贯支持，这项工作是无法进行下去的。

詹姆斯·安布罗斯（JAMES AMBROSE）

1997 年 7 月

原第1版

前　言

（摘录）

《钢结构简化设计》是建筑结构构件《简化设计丛书》的第四册。本册论述建筑结构中大部分常见的钢结构构件的设计。很多结构问题的解决是困难而复杂的，但令人吃惊的是，经过分析研究，那些看起来很难的问题，实际是可以解决的。本书作者极力想表明力学基本原理在简化问题和解决问题方面的应用。盲目套用表格和公式是危险的，只有清楚地了解建立表格和公式的原理，才可以安全地使用他们。本书主要论述结构构件设计中工程原理和公式的实际应用。

准备本书内容时作者假定读者对本专业不熟悉，因此，开始于简单直接应力的问题以及接下来所列举的更复杂例子，都维持在简单水平进行讨论。本书复习了绝大部分力学基本原理，只有算术知识和高中代数知识需要读者自己提前掌握。

除了对设计步骤的讨论和解释外，还有实际实例的分析，这大大增加了本书价值。而且本书很大篇幅是由图解例题答案构成的。例题后面给出了需由学生解答的问题。

作者提出的既不是新的设计方法，也不是确定变量的捷径。相反的，他极力想简练而清晰地解释目前的设计方法，希望读者获得结构工程正确原理的基础。

哈里·帕克

于宾夕法尼亚州南安普顿海活楼（High Hollow，Southampton，Pa.）

1945年5月

目　录

绪 论

计划在建筑中使用钢结构的设计人员必须考虑较广范围的可变因素，包括钢材的特性和钢铁工业产品的常用形式。设计人员必须清楚如何应用典型建筑结构、建筑总体设计概念、规范的调整以及常用设计方法。在绪论和第 1 章简略地讨论了其中有关的部分。

0.1 钢材在建筑结构中的应用

总的来说，本书包括了普通建筑结构中钢材的一般用法。但是由于钢材可以以某些形式用于木结构、砌体结构和混凝土结构中，例如，木结构不仅需要各种装备，而且还要有钉子、螺钉和螺栓，现代混凝土结构、砌体结构不仅需要各种钢锚具和连接装备，还需要钢材的加强——将讨论限定如下：

(1) 钢材是主体结构中主要材料的情况。

(2) 与混凝土、砌体垂直支承结构相结合的钢跨体系。

(3) 钢与混凝土组合构件或钢与木结构组合构件的使用。

许多使用钢材的设计人员，把主框架设计成由结构钢构成。**结构钢**表明结构主要构件由热轧钢制成，这样就产生等截面的线形构件。在美国通常将轧制型材制成型钢以满足美国钢结构协会制定的标准，正如其出版物《**钢结构手册**》(Manual of Steel Construction)(参考文献 3) 所述，通常称该手册为 AISC 手册。

其他钢结构采用的钢构件比热轧钢构件要小且轻，通常由冷成型（冲压、卷边及冷压等）薄壁压型钢板制成。包括屋面板、楼面板和一些墙面板等产品在内的冷成型钢构件通常被称为**型钢板件**(formed sheet steel)。轻型构架构件，例如空腹托梁也可以利用冷成型构件。

钢的第三种用处是作为零星金属构件，包括那些不作为结构体系的主要构件，而是充当某些次要结构作用的构件。例如用作幕墙、悬挂顶棚及门框等的骨架。

提示 轻钢结构有时是由非常轻的型钢制成，而零星金属结构有时是由很小的型钢或冷成型的薄钢板制成。

本书很大的篇幅都涉及结构钢的构件和体系。但是本书也详细地阐述了冷成型薄钢板的主要用途。

0.2 分析设计方法

当今，对于结构的设计与分析，设计人员可以采用两种不同的基本方法。第一种传统的方法是工作应力法或容许应力法，这种方法设计人员和研究人员经常采用，目前该方法被称为容许应力（ASD）法。第二种方法是现在越来越受欢迎的极限承载力法或承载力法，目前这种方法被称为荷载抗力系数（LRFD）法。

一般而言，ASD的技术和操作程序的应用及论证比较简单，ASD主要以直接应用以下两点为基础：

（1）应力和应变的经典分析公式。

（2）假设结构承受工作荷载（即使用荷载）。

实际上，许多人通过对照ASD方法来理解LRFD的分析方法。

由于本书的大部分内容涉及简单、常规的结构，因此采用ASD方法解释基本问题。但是本书也尽可能多地论述LRFD方法的基本应用，以便读者能够理解两种方法的区别。

目前AISC针对这两种方法分别许可出版了不同的参考资料（参考文献3、4）。本书在例题计算和习题方面引用了AISC手册中的数据实例。本书相关的数据仍然沿用以前版本，因此，应注意部分数据经以前版本改编而成。对于任意实际的设计工作，读者应把目前版本的AISC手册作为参考工具，在AISC手册里，基本数据相当的广泛，且可能包含一些新材料。

总之，从实用而言，对于学习本专业基本知识的人士来说，ASD方法简单而适宜，它是进一步学习较复杂的LRFD方法的阶石。如果LRFD方法被修改得易懂且便于使用，那么大多数设计人员期待及时推行这种方法。

提示 本书讨论了这两种方法的要点并在第4章论述了如何选择这两种方法。

0.3 设计参考文献

对于建筑设计人员的兴趣而言，本书所列资料是概述、详细而精确的，而且集许多一般出版物之精华。后面附有本书的主要参考文献。

从相对公正的教科书和研究报告，到有偏见的来自结构材料、装备和设施供应商和生产商提供的推广宣传的材料，设计人员可以从很多渠道获得关于钢结构的资料（一个人不可能期望卖钢材和制造钢产品的人提供有关钢材缺陷的公正资料）。实际上有的出版物在某种程度上更为精练概括，且大部分叙述得很详尽和有针对性。

钢结构设计人员最常用的资料是前文提到的AISC手册（参考文献3、4）。该手册包括最新的设计规范，关于目前结构可利用的钢产品的绝对必要的数据以及许多快速设计资料（常用结构构件的快速设计）。

在本书中，作者给出了一些 AISC 手册中的材料样本，以解释在结构设计时，如何使用该手册。读者可以根据所给的材料来完成所有问题，但是作者建议读者应该了解目前手册的知识，以便于读者熟悉所给材料的所有适用范围。

提示 作为钢结构行业的主要发起组织，AISC 也出版了很多其他的关于钢结构方面的工具书。为设计人员提供材料的其他行业和专业组织如下：

（1）美国试验与材料协会(the American Society for Testing and Materials，ASTM)。这个组织提供包括很多结构产品在内的所有类型材料的标准。几乎每一种钢结构产品都有相应的 ASTM 规范。

（2）美国土木工程师学会(the American society of Civil Engineers，ASCE)。ASCE 部门有一个部门是结构工程师的主要组织和结构设计方面众多出版物的主办者，包括目前设计荷载的主要指南：《建筑物和其他构筑物的最小设计荷载》（Minimum Design Loads for Buildings and Other Structures）（参考文献 2）。

（3）钢承板协会(the Steel Deck Institute，SDI)。该组织为广泛用于屋面板、楼面板和墙面板的成型薄壁钢板提供设计资料。

（4）钢梁协会(the Steel Joist Institute，SJI)。该组织提供关于轻型装配式桁架［称为空腹钢梁（open-web joists）］和其他形式的钢框架构件的资料。

总之，几个著名的行业组织都在某种程度上与钢结构有关。虽然这些组织主要由企业扶持，但它们代表了设计规范、标准和产品资料的主要来源。这些组织也发起了关于设计程序基础的更多研究工作。

实际上，一个行业或商业组织几乎因建筑产品的存在而存在，任一组织都可能是有用资料的来源。作者在这里提到的这些组织只是例子。

任何想超越本书范围学习这门学科的人，都应找一本基本的教科书，比如土木学院使用的基础教程。《钢建筑：分析与设计》（Steel Buildings：Analysis and Design）（参考文献 5）和《结构钢设计：LRFD 方法》（Structural Steel Design：LRFD Method）是此类教科书中的两本。

0.4 计量单位

本书前几个版本使用了美国度量单位制（in，ft，lb 等）。在本书中作者同样使用美国单位制，但在括号中列出了与它等价的国际单位制。虽然美国的建筑业正在慢慢地向公制单位转变，但是作者采用美国单位制是实用的，因为本书的大部分文献仍然使用美国单位制。

表 0.1 用缩写的形式列出美国度量单位，并且列出了在结构设计中度量单位的常规使用说明。同样，表 0.2 给出国际单位制下的相应单位。表 0.3 列出两种单位相互转化的系数。

使用转换系数产生一个**硬转换**，即一个适度准确的转换形式；但是本书中出现的很多的计量单位的转换为**软转换**，即舍入转换值来得到某一单位制下的相关有效数字的近似等价值。

表 0.1　　　　度量单位：美国单位制

单　　位	缩　　写	建筑设计中的应用
长度		
英尺	ft	大尺寸、建筑平面图、梁跨度
英寸	in	小尺寸、构件横截面尺寸
面积		
平方英尺	ft^2	大面积
平方英寸	in^2	小面积、横截面特性
体积		
立方码	yd^3	大体积土方或混凝土（通常称为码）
立方英尺	ft^3	材料的数量
立方英寸	in^3	小体积
力、质量		
磅	lb	具体的重量、力、荷载
千磅	kip，k①	1000 磅
吨	t	2000 磅
磅/英尺	lb/ft，plf	线性荷载单位（如作用在梁上）
千磅/英尺	kip/ft，klf	线性荷载单位（如作用在梁上）
磅/平方英尺	lb/ft^2，psf	作用在表面的分布荷载、压力
千磅/平方英尺	kip/ft^2，ksf	作用在表面的分布荷载、压力
磅/立方英尺	lb/ft^3	相对密度、重度
力矩		
英尺·磅	ft·lb	扭矩或弯矩
英寸·磅	in·lb	扭矩或弯矩
千磅·英尺	kip·ft	扭矩或弯矩
千磅·英寸	kip·in	扭矩或弯矩
应力		
磅/平方英尺	lb/ft^2，psf	土压力
磅/平方英寸	lb/in^2，psi	结构应力
千磅/平方英尺	kip/ft^2，ksf	土压力
千磅/平方英寸	kip/in^2，ksi	结构应力
温度		
华氏温度	℉	温度

① k 仅用于缩写形式中—ksi、klf、ksf，而不是作为独立的符号。

表 0.2　　　　度量单位：国际单位制

单　　位	缩　　写	建筑设计中使用
长度		
米	m	大尺寸、建筑平面图、梁跨度
毫米	mm	小尺寸、构件横截面尺寸
面积		
平方米	m^2	大面积
平方毫米	mm^2	小面积、横截面特性
体积		
立方米	m^3	大体积
立方毫米	mm^3	小体积
质量		
千克	kg	材料的质量（相当于美国单位制下的重量）
千克/立方米	kg/m^3	密度（单位重量）
力，荷载		
牛顿	N	力或荷载
千牛	kN	1000 牛顿
应力		
帕斯卡	Pa	应力或压力（帕斯卡＝1 牛顿/$米^2$）
千帕	kPa	1000 帕斯卡
兆帕	MPa	1.0×10^6 帕斯卡
千兆帕	GPa	1.0×10^9 帕斯卡
温度		
摄氏度	℃	温度

表 0.3　　单位制之间的转换系数

美国单位制转换为国际单位制，乘以	美国单位制	国际单位制	国际单位制转换为美国单位制，乘以
25.4	in	mm	0.03937
0.3048	ft	m	3.281
645.2	in^2	mm^2	1.550×10^{-3}
16.39×10^3	in^3	mm^3	61.02×10^{-6}
416.2×10^3	in^4	mm^4	2.403×10^{-6}
0.09290	ft^2	m^2	10.76
0.02832	ft^3	m^3	35.31
0.4536	lb（质量）	kg	2.205
4.448	lb（力）	N	0.2248
4.448	kip（力）	kN	0.2248
1.356	ft·lb（力矩）	N·m	0.7376
1.356	kip·ft（力矩）	kN·m	0.7376
16.0185	lb/ft^3（密度）	kg/m^3	0.6243
14.59	lb/ft（荷载）	N/m	0.06853
14.59	kip/ft'（荷载）	kN/m	0.06853
6.895	psi（应力）	kPa	0.1450
6.895	ksi（应力）	MPa	0.1450
0.04788	psf（荷载或压力）	kPa	20.93
47.88	ksf（荷载或压力）	kPa	0.02093
0.566×（℉−32）	℉	℃	（1.8×℃）+32

例如，一个 2×4 的木材（用美国单位制实际为 1.5in×3.5in）用国际单位制精确表达为 38.1mm×88.9mm。但是 2×4 在国际单位制中更可能表达近似为 40mm×90mm，对大多数建筑工程足够精确。

0.5 计算的精确度

建筑结构很少能精确建造。虽然结构的某些部位，例如窗户的框架和电梯的轨道必须精确，但是基本结构框架的尺寸在规定的精确度范围内即可。在预测荷载时添加一项无关紧要的精度以及非常精确的结构计算是毫无实际意义的。作者并不是为马虎地计算、草率地施工或研究结构特征时使用模糊不清的理论而辩解，然而，作者并不过分关注超过第二有效数位的任何数字。

如今大多数的专业设计人员都使用计算机，然而，大部分工作仅需要一个计算器（8 位数字的科学计算器已足够）。作者有时甚至不用分析就能完成这些原始的计算。

0.6 符号

表 0.4 给出了常用的简写符号。

表 0.4　　常用的简写符号

符　号	符号意义	符　号	符号意义
$>$	大于	6′	6 英尺
$<$	小于	6″	6 英寸
$\geqslant$	大于或等于	Σ	求和
$\leqslant$	小于或等于	Δ	增量

0.7 术语

本书使用的符号与钢铁行业及最新标准规范使用的基本一致。下面列出了本书采用的所有符号以及参考文献中广泛采用的符号。

A——总面积；

A_g——毛截面面积，由外围尺寸确定的；

A_n——净面积；

C——压力；

E——钢的弹性模量；

F_a——仅由轴向荷载作用产生的容许压应力；

F_b——由弯曲产生的容许压应力；

F_u——钢材最小极限抗拉强度设计值；

F_y——钢材屈服强度设计值；

I——惯性矩；

K——以支承条件为基础，柱无支撑长度的修正系数；

L——长度（通常是跨度）；柱的无支撑长度；

M——弯矩；

M_R——截面的抗弯承载力；

P——集中荷载；

S——截面模量；

T——拉力；

W——总重力荷载，构件的自重或恒载，总的风荷载，重力作用下总的均布荷载或压力；

b——总宽度；

b_f——W 型钢的翼缘宽度；

c——发生弯曲时，边缘纤维应力到中和轴的距离；

d——梁的总高度；W 型钢为翼缘外缘到外缘的高度；

e——非轴心荷载的偏心距，即从施加荷载的位置到截面质心的距离；

f_a——轴向荷载产生的计算应力；

f_b——计算弯曲应力；

f'_c——混凝土的抗压强度设计值；

f'_m——砌体的抗压强度设计值；

f_p——承压应力计算值；

f_t——拉应力计算值；

f_v——剪应力计算值；

r——回转半径；

s——构件的中心至中心的距离；

t——总厚度；

t_f——W 型钢的翼缘厚度；
t_w——W 型钢的腹板厚度；
w——梁上的单位分布荷载（例如，lb/ft）；
Δ——挠度，通常为梁的最大竖向挠度；
Φ——承载力设计中承载力的折减系数。

第1章

钢材

由于钢材的强度、硬度及耐腐蚀性（还有其他的特性）有相当大的差异，因此有上百种钢材的存在，而这些差异来自钢材生产过程的不同。此外钢材的加工和制作过程，例如轧制、回火、加工及锻造也能改变钢材的某些特性。实际上，只有包括密度（单位质量）、刚度（弹性模量）、热膨胀性及钢材的耐火性等几种特性保持不变，对于所有的钢材均为常数。

虽然在现实当中，建筑结构的大部分构件都是由少数几种标准的钢产品组成的，但是设计人员必须考虑钢材的许多可变特性，包括以下三点：

（1）硬度。影响切割、钻孔、刨平和其他工序的难易程度。

（2）可焊性。

（3）抗锈蚀的能力。虽然钢材的抗锈蚀能力低，但如果将不同的材料添加到钢材里，则会提高钢材抗锈蚀能力，如不锈钢和所谓的锈蚀非常缓慢的锈蚀钢。

1.1　钢材的结构特性

包括强度、刚度、延性和脆性在内的钢材基本结构特性可以通过荷载试验来说明。如图1.1所示的特征曲线就是由通过试验获得的应力和应变值绘制而成的。表示普通结构钢的曲线1解释了结构钢的许多重要特性之一：塑性变形（屈服）。对于这些钢材，有两个应力值是很重要的，即屈服极限和极限强度。

一般而言，屈服极限越高，延性越小。延性是钢材第一次屈服和应变硬化之间塑性变形与屈服点弹性变形的比值。曲线2表示随着屈服强度的增加对钢材的影响效应，当屈服强度接近普通钢材屈服点的3倍时，屈服现象的最终影响可忽略不计。

由于钢材价格比较高，钢结构通常由较薄的构件组成。有些非常坚固的钢结构只用薄钢板或拉制钢丝制成。例如桥梁的钢索就是由金属丝制成的。300000psi 的屈服点几乎不存在，而且金属丝就像玻璃棍一样脆。

在此情况下，极限强度是由屈曲确定的，而不是由材料的应力极限确定的。由于屈曲是刚度（弹性模量）的函数，而所有钢材都具有相同的刚度，因此在很多时候设计人员不能有效地使用超高强度钢材。实际上，最常用的钢材等级对于大多数典型的建筑结构是最适用的。

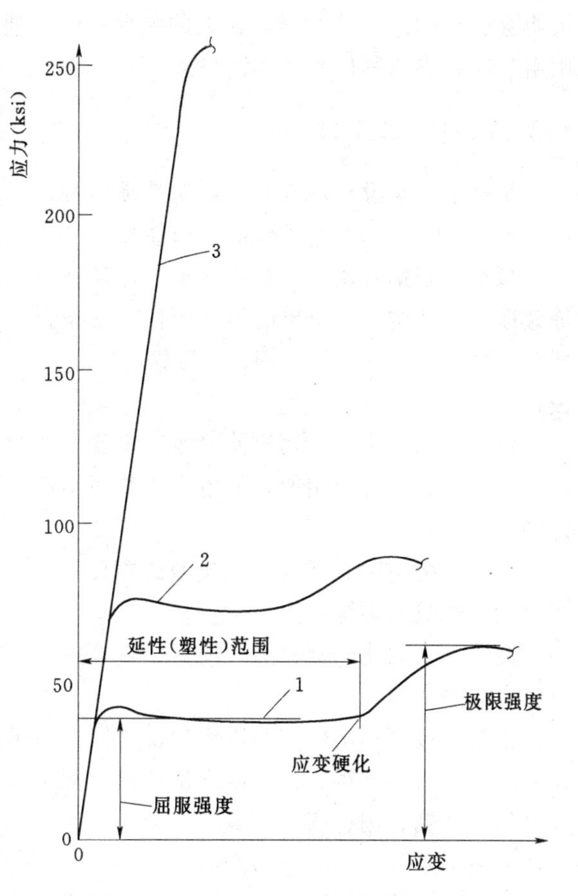

图 1.1 应力-应变关系曲线

1—常用结构钢；2—高强热轧型钢；
3—超高强钢材（常用于钢丝）

提示 建筑设计人员很少选择基本材料，合适的钢材通常作为产品设计的一部分已被提前确定了下来——许多结构构件是作为一条生产线而生产出来的。

满足美国试验与材料协会（ASTM）规范的 A36 钢材是最普遍的结构钢，用于建筑结构的轧制钢构件。此类钢极限抗拉强度必须为 58～80ksi、且最小屈服点为 36ksi，用于螺栓连接、铆钉连接及焊接连接。作者提到的此类 A36 钢贯穿于本书的大部分内容。

在 1963 年以前，命名为 ASTM - A7 的钢是基本的结构钢，其屈服点为 33ksi，主要用铆钉连接。随着对螺栓连接和焊接连接结构的需求量日益增加，实际上 A36 钢成为大多数结构产品选择的主要材料。

对于结构钢，AISC 规范给出的 ASD 的容许单位应力是屈服应力（f_y）或极限应力（f_u）的某一百分数。作者陈述的用于设计的容许单位应力对于作者给出的具体的设计问题是适当的。要了解更详细的情况，可查阅 AISC 手册中的 AISC 规范（参考文献 3）。在很多情况下，使用容许应力有许多限定的条件，本书其他部分将讨论部分限定条件。

LRFD 采用的是基本极限应力（屈服点和极限应力），而不是容许应力。对于具体的应用条件（受拉、受弯和受剪等），利用不同的折减系数，即所谓的**抗力系数**来修正应力条件（见第 4 章）。

钢材的应用是有目的，而不只是作为轧制构件被使用——例如钢的连接件、金属丝、铸造构件、锻压构件以及高强钢材制成的装配式构件所需的薄钢板、钢条及钢棒——通常具体构件应与标准件相一致（在本书其他部分，作者讨论了这些构件在某些方面应用的特性及设计应力）。这些标准应与行业组织确定的标准相吻合，例如钢梁协会（SJI）和钢承板协会（SDI)。某些时候，较大的装配式构件通常采用由A36钢制成的轧制产品（或采用由热轧制成的其他等级的钢材）。

1.2 钢材的加工过程

钢材本来是没有形状的，最初其是熔融材料或软化的块状材料。在生产加工期间钢材派生出基本形状。下列是标准的未经加工的普通构件和加工过程：

型钢。型钢是通过一系列的辊子重复挤压热塑状态下的钢材而形成。辊子使钢材变成等截面的线性构件。简单的形状包括圆钢条、扁钢条、钢带、钢板及薄钢板；复杂形状包括I字钢、H形钢、T形钢、L形钢、U形钢、C形钢以及Z形钢；特殊形状包括铁轨和板桩。

钢丝。通过一个小孔拉伸（拔）钢筋而形成。

挤压法。与冷拔相似，但生产的截面不仅仅是圆形。此加工过程很少用于建筑结构构件中。

铸造。把熔融的钢水倒入成型的模具（模子）里，形成一个空间的构件。此加工过程很少用于建筑结构构件中。

锻造。将软化的钢材融入模具中直至成型。锻造钢材的性能优于铸造，因为锻造作用于已完成的材料。

由基本成型加工生产的原钢构件可以按以下方法再次加工：

切割。剪切、锯、冲孔或火焰切割以刨平和成型。

加工。钻、刨、磨、铲或在车床上打磨。

弯曲。延性越好，越易弯曲。

冲压。把薄钢板放入模具中制成立体形状，如半球体。

重新轧制。把一个线性板件制成曲线形（拱形）或把薄钢板、扁钢条加工成模压截面(波纹形状等)。

原钢或加工成型的板件可以按不同方式组装成复式部件（例如装配式桁架或预制墙板)：

装配。将螺纹零件拧在一起。也指互锁技术，例如企口接合或卡口扭接。

摩擦型螺栓。用高强度抗拉螺栓把部件夹紧、楔紧或挤压住，以防止在接触表面上发生滑移。

销连接。用销装置（螺栓、铆钉或实际销钉）通过与之匹配的孔，把叠合的钢板连接起来，阻止其在接触表面发生滑移。

插钉、栓接。用于连接薄构件——大部分都有预留孔洞，以便钉子或螺钉连接。

焊接。在接触点熔化构件进而连接的方法。包括气焊和电弧焊。

粘接。用化学粘接剂把被连接件连接起来。

1.3 轧制结构型钢

用于梁、柱和其他结构构件的热轧钢制品有独特的形状。如何应用这些热轧钢制品与其横截面外形有一定的关系。

在美国第一个轧制型钢梁的美国标准I字梁［见图1.2（*a*）］高度为3～24 in。最初被称为**宽翼缘型钢**的W型钢［见图1.2（*b*）］的高度为4～44 in。宽翼缘的W型钢是对I字截面的修正。W型钢有着平行的翼缘表面，而标准的I字梁的翼缘内表面是锥形的（内表面坡度为16⅔％或1∶6）。

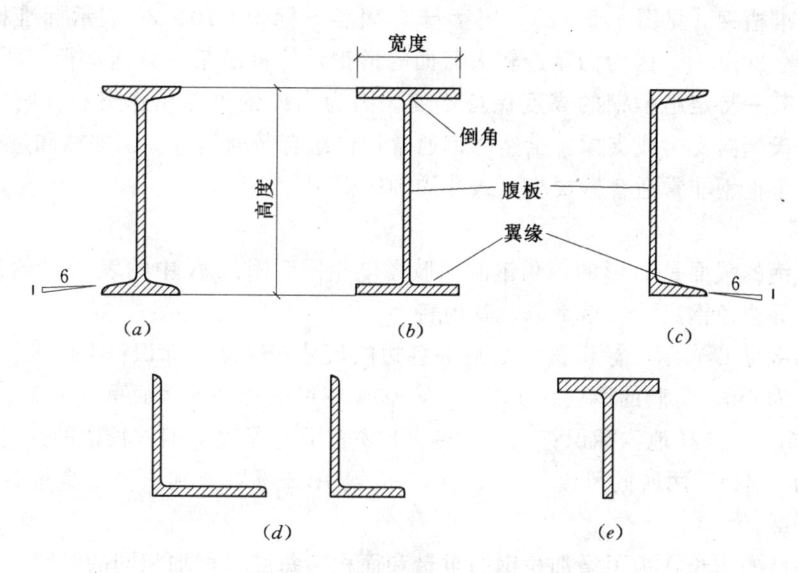

图1.2　典型的热轧形钢

（*a*）I字梁；（*b*）宽翼缘；（*c*）槽钢；（*d*）角钢；（*e*）T形钢

通常用于建筑结构的其他结构型钢是槽钢、角钢、T形钢、钢板和钢条。附录A列出了这些型材的尺寸、重量及部分型材的各种特性。全部结构型材表参见AISC手册（参考文献3）。

1. 标准I字梁（S形）

美国的标准I字梁用字母S表示，高度用in表示，重量用lb/ft来标识。因此，S12×35表示标准尺寸为12 in高、重量为35 1b/ft。由于为了能制造截面较大的型钢，轧机只在一个方向运行，所以给定高度组内标准I字梁有相同的高度。虽然高度保持恒定，但是翼缘宽度及腹板厚度可以增大。

通常在结构上S形钢不如W型钢有效，因此S形钢应用没有W型钢那么广泛。当截面高度恒定，窄翼缘以及厚腹板的情况下，可以用S形钢。

2. W型钢

W型钢用字母W来表示，后面是单位为in的名义高度及单位为lb/ft的重量。因此W12×26表示宽翼缘型钢名义高度为12 in，重量为26 1b/ft。

在按名义高度分组时，同组W型钢的实际高度略有变化。例如W12×26型钢的实际高度为12.22 in，W12×45型钢的实际高度为12.06 in（见附录A的表A.1）。为制造较大截面的型钢，轧机在竖向和水平方向运行，截面实际高度与名义高度不同。一般而言，W型钢与标准I字梁相比，具有较宽的翼缘和较薄的腹板。W型钢梁的宽翼缘使其比标准I字梁在结构上更有效。实际上，很多W型钢被轧制成翼缘宽度近似等于其高度。形成的横截面（H形）比I字形更适合用于柱子。

作者建议读者将型钢与其对应的名义高度组进行对照，以了解几何关系的多样性。例如，在每一组名义高度里，对应的重量有很大差别。

3. 标准槽钢

美国标准槽钢［见图1.2（*c*）］用字母C表示，标识C10×20表示标准槽钢高度为10in，重量为20lb/ft。因为为制造较大截面的槽钢，轧机沿某一方向运行，所以和标准I字梁一样，某一特定组槽钢的高度保持不变。因为当槽钢单独用作梁和柱时容易发生屈曲，所以应设侧向支座或支撑。虽然槽钢通常用作组合截面构件，例如柱和过梁，但是它的单翼缘使得槽钢非常适合做楼板出入孔周围的框架。

4. 角钢

结构角钢的截面是L形的，角钢的两肢厚度相同。附录A中的表A.2给出了角钢等边角钢和不等边角钢尺寸、重量以及其他特性。

角钢用字母L表示，标识符L之后为各边的尺寸和厚度。标识符L4×4×1/2表示等边角钢边长为4in，每肢的厚度为1/2in。从表A.2可以查到该截面重量为12.8 lb/ft，截面积为3.75in^2。同样地，标识符L5×3½×1/2表示不等边角钢，长边的尺寸为5in，短边的长度为3½in，两肢的厚度均为1/2in。从表A.2可以查到该截面重量为13.6lb/ft，截面积为4in^2。

给定每肢的边长，为了增加角钢的重量和面积，每肢须增加相同的厚度。例如，如果L5×3½×1/2角钢的角肢的厚度增加到5/8in，则由表A.2可知角钢(L5×3½×5/8)重量为16.8lb/ft，截面积为4.92in^2。**注意**：扩展圆形线脚的方法使角肢的长度略有改变。

在较重W型钢出现以前，角钢被用作组合截面构件，例如板梁和重型柱。现在单角钢通常用作过梁，双角钢通常用作轻钢桁架的构件，短角钢通常用作梁和柱的连接构件。

5. T形钢

把W型钢或I字梁（S型钢）切开可制成T形钢［见图1.2（*a*）］。通常沿着腹板的中心切割，这样T形钢的高度是原截面的一半。T形钢如果是通过切割W型钢得到的，用字母WT表示；由标准的S型钢制成的，用字母ST表示。标识符WT6×53表示T形钢高度为6 in，重量53lb/ft，该T形钢是通过切割W12×106制成的；同样ST9×35表示T形钢的高度为9in，重量为35lb/ft，是由S18×70切割而成的。T形钢用作焊接钢桁架的弦杆和特定板梁的翼缘。

6. 扁钢与钢板

扁平的结构钢构件通常按如下分类：

扁钢。宽度不大于6 in，厚度不小于0.203in。

厚钢板。宽度大于8in，厚度不小于0.230in，或宽度大于48in，厚度不小于0.180in。

薄钢板。厚度小于0.180 in。

扁钢和厚钢板有很多不同的规格。扁钢有许多宽度以及几乎任意的长度和厚度。通常在实际中，扁钢以宽度1/4in的增量，厚度1/8in的增量来确定其尺寸。通常在实际中，厚钢板尺寸按以下规定：

宽度：以英寸的偶数增量递增。

厚度：厚度小于 1/2in 以 1/32in 的增量递增；

厚度在 1/2～2in 的以 1/16in 的增量递增；

厚度在 2～6in 的以 1/8in 的增量递增；

厚度大于 6in 的以 1/4in 的增量递增。

钢板尺寸标注的标准顺序为

厚度×宽度×长度

所有的尺寸单位均为 in，英寸的分数，或者英寸的小数形式。

本书将分别在 6.13 节和 5.10 节分别介绍柱底板和梁承板的设计。

7. 结构钢构件的其他规格

正如本章前面提到的，美国标准的型钢梁用字母 S 表示，而宽翼缘用字母 W 表示，第三种 M 表示不能被划分为 S 型钢或 W 型钢的复合型钢，该型钢内翼缘表面的坡度是变化的。

同样地，字母 MC 表示不能划分为 C 形钢的轧制槽钢。

表 1.1 列出了轧制型钢、成型方钢管和圆钢管的标准规格。

表 1.1　结构钢构件的标准表示方法

构　件	表示方法	构　件	表示方法
美国标准 I 字梁（S 型钢）	S12×35	角　钢	L5×3×1/2
宽翼缘型钢（W 型钢）	W12×27	T 形钢（W 型钢切割而成）	WT6×53
复合型钢	M8×18.5	厚钢板	PL1/2×12×1′−4″
美国标准槽钢	C10×20	结构管材	TS4×4×0.375
复合槽钢	MC12×45	钢管（标准重量）	Pipe 4 std

1.4 冷成型钢产品

不须加热钢材，直接由薄钢板生成的构件称为**冷成型钢**。由于典型的冷成型钢是由很薄的钢板制成，因此又称为**轻型**钢产品。图 1.3 给出了一些冷成型钢的横截面形式。

大型的波形薄钢板和凹形薄钢板常用于墙板和结构板（如屋面板和楼面板）。本书第 5 章讨论了这些钢材用于楼面板。许多厂商都生产此类产品，关于产品的结构特性的资料可以与厂商直接联系。如想了解结构钢承板的详细资料，请查阅《钢承板协会设计手册》(the Steel Deck Institute Design Manual）中的复合板、钢模板以及屋面板（参考文献 8)。

冷成型钢除了 L 形钢、C 形钢、U 形钢外，还有为各种钢结构体系生产的特种型钢。有些建筑结构几乎全部由冷成型钢产品组成。有几家工厂生产了这些构件体系——即预先设计好的、配套的建筑结构。美国钢铁协会出版的《冷成型钢设计手册》(Cold-Formed Steel Design Manual）中讲述了冷成型钢构件的设计。

1.5 装配式结构构件

大量特种钢产品将热轧钢和冷成型钢构件结合在一起而用作结构构件。

空腹钢桁架是由预制的轻型钢桁架组成的。对于短跨和小荷载腹板常由连续弯曲的钢

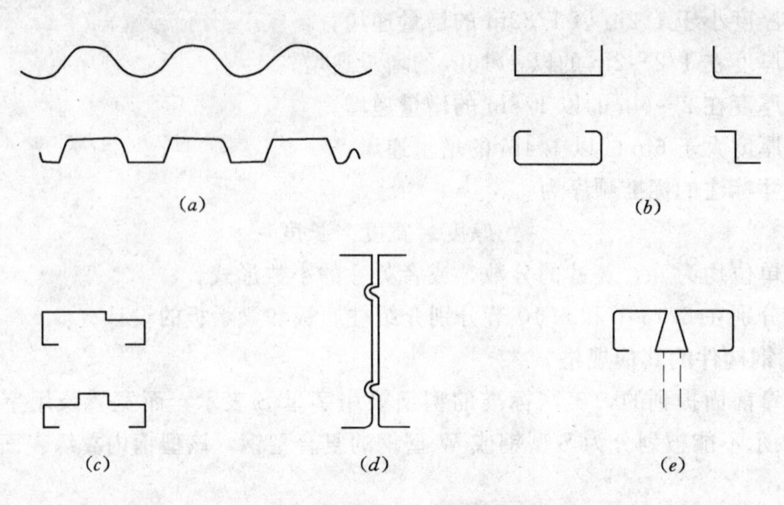

图 1.3 常见冷成型钢产品的横截面类型

杆、钢弦杆或冷成型构件构成［见图 1.4（a）］；对于较长跨或较大荷载的普通轻钢桁架，通常由单角钢、双角钢和 T 形钢等型钢构成。在 5.11 节讨论用于楼板框架的空腹钢桁架。

图 1.4（b）所示装配式钢梁是通过锯齿形切割标准轧制型材的腹板［见图 1.4（c）、（d）］制成的。与轧制型材相比，该产品的重量与高度之比较小。

其他装配式钢产品范围广泛，大到整个建筑体系，小到门、窗、幕墙体系及内隔墙的骨架。在行业标准的控制下，有些构件和体系已经成为行业的向导，但是很多构件和体系

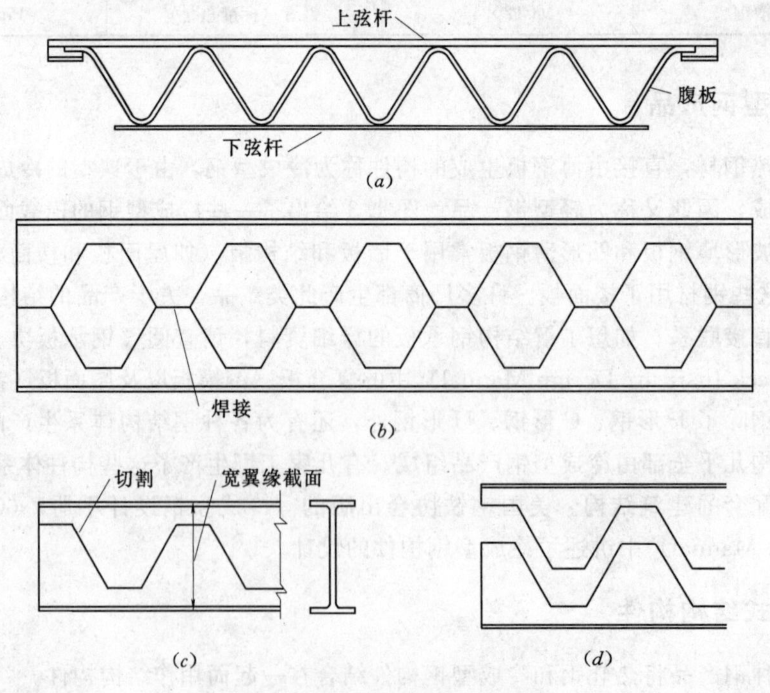

图 1.4 钢构件形成的装配式产品

是有专利权的，只能由特定的厂家生产。此类结构产品的实例见第 11 章的建筑体系设计实例。

1.6　结构体系的发展

典型的结构体系是由屋面、楼面或墙体结构组成，或整个建筑结构是由独立的构件组装起来的。例如典型的楼板由轧制钢梁和冷成型的薄钢板组合形成。设计人员可以进行结构研究，但是构件的选择在很大程度上是由结构形式所决定的。

大多数建筑由多种材料构成，不同的材料组合是可能的，例如钢梁上采用木楼板或钢跨楼板或屋面板下存在砌体承重墙。本书主要论述钢结构，但也介绍一些常用混合材料的情况。

1.7　连接方法

目前由轧制型材组成的型钢构件主要通过直接焊接或钢螺栓连接（几乎不用铆接）。通常焊接宜用于车间制造，而螺栓连接宜用于现场连接。本书在第 10 章将讨论简单的焊接连接及螺栓连接的设计。

冷成型薄壁钢构件可通过焊接、栓接或自攻螺钉连接。薄壁板和墙板构件可通过在接合的边缘处用连锁装置连接，连锁零件可以折起或卷起以提高连接效果。

在薄板状构件的装配中，可以使用粘合剂或密封剂来密封节点或粘接薄钢板。虽然有些连接件可以通过粘接把各单元连接起来，且减轻了装配和安装工作量，但是粘接不能用于主体结构节点。

在多层建筑中，梁柱的连接是结构设计的主要问题之一。由于刚框架可以抵抗侧向荷载，因此这些连接件应该是非常强的焊接以传递所连构件的全部强度。如何设计这些连接件不是本书所讨论的范围，但是在第 10 章将论述轻型钢框架的连接件。

1.8　有关钢产品的资料

关于用作建筑结构钢产品的一般资料，可以查阅钢铁行业出版物。例如，用于诸如梁、柱及大型桁架等主要结构构件中的型钢，AISC 是设计资料的主要来源。其他几家行业组织出版了关于特定产品的文献，例如装配式桁架（空腹钢桁架）、冷成型钢截面构件和型钢板。在本书其他章节适当地介绍了许多此类组织及其出版物。

钢产品制造商通常与行业标准相一致，但是也可以发现二者还是有些差异。因此，一定要在制造商自己的出版物中查阅具体的资料和实际产品的构造要求。

设计人员应力争不要预先确定建筑构件，保持灵活性，仅仅指定控制条件。

本书提到的部分资料是从行业出版物中引用或摘录得到的。很多时候，本书数据是简化的，且限定用于实例计算和练习问题中。为了了解更全面的知识，需查阅被引用的文献，特别是由于技术的不断进步，新的研究成果的出现，以及规范和行业标准的不断改变，更应如此。

第2章

钢材的基本性能

钢材是一种相对昂贵的材料，因此在选择钢材用于建筑结构时，应仔细考虑钢材的局限性。此外，由于钢材是一种工业化产品，设计时应考虑其实用性，也就是说，在生产和施工时应了解钢材固有的复杂因素。本章详细介绍了钢材在结构应用中必须考虑的几个因素。

2.1 应力和应变

钢材是用于建筑结构中最坚固的建筑材料之一，但是它仍然有应力限制。例如，不像木材，钢材的应力反应是无方向性的。而且也不像混凝土或砌体，钢材对基本应力（拉力、压力和剪力）均有很强的抵抗能力。具体的钢材应力限制条件如下：

(1) 超过屈服点应力的钢材会产生永久变形。虽然这样的变形对单个的节点来说是允许的，但是就结构构件的整体而言，此类变形会产生很大的问题。因此，虽然钢的极限强度很高，但是在大多数情况下，应把较低的屈服强度作为设计的允许极限值。

(2) 普通钢材是通过熔融钢水铸造而成的，这样就产生了晶状结构。沿着晶状体的瑕疵产生的裂缝会产生应力破坏，特别是承受动力和反复力作用时。加工时这些问题影响不大，但是承受动力荷载的建筑结构必须考虑这方面的影响。

(3) 诸如冷成型、机械加工或焊接等许多作用可以改变钢材的特性，导致钢材硬化、延性降低或产生残余应力。在使用钢材前，应确保加工过程不会削弱使用荷载下钢材的强度。

在有些情况下，预期应力——应变响应，可能会影响钢结构总抗力的计算。例如，当刚性框架或带有偏心支撑的框架出现塑性铰屈服时，必须考虑在荷载作用下的结构特性的改变。在第6、12章将讨论这一情况。

当和其他材料一起承受荷载时，钢材由于刚度较大而承担较大的荷载。在组合结构构件设计中，该特性是主要的因素，诸如钢和木材组合的梁板体系或钢和混凝土的组合体系（见第 8.2 节）。在钢筋混凝土和砌体结构的设计中，钢材的这一特性也起到一定的作用。

虽然抵抗应力发生变化，但是抗应变的能力（即最初的弹性模量）是恒定的。因此，即使高强度钢板提高了抵抗荷载的能力（由应力量来度量），但是并不能承受更大的变形。因此，对于较高强度等级钢材制成的结构而言，受材料刚度影响的变形和屈曲变得更为重要。

2.2 稳定性

根据强度确定的荷载抗力是结构最关键的限制条件。但是在应力达到极限值之前，结构会由于丧失稳定性而失去承载能力。为了确保结构安全可靠，设计人员必须考虑结构的强度和稳定性。由于钢构件常常由很薄的板件组成，不像木材和混凝土是实心的，因此必须考虑钢构件的稳定性。此外，装配式框架常常由很细的杆件构成，而这样的杆件常常发生屈曲破坏，而不是压碎或受拉破坏。因此，设计人员必须特别注意各种屈曲破坏的可能。因为特定的结构构件和体系具有各自的屈曲破坏形式，所以在本书的其他章节论述了这些失稳形式。

另一种稳定问题：大多数装配件的稳定性不是由其连接得到的，因为连接几乎无抗弯能力，因而经常作为铰接连接，而不是固接连接（实际上典型的连接是具有传递一定弯矩能力的部分固接）。

稳定问题通常与抵抗侧向荷载有关。然而，有一个更为普遍的问题，即如何使结构具有一定的空间稳定性？可能的解决方法如下：

（1）改变通常的连接方式，产生**刚性框架**作用以获取更大的抗弯能力。

（2）设计框架使整个的装配件除了不是刚性节点外，具有更高的稳定性（例如产生桁架作用的三角格构桁架）。

（3）增加额外的支撑构件（拉索、对角撑、交叉支撑和飞拱等）。

（4）利用其他建筑结构构件的稳定性（例如砌块墙体）。

最低要求：相对重力荷载而言，侧向荷载更需要注意稳定问题。换言之，设计人员必须注意什么样的布置形式使装配结构稳定。在本书其他章节的适当位置讨论了稳定性的具体情况。

2.3 极限变形与控制

实际限定是指钢的允许变形值。变形——字面理解是形状的改变，因为抵抗应力是随着应变的变化而变化的，所以变形是不可避免的。

结构构件最关键的变形通常是由构件弯曲引起的，因为弯曲引起较大变形量。一个重型承载柱的缩短量事实上可能察觉不到，但是对于承受荷载的梁，即使是短跨梁，其变形也是明显的。实际上，最普通的变形是指梁的竖向挠度。

为了确定实际的变形极限，即结构允许的运动范围，要考虑变形对整个建筑结构的影响。例如，应确保花砖地面或抹灰顶棚不会开裂。虽然对控制变形的必要性很容易理解，但是确立相关设计标准却是很困难的，需要很多专业知识。在介绍钢梁结构的章节，较深入地论述了这个问题。

提示 另一种变形问题是发生在结构连接件内部的，伴随应力，连接处应变和变形在所难免。第10章将进行相关论述。

2.4 钢材的锈蚀

当暴露在空气或潮湿环境中时，大多数钢材表面都会锈蚀。如果不采取相应的措施，那么整个钢材最终会被锈蚀掉。为了防止锈蚀，可以采取以下一种或多种措施：

(1) 在钢材表面涂上防锈涂料。

(2) 在钢材表面镀上一层耐锈蚀的金属材料，如锌、铝。

(3) 采用包含防锈或耐锈成分的钢材（参考第1.1节相关论述）。

提示 如果钢构件被包裹在浇灌的混凝土里或其他封闭结构内，那么实际上钢材已被封闭住，因此不会锈蚀。当外界环境比较恶劣或钢构件比较薄时，锈蚀是一个很严重的问题（例如，成型的薄钢板，像成型屋面板等）。

虽然标准建筑结构可能要求钢材必须处于裸露的状况下，如在现场（即工地）焊接时或现场浇筑混凝土时。但是设计人员必须特别注意，当结构包含外露钢构件时，钢构件外观是很重要的。

结构处于可能引起严重锈蚀的环境时，设计人员不应使用过薄的板件。这样可以使结构减少因锈蚀而破坏的可能（换言之，如果预防措施不能充分发挥作用，那么结构应能承担横截面减小引起的强度的损失）。

当暴露在诸如酸雨、含盐空气或被工业废气严重污染的空气等腐蚀性的化学环境里时，会加剧钢材的锈蚀。在这样的环境下，应采取特殊的防范措施。结构设计人员应该特别注意，实际结构被腐蚀不单单只是构件的表面会发生。

2.5 钢材的耐火性

钢材的应力和应变关系随着温度的变化而变化。高温下，钢材的强度迅速降低。此外，当屈曲是结构的关键时，钢材刚度的降低可能更重要。一方面，由于钢材热传导性良好，导致火灾时快速获得热量，且钢材造价高，导致设计师采用薄壁板件，这样强度的丧失将使得钢结构极易受火灾的影响；另一方面，钢材是不燃物质，因此在建筑结构中，不像木结构那么引起广泛的注意。

提高钢材的抗火安全性的主要策略是在钢表面涂上或裹上砖石、石膏、矿物纤维、石膏板或混凝土等耐火和绝缘材料，以阻止火接触钢材。在本书第11章将讨论防火问题并详述一些具体的设计实例。

设计人员常常把混凝土作为填充材料放在压型钢板的顶部或作为承重板直接放在钢梁上（如图2.1所示的钢梁与混凝土板组合结构）。但是，设计此类结构时必须考虑混凝土的重量。

2.6 钢构件的装配

钢结构由许多构件组成。装配一个完整的结构——即将所有的构件装配和连接在一起——绝非易事。实际上，设计人员设计单个的构件时，须考虑整体结构的装配。

设计人员须权衡以下因素：

(1) 结构布置。设计人员必须确定结构的整体形式以及跨度、层高和孔洞尺寸等。此外还要确定重复的模数。例如，设计人员必须确定梁柱的间距。

(2) 构件匹配问题。由于板必须连接在梁上，梁连接在柱上，柱连接在基础上等等。因此设计人员必须考虑结构的几何形状，每一构件外形影响其连接方式，而连接方式决定了荷载如何传递。

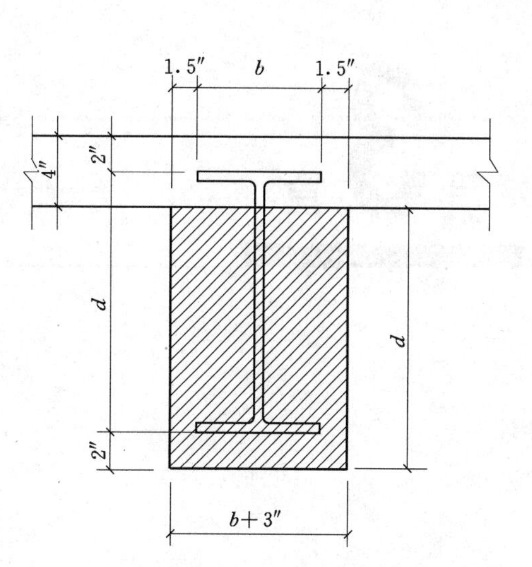

图 2.1 钢梁浇在混凝土中的防火保护措施，阴影部分为超过支承板所需的混凝土

标准的连接方法与被连接构件的形式以及构件间荷载的传递途径有关。对于一个典型的钢结构，连接方法应实用且经济，首先要熟悉整体装配过程。

从某种程度上讲，工厂装配与现场装配是不同的。因此设计人员的工作之一是考虑在哪里装配构件，因为不同的装配地点可能影响最适宜于结构的构件和连接方法。

本书概括了单个构件的装配问题。在第 3 章讨论了所有的装配问题（参考第 11 章的建筑实例）。

2.7 造价

大量资料显示：钢材是比较昂贵的建筑材料。但是真正关心的是最后的安装造价——即建造结构的总造价——包括构件运输至施工现场以及为组装结构而需的辅助装置（例如建筑构件的连接装置和节点的剪力撑）的造价。按照惯例，设计人员要尽可能地使用体积最小的钢材，但是这种经济性仅限于设计单一构件。不管怎样，轧制型钢的单位造价不能与装配式的空腹钢梁相提并论。

本书将在第 11 章讨论整个结构的造价。然而，一般来说，当设计单个的结构构件时，设计人员力争采用满足设计标准的最轻构件（材料的体积最小）。

第3章

结构体系选择

设计人员在多种水平跨楼面或屋面结构中采用钢构件。本书涉及的主要跨越体系是轧制钢梁和轻型预制桁架。

本章围绕跨越体系的发展，概括了一些一般性的要点。在本书第4章和第8章分别论述了梁、板及桁架的设计，在第7章讨论了刚性框架和排架。

3.1 梁板体系

1. 结构有关问题

广泛用于大面积屋面和楼面建筑的框架体系由按一定规则排列的柱构成，柱用来支承一系列矩形布置的钢梁或钢桁架。那么实际的屋面或楼面由跨越多个连续跨，架在一系列平行支承上的实心木板、钢板或混凝土板组成。当设计此类体系时——即在进行平面布置和选择构件时——设计人员必须考虑以下几点：

(1) 板跨。决定板的一般类型及具体的变量（胶合板的厚度，钢板的规格等）。

(2) 次梁间距。决定板的跨度。次梁跨度将影响次梁上荷载的大小。以次梁承载力为基础选择的次梁类型可能会限制其间距。注意：必须协调次梁类型、间距与板的类型。

(3) 主梁跨度。对于一些平面规则的体系，次梁间距是主梁跨度的某一整分值。

(4) 柱间距。决定主梁和次梁的跨度，且与其他所有构件有关。

当设计一个如图3.1 (a) 所示的体系时，首先要确定体系的支承，通常是柱或承重墙体。跨越体系特性与跨度的大小密切相关。例如，板常常是短跨，因此提供直接支承的构件布置就应紧密一些。同时，次梁和主梁间距的大小取决于它们各自的跨度。跨度越大，间距可能越小。大跨体系可能有几个水平构件，即构件排列从最大跨的构件到直接支承板的构件。在第5章将讨论梁板体系构件（也见第11章建筑体系设计实例）。

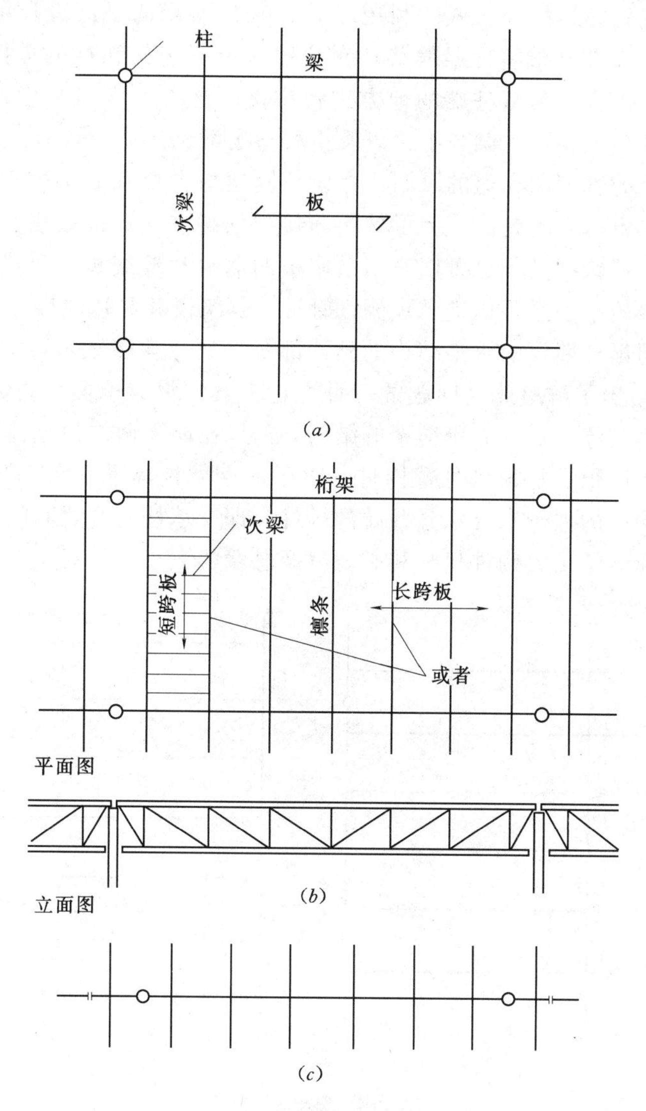

图 3.1 梁框架平面图

图 3.1 (*b*) 为主跨采用桁架的体系的平面图和立面图。如果桁架很大而且檩条的跨度很长，则檩条的间距会很大。由于檩条常常要与桁架顶部的节点相配合，以避免桁架上弦杆较大的剪力和弯矩，因此在大间距的檩条之间设置次梁来提供板的支承是可取的。另一方面，如果桁架间距适中，则可采用长跨板而不设置檩条。正如所理解的那样，体系的基本特性取决于跨度和支承的位置。无论如何，桁架跨度与节间模数、柱间距、檩条跨度和间距、次梁跨度和间距以及板的跨度是相互关联的。选择构件是一项高度相互关联工作。

对于具有多个构件的体系，必须考虑构件如何匹配和连接。图 3.1 (*a*) 是在柱端处由五个构件组成的交点，其中包括一个柱子、两个主梁以及两个次梁（若是多层建筑，则再外加一个上层柱）。交点不论是常规的还是非常规的，都取决于构件的材料和形状以及连接的形式和节点处力的传递方式。利用图 3.1（*c*）所示的平面设计可以避免节点过于拥挤，图 3.1（*c*）中在柱端将次梁偏移，在柱端只留下主梁和柱的连接。另外，通过柱端的主梁是连续的，且在远离柱端的地方进行拼接。在图 3.1（*c*）中，所有的连接件都是两两连接的：柱与主梁，主梁与主梁以及主梁与次梁。

由于受到通长的管道和孔道的限制，在设计桁架剪力撑和十字撑时一定要小心谨慎。此外，它们的连接也是有问题的。为了减缓连接处的拥挤，可以采用多功能的支撑构件。例如，用于胶合板插钉的支承也可以充当顶棚板的侧钉和较细长次梁或椽子的侧向支撑；用于支承大跨桁架的十字撑可以支承顶棚、管道、建筑设备和轻便楼梯等。

悬臂端，即超出外墙面的水平结构的延伸部分（如悬臂屋顶），会产生另一个结构问题。图 3.2（*a*）给出了解决此类问题的一种可行方案：将与墙面垂直的次梁或椽子的端部向悬臂端简单地延伸。对于有钢框架的结构，如果在墙平面内被延伸构件搁在支撑梁或承重墙体上，就可以很容易得到悬臂构件。对于一个外柱体系，图 3.2（*b*）是另一种解决方案：延伸柱网上的柱子来支承悬臂端的构件，即支承柱与柱之间的简跨梁。选择哪种设计方案取决于荷载情况、构件尺寸和类型以及悬臂的大小。

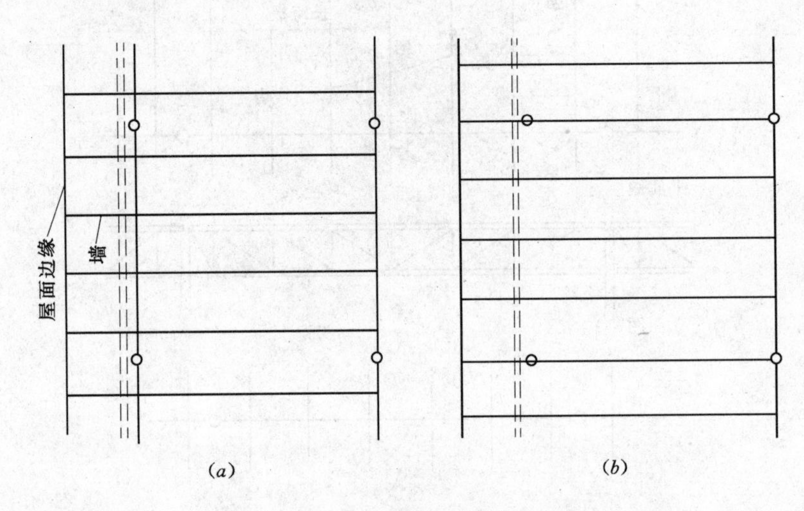

图 3.2 悬臂端的构成

当建筑物两边均处于悬臂状态时，则在外墙角处的悬臂端需要特殊处理［见图 3.3（*a*）］。框架体系如图 3.2（*a*）所示，则图 3.3（*b*）给出了可能解决方案：被支承的主梁是悬臂的，以支承端部构件 1，且次梁也是悬臂的，以支撑端部构件 2。对于图 3.2（*b*）所示体系，图 3.3（*c*）给出了解决方案：通常让柱列外伸来支承端部构件 1，构件 1 依次外伸来支承构件 2。第三种解决方案：采用一个斜撑构件［见图 3.3（*d*）］，由于拐角处发生改变，斜撑构件将框架体系重新定位。此设计，在木结构中使用的比在钢结构中广泛，并且当斜撑可以形成屋面坡度，从而构成屋脊时，该设计常用于坡屋面。注意：内柱交叉点处构件很多。

最低要求：设计人员应当协调整体建筑设计与结构设计。最后，对实际问题的关注可能超过结构或其各种子结构的理论优化关注。

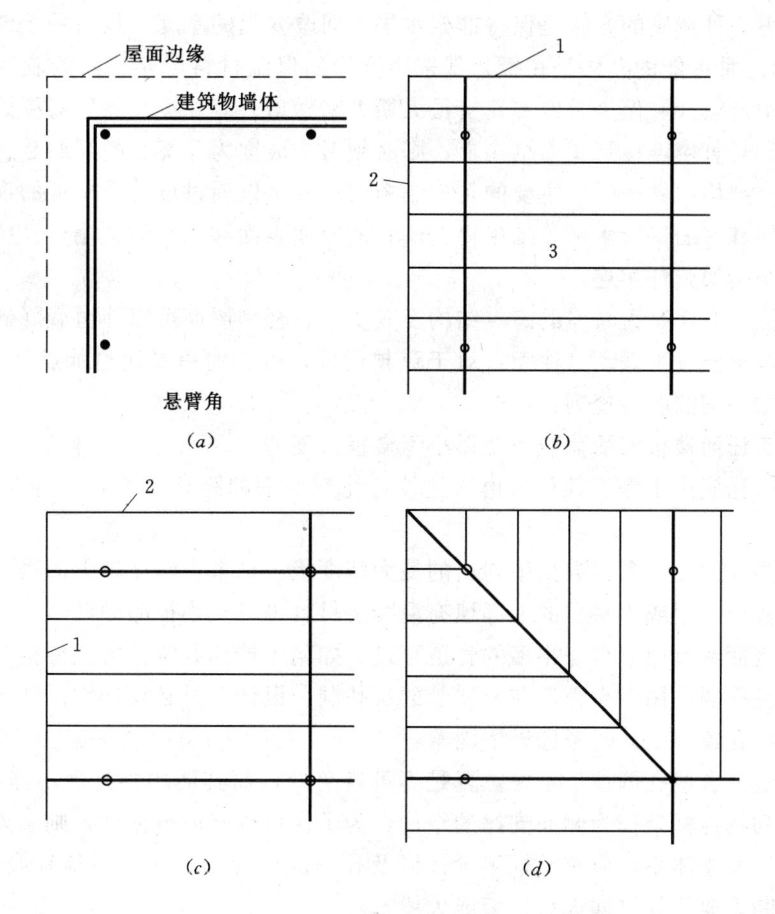

图 3.3 悬臂角构架示意图

2. 正常使用有关问题设计方法

本书在第 11 章介绍结构设计的各种问题。下面着重介绍和钢框架体系设计相关的一些特殊问题。

顶棚。一般而言，顶棚通常选如下三种之一：

(1) 直接连接到架空的结构上（即屋面的下部或楼面的上部）。

(2) 具有自己跨度的独立结构。

(3) 架空结构的悬挂。

悬挂顶棚是很常见的，因为顶棚和结构之间的空间可以用来隐藏供热通风及空调的管道和通风装置以及照明系统的管线和隐藏式照明装置等。另外，当顶棚的形式与架空结构的形式不配套时（如顶棚水平而椽子是带坡度的），也可以采用悬挂顶棚。典型的做法是由间距很密的次梁或椽子（中心间距小于等于 4ft）悬挂顶棚或连接到板上的支架悬挂顶棚。如果采用后一种方法，可以自由的分别设计跨越体系和顶棚框架的模数。

屋面排水。如果有一种框架体系，其屋面坡度很小，则这样的平屋面的排水常常是一大难题。解决此类问题最直接的办法是使框架倾斜以提供所需的坡度。当屋面形式比较复杂时，这种方法相当复杂：所期望的坡度和排水位置可能与各种屋面框架构件的布置不能很好吻合。另一种解决的方法是保持框架水平，而改变板的厚度（只适用于现场浇筑的混凝土板）。第三种可能的办法是在板上部采用锥形的保温材料填充。虽然最后一种方法简化了框架的构造设计，但是常常要花费很大精力来做出只有几英寸差别的屋面坡度。如果需要平顶棚，且直接连接到屋面结构上，则必须考虑坡度为几英寸的屋面是否足够排水。

对于某些结构构件——最主要的是预制桁架——可以通过设计使构件的顶面具有一定的坡度，而使其底面保持水平。结果得到倾斜的屋面表面和水平的顶棚，且屋面板和顶棚表面都直接与桁架弦杆相连。

动力特性。对于毫无缺陷的跨越结构及其支承，轻型屋面可以使恒载降低。另一方面轻型楼面结构可能发生颤动（注意：对于跨越构件，过大的跨高比也能够引起颤动）。下面为减小结构颤动的一般规则：

（1）限定任何楼板的活荷载下变形小于楼板跨度的1/360。

（2）跨高比应小于等于其最大值。建议：轧制型钢的跨高比为20；空腹钢梁的跨高比为15。

（3）不要采用设计参考数据中列出的最大跨度板（结果：刚度较大的楼板）。

（4）在楼板（钢或木材）的上部填充混凝土材料也可减小板的颤动。

孔洞。楼面或屋面常常有很多的管道穿过。如用于楼梯和电梯的大型空洞；用于管道和烟囱的中型孔洞；用于小管道和配线管的小孔洞。设计人员必须详细设计结构，以便合理的布置这些孔道。设计时考虑以下因素：

（1）位置。有些孔洞位于不便位置是不可避免的，而其他的则是由不当设计造成的。对于采用柱列刚性框架作为侧向支撑的结构，为了保持框架的整体性，则必须使孔洞远离柱列。对于等间距体系，应调整框架设计以及孔洞的位置，以使结构具有最大的规则性。孔洞不应打断主要构件（即大型桁架或大梁）。

（2）尺寸。大的孔洞应在孔洞周边设置一些受力结构（这些孔洞经常与被支承墙体结构的位置一致）。然而，小孔洞（如独立的管道）可以简单的穿过楼板，而不需要特别的处理。对于其他尺寸的孔洞，应根据设计的结构构件的尺寸和形式确定是否需要设置受力结构。例如设置在次梁之间的孔洞，如果没有任何支撑，可以小一些。但是，如果孔洞穿过一个或多个次梁时，孔洞的设置就很繁琐了，例如设双倍的次梁以支撑孔洞。

（3）柱。有时在结构柱附近设置管道井、暗管或配线管是很方便的。如果孔洞的设置没有打断主要跨越构件，那么设置合理。如果孔洞必须位于柱列上，那么需要用两个间隔构件的双受力构件来加强孔洞。

（4）横隔板。反过来说，大孔洞对作为水平横隔板的楼板或屋面板体系如何发挥侧向支撑作用可能会有影响。应设置特殊受力结构或连接以发挥其辅助作用、阻力支撑或次隔板作用（参考第11.7节）。

3.2 空间框架

钢构件通常用于平面结构中——例如楼面、屋面或墙面。但是，钢构件也可用于空间结构体系中——例如塔或多层建筑的框架结构（实际上，19世纪末的摩天大楼就是早期轧制型钢的主要应用的典范之一）。

产品的开发和应用往往是相互关联而发展的，例如W型钢（最初被称为**宽翼缘型钢**就是实例之一。W型钢的几何特性——有比较宽的翼缘，而且大多数的翼缘表面是水平的而非锥形，这样可以利用相同节点构造，从而使框架装配变得很容易。图3.4所示为在两层楼之间连续的多层钢柱，钢梁从所有四个水平方向与柱形成框架，W型钢柱（其横截面实际上为I字形或H形钢）很适合此类受力结构。为了得到图3.4所示节点，柱应具有以下的特性：

(1) 翼缘必须足够宽以容纳柱翼缘一侧的框架梁。

(2) 翼缘之间的距离（即W型钢的高度）必须足够大，以容纳嵌固在柱腹板间的梁的框架连接。

(3) 对于如图3.4所示的构造，柱的拼接节点必须位于梁平面的上部或下部。

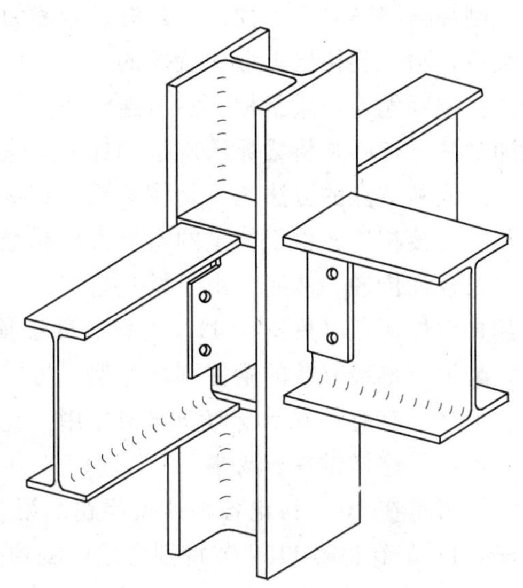

图3.4 梁、柱框架连接的构造

下列是关于W型钢柱的常用经验法则：

(1) 柱的最小截面高度。对于多层结构，柱的截面高度至少为10 in。对于重型荷载和大跨框架梁，柱的截面高度宜为12 in或14 in。

(2) 柱的最小翼缘宽度。当柱为带翼缘的型钢时，则柱翼缘宽度至少为6 in。当然可以采用更宽的翼缘。实际上，对于采用名义尺寸为10、12和14 in的柱而言，常用近似的方柱。

(3) 柱的一般拼接位置。将柱的拼接点放在距离梁上部上方3ft的地方，大约一臂高处，这样便于安装构件。

当设计空间框架时，必须包括与平面体系相关的所有构件。另外，应考虑以下因素：

(1) 无论是否可能，上层柱应位于下层柱正上方。

(2) 在某个竖向平面内，框架由柱和梁组成。

(在本书第7章讨论这种框架的特性及问题。)

3.3 桁架体系

桁架是非常轻的钢结构体系。下面是正确应用桁架的两个基本原理：

(1) 三角形是基本的平面稳定形式，这是由于其各边限制了长度的变化，因而使结构具有刚性。

(2) 材料的高效集中分离，只有强度比较大的材料才可以这样的分离。

在本书第11章将分析钢桁架的用途。

在一些钢框架中，桁架取代了梁——例如，为了获得更有效的跨度，特别是跨度比较大时，或为了使管路、管道或配线管更易穿过。

把斜撑加在钢梁和柱组成的竖向平面上则形成**桁构排架**。这种桁架体系保证了钢框架的空间稳定性。实际上，桁构排架是一种常见的支撑结构体系，用来抵抗风或地震的水平力作用。

桁架体系适用于各种形式而不只是直线的框架结构。线性轧制型钢可以弯曲成曲线，但是桁架体系几乎可以很容易的制成任意形状。

3.4 刚性框架

刚性框架是采用刚性（即具有抗弯能力）连接的框架体系。普通的连接包括常见的连接设备，刚性连接要求形成特殊的节点。例如，图3.4给出了梁和支承柱之间的连接：一个连接装置先连于梁腹板，然后连于柱上。这种连接本质上仅传递竖向荷载。为了把弯矩传递到柱上，必须将梁翼缘连接到柱上，这样就产生了刚节点。

形成刚节点的方法之一是将梁翼缘直接焊接于柱上。即在柱翼缘一侧的梁通过对接焊接与柱直接相连。由于柱上的弯矩由柱翼缘承受最有效，因此该连接影响梁柱之间弯矩的直接及合理传递。然而，由于梁只与柱的一侧翼缘相连，因此必须在梁翼缘与柱相连处柱内侧加设焊接板（见图3.4）。这样有助于整个柱截面承受弯矩。

为了获得最有效的梁柱刚性框架，可以调整W型钢柱使柱翼缘垂直于平面框架的平面。但是，有时构件承受双向弯曲作用，此时为传递弯矩应把梁连接在与之相交的柱的开口一侧——这样做并非易事。

本书将在10章讨论各种连接问题。第7章对刚性框架进行了一般性介绍，分别在第11.3、11.5节和第11.7节特别介绍了刚构架。

3.5 组合体系

全钢结构是可以实现的，但是，一般而言，建筑是由各种材料组成的。例如，钢跨屋面板或钢楼板有时由钢柱支承，但通常由混凝土或砌体墙支承。钢框架有时采用成型的薄钢板罩面，但通常采用胶合板、现浇混凝土板或预制混凝土板罩面。

当设计一个混合材料组成的体系时，必须考虑所有材料和结构构件产生的问题。本书虽然主要讲述的是钢结构，但是在第5章讨论钢跨越构件的支撑时，涉及混合材料结构问题。也可参考第11章的实例分析。

第4章

结构分析与设计

设计任何一个结构，都必须运用结构分析设计方法。

结构分析过程实质上是确定结构处于某种荷载状况时结构的特性。当结构特殊时，分析过程还应包括发现、评估或兼而有之。设计是一个完整的决策过程，即产生一个完全确定结构的过程。例如，定义一个结构是一个设计过程，而且还包括分析研究过程。

本章阐述结构分析与设计，因为它们与钢结构建筑设计普遍相关。

4.1 结构特性分析

研究结构的特性在结构设计中是一个很重要的部分，它是保证设计安全性和适用性的基础。本节讨论常用的结构分析方法。正如贯穿本书所讨论的一样，本章集中讲述与钢结构设计相关的材料问题。

1. 分析的目的

绝大数的结构是因需而生的。因此，任何一个结构的评价都是从分析结构如何有效地满足使用要求开始的。

设计人员必须考虑以下三个因素：

（1）实用性指结构的形式、构造、耐久性、抗火性以及抗变形能力等的一般物理关系。

（2）可行性包括造价、材料及产品的实用性和结构的实用性。

（3）安全性指抵抗设计荷载的能力。

2. 方法

一个完整的结构分析包括以下几点：

（1）确定结构的物理特性——材料、形式、尺寸、方向、位置、支承条件以及内部特征和构造。

（2）确定施加在结构上的负荷，即荷载。

（3）确定结构的变形极限。

（4）确定结构的荷载效应，即荷载作用对结构的内力、应力和主要变形的影响。

（5）评定结构是否能够安全地承担所需的结构要求。

结构研究可以采用以下三种方法：

（1）图解表示荷载下结构的变形。

（2）使用数学模型。

（3）对结构或比例模型进行试验，测量其在荷载下的效应。

当需要精确的定量评定时，可以采用基于可靠度理论的数学模型或直接测量物理效应。一般地，建立数学模型先于实际结构，甚至是先于试验模型。把直接测定限制在试验研究上或是限定在验证未被检验过的理论上或是限定在设计方法上。

3. 直观法

本书强调图解法，草图是一种非常有价值的学习及解决问题的辅助工具。最有用的三种图解法是：隔离体图解法、荷载-变形结构放大示意图和比例图。

隔离体图解法是用图解的方法表示一个隔离单元所受的所有外力。这个隔离单元可以是整体结构或是结构的一部分。

例如，图4.1（*a*）为一整体结构——梁-柱刚性框架——和框架所受外力（由箭头表示），结构所受的外力包括自重、风荷载和支座反力（即反力）。注意：结构所受的力系使结构处于静力平衡状态。

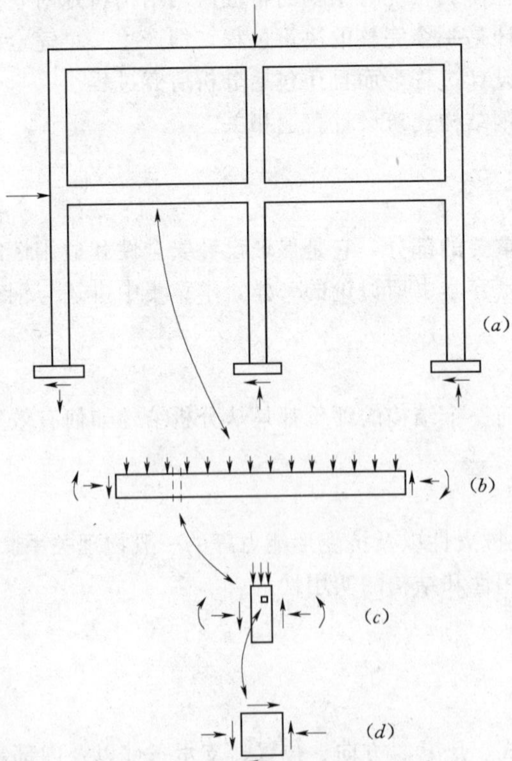

图4.1（*b*）为从框架上隔离出来的单个梁的隔离体图。该梁承受两种力：自重以及梁端部和与梁相连的柱之间的相互作用力。梁和柱之间的相互作用力在框架隔离体图中是看不到的，因此梁的隔离体图目的之一是阐明此相互作用力。注意：柱子传递给梁端的不仅有弯矩，还有水平力和竖向力。

图4.1（*c*）为沿梁长度方向上部分梁的隔离体，给出了梁的内力作用。在该隔离体上作用有自重和剖面相反一侧对该梁段所施加的作用力，正是由于此内力使得整个梁的剩余部分保持平衡。

图4.1（*d*）为梁截面隔离体中的一小段或一部分，该图显示了这部分与相邻部分间的作用力。此图有助于设计人员了解结构所受的应力。既然这样，由于它是梁的一部分，因此受到剪应力和线性压应力的作用。

(*a*)
(*b*)
(*c*)
(*d*)

图4.1 隔离体示意图

荷载-变形结构放大示意图有助于定性确定作用力和形状改变之间的关系。实际上，可以从力或应力的类型来推断变形的形式，反之亦然。

例如，图 4.2（*a*）表示的是图 4.1 所示框架在风荷载作用下的变形放大示意图。应注意从图中如何确定框架的每个构件的弯曲作用特性。图 4.2（*b*）给出了在不同类型应力下，单个隔离体的变形特性。

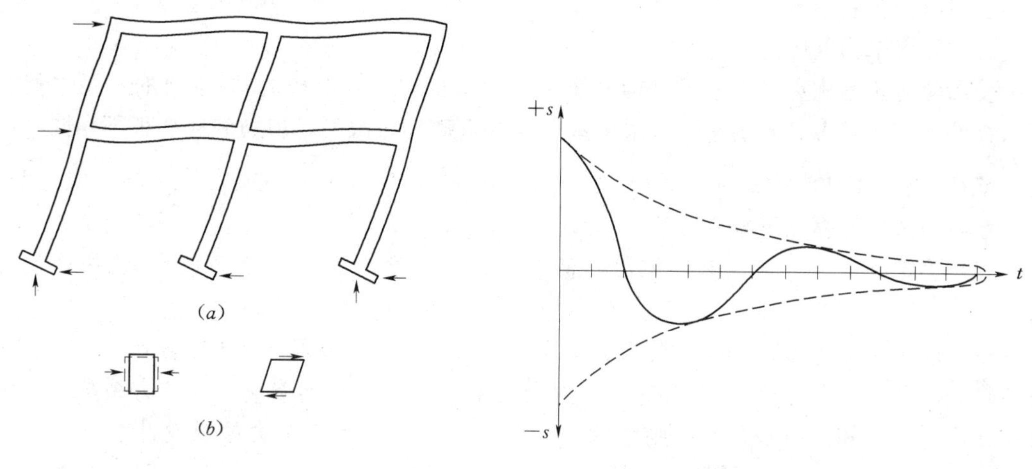

图 4.2 结构的变形

图 4.3 阻尼循环运动示意图

比例图为一些数学关系或实测数据的图形。例如，图 4.3 代表一弹性弹簧阻尼振动的形式。该图是位移-时间（*s*-*t*）关系图，其关系式如下：

$$s = \frac{1}{e^t} P \sin(Qt + R)$$

虽然方程已经足够描述位移-时间的关系，但是图示还可以表示位移-时间关系的很多方面，比如位移衰减的比率，振动周期以及在某一特定时间里振动的具体位置等。

4.2 分析与设计方法

传统的结构设计方法是围绕着工作应力法展开的，此方法现在称为**应力设计**或**容许应力设计**(allowable stress design，ASD)。此方法依赖于经典的弹性特性理论，用两个极限值来衡量设计的安全性：可接受最大应力（称为**容许工作应力**）和容许的变形极限值（挠度、伸长等）。这两个极限值是结构在使用荷载下的效应，即正常使用条件下的荷载效应。同时，**承载力法**是用来衡量设计是否足以抵抗其绝对荷载极限，即当结构必须破坏时，结构抗力是否大于结构效应。

为了得到令人信服的应力极限值、应变极限值以及破坏极限，大量进行现场（在实际结构上）和试验室（在结构样本原型或模型上）试验。

提示 研究实际结构的破坏是为了研究和确定结构的可靠性。

实际上，工作应力法是指设计一个结构，使其在工作状态下只发挥部分承载力。承载力法是设计一个结构使其发生破坏，但是当实际荷载没有超过破坏荷载时，结构不会发生破坏。显而易见，应力法和承载力法是不同的，但是这种不同主要是设计程序上的不同。

应力法（ASD法）

应力法应遵循以下规则：

（1）尽可能合理地假设和确定使用（工作）荷载的状况。可以通过确定可能的统计荷载组合（如恒载+活载+风载）来调整荷载状况，同时考虑荷载的持久性等。

（2）确定不同结构效应下——受拉、受弯、受剪、屈曲及变形等的标准应力、应变和变形极限值结构效应。

（3）评定结构效应。

使用应力法的优点是集中于结构的使用状态（真实的或期望的）。主要的不足之处在于人为的把破坏状态分离出来——大多数结构接近破坏极限时，应力和应变很不相同。

承载力法（LRFD法）

承载力法应遵循以下规则：

（1）确定使用荷载值。然后乘以一修正系数（本质上是一安全系数），即得到**设计荷载**。

（2）假设结构的各种效应，并确定结构在适当效应下的极限（最大或破坏）抗力（如受压、屈曲及受弯等的抗力）。有时该抗力受到某一修正系数的影响，即**抗力系数**。在设计中使用了荷载和抗力系数时，则承载力法有时又被称为**荷载抗力系数设计法**(load and resistance factor design，LRFD)（见第4.9节）。

（3）对照结构的使用抗力与极限设计抗力（分析过程），或建议采用适当抗力的结构（设计过程）。

设计人员比较愿意使用承载力法的主要原因是结构的破坏比较容易检验。什么样的工作状况才合适是一个值得思考的问题。无论如何，最初被用于设计钢筋混凝土结构的承载力法，现在已用于各专业设计。

不过，经典弹性理论作为基本方法仍然用于结构工作状况的假设上。但是，由于非线性材料、二次效应和多重模式效应等的影响，使得极限效应常常不同于传统的效应。换言之，通常的步骤是先考虑传统的弹性效应，然后观察（或推测）接近破坏极限时结构的反应。

4.3 梁和柱分析

结构的研究始于整体结构的分析，以便确定内力（拉力、压力、剪力、弯矩和扭矩）的类型和大小以及支座处的效应（即反力）。对于由简支梁和单个铰接柱组成的体系（例如木框架），分析较容易。另一方面，大多数的混凝土框架结构不仅有跨越多跨的连续构件，而且还包括组成刚性框架的梁-柱体。因此，混凝土框架通常是超静定的，且分析复杂。

大多数钢框架是介于简单与复杂之间的。虽然大多数钢梁是简支跨的，且大多数单层柱是典型的铰接，但是梁有时是连续跨的，且多层柱有时作为单独构件被延伸穿过几层。在特殊情况下，设计人员可以采用抗弯节点的钢框架。例如，为了抵抗来自风和地震荷载的侧向力。

分析复杂的超静定结构不属于本书研究的范围，但是本章力图解释超静定结构的某些特性。

提示 对于一个近似设计，可以采用任何一种近似方法（见第 4.5 节）。

1. 柱分析

研究柱始于直接的轴向受压构件。如果柱较细长，那么必须考虑柱的屈曲。在钢框架结构中，柱也承受弯矩和剪力。而且通常空间刚性框架中，柱主要承受双向弯曲，有时也承受扭矩。此外，因为柱的精确设计是很困难的，即使对于铰接的、承受轴向荷载的柱子，设计人员也必须假设结构发生弯曲作用。

在本书第 7 章将讨论柱的分析与设计，在第 7 章将详细阐述柱-梁框架的某些特性。

2. 梁分析

简支梁（单跨梁）在钢筋混凝土中很少出现，只有当单跨梁被支承在承重且几乎无约束的支座上［见图 4.4（*a*）］，或者当梁和柱用几乎无抵抗弯矩能力的连接进行连接时［见图 4.4（*b*）］，才可能出现简支梁。但是简支梁在木结构和钢结构中比较普遍。

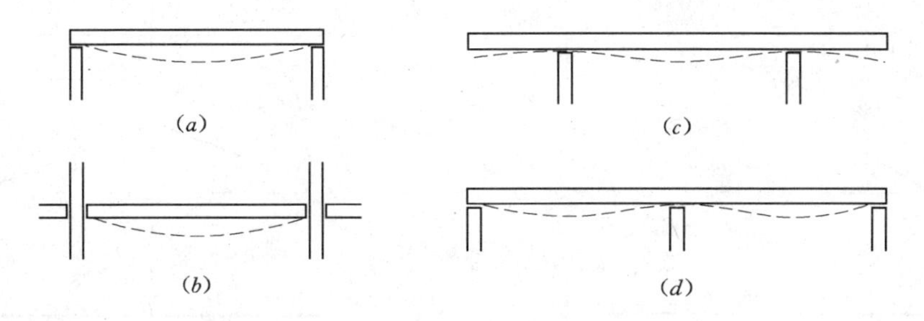

图 4.4 不同类型梁的弯曲变形

当在支座处的跨越构件以悬臂端［见图 4.4（*c*）］或多跨［见图 4.4（*d*）］形式在支座上延伸时，被支承在承重支座上的单层结构可以承受复杂的弯矩。这样的情形在木结构和钢结构中比较常见，且在钢筋混凝土中偶尔也会出现。木结构和钢结构的构件沿长度方向横截面是恒定的，因此设计人员仅需求出一个最大的剪力值和一个最大的弯矩值。图 4.5 给出了梁和柱统一浇筑时混凝土结构的一般情况。对于单层结构［见图 4.5（*a*）］，在梁与其支承柱之间的刚性节点产生的特性如图 4.5（*b*）所示——柱对梁端的转动提供了一定的约束。因此，柱顶和图 4.4（*c*）所示梁跨的中间部分均增加了一些弯矩，分别为负弯矩和正弯矩。

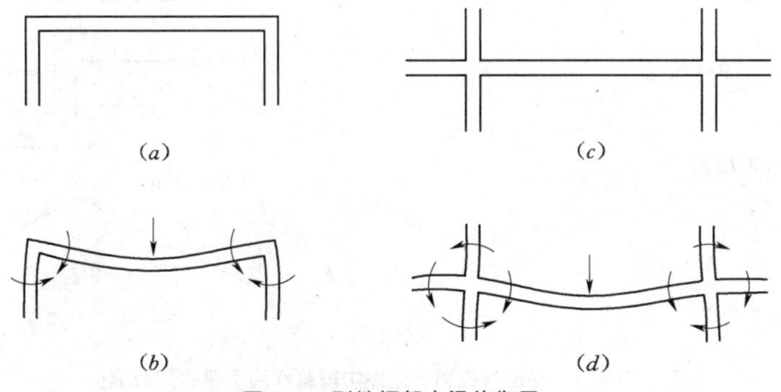

图 4.5 刚性框架中梁的作用

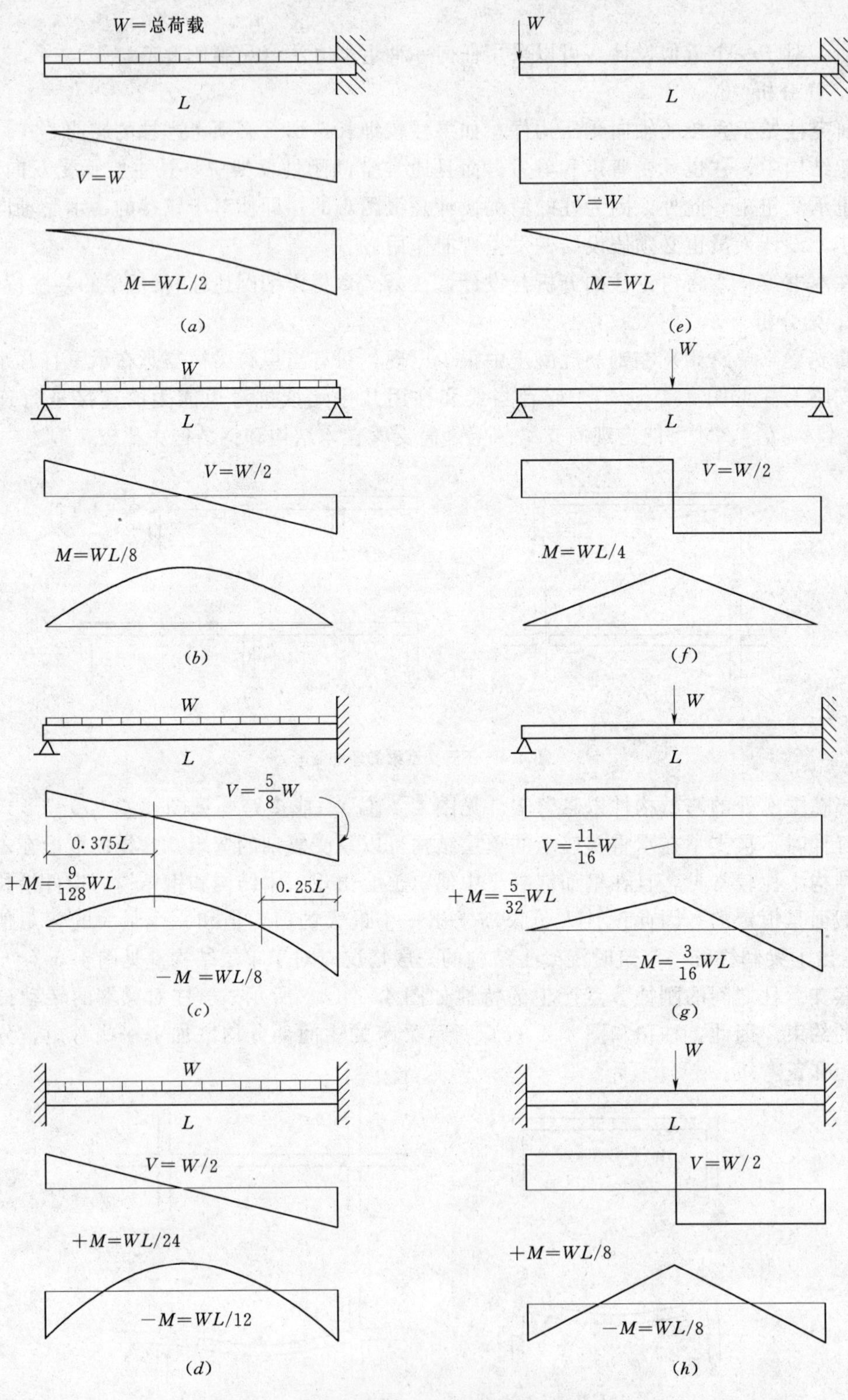

图 4.6 均布荷载和单个集中荷载作用下梁的效应值

对于多层和多跨刚性框架体系，结构典型特性如图 4.5（*d*）所示，即对于某一跨梁的端部，上、下层柱以及与此梁相邻的梁均有约束作用。这种情形在混凝土中比较普遍，但是在钢结构中，只有采用焊接或重型螺栓的抗弯连接中才会出现。

图 4.4（*d*）、图 4.5（*a*）和图 4.5（*c*）所示的结构为超静定结构，即不能仅用静力平衡来分析该结构。虽然详细论述超静定结构的特性不是本书论述范围，但是本书阐述了影响连续框架特性的因素并给出了一般框架体系的近似分析方法。

（1）梁端约束作用。图 4.6（*a*）～（*d*）给出了均布荷载作用下不同支座条件对单跨梁的影响。每一个图中都包含最大的弯矩和剪力，端部反力与端部剪力相等。

图 4.6（*a*）所示为仅在一端支承，且为固接的**悬臂梁**。固接端处的剪力和弯矩均最大，无支承端处挠度最大。

图 4.6（*b*）所示为一典型简支梁，其支座仅提供竖向力。这种支座称为**自由端**（即梁端的转动约束自由）。支座处的剪力最大，且跨中的弯矩和挠度最大。

图 4.6（*c*）所示为一端自由，另一端固接，且竖向反力和剪力不对称的单跨梁。固端剪力最大，最大弯矩为负弯矩（在固接端），最大挠度在靠近自由端某点处。

图 4.6（*d*）所示为两端固接的单跨梁，支承条件对称导致反力、剪力和弯矩均对称。最大挠度出现在跨中。**注意**：剪力图与简支梁的剪力图相同。

梁的连续性和端部的约束作用既有有利的一面，也有不利的一面。最有利的一面是挠度降低了，这对于木结构和钢结构是很重要的，因为挠度是关键，而混凝土结构中挠度不是很重要。对于一端固接的梁，最大剪力增加了且最大弯矩与简支梁的相同（两方面均无益处）。对于两端固接的梁，剪力不变，而弯矩和挠度却减小了。尽管如此，在刚性框架中，约束使梁的弯矩和挠度减小了，但是柱必须承担一部分弯矩。设计人员利用刚性框架来抵抗来自风和地震的侧向荷载，必须分析侧向荷载和重力荷载的复杂组合。

（2）集中荷载作用。屋面和楼面的框架体系是由等跨梁组成，而且该梁是由与之垂直的其他梁支承的。支承次梁的主梁承受一系列间隔的集中荷载——即被支承次梁的端部反力。图 4.6（*e*）～（*h*）所示为在梁跨中心仅受一个集中荷载的单跨梁（图 4.7 表示单跨梁承受两个及多个等间距的集中荷载）。**注意**：当单跨梁承受三个或三个以上的集中荷载时，则该构件可以认为承受均布荷载，并且利用图 4.6（*b*）～（*d*）所给的值。

（3）多跨梁。图 4.8 所示的是在各种荷载作用下的两等跨连续梁。当为连续梁时，必须考虑部分梁承受荷载的可能性，如图 4.8（*b*）、（*d*）所示。例如，图 4.8（*b*）连续梁比满跨布置荷载的连续梁［见图 4.8（*a*）］承受的总荷载要小，但是最大正弯矩和自由端剪力较大。

提示 设计人员在计算梁的整体作用时，应同时考虑**恒载**（结构的永久重量）和**活载**（人、家具和雪等）的效应。

图 4.9 为三等跨的连续梁。图 4.9（*a*）给出了恒载加载情况（一般满跨布置）的连续梁，而图 4.9（*b*）～（*d*）给出了部分加载的可能性，每一种荷载布置形式产生特定的反力、剪力、弯矩和挠度临界值。

（4）复杂的受荷和跨度情况。图 4.6～图 4.9 给出了一般情形。对于其他情形，例如不对称加载、不等跨、悬臂自由端等，设计人员必须分析超静定结构。另一种情况是查阅手

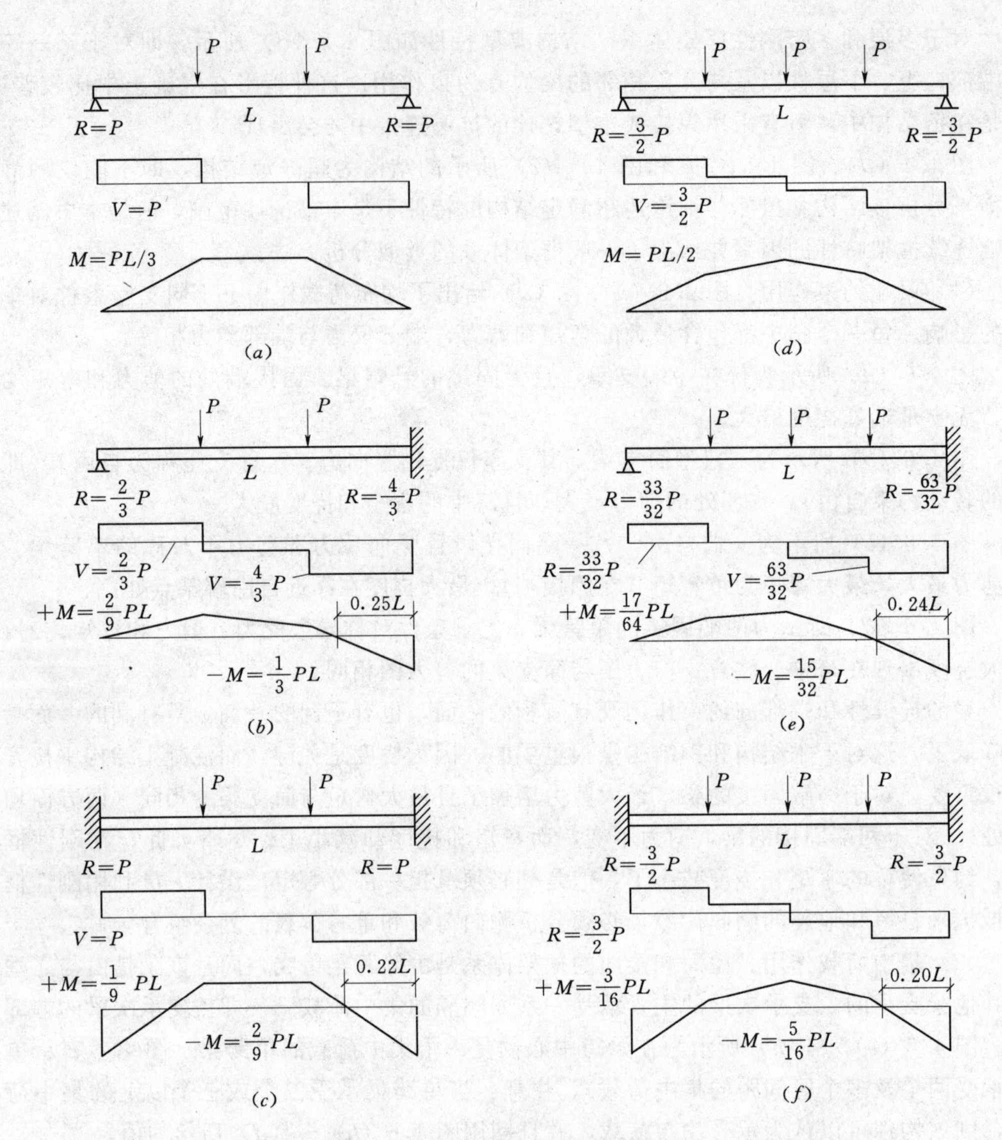

图 4.7 多个集中荷载作用下梁的效应值

册，而且该手册包含与本书类似的表格。推荐两种文献：即 CRSI 手册和 AISC 手册。

本书第 11 章将讨论荷载。由于结构目标是抵抗荷载，因此设计人员必须了解荷载，包括其来源以及如何可靠的确定其大小。

4.4 柱-梁框架体系分析

框架是由两个或两个以上的构件用连接彼此相连而成，且在构件端部之间能够传递弯矩的体系，称为**刚性框架**。该连接称为**刚性连接**或**抗弯连接**。大多数的刚性框架结构都是超静定的，仅考虑静力平衡条件不能完全分析此类结构。

提示 事实上，本节提到的实例是静定的刚性框架，因此可以用本书介绍的方法完全求解。

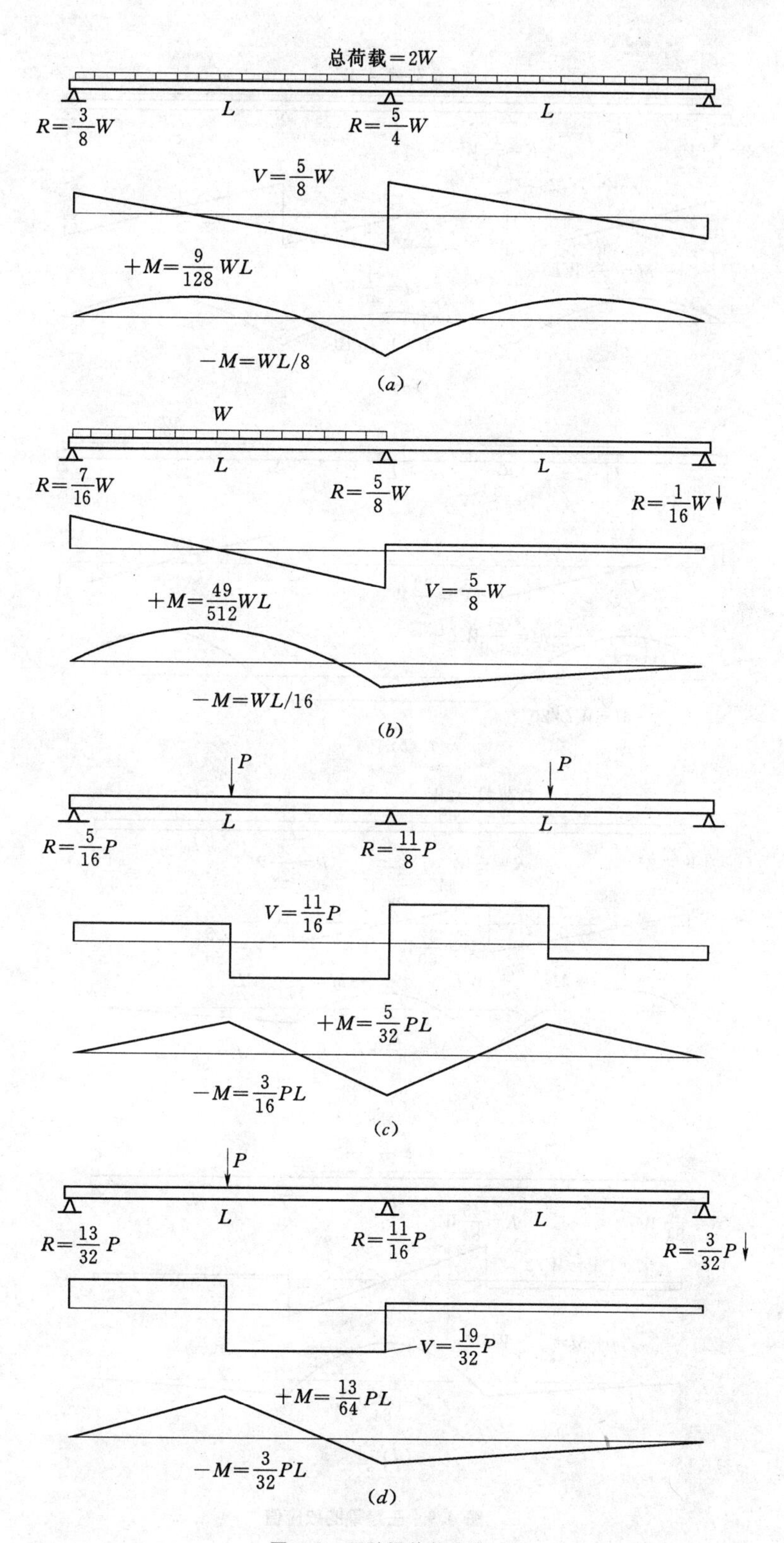
总荷载=2W
L
L
R=3/8W
R=5/4W
V=5/8W
+M=9/128WL
−M=WL/8
(a)
W
L
L
R=7/16W
R=5/8W
R=1/16W
V=5/8W
+M=49/512WL
−M=WL/16
(b)
P
P
L
L
R=5/16P
R=11/8P
V=11/16P
+M=5/32PL
−M=3/16PL
(c)
P
L
L
R=13/32P
R=11/16P
R=3/32P
V=19/32P
+M=13/64PL
−M=3/32PL
(d)

图 4.8 双跨梁的效应值

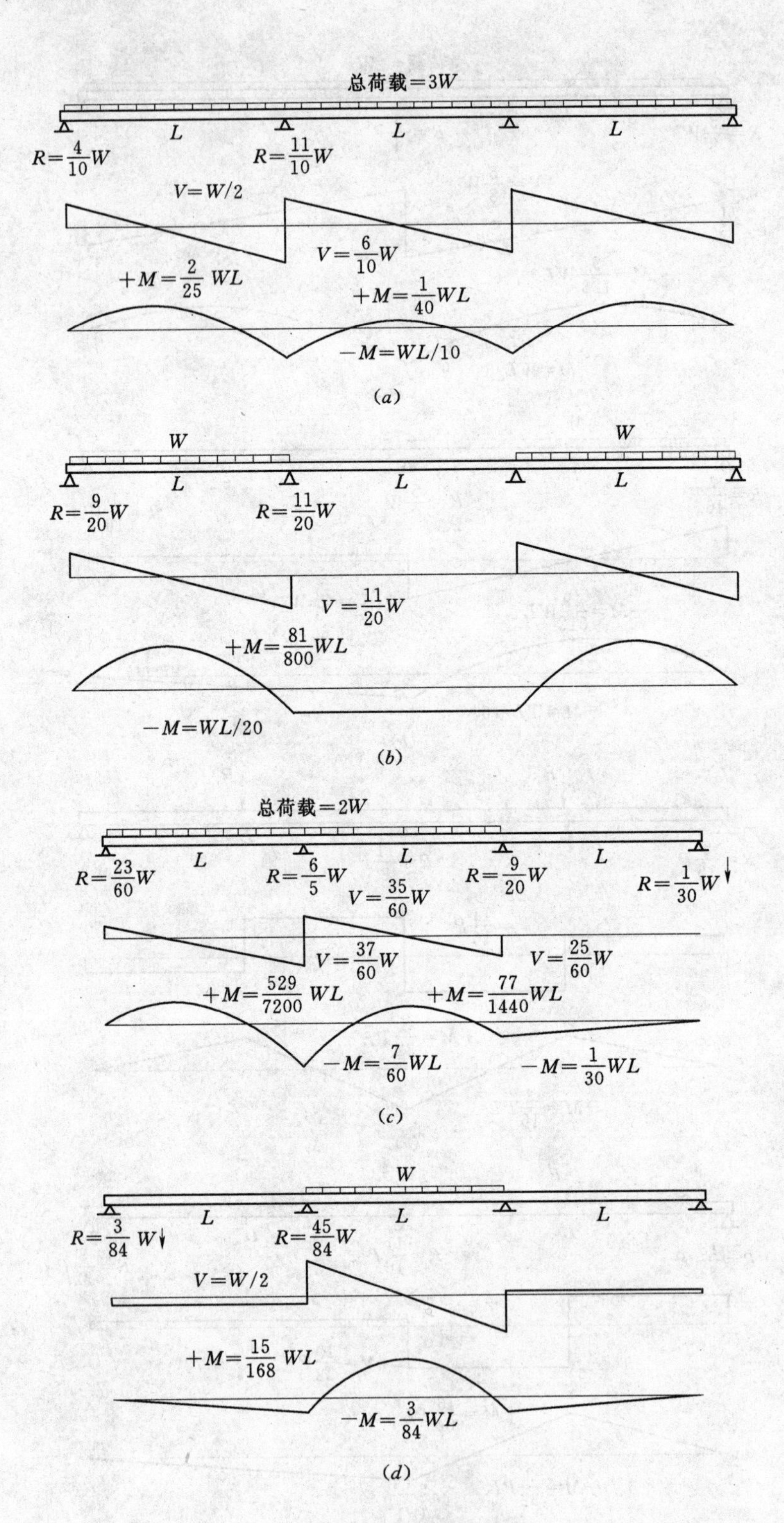
总荷载=3W
L
L
L
$R=\frac{4}{10}W$
$R=\frac{11}{10}W$
$V=W/2$
$V=\frac{6}{10}W$
$+M=\frac{2}{25}WL$
$+M=\frac{1}{40}WL$
$-M=WL/10$
(a)
W
W
L
L
L
$R=\frac{9}{20}W$
$R=\frac{11}{20}W$
$V=\frac{11}{20}W$
$+M=\frac{81}{800}WL$
$-M=WL/20$
(b)
总荷载=2W
L
L
L
$R=\frac{23}{60}W$
$R=\frac{6}{5}W$
$R=\frac{9}{20}W$
$R=\frac{1}{30}W$
$V=\frac{35}{60}W$
$V=\frac{37}{60}W$
$V=\frac{25}{60}W$
$+M=\frac{529}{7200}WL$
$+M=\frac{77}{1440}WL$
$-M=\frac{7}{60}WL$
$-M=\frac{1}{30}WL$
(c)
W
L
L
L
$R=\frac{3}{84}W$
$R=\frac{45}{84}W$
$V=W/2$
$+M=\frac{15}{168}WL$
$-M=\frac{3}{84}WL$
(d)

图 4.9 三跨梁的效应值

1. 悬臂框架

图 4.10（*a*）所示的框架是由两个构件组成的，且在其交点处刚性连接。竖向构件的底部固接，为框架的稳定性提供了必要的支承条件。水平构件承受均布荷载，且其作用为一简支悬臂梁。由于只有一端固接，因此该框架被称为**悬臂框架**。

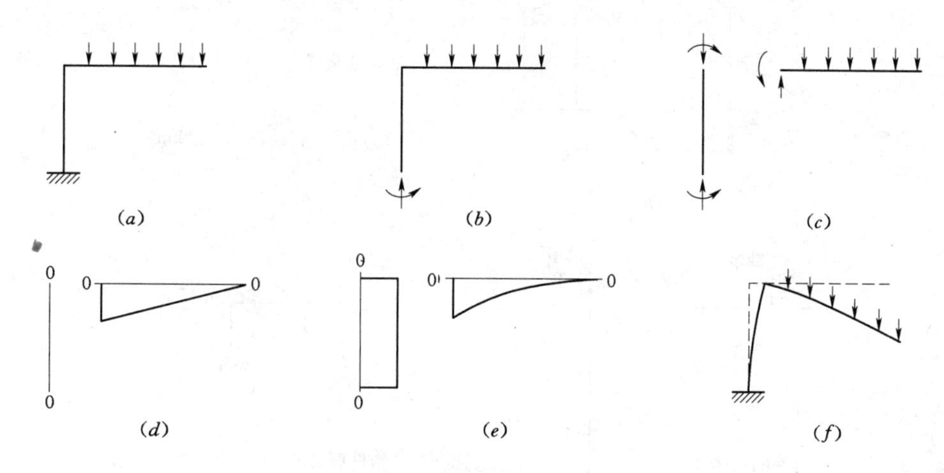

图 4.10　悬臂刚性框架的效应

图 4.10（*b*）～（*f*）为帮助设计人员分析框架特性的受力简图：

（1）整体框架的隔离体图表示荷载以及反作用力的分量。研究此类简图有助于设计人员了解反力的特性并确定框架稳定性的必要条件。

（2）单个构件的隔离体图有助于设计人员了解框架各构件间的相互作用，而且也有助于设计人员计算框架内力。

（3）单个构件的剪力图有助于设计人员了解，甚至计算单个构件的弯矩变化。除非与采用的弯矩符号相一致，否则没必要采用特殊的符号惯例。

（4）单个构件的弯矩图有助于设计人员确定框架的变形。采用的符号惯例是将弯矩画在构件受压的一侧。

（5）承受荷载的框架变形图是横向框架的放大图形，常常画在未受荷载的框架上。此类图形有助于设计人员了解框架特性，尤其是外力和框架各构件之间内力的特征。对照变形图与弯矩图是有用的。

当分析一个结构时，首先绘制变形草图，利用此图来二次检验其他设计工作的正确性。

2. 实例

以下实例给出了简支悬臂框架的分析。

【例题 4.1】　确定图 4.11（*a*）所示结构中各反力分量，并绘制框架的隔离体图、剪力图、弯矩图和变形图。

解： 首先确定反力。考虑整个框架的隔离体图［见图 4.11（*b*）］，计算反力如下：

$$\sum F = 0 = +8 - R_v$$

$$R_v = 8\ \text{kip(向上)}$$

关于支座：

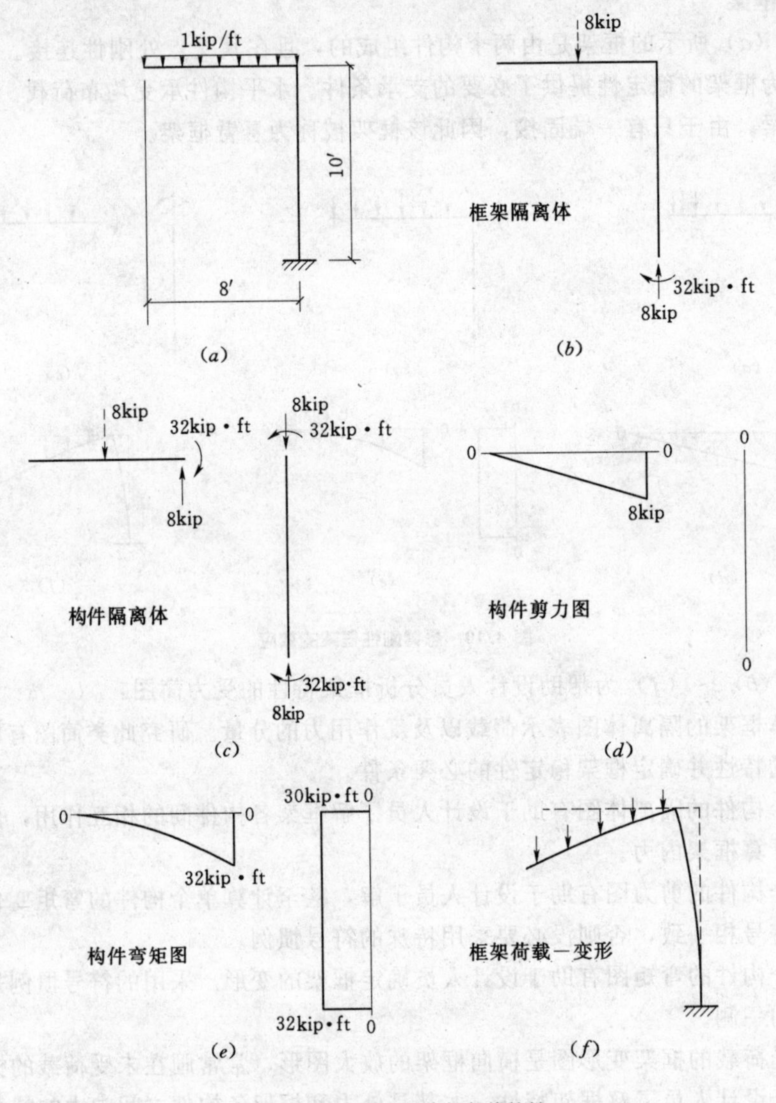

图 4.11 例题 4.1 中框架的特性

$$\sum M = 0 = M_R - 8 \times 4$$

$$M_R = 32 \text{ kip} \cdot \text{ft}(\text{顺时针})$$

注意：反作用力分量的方向或符号，参见隔离体图。

单个构件的隔离体图表示的是刚性连接必须传递的作用力。可以利用框架任一构件的平衡条件求解该作用力。注意：两个构件的力和弯矩的符号是相反的，这表示一个构件的作用力相对于另一个构件的作用力是相反的。

在本例中，竖向构件不受剪力。因此，从竖向构件顶部到竖向构件底部的弯矩是定值，柱的隔离体图、剪力图、弯矩图及变形图与此相一致。水平构件的剪力图和弯矩图与悬臂梁的相同。

通过本例题和许多简单的框架，不用任何计算，就可以直观知道结构的变形特征。作者建议这样的目测法只是分析的第一步，应该不断的检查隔离体的计算是否与变形后的结构相一致。

【例题 4.2】 确定如图 4.12 (*a*) 所示结构中各构件的反力分量，并绘制框架的剪力图、弯矩图和变形图。

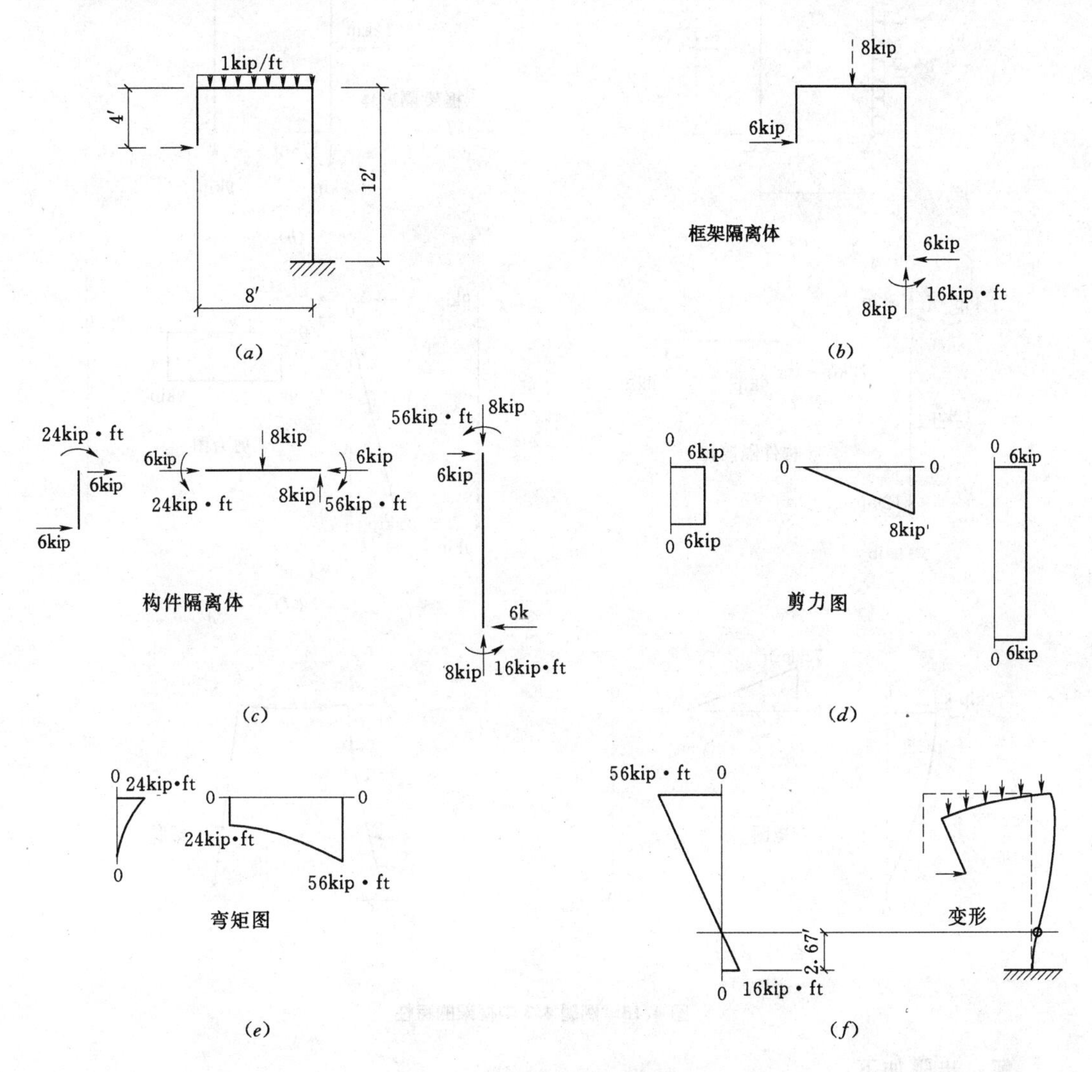

图 4.12 例题 4.2 中框架的特性

解：由于荷载和作用力组成了一个共面的受力体系，因此三个作用力分量必须保持平衡。由整个框架的隔离体图［见图 4.12 (*b*)］，对于共面体系可以利用三个平衡条件来求解水平力分量、竖向力分量和弯矩分量。如果必要的话，可以把这三个作用力合并成为一个矢量，不过设计上很少这么做。

注意：由于在支座处水平荷载产生的弯矩比竖向荷载产生的大，因此变形发生在较大的竖向构件（柱）上。既然这样，在精确地绘制变形图之前，应先计算弯矩值。

一定要保证单个构件的隔离体图处于平衡状态，且要注意各图之间的相互关系。

【例题 4.3】 分析如图 4.13 所示框架的作用反力和内力。注意：右端支座只考虑竖向向上反力，而左端支座则考虑水平和竖向两种反作用力，两端均不承受弯矩。

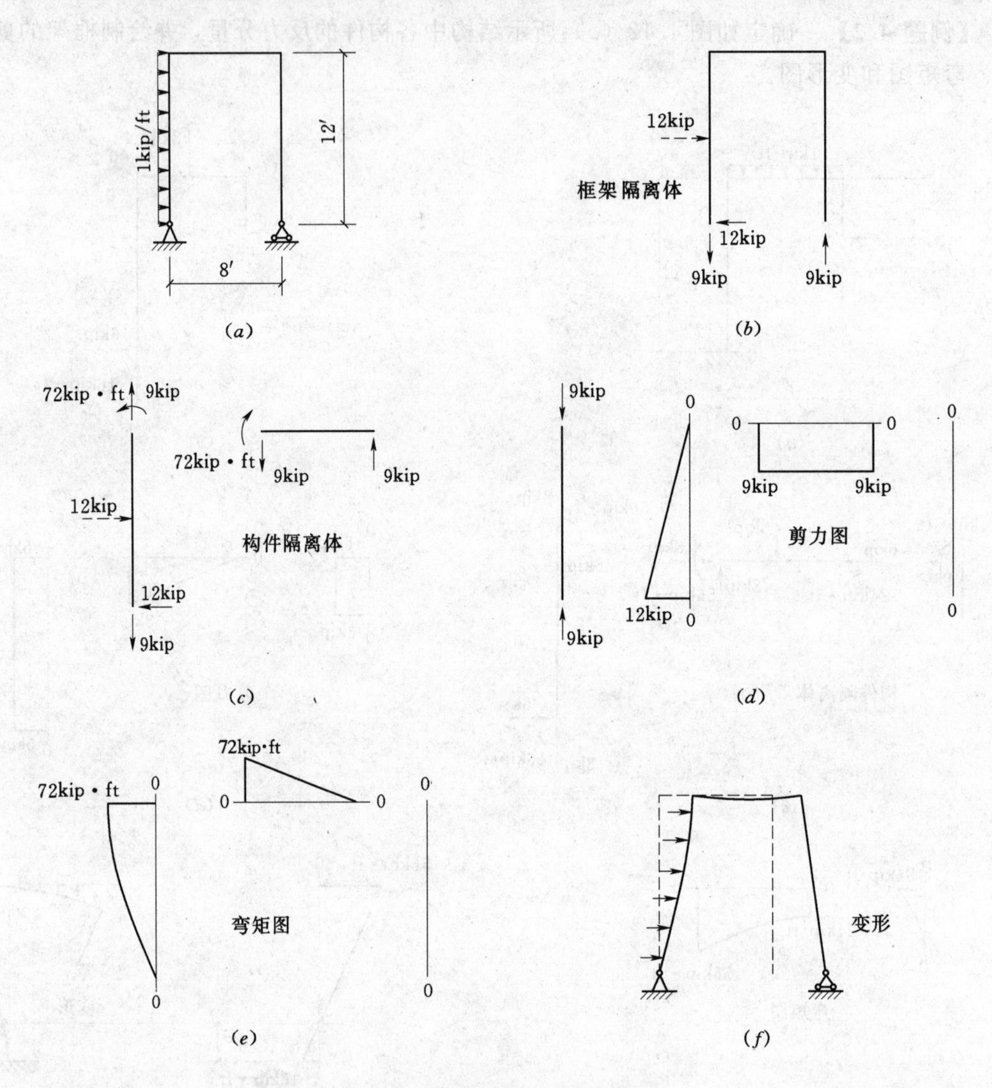

图 4.13 例题 4.3 中框架的特性

解：步骤如下：

(1) 绘制变形草图（虽然有些棘手，但是一个很好的锻炼机会）。

(2) 根据整个框架隔离体图的平衡条件计算反力。

(3) 根据左端竖向构件的平衡条件，确定左端竖向构件顶部的内力。

(4) 考虑水平构件的平衡。

(5) 考虑右端竖向构件的平衡条件。

(6) 绘制剪力图及弯矩图，然后校核相互关系的正确性。

提示 在试图解答以下习题之前，应独立练习图 4.13 所示习题。

习题 4.4A、B、C 如图 4.14 (*a*) ～ (*c*) 所示的框架，试求框架的反力，并绘制隔离体图、剪力图、弯矩图以及受荷结构的变形草图。

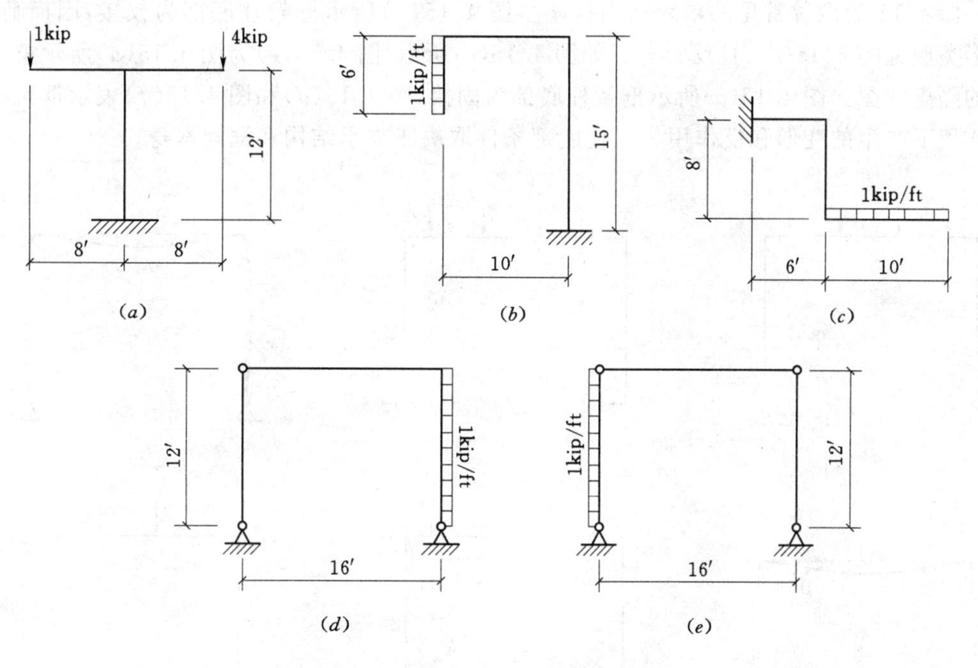

图 4.14 习题 4.4A～E 的参考示意图

习题 4.4 D、E 分析如图 4.14（d）、（e）框架的反力和内力。

4.5 超静定结构的近似分析

分析复杂的超静定刚性框架，最好使用计算机辅助法，专业设计人员通常采用有限元法程序。诸如力矩分配法等手算方法在以前常用，但是即使结构只受一个荷载作用，其工作量也是很大的。

当框架节点没有线位移（即只发生转动）时，刚性框架的特性可以简化很多，但是这种情况一般只发生在对称框架承受对称重力荷载条件下。如果框架为不对称的，且所受重力荷载不是均匀分布的，或者施加侧向荷载，则框架节点会发生侧向移动（称为**侧移**），且节点位移要产生附加力。

如果节点位移相当大，那么在竖向构件中由于 $P-\Delta$ 效应而使力效应明显增大（见第 6.11 节）。在包含重型构件的刚性框架中，这种变化不是很重要。然而，对于柔性很大的框架（如木框架或钢框架），这种效应可能就很严重。那么必须计算节点的实际侧向运动以求得偏心距，而通过偏心距就可以确定 $P-\Delta$ 效应。钢筋混凝土框架通常非常刚，其 $P-\Delta$ 效应不如柔性很大的木框架和钢框架那么显著。

刚性框架的侧移与框架的总刚度有关。当几榀框架同时承受一种荷载时，如由几榀框架组成的多层建筑，必须确定框架的相对刚度，为此，应考虑相对抗侧力。

两种常见刚性框架的类型是**单跨横向框架**（single-span bent）和**竖向平面框架**（vertical，planar bent）（在单个平面内由多层柱和多跨梁组成）。

1. 单跨横向框架

图 4.15 为两种常见的单跨横向构架。图 4.15(*a*)所示框架柱底部为铰接,因而荷载-变形类型见图 4.15(*c*),且反力分量如图 4.15(*e*)所示,图 4.15(*e*)为图 4.15(*a*)所示整个框架的隔离体图。图 4.15(*b*)所示框架柱底部为固接,图 4.15(*d*)和图 4.15(*f*)表示框架在荷载作用下产生的变形和反作用力。柱底部条件取决于支承结构和框架本身。

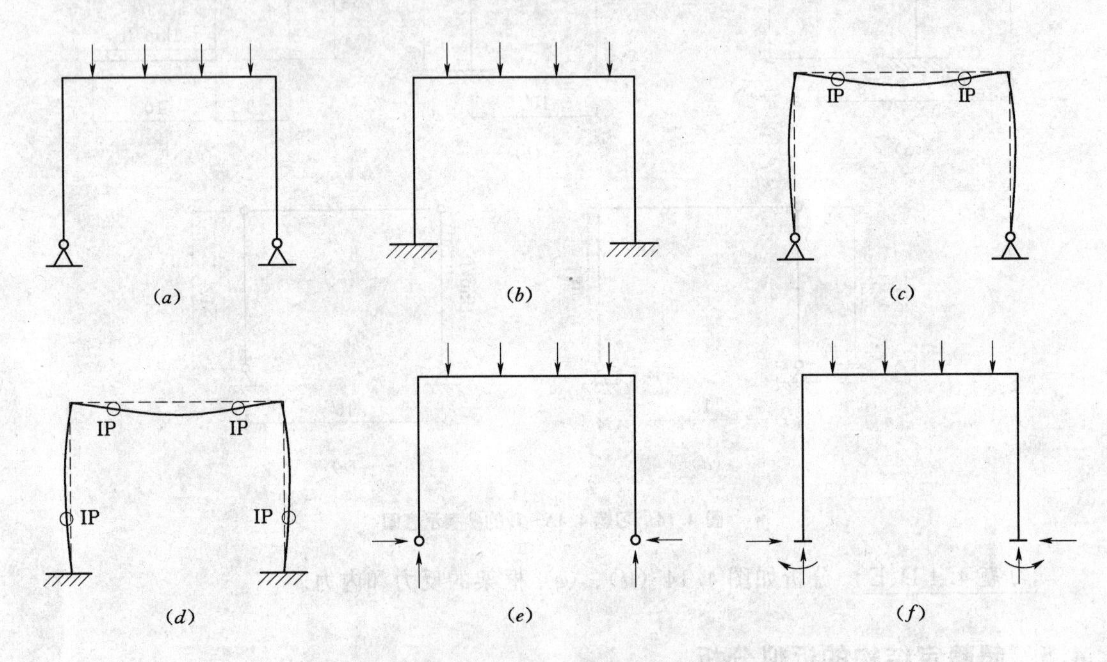

图 4.15 重力荷载作用下刚性框架的效应

图 4.15 所示的框架为超静定结构，因此不仅要用静力法分析，而且还应用其他方法分析。然而，如果框架结构对称且受荷均匀，那么上端节点不发生侧移，且框架的工作状况是常见形式，因此，可以通过图乘法、三弯矩方程及力矩分配法来分析，尽管对于此普通结构形式也可以通过表格值求得结构特性。

图 4.16 所示为在上部节点施加水平荷载的单跨横向框架。由于上部节点发生侧移，因此框架产生了变形［图 4.16（*a*）和图 4.16（*b*）表示反力分量］。虽然有些问题的解答是显而易见的，但此类框架仍为超静定结构。例如，对于图 4.16（*a*）所示柱底部铰接的框架。通过某一柱的力矩平衡方程可以解出该柱的竖向反力，加上两个水平反力，剩下一个方程求解另一个竖向反力。然后，如果考虑两支座具有相同的抗力，则水平反力等于荷载的 1/2。这样框架的受力特性就可以完全确定，即使理论上仍然是超静定的。

图 4.16(*b*)所示为柱底固接的框架。可以用类似的步骤求解反力的直接力分量。但是,固端弯矩值不能用这种简化步骤。正如图 4.15 所示的框架,对于此类分析,必须考虑构件的相对刚度,而上述这些,可以利用力矩分配法或者解答超静定结构的任何一种方法。

2. 竖向平面框架

刚性框架结构通常用于作为多层建筑结构组成部分的多层、多跨框架中。虽然刚性框

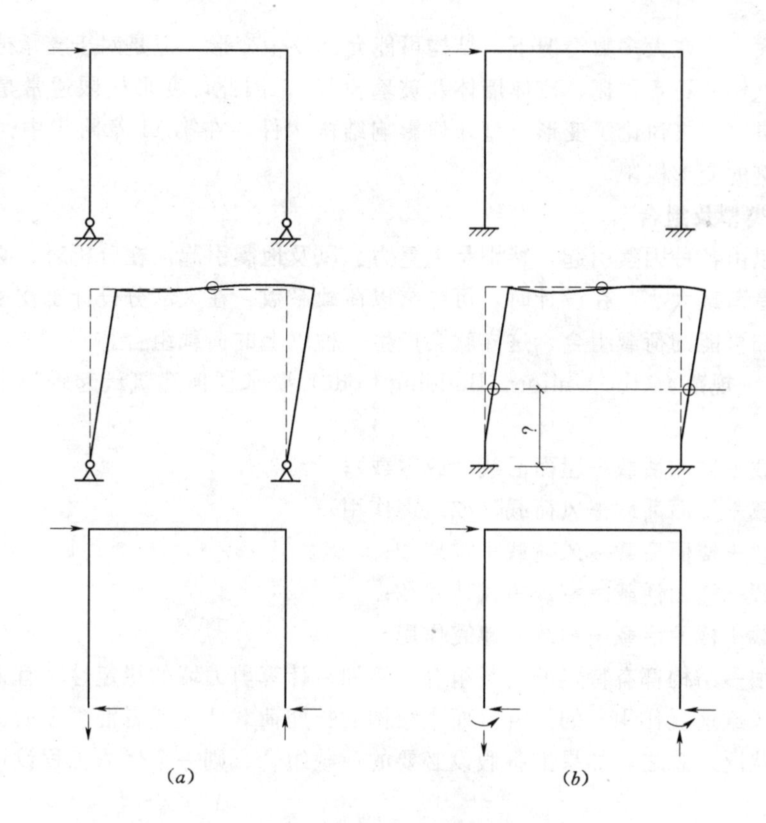

图 4.16 侧向荷载作用下刚性框架的效应

(*a*) 柱底铰接；(*b*) 柱底固接

架一度被用于抗弯刚架，但是大多数情况下，此类框架用作侧向支撑构件，且可以承受各种类型的荷载。

多层刚性框架也是超静定结构，其分析是复杂的，设计人员必须考虑几种不同荷载的组合。当荷载或结构不对称时，框架发生侧移，分析框架的内力就更复杂了。除了早期的近似设计外，如今都利用计算机辅助系统来分析，且此类计算机辅助系统的软件随处可见。

基于最初设计的目的，有时可以利用近似分析方法来获得比较精确的构件尺寸。实际上，很多仍然存在的老式高层建筑完全是利用此类方法设计的——这些高层建筑也是上述设计方法有效的见证。

4.6 正常使用状态

结构的基本作用主要由其**使用荷载状态**定义，即描述结构用来承担什么样的荷载（正常使用条件下）。这个定义试图确定荷载的来源和效应。结构的作用可以根据荷载的类型（或来源）、荷载的大小及其作用方式来确定。此外，设计人员必须预计可能同时参与的荷载组合。

提示 第 11.1 节将讨论了设计人员如何利用目前的参考文献来进行荷载设计，此节后面阐述了根据具体建筑使用情况来确定荷载状况的必要性。

如何使结构能够承受荷载是结构设计的一个主要部分。设计人员也应尽量预测结构变形的特点和大小。在大多数情况下，结构可能允许发生变形，但是对于支承或围护结构却是不允许的（例如石膏顶棚、砌体墙体及玻璃窗等）。因此，变形极限通常是由非结构因素引起的。贯穿本书讨论了变形类型如何影响结构构件，在第11章将集中讨论导出用于具体建筑实例的变形极限。

1. 荷载类型及组合

荷载可以由各种因素引起，特别是由重力、风及地震引起。在分析时，必须首先确定分析方法或者荷载大小，在设计时，可能乘以荷载系数。在大部分设计工作中，必须考虑所有统计的和可能的荷载组合，这样就会产生一种以上的荷载组合。

《建筑统一规范》(the Uniform Building Code) 要求任何建筑最起码都应考虑以下荷载组合：

(1) 恒载＋楼面活载＋屋面活载（或雪载）；

(2) 恒载＋楼面活载＋风荷载（或地震作用）；

(3) 恒载＋楼面活载＋风荷载＋雪载/2；

(4) 恒载＋楼面活载＋雪载＋风荷载/2；

(5) 恒载＋楼面活载＋雪载＋地震作用。

此外，很多结构都有特定的荷载组合。例如，计算剪力墙的稳定性时宜采用恒载加上水平荷载（风或地震作用）的组合。而木结构的长期荷载状况或者混凝土的徐变以恒载作为永久荷载状况。总之，如果准备假设必要的荷载组合，则一个优秀工程设计人员的判断必须正确。

对于有些结构只须考虑一个荷载组合。但是，对于包含了很多结构构件的复杂结构（桁架及抗弯建筑框架等），必须设计不同临界荷载组合下的单个构件。因此，虽然假设简单结构的临界荷载组合比较简单，但是有时对不同的荷载组合进行分析是有必要的，然后仔细比较所得出的结论，以便进行正确的设计。

2. 设计荷载

不同的荷载来源（重力恒载、重力活载、风载及地震荷载等）实质上是不同的。反过来说，不同的荷载有着不同的统计意义。对于应力设计法和承载力法，都可以通过对单个使用荷载乘以荷载系数（即通过一个系数来增大或减小荷载）来进行调整。

提示 当使用荷载组合时，确定修正系数比较复杂。

在应力设计法中，通过调整容许应力来完成荷载因子的相乘。一般的步骤是给出标准条件下的基本容许应力，然后给出其他条件下的修正系数。

正如在第4.10节所述，承载力法包括设计荷载的调整，修正系数分别用于不同类型的荷载（如恒载、活载及风载等）。为了全面分析复杂超静定结构的所有合理荷载组合，即该结构上可能有哪几种不同分布情况的荷载需要进行大量的计算。

贯穿本书给出了极限设计荷载的应用实例。修正系数是根据建筑规范（或根据建筑规范采用的一些文献）确定的。然而，设计人员可以根据个人经验有规律的调整修正系数。

4.7 容许应力设计

正如第4.2节所述，容许应力设计方法（称为ASD）利用极限应力来控制结构的安全性。ASD的要求主要是根据由美国钢结构协会（AISC）出版的《钢结构手册——容许应力设计》(Manual of Steel Construction－Allowable Stress Design)（称为AISC手册，简称为ASD）中的**钢结构建筑规范——容许应力设计和塑性设计**(Specification for Structural Steel Buildings-Allowable Stress Design and Plastic Design）而建立的。AISC手册也包括了标准钢构件的基本数据以及设计的附表和附图。

结构钢主要是指用热轧型钢（即W型钢、C形钢、T形钢和角钢等）构成的结构——换言之，结构钢是主要的建筑骨架。但是钢结构还包括其他类型的钢构件和工业制品——例如，薄壁型钢板、预制桁架（空腹钢梁）、轻钢板、结构螺栓及焊接。每一项或每一组都有各自的标准，某些列于AISC规范中。

本书目前采用工业标准作为基本参考书目，但是应注意所有的这些标准都是辅助工具。设计人员必须牢记知识是不断更新的。

本书给出了不同来源的样本材料——主要出自AISC。为了获得充足的资料和最新的资料，须参考工业方面的文献。

4.8 正常使用状态与极限状态

应力法强调结构在使用荷载状态（即预期的使用情况）下的特性，而承载力法主要与抗力极限有关。有些工作状态——例如变形、抗火性及锈蚀——两种方法都适用。此外，假设使用荷载与承载力法尽可能的同样精确，因为使用荷载是极限设计荷载来源的基础。

尽管如此，承载力设计集中于确定结构的极限状态。以下是钢结构的两个极限值：

（1）延性钢的屈服。对于此类钢，大变形促使结构发生各种形式的破坏——不一定是结构倒塌，而可能是破坏机理的改变。

（2）细长构件的屈曲。钢构件通常比较纤细，此外，钢构件常常由较薄的板件组成（薄壁腹板和薄壁翼缘等）。上述两种情况可能引起极限破坏状态下的不同形式的屈曲。

ASD法和LRFD法都把以前应力法的某些要素和极限状态分析的某些新要素结合起来。基本设计目的是使结构一举两得——既保证结构在正常使用状态下工作，又通过合理地估算结构极限承载力来确保结构安全。

4.9 荷载抗力系数设计

LRFD法要求由AISC出版的《结构钢建筑荷载抗力系数设计规范》(load and Resistance Factor Design Specification for Structural Steel Buildings）给出。可以在AISC的《钢结构手册——荷载抗力系数设计》(Manual of Steel Construction—Load and Resistance Factor Design)（参考文献4）中找到相应的资料和设计工具。LRFD的基本设计步骤与钢筋混凝土基本设计步骤实质相同。以下是LRFD设计方法基本要素的概括。

荷载、荷载系数及荷载组合

下列是荷载的类型：

D——恒载，即结构的自重和结构支承物体的永久荷载；

L——活载，即人及可移动设备产生的荷载；

L_r——屋面活荷载；

W——风荷载；

S——雪荷载；

E——地震荷载；

R——雨水或冰产生的积水荷载（不包括池塘）。

由于是根据正常使用状态定义的荷载，因此这些荷载就组成了所谓的“标准”荷载状态。设计时，首先要确定适当的荷载组合，然后乘以修正系数以增大正常使用状态下荷载，这样就确定了结构必要的承载力。因此，“设计”荷载是极限设计荷载的组合（factored load combination）。AISC确定的极限设计荷载组合为

$$1.4D$$
$$1.2D+1.6L+0.5(L_r \text{ 或 } S \text{ 或 } R)$$
$$1.2D+1.6(L_r+S \text{ 或 } R)+(0.5L \text{ 或 } 0.8W)$$
$$1.2D+1.3W+0.5L+0.5(L_r \text{ 或 } S \text{ 或 } R)$$
$$1.2D+1.5E+(0.5L \text{ 或 } 2.5S)$$
$$0.9D-(1.3W \text{ 或 } 1.5E)$$

以上主要荷载组合公式用于获得结构的必要设计承载力。规范规定了在具体条件下如何增加或减小这些值。记住规范给出的实质上是最小值，为了优化结构性能，宜采用较大的设计承载力。这是个判断问题。

1. 极限抗力

基于设计的目的，必要设计承载力（即关键的极限设计荷载组合）应等于结构的抗力。对于单个结构构件，抗力是以公式的形式来定义的，该公式由某些极限应力和破坏时与结构构件承载力有关的某些特性的组合表示。虽然有时极限强度可能发挥了部分作用，但是极限应力常常用屈服强度表示。虽然对于屈曲破坏，也应考虑构件的非支承长度，但是构件的特性通常是指构件横截面的几何特性。

例如，对于简单受拉构件，屈服时极限抗力可表达为

$$T=F_yA$$

式中 F_y——钢的屈服极限；

A——受拉构件横截面面积。

在绝大多数情况下，构件抗力需要进行修正（这就是LRFD的详尽的含义）。即抗力是概率因子形式表达的某些数量的折减，称为抗力系数，并用希腊字母ϕ表示。对实际的设计过程，必要承载力等于修正后的抗力，且结构构件的预期特性（如面积、截面模量和惯性矩等）是可以计算的。

抗力系数随结构构件不同而不同。设计时具体的步骤与结构作用的各种类型及各构件的形式有关。

2. 适用性和其他因素

强度不是设计人员关注的唯一问题。AISC规范涉及大量在“适用性和其他因素”下的其他情况。下列为规范提到的具体情况：

（1）冲击性。与应用动力特性有关的荷载，包括阵风、地震运动和波尔卡舞蹈者。在

这些情况下，不仅有简单的静力承载力问题，还有其他问题。

（2）积水。一般出现在暴雨期间，此时由于屋面的凹陷加剧了雨水在大型的平屋面上的积聚（积水对于常跨、非常平直且排水非常缓慢的屋面也有很大影响）。积聚的雨水使屋面产生了更大的变形，从而使屋面积聚更多的雨水，久而久之，将发生破坏。

（3）变形。正常使用状态下的极限变形与极限破坏荷载无关，与正常使用荷载状态有关，且必须用与传统的应力分析相同的方法分析。

（4）振动。钢结构轻质、富有柔性且可以有效的传递能量，因此钢结构可以把声音和振动遍布到整个建筑物。振动也可能足够大，从而使连接松弛或发生破坏。对于不同使用状况的建筑物，应该用特定的分析方法。

（5）侧移。与多层框架的侧向（水平）变形有关。侧移可以引起结构问题，但是更多的是影响被连接结构，如使石膏产生裂缝，玻璃窗破坏等。

（6）腐蚀。空气中氧以及潮湿的空气足够促使普通钢发生锈蚀。如果腐蚀严重，那么可能出现严重的结构损伤。设计人员必须知道潜在的腐蚀环境，例如，暴露在盐水喷雾中，同时设计人员还须意识到保护结构的重要性。

（7）疲劳。通常是由快速变化的周期性反复应力状态引起的。如果该作用进入钢的塑性状态，则结构就会产生使其发生破坏的渐进的累积变形。

（8）火灾。正如本书其他部分所述，当钢暴露在高温环境下时，钢极易受到火的攻击。因此，设计人员应仔细分析钢材遭遇火灾的各能性，且必要时采取防火措施。钢材有一个小优势，即不可燃性（相对木材而言）。

对于上述和其他可能的临界状态，规范给出了大量的要求（至少是注意事项）。虽然在设计一般建筑结构时，只有少数几个问题较为重要，但是设计人员还是要知道所有问题。如果遵循了规范的最小构造，并留意一般设计及结构实践，则上述大部分情况都不会产生任何特殊问题。

4.10 选择设计方法

正如本书所述，设计时可以用 ASD 法或 LRFD 法。应用了一个多世纪的 ASD 法为加速设计已提出很多设计帮助。如今大部分设计人员在进行初步设计时仍采用 ASD 法，而在最终设计时采用 LRFD 法。初步设计需要快速获得解答，因此任何有助于设计人员进行试设计的方法都是有用的。

将来 LRFD 法会像用于混凝土结构设计的承载力法一样普遍。如果了解了简单的弹性关系，那么理解简单应力特性及应力-应变关系就比较容易了。此外，设计人员必须分析较低应力下，而不是在极限应力状态下的正常使用荷载的变形。最低要求：结构设计人员必须掌握 ASD 法和 LRFD 法的概念。

本书介绍和阐述了这两种方法，但是并没有给出所有情况的完整说明。由于 ASD 法比较简单，因此采用 ASD 法作为一般介绍。大多数情况下，本书给出了 LRFD 法的一些附加例证以对照二者的差别。本书大部分计算工作都简单且针对普通结构，所以几乎没有显示出 LRFD 法的任何优势。因此，以本书所给实例为基础，不能评价两种方法的任何整体优势。

第5章

水平跨框架体系

本章阐述用于常见框架体系中楼面和屋面的水平跨结构的基本构件的设计。

5.1 型钢梁

虽然有几种型钢可以满足梁的使用功能，但是最广泛采用的型钢是**宽翼缘型钢**，即截面是I字形，被称为W型钢。除了W系列型钢的横截面接近正方形之外（换言之，W型钢的翼缘宽度与截面的名义高度近似相等），W型钢还是围绕主轴（指定为$x-x$）弯曲的最佳截面。

设计梁时，设计人员必须注意以下几点：

（1）弯曲应力。当设计梁时，设计人员最担心的是弯矩产生的弯曲应力。对于W型钢，用于ASD法的基本极限应力为$0.66F_y$，尽管在某些特定情况下该值可能减小。对于弯曲，梁的主要横截面特性是截面模量，用S表示。抵抗弯矩用截面模量和极限弯曲应力的乘积表示：

$$M = SF_b$$

如果采用LRFD法，抵抗弯矩以基本极限值F_y为基础，尽管某些特定情况下该值可以改变。弯矩的最大基本极限值是完全塑性弯矩，主梁的截面特性用Z表示的塑性截面模量表示。抵抗弯矩的公式为

$$M = ZF_y$$

（2）剪应力。虽然在木梁和混凝土梁中，剪应力起着重要的作用，但是在钢梁中，只有在薄腹梁的屈曲是整个横截面屈曲破坏的一部分时剪应力才是一个问题。当梁只受剪力作用时，临界应力就是在梁作用中引起屈曲的斜压力。

（3）挠度。虽然钢材刚性非常大，但钢结构却非常柔，因此必须分析梁的竖向挠度。

然而，如果跨高比降至某一范围，挠度很少是结构的主要问题。

(4) 屈曲。通常不充足支撑的梁承受各种形式的屈曲，尤其当腹板或翼缘非常薄，或者横截面侧向非常弱（关于弱轴，指定为 $y-y$）时，梁易发生屈曲。虽然设计人员可以利用折减的应力（ASD 法）或折减系数（LRFD 法）来限制屈曲，但最有效的解决途径是布置合适的支撑。

(5) 连接和支承。框架结构有很多节点。为了确保通过节点传递必要的结构作用力，设计人员必须注意连接和支承的构造。

设计梁时，不仅要考虑梁的基本功能，而且还须考虑其在整个体系中和在相互作用中所起的作用。本章集中讨论单个梁的作用，其他章节将阐述梁对结构体系的影响。

对于给定情况，选择最佳的型钢形式并不是一项约定俗成的工作，目前 AISC 手册列出了几百种 W 型钢（当然在特定的情况下，其他型钢也可以满足梁的使用功能）。同样，设计人员常常使用最经济的型钢——通常是重量最轻的型钢，因为钢材通常以单位重量来计算价格。

提示 正如梁有时必须形成其他作用——如拉力、压力或扭矩——其他结构构件也可以产生梁的作用。例如，墙也可以产生弯曲，以抵抗风压力；柱承受压力荷载和弯矩；桁架弦杆不仅完成基本的桁架作用，并且也具有梁的功能。本章主要讲述梁的基本功能。

5.2 梁的弯曲

当设计一个弯曲梁时，设计人员通常必须先确定最大弯矩。由于抵抗弯矩的公式取决于构件的横截面特性，因此设计人员经常使用此类公式来确定合适的横截面形式。

1. 容许应力设计

利用基本弯曲公式（$f=M/S$）来确定所需的最小截面模量。由于构件的自重取决于截面的面积，而不是截面模量，因此，梁可以有超过需要的截面模量而仍然是最经济的选择。以下实例阐明了上述基本过程。

【例题 5.1】 设计一个跨度为 24ft（7.3m）、承受 2kip/ft（29.2kN/m）附加荷载的简支梁。[**附加荷载**(superimposed load) 指结构构件自重以外的任何荷载] 容许弯曲应力为 24ksi（165MPa）。

解： 附加荷载引起的弯矩为

$$M=\frac{wL^2}{8}=\frac{2\times 24^2}{8}=144\ \text{kip}\cdot\text{ft}(195\text{kN}\cdot\text{m})$$

此弯矩所需截面模量为

$$S=\frac{M}{F_b}=\frac{144\times 12}{24}=72.0\ \text{in}^3(1182\times 10^3\text{mm}^3)$$

表 A.1 列出了 W16×45 的截面模量为 72.7in^3（1192×10^3mm^3），但此截面模量与截面的设计模量很接近，以致考虑梁自重影响时没有一定的安全储备。表中还给出了 W16×50 的 S 为 81.0in^3（1328×10^3mm^3）；W18×46 的 S 为 78.8in^3（1291×10^3mm^3）。对于梁高度没有任何限制的情况下，试选较轻的截面。自重作用下此梁的跨

中弯矩为

$$M=\frac{wL^2}{8}=\frac{46\times24^2}{8}=3312\ \text{ft}\cdot\text{lb}[\text{或}\ 3.3\ \text{kip}\cdot\text{ft}(4.46\text{kN}\cdot\text{m})]$$

因此跨中总弯矩为

$$M=144+3.3=147.3\ \text{kip}\cdot\text{ft}(199.5\text{kN}\cdot\text{m})$$

总弯矩下所需的截面模量为

$$S=\frac{M}{F_b}=\frac{147.3\times12}{24}=73.7\ \text{in}^3(1209\times10^3\text{mm}^3)$$

因为该值小于 W18×46 的截面模量，所以 W18×46 截面是合适的。

以必要截面模量为基础选择轧制型钢时，可以利用 AISC 手册（参考文献 3）所列的型钢梁，手册中梁的截面模量按递减次序排列。

表 B.1 包括 AISC 表的数据。表中粗体列出的型钢具有特别经济的抵抗弯矩，其他截面虽然具有相同或较小截面模量，但是其自重较大，因此比较贵。

表 B.1 也包括梁的侧向支撑的重要数据：两个极限长度 L_c 和 L_u。如果假设最大容许应力为 24ksi（165MPa），只有对于侧向无支撑长度等于或小于 L_c 的梁，必要截面模量才合适。

表 B.1 也列出了 A36 钢梁截面的最大抵抗弯矩（M_R）。虽然可能要注意非紧凑截面情况，但是此时 M_R 值已经考虑了弯曲应力的折减。

【例题 5.2】 利用表 B.1，重新求解例题 5.1。

解：如前所述，确定附加荷载引起的弯矩值为 144kip·ft（195kN·m）。由于考虑梁的自重需要增加 M_R 承载力，用略大于 144kip·ft（195kN·m）的 M_R 值，查下表确定型钢截面。

型钢截面	M_R（kip·ft）	M_R（kN·m）	型钢截面	M_R（kip·ft）	M_R（kN·m）
W21×44	162	220	W12×58	154	209
W16×50	160	217	W14×53	154	209
W18×46	156	212			

W21×44 是最轻的截面，但在选择截面之前，必须考虑所有其他方面的设计事项，例如高度限制。

注意：表 B.1 不包括表 A.1 列出的所有 W 型钢，不包括那些几乎是方形的 W 型钢，因为此类型钢主要用于柱而不用于梁。

以下问题只是针对弯曲应力的设计。利用容许弯曲应力为 24ksi（165MPa）的 A36 钢，且对于每一情况均选择最轻的构件。

习题 5.2.A 设计一个跨度为 14ft（4.3m）的简支梁，梁上作用的总均布荷载为 19.8kip（88kN）。

习题 5.2.B 设计跨度为 16ft（4.9m）的梁，跨中承受集中荷载为 12.4kip（55kN）。

习题 5.2.C 设计一个跨度为 15ft（4.6m）的梁，且在距离左端支座为 4ft、10ft 和 12ft（1.2m、3m 和 3.6m）处作用的三个集中荷载分别为 4kip、5kip 和 6kip（17.8kN、22.2kN 和 26.7kN）。

习题 5.2.D 设计一个跨度为 30ft（9m）的连续梁，在每个三分点处分别作用集中荷载为 9kip（40kN），且梁跨上作用的总均布荷载为 30kip（133kN）。

习题 5.2.E 设计一个跨度为 12ft（3.6m）的梁，梁上作用的均布荷载为 2kip/ft（29kN/m），且在距离一端支座为 5ft（1.5m）的地方作用集中荷载为 8.4kip（37.4kN）。

习题 5.2.F 设计跨度为 19ft（5.8m）的梁，在距离左端支座为 5ft（1.5m）和 13ft（4m）处分别作用集中荷载 6kip（26.7kN）和 9kip（40kN），另外在距离左端支座 5ft（1.5m）处，一直到右端支座作用均布荷载为 1.2kip/ft（17.5kN/m）。

习题 5.2.G 设计一个跨度为 16ft（4.9m）的钢梁，从左端支座至 10ft（3m）之间作用均布荷载为 200lb/ft（2.92kN/m）；从距离左端支座 10ft（3m）到右端支座之间作用均布荷载为 100lb/ft（1.46kN/m）；此外在离左端支座 10ft（3m）的地方作用集中荷载为 8kip（35.6kN）。

习题 5.2.H 设计一个跨度为 12ft（3.7m）简支梁，在距离左端和右端均为 4ft（1.2m）处承受集中荷载为 12kip（53.4kN）。

习题 5.2.I 设计一个悬臂梁，跨度为 8ft（2.4m），且承受 1600lb/ft（23.3kN/m）的均布荷载。

习题 5.2.J 设计一个悬臂梁，跨度为 6ft（1.8m），在自由端作用的集中荷载为 12.3 kip（54.7kN）。

2. 荷载抗力系数设计

通过设计梁整个横截面完全达到塑性应力来确定梁横截面上的极限抵抗弯矩。

提示 梁的实际荷载极限值并不是严格按照弯曲来确定的，在达到弯曲极限值之前，结构可能发生其他破坏。如果要了解更多的相关内容，参考以后的章节，在此只讨论抵抗弯矩。

当最外侧纤维的应力达到弹性屈服值 F_y 时，则产生由弹性理论预测的最大抵抗弯矩为

$$M_y = F_y S$$

在梁横截面进入非弹性或塑性应力状态时，就不能用弹性理论公式来表示抵抗弯矩。

图 5.1 表示的是延性钢荷载试验的理想形式。达到屈服点前，变形与施加荷载成正比关系；荷载超过屈服点后，应力不变，而变形却不断增大。对于 A36 钢，塑性变形（称为塑性范围）几乎是弹性变形的 15 倍，因此认为 A36 钢为延性钢。

当超过塑性范围时，钢材再次被强化（称为应变硬化作用），但延性降低。从应变硬化点到极限应力点是另一范围，即附加的塑性变形仅随应力的增加而产生。

因为塑性破坏是很重要的，所以塑性范围须是弹性范围的几倍。通常塑性理论仅适用于屈服点不超过 65ksi（450MPa），因为随着屈服强度的增加，塑性范围降低。

以例题 5.3 阐明了设计人员是如何利用弹性理论的。

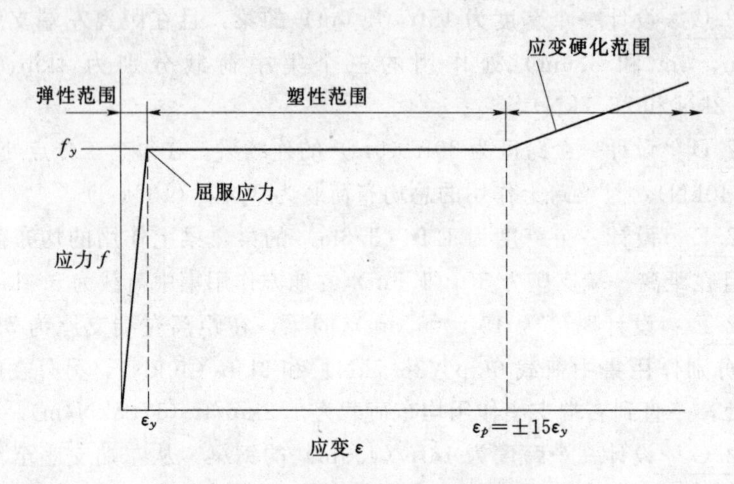

图 5.1 延性钢理想应力-应变关系

【例题 5.3】 设计一个跨度为 16ft（4.88m）的简支梁，在跨中作用有一个集中荷载，其值为 18kip（80kN）。如果该梁采用 W12×30，且有足够的支撑来阻止发生屈曲，计算最大弯曲应力。

解：确定弯矩最大值

$$M=\frac{PL}{4}=\frac{18\times16}{4}=72\ \text{kip}\cdot\text{ft}(98\text{kN}\cdot\text{m})$$

从表 A.2 查得 S 为 38.6in³（632×10³mm³），因此最大应力为

$$f=\frac{M}{S}=\frac{72\times12}{38.6}=22.4\ \text{ksi}(154\text{MPa})$$

图 5.2（d）仅给出了跨中梁截面的应力分布图。图 5.2（e）为与图 5.2（d）应力分布图对应的应变分布形式。该应力值小于弹性应力极限（即屈服点），本例容许应力为 24ksi。

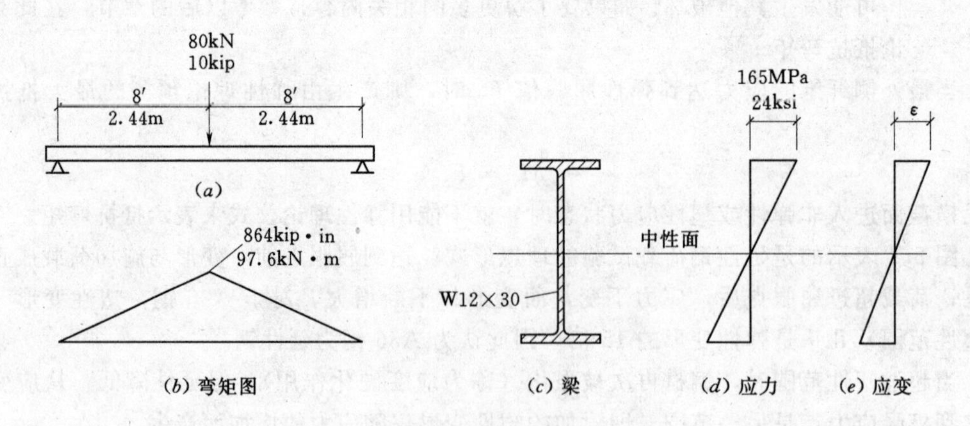

图 5.2 梁的弹性特性

图 5.3（a）给出了根据容许应力表达的极限弯矩，当最大弯曲应力达到屈服强度时，弯矩也达到了其极限值。

如果产生屈服极限弯曲应力的荷载增大，那么当延性钢材发生塑性变形时，应力分布也在变化［见图 5.3 (*b*)］。当较高的应力沿着梁截面不断扩展时，则形成大于 M_y 的抵抗弯矩。已知延性较大，则塑性状态下的极限值如图 5.3 (*c*) 所示，且极限抵抗弯矩被称为**塑性弯矩**，用 M_p 表示。虽然中和轴附近的截面还有一小部分保持着弹性的应力状态，但是其对抵抗弯矩的影响可以忽略不记。这样可以假定整个截面已达到完全塑性极限状态，如图 5.3 (*d*) 所示。

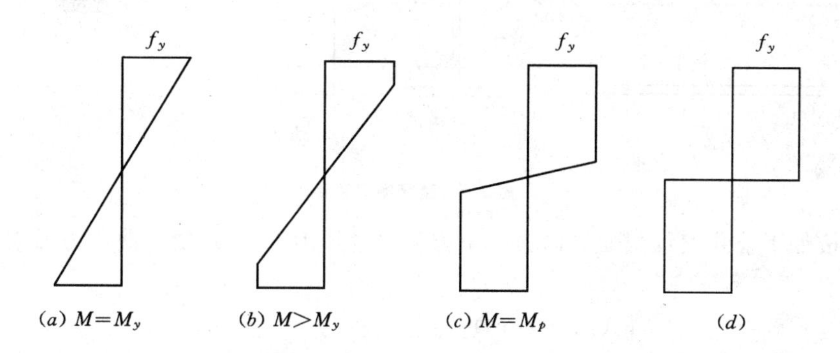

图 5.3 从弹性状态到塑性状态的弯曲应力分布图

试图增加弯矩使其大于 M_p，则会产生较大的转动变形，即梁当作被铰接。因此为了实用，一般认为延性梁的抗弯承载力不大于塑性弯矩。附加荷载仅在塑性弯矩作用处产生自由转动，此处被称为塑性铰（见图 5.4）。

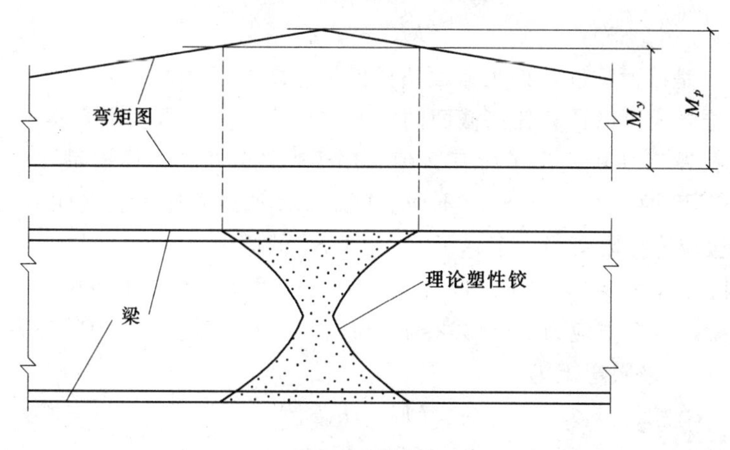

图 5.4 塑性铰

抵抗塑性弯矩表达为

$$M = F_y Z$$

式中 Z——截面塑性模量。

计算 Z 是一个很复杂的过程：

(1) 图 5.5 为 W 型钢对应于完全塑性截面的弯曲应力，图中

A_u——横截面中和轴以上部分的面积；

y_u——从中和轴到 A_u 形心之间的距离；

A_l——横截面中和轴以下部分的截面积；

y_l——从中和轴到 A_l 形心之间的距离。

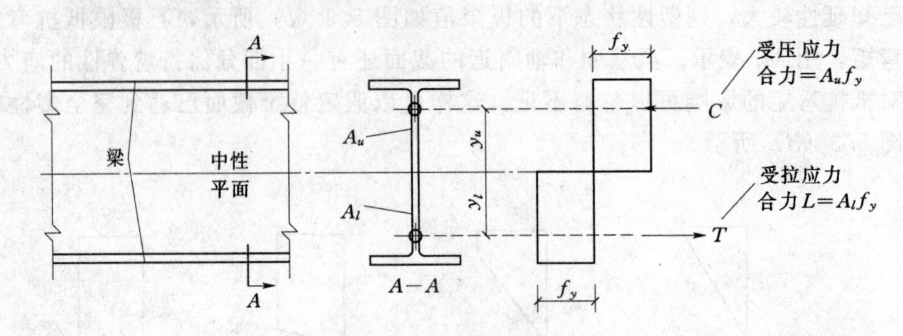

图 5.5 塑性抵抗弯矩

可以按如下公式表示截面的内力平衡方程（合成力 C 和 T 由弯曲应力形成）：

$$\sum H = 0$$

或者

$$[A_u \times (+f_y)] + [A_l \times (-f_y)] = 0$$

所以

$$A_u = A_l$$

不管截面是否对称，塑性应力中和轴都把横截面分成面积相等的两部分。

(2) 抵抗弯矩等于应力力矩之和，表达式如下：

$$M_p = A_u f_y y_u + A_l f_y y_l$$

或者

$$M_p = f_y (A_u y_u + A_l y_l)$$

或者

$$M_p = f_y Z$$

$A_u y_u + A_l y_l$ 是截面特性，即为截面塑性模量，用 Z 表示。

利用 Z 的推导式可以计算任何截面的截面塑性模量 Z。事实上，本书只列出了 W 形钢的 Z 值，且在表 A.1 中列出了所有 Z 值和用于弹性分析的截面模量。

对于同一 W 型钢，Z_x 大于 S_x。下面的例题 5.4 通过对比完全塑性抵抗弯矩和由弹性应力引起的屈服应力极限弯矩，解释了 Z_x 大于 S_x 的原因。

【例题 5.4】 W21×57 型钢组成的简支梁上作用有弯矩。求极限弯矩：(a) 以弹性应力状态为基础，且极限应力 $F_y = 36$ksi；(b) 以形成完全塑性弯矩状态为基础。

解：对于 (a) 极限弯矩为

$$M_y = F_y S_x$$

由表 A.1，W21×57 的 S_x 为 111in^3，所以极限弯矩为

$$M_y = 36 \times 111 = 3996 \text{ kip} \cdot \text{in}$$

或者

$$\frac{3996}{12} = 333 \text{ kip} \cdot \text{ft}$$

由表 A.1，$Z_x = 129$in^3，所以对于 (b)，塑性极限弯矩为

$$M_p = F_y Z = 36 \times 129 = 4644 \text{ kip} \cdot \text{in}$$

或者

$$\frac{4644}{12} = 387 \text{ kip} \cdot \text{ft}$$

两种应力状态下的弯矩增加量为 387－333＝54kip·ft，或者两种应力状态下的弯矩增加

率为（54/333）×100%＝16.2%。

虽然 Z_x 大于 S_x，但是解释设计时为什么最好采用塑性弯矩却比较困难。不同的应力状态下计算安全系数的步骤不同，如果采用 LRFD 方法，两种应力状态下的计算方法则完全不同。虽然如此，在设计连续梁、固端梁以及刚性柱-梁框架时，可以发现二者有明显的差异。

图 5.6 为作用均布荷载为 $w$lb/ft 的两端固接梁。这种情况推导出来的弯矩沿梁长度呈对称抛物线形式分布，最大高度（即最大弯矩）为 $wL^2/8$（见附录图 B.2 情况 2）。对于其他支座条件或连续的，分布改变的情况，总弯矩仍保持不变。

正如图 5.6（a）所示，固定端的弯矩分布在梁的下部，最大固端弯矩为 $wL^2/12$ 且跨中弯矩为 $wL^2/8-wL^2/12=wL^2/24$。只要应力不超过梁的屈服极限，这种分布形式就不会改变。因此，在弹性状态下，当极限荷载为 w_y 时，其极限应力对应于屈服应力极限［见图 5.6（b）］。

一旦最大弯矩处的弯曲应力处于完全塑性状态，则在此处进一步加载就会出现塑性铰，因此塑性铰处抵抗弯矩不会超过塑性弯矩。随着荷载的增大，塑性铰处的弯矩保持不变，但在其他的位置可能会出现另一个塑性铰。

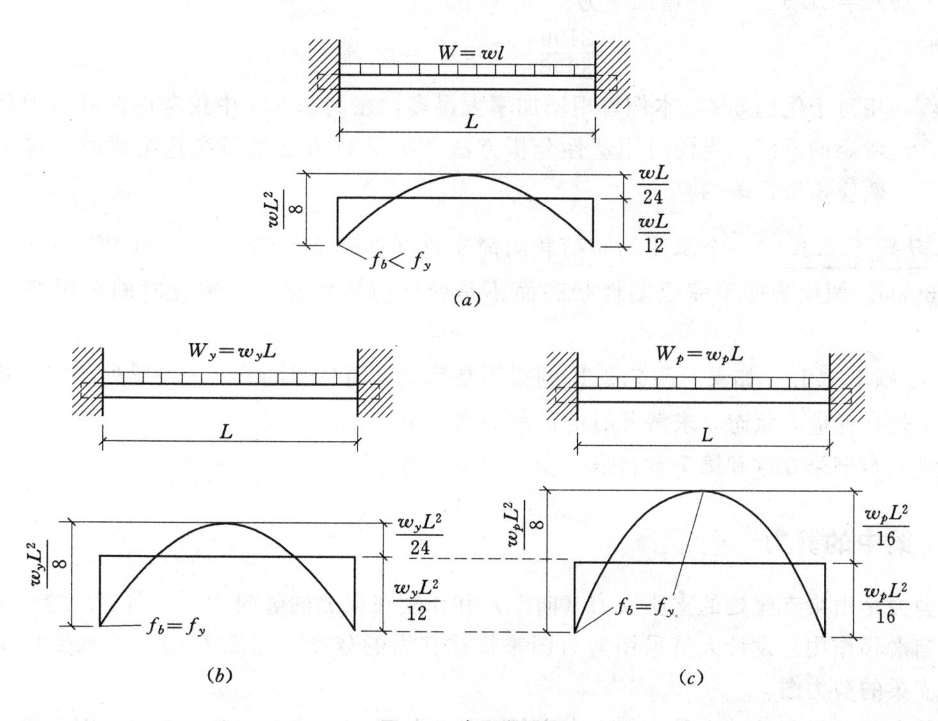

图 5.6 完全塑性梁

图 5.6（c）为两端固接梁的塑性极限弯矩。当两个最大弯矩等于梁的极限弯矩时，就会出现此类情况。因此，如果 $2M_p=w_pL^2/8$，则塑性极限弯矩 $M_p=w_pL^2/16$。例题 5.5 采用 LRFD 分析方法。

【例题 5.5】 固端梁承受均布荷载，梁由 A36 的 W21×57 型钢组成，$F_y=36$ksi。求下列两种情况下所能承受的均布荷载：(a) 弯曲极限为梁的弹性极限；(b) 在临界弯矩处，梁形成完全塑性弯矩。

解：参照例题 5.4 确定的数据：

M_y＝333kip·ft（屈服阶段的弹性应力极限值对应的弯矩）

M_p＝387kip·ft（完全塑性弯矩）

(a) 由图 5.6 (*b*)，弹性应力下的最大弯矩为 $wL^2/12$。如果 $W_y = wL^2/12$，即

$$M_y = 333 = \frac{w_y L^2}{12}$$

则
$$w_y = \frac{333 \times 12}{L^2} = 3996/L^2 \quad (\text{kip} \cdot \text{in})$$

(b) 由图 5.6 (*c*)，在固接端出现塑性铰时，最大塑性弯矩等于 $wL^2/16$。如果 $M_p = wL^2/16$，即

$$M_p = 387 = \frac{w_p L^2}{16}$$

则
$$w_p = \frac{387 \times 16}{L^2} = 6192/L^2 \quad (\text{kip} \cdot \text{in})$$

如果考虑出现塑性铰后弯矩的重分布，从而造成塑性弯矩的增加，则弯矩的总增加为 $6192-3996=2196/L^2$，其增加率为

$$\frac{2196}{3996} \times 100\% = 55\%$$

提示 相对于例题 5.4，本例弯矩增加率大得多，在例题 5.4 中仅考虑两种应力状态下弯矩的不同。当同时用塑性分析方法和 LRFD 方法来研究连续梁时，这种复合效应是很显著的。

习题 5.2.K　一个承受均布荷载的简支梁（见表 B.2 情况 2），由 W18×50 组成，F_y＝36ksi。假设梁处于完全塑性状态而不是弹性应力状态，求解此时的极限弯矩的增加率。

习题 5.2.L　如果习题 5.2.K 的梁不是简支梁而是固端梁，假设梁处于完全塑性状态而不是弹性应力状态，求解此时的荷载的增加率。

提示 本书第 6 章和第 7 章将进一步讨论塑性弯矩。

5.3 梁中的剪力

剪力是由梁支座处的支座反力（向上）和作用在梁上的竖向荷载（向下）的反相产生的竖向滑移作用。设计人员采用剪力图来描述剪力的分布。图 5.7 (*a*) 为承受均布荷载的简支梁的剪力图。

均布荷载引起的剪力最大值在支座处，然后线性减小直至在跨中为零。对于沿整个跨度横截面恒定的梁，其剪力的临界位置在支座处，实际上梁其他位置的剪力并不重要。

提示 由于对于很多梁这种加载方式很普遍，因此这类梁只需分析梁的支座情况。

图 5.7 (*b*) 给出了另外一种常见情况：梁上作用较大的集中荷载，则在梁的一定长度范围内会产生较大的剪力。如果集中荷载距离支座比较近，则在荷载和支座之间会产生临界剪力。例如，对于楼面和屋面体系的框架布置常常包括可以承担其他梁端部反力

的梁。

梁中的剪力形成剪应力。整个横截面上剪应力如何分布取决于梁的横截面，通常指截面的形式及几何特性。对于简单矩形横截面，如木梁，梁的剪应力分布为抛物线形［见图 5.7 (*c*)］，且中和轴处剪应力最大，最外侧纤维（即梁截面的上、下边缘）剪应力为零。对于设计实腹式木梁的设计人员来说，剪应力是很重要的，因为在中和轴附近剪应力可以沿着木纹将梁水平劈裂。

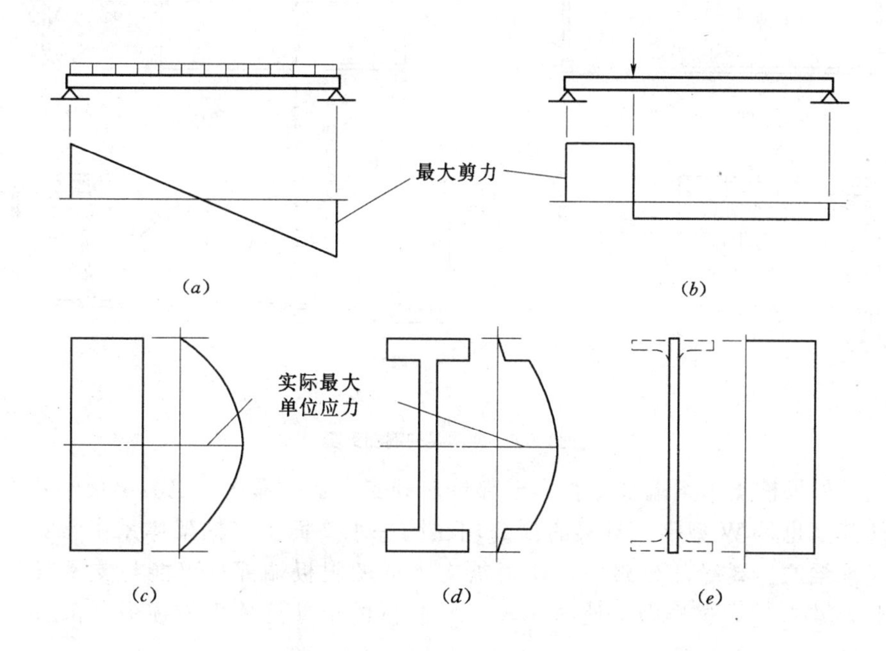

图 5.7　梁中剪力

(*a*) 均布受荷梁的剪力；(*b*) 受集中荷载作用梁的剪力；(*c*) 矩形截面；(*d*) I 字形截面；(*e*) W 型钢假定应力

对于典型的 W 型钢梁的 I 字形截面，其剪应力分布如图 5.7 (*d*) 所示（帽子形状）。作为矩形横截面的梁，其剪应力最大值在中和轴上，但是在中和轴和梁翼缘内侧之间，剪应力降低很缓慢。虽然翼缘可以承担部分剪力，但是，由于梁宽度的突然增加，从而导致梁的单位剪应力急速降低。因此，当设计人员分析 W 型钢的剪应力时，通常忽略翼缘的影响，且假设梁的抗剪强度为相等的竖向板［见图 5.7 (*e*)］，其宽度等于梁腹板厚度，高度等于梁的全高。因而，设计人员可以确定单位剪应力的容许值，并计算实际应力为

$$f_v = \frac{V}{t_w d_b}$$

式中　f_v——平均单位剪应力，以假设的剪应力分布为基础［见图 5.7 (*e*)］；

V——横截面内的剪力；

t_w——梁的腹板厚度；

d_b——梁的全高。

但是如前所述，承受均布荷载的梁的剪应力分布不是很重要。绝大多数梁的支座如图 5.8 (*a*) 所示：一个连接装置将端部剪力传递到梁支座上（通常利用一对角钢将梁腹板

连接起来，且把其中一肢的平直面靠在另一梁腹板上或柱侧面上）。把一个连接装置焊接在梁腹板上，实际是加强了此处的梁腹板，因此临界剪应力在接头以外的梁腹板处。剪力如图5.8（*b*）所示，如前所述，假设剪力只在梁的有效截面上发挥作用。

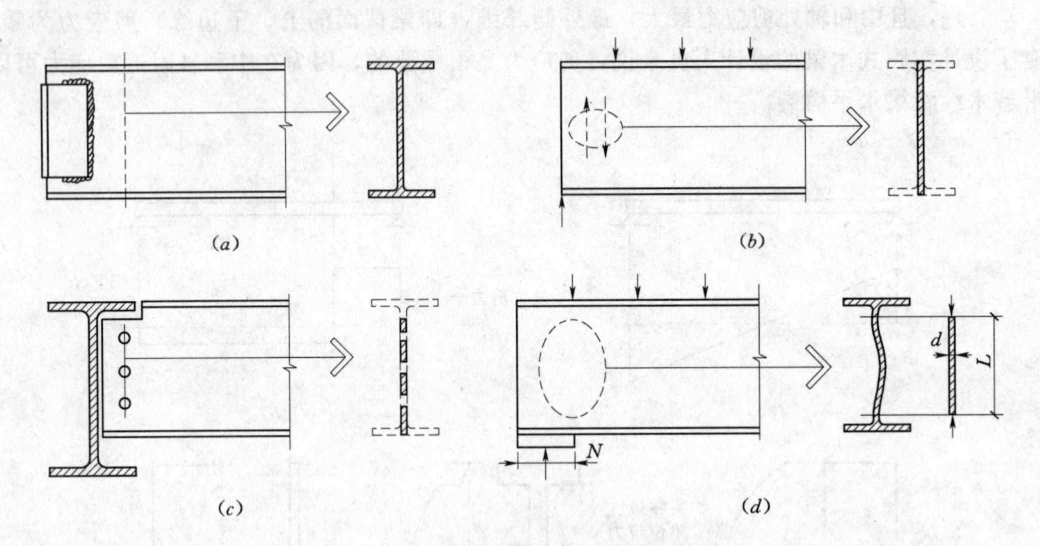

图5.8 型钢梁的端部支座

但是，如果被支承梁端部垂直力全部传递到支座上，那么梁也会出现临界剪力。当支承构件截面也是W型钢，且梁的顶部均在同一水平面上（框架体系中常见）时，须切掉被支承梁的上翼缘部分腹板，使得被支承梁的腹板端部尽可能与支承梁的腹板接近［见图5.8（*c*）］。这样做会使图5.8（*b*）假设的全部抗剪面积损失一部分，且单位剪应力增加。

也可以利用螺栓而不是焊接把连接角钢固定在被支承梁的腹板上，从而减小抗剪面积［见图5.8（*c*）］。因此，全部抗剪面积的减小包括由于螺栓孔和梁顶部凹槽而产生的面积损失。

然而，在梁的支座处，剪应力不一定是临界力。图5.8（*d*）给出了另一种不同的支承方式，其承受支座上部梁端的承压力，通常是在墙的顶部或墙的凸缘。当承受竖直的压力时，会出现一个潜在的问题，即竖直的压力会挤压梁端部，在梁的薄腹板上产生类似柱的作用。实际上，这个竖直的压力会产生一种类似于柱的破坏形式，图5.9对比了受压承载力与腹板的相对长细比之间的关系，阐明了下列三种情况：

（1）刚度很大（厚）的腹板：几乎可以完全发挥材料的屈服强度。

（2）比较薄柔的腹板：屈服应力与屈曲效应（称为非弹性屈曲效应）共同作用下产生破坏。

（3）非常薄柔的腹板：以经典欧拉公式的方式（称为弹性屈曲）产生破坏。主要是变形破坏，而不是应力破坏。

虽然腹板的横截面在每一种效应中都是一个主要因素，但是还有另一因素会影响类似柱的效应：顺着梁长方向腹板或梁多大范围参与了承受竖向荷载。在图5.8（*d*）中，用*N*来表示该因素，即沿着梁的长度方向上支承板的长度。现在就能确定整个梁的腹板多大范围（三维）参与了柱的作用。

根据已有的分析，则梁应选择腹板足够大的型材。但是其他因素（弯曲、挠度和框架构造等）可能要求选择较薄的腹板。如果这样，则需要加强腹板［通常的方法是在腹板的一侧设置竖向板，然后将竖向板与梁腹板及翼缘连接起来。该竖向板支撑着细长的腹板（柱），且承担了作用在梁上的部分压应力］。

第 5.9 节将进一步讨论竖向板对梁腹板作用的一般问题，第 10 章包括了框架连接的各种问题。

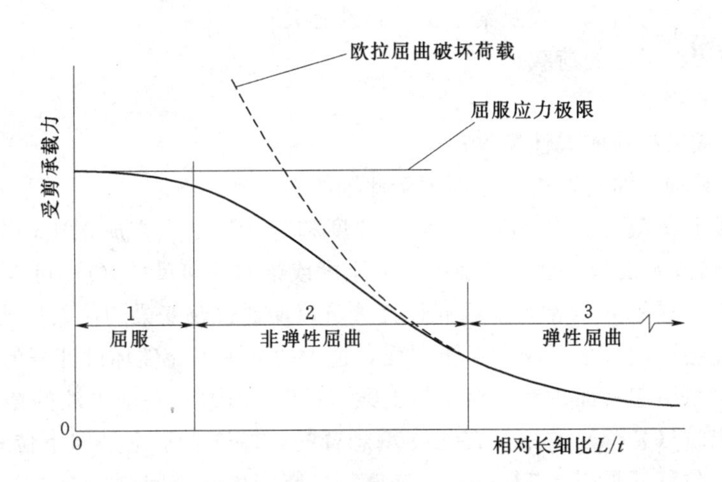

图 5.9 抗压能力与相对长细比之间的关系：应力极限转换为刚度极限

在实际设计时，应查 AISC 表中的数据来计算腹板无削弱梁端部剪力和端部支承限制，在第 5.9 节将介绍如何使用这些表格。

提示 本节提到的所有现象和问题同样可以用 ASD 方法和 LRFD 方法来分析，唯一的不同是通过调整应力还是荷载来保证结构的安全性。

5.4 梁的挠度

设计人员希望控制结构的变形，他们尤其担心的是整个结构构件或装配件的变形问题。

弹性模量为 29000ksi 的钢材，其刚度为混凝土的 8～10 倍、结构用木材的 15～20 倍。但是钢结构却是可变形的、柔性的。如此明显的矛盾的原因很简单：由于钢材很贵，设计人员常常把钢材设计成比较薄的板件（例如梁的翼缘和腹板），同时又由于钢材强度大，设计人员经常把钢材设计成比较纤细的构件（例如梁和柱）。

对于水平放置的梁，其最大的变形通常指最大的垂度，即所谓的挠度。大多数梁的挠度很小以至于肉眼看不见。然而，作用在梁上的任何荷载，包括梁的自重，都会产生一定挠度（见图 5.10）。图 5.4 所示的简支、对称的单跨梁，最大挠度出现在跨中。虽然最大挠度通常是设计人员唯一的

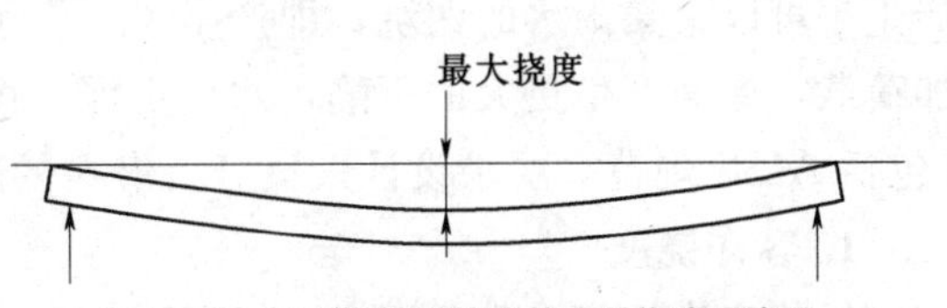

图 5.10 承受对称荷载的简支梁挠度示意图

关注点，但是当梁发生挠度时，梁端部会发生转动（除非梁端部被约束住），在某些情况下，就应该考虑此转动变形。

当挠度过大时，就应选用深梁。梁横截面的主要特性是关于主轴的惯性矩（W 型钢的 I_x），惯性矩(I) 随梁高度的增大影响显著。梁的挠度公式为

$$\Delta = C\frac{WL^3}{EI}$$

式中 Δ——竖向挠度，in 或者 mm；

C——常量，与荷载形式及梁的支承条件有关；

W——作用在梁上的荷载；

L——梁的跨度；

E——组成梁材料的弹性模量；

I——绕某轴弯曲时，梁横截面关于此轴的惯性矩。

注意：挠度和荷载成正比关系。此外，挠度和跨度的三次方成正比，即加倍跨度后，就可以得到 2^3 倍或 8 倍的挠度。增加钢材的刚度或梁的几何尺寸（I）可以使挠度按比例减小。由于所有钢材的 E 为常量，因此设计人员只能通过改变梁的截面形式来调整挠度。

过大的挠度会引起很多问题。对于屋面，过大的下垂可能破坏设计好的排水方式。对于楼面，挠度可以引起楼面颤动。对于简支梁（见图 5.10），一般关注的是跨中的最大挠度。对于有伸出端（悬臂）的梁，在无支承悬臂的一端——不论是向下位移［见图 5.11 (a)］，还是向上位移［见图 5.11 (b)］，挠度都可能产生一个问题，而这个问题取决于悬臂的长度。对于连续梁，任意跨上的荷载会引起所有跨发生位移，当荷载在不同跨上变化或者各跨的跨度相差很大时，这个问题就显得特别的重要［见图 5.11 (c)］。

当构件的结构变形影响了相邻或者被支承构件时，建筑中大部分挠度问题就显得很突出了。例如，当梁由其他的梁［称为主梁］支承时，由于被支承梁端部的位移而产生过大转动，从而引起主梁上部的连续楼板开裂［见图 5.11 (d)］。此外，由于单个板、次梁和主梁的挠度产生的累积挠度也可能影响屋面和楼面。

梁挠度对非结构构件的影响是一个特别难解决的问题。例如在图 5.11 (e) 中，梁直接放在实心墙上，如果墙牢固的连接在梁下，则梁的任何挠曲都会使梁挤压墙体上部，如果墙体相对脆弱（例如金属幕墙或玻璃幕墙），就不符合要求。另一个例子：跨越梁支承的刚性墙（例如抹灰墙）［见图 5.11 (f)］，不允许发生任何变形，因此梁的任何明显的下垂都是很重要的。

对于跨度比较大的结构（如功能不明确的教室，跨度通常大于或等于 100ft），平直的屋面都特别容易破坏。即使设计人员坚持遵循规范最小排水要求，但下大雨时，大量的雨水可能逗留在屋面上。这种无法预料的荷载引起了跨越结构的挠曲，反过来，屋面的下陷产生了可以聚集雨水的凹坑，即产生了一个水坑［见图 5.11 (g)］，这样就形成了一个附加荷载，屋面产生更大的下陷，水坑更深。由于这种循环能引起结构破坏，因此目前规范（包括 AISC 规范）要求设计人员分析潜在的屋面蓄水。

1. 容许挠度

梁的容许挠度，避免图 5.11 所示问题，主要是个判断问题。在分析了图 5.11 的每一

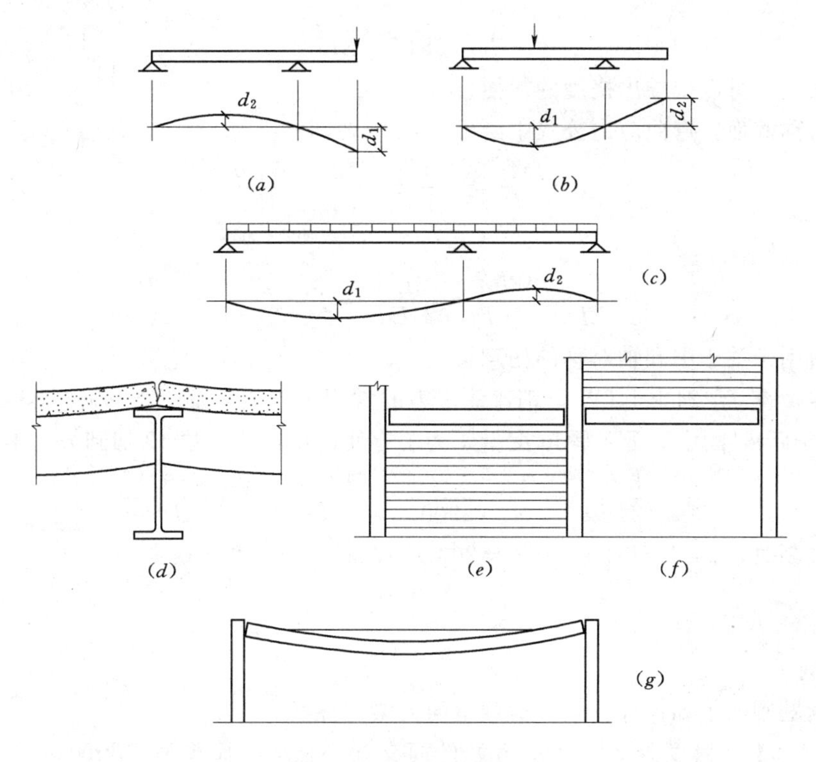

图 5.11 梁的挠度示意图

种情况后，设计人员必须通力合作，共同决定哪种设计控制是必要的。

对于一般情况下的跨越梁，设计人员已经形成了一些经验方法，用梁的最大容许曲率表达。这些经验方法用挠度与梁跨度（L）的极限比值来描述，表达为占跨度的多少。一些主要的极限值为

1/150：中等跨的荷载总挠度，防止突然出现可见的下垂；

1/180：屋面结构的荷载总挠度；

1/240：屋面结构仅受活载时的挠度；

1/240：楼面结构的荷载总挠度；

1/360：楼面结构仅受活载时的挠度。

2. 均布荷载作用下简支梁挠度

通常用于楼面和屋面体系的梁为承受均布荷载的单跨简支梁（即端部无约束），如附录 B 图 B.2 情况 2 所示。确定梁的各项特性如下：

最大弯矩为

$$M=\frac{WL}{8}$$

梁横截面上最大应力为

$$f=\frac{Mc}{I}$$

最大跨中挠度为

$$\Delta = \frac{5}{384} \times \frac{WL^3}{EI}$$

从以上关系式，可以推导出挠度的简便公式。

对于对称截面，弯曲应力公式中给出 $c=d/2$，则

$$f = \frac{Mc}{I} = \frac{WL}{8} \times \frac{d/2}{I} = \frac{WLd}{16I}$$

因此

$$\Delta = \frac{5WL^3}{384EI} = \frac{WLd}{16I} \times \frac{5L^2}{24Ed} = f \times \frac{5L^2}{24Ed} = \frac{5fL^2}{24Ed}$$

上述公式适用于关于中和轴对称的任意梁。

下一步，令 $f=24$ ksi（W形钢弯曲应力的常用极限值）及 $E=29000$ ksi（钢的弹性模量）。由于跨度常用 ft 而不是 in 度量，为了方便起见，把系数12加到公式中，即

$$\Delta = \frac{5fL^2}{24Ed} = \frac{5}{24} \times \frac{24}{29000} \times \frac{(12L)^2}{d} = \frac{0.02483L^2}{d}$$

用国际单位制时，$f=165$MPa，且 $E=200$GPa，同时把跨度转换为 m，即

$$\Delta = \frac{0.0001719L^2}{d}$$

3. 实例

下列例题阐明了如何计算均布荷载下简支梁的挠度。

【例题5.6】 跨度为20ft（6.1m）的简支梁，总均布荷载为39kip（173.5kN），梁采用 W14×34 的型钢，求梁的最大挠度。

解： 首先确定最大弯矩为

$$M = \frac{WL}{8} = \frac{39 \times 20}{8} = 97.5 \text{ kip} \cdot \text{ft}$$

由表A.1得，$S=48.6\text{in}^3$，所以最大弯曲应力为

$$f = \frac{M}{S} = \frac{97.5 \times 12}{48.6} = 24.07 \text{ ksi}$$

因为极限应力为24ksi，所以认为梁弯曲应力达到了极限应力，因此可以采用推导公式。由表A.1得，梁的实际高度为13.98in，则

$$\Delta = \frac{0.02483L^2}{d} = \frac{0.02483 \times 20^2}{13.98} = 0.7104\text{in}(18.05\text{mm})$$

利用均布荷载下简支梁挠度的一般公式，验算上述计算，由于 $I=340\text{in}^4$

$$\Delta = \frac{5WL^3}{EI} = \frac{5 \times 39 \times (20 \times 12)^3}{29000 \times 340} = 0.712 \text{ in}$$

上述两个挠度值很接近。

实际上梁的应力很少正好等于24ksi。例题5.7阐明了更典型的一种情况。

【例题5.7】 由 W12×26 型钢组成的跨度为19ft（5.79m）的简支梁，承受总均布荷载为24ksi（107kN），求梁的最大挠度。

解： 计算最大弯矩：

$$M = \frac{WL}{8} = \frac{24 \times 19}{8} = 57 \text{ kip} \cdot \text{ft}$$

由表 A.1 得，$S=33.4\text{in}^3$，因此最大弯曲应力为

$$f=\frac{M}{S}=\frac{57\times 12}{33.4}=20.48\ \text{ksi}$$

只有已知跨度和梁高且弯曲应力为 24ksi 时，才可以利用以上公式。因此必须进行调整：即实际弯曲应力与极限应力 24ksi 的比值，则

$$\Delta=\frac{20.48}{24}\times\frac{0.02483L^2}{d}=0.8533\times\frac{0.02483\times 19^2}{12.22}=0.626\ \text{in}(16\text{mm})$$

利用只包含跨度和梁高的挠度推导公式来绘制高度不变，跨度变化的梁的挠度曲线图。图 5.12 为梁高度在 6～36in 之间的一系列挠度曲线图。可以利用这些图形确定梁的挠度。实际上，建议利用挠度曲线图验证例题 5.6 和例题 5.7 的计算结果是否合理（误差为±5%）。在设计时也可以利用挠度曲线图。例如，已知梁的跨度，对于给定的某个挠度就可以从挠度曲线图上确定梁的高度。通常极限挠度是以梁跨的极限百分比（如 1/240、1/360）给出。

提示 曲线包括通常的百分比极限挠度：1/360、1/240 和 1/180。

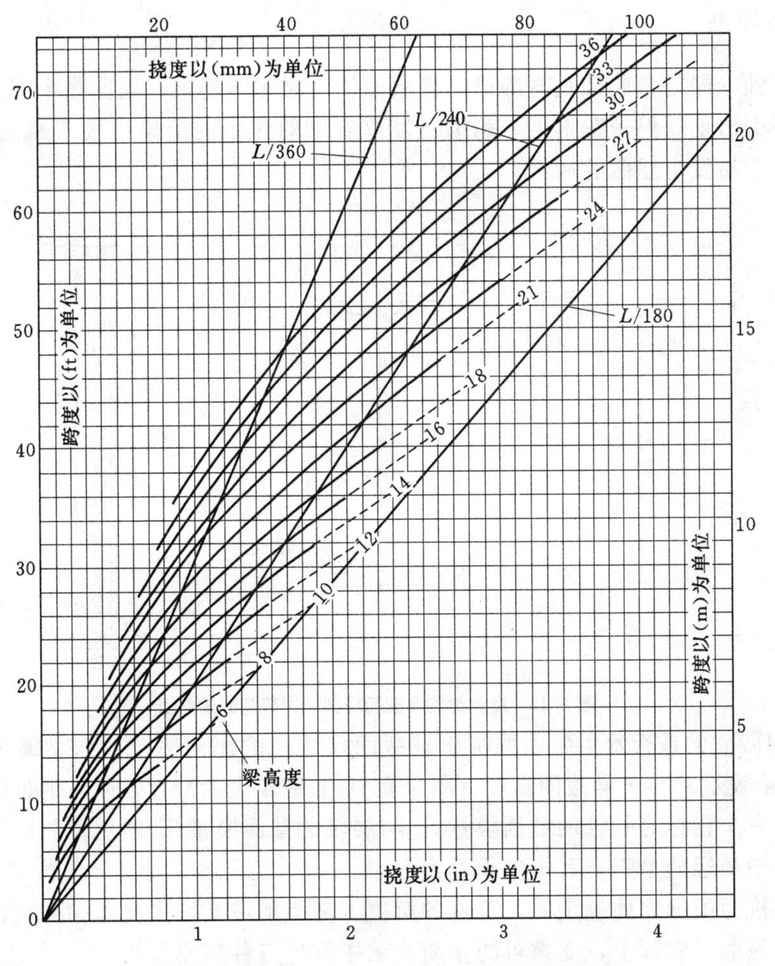

图 5.12 弯曲应力为 36ksi（165MPa）的钢梁的挠度

如果设计一个跨度为36ft的梁，且假设荷载的总挠度极限值为$L/240$：注意由跨度为36ft与挠度为$L/240$的交点形成的曲线梁高为18in。因此，如果弯曲应力等于24ksi，则梁高为18in的挠度等于$L/240$。最低要求：截面高度较小，则梁的挠度较大；如果截面高度较大，则梁的挠度较小。

但是确定其他梁的挠度是比较复杂的。虽然这样，但是很多手册（包括AISC手册）给出了计算公式，设计人员可以利用这些公式计算各种梁、不同的加载方式及不同的支座下的挠度。

习题5.4.A、B、C　均布荷载作用的简支梁，且梁采用A36钢材。

A. W10×33，跨度＝18ft，总荷载＝30kip [5.5m，133kN]；

B. W16×36，跨度＝20ft，总荷载＝50kip [6m，222kN]；

C. W18×46，跨度＝24ft，总荷载＝55kip [7.3m，245kN]。

试求其挠度：(a) 利用附录图B.2情况2的公式；(b) 利用只含跨度和梁高的公式；(c) 利用图5.12，求上述挠度值。

5.5 梁的屈曲

对于横轴（即与弯曲轴垂直的梁的横截面轴）相对弱的梁，屈曲是个问题。屈曲在混凝土梁中很少出现，但是在木梁、钢梁及发挥着梁的作用的桁架中很普遍。图5.13所示的横截面属于易发生屈曲的构件。

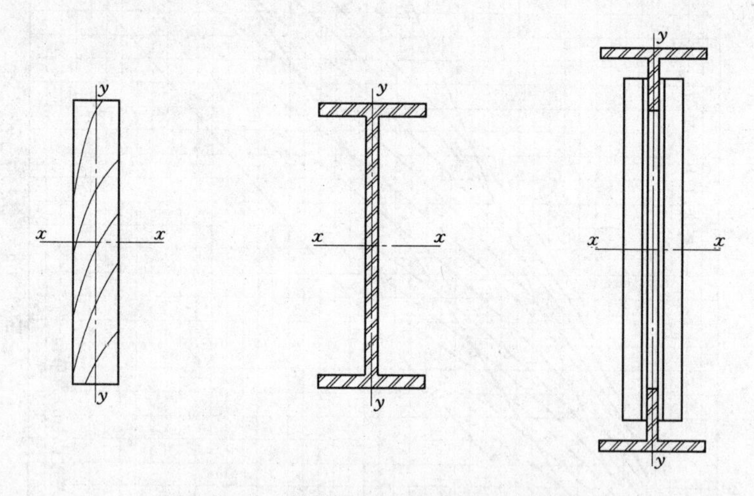

图5.13 抵抗侧向弯曲和屈曲能力较弱的梁截面

W型钢截面梁是否发生屈曲取决于其截面尺寸间的比例关系。当梁翼缘宽度（附录表A.1用b_f表示）小于梁截面高度（附录表A.1用d表示）1/2时，屈曲抗力就变得很重要了。另一个指标是强轴的截面模量S_x与弱轴的截面模量S_y的比值。一般来说，在名义高度分组中最轻的型钢，其侧向承载力最小。

当弯曲抗力根据屈曲确定时，首选的解决方案为加设支撑来支承构件，以防止在荷载作用下发生屈曲。实际上，支撑可防止简支梁中发生三种屈曲形式。

图5.14 (*a*) 表示梁发生侧向屈曲，此侧向屈曲由梁顶部受压柱作用引起。对于细长

的线性受压构件，侧向屈曲是通常的破坏形式。对于无支撑的梁，跨中是发生侧向屈曲的主要部位。因此合理的解决方式为设置垂直于梁且在梁顶部的侧向支撑。但是实际上需要支撑成蒙皮梁，而不仅仅是沿着其长度设置一道支撑。

在梁上设置的抵抗侧向屈曲的支撑可以阻止梁发生侧移。如果是一个柱子，几乎不需要什么力就可以实现这样的支撑作用，即此时所需支撑力比构件压力的3%还小。事实上，通常其他结构构件足够实现这种支撑作用，因而不需额外的支撑。

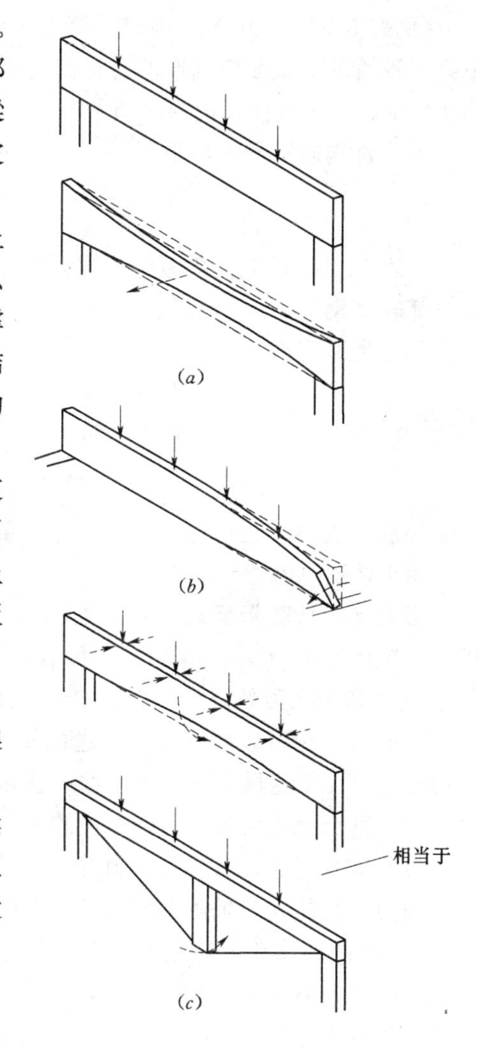

图 5.14 梁的屈曲
(*a*) 跨内侧向屈曲；(*b*) 梁端扭转屈曲；
(*c*) 跨中拉力引起的扭转屈曲

扭转屈曲主要有两种形式。第一种发生在支座处［见图5.14 (*b*)］，梁发生扭转破坏。为了防止发生扭转，一般沿梁的全高设置支撑以阻止侧移的发生。另外，其他结构构件——包括盖板及梁端部连接，常常可以提供足够大的支撑。

扭转屈曲的另一种形式发生在梁跨内，是由梁底拉力引起的。例如，图5.14最下面的桁架图，如果该桁架与所受的竖向力不在一个平面，则其破坏的几率是很高的，即在压杆附近会突然发生侧移。同样，为了防止无侧向支撑梁发生扭曲或扭转破坏，必须在梁的顶部和底部加设支撑。

无侧向支撑梁的设计

AISC规范描述了如何解决梁的屈曲问题。和其他的屈曲形式一样，AISC规范提出了屈曲三阶段，在这些发展阶段里，有些作用是允许的，因为它并没有使效应减小（在此情况下，抵抗弯矩减小了）：

(1) 极限长度用 L_c 表示，在此范围内抗弯能力不需要折减。

(2) 当无支撑长度（无侧向支撑时梁的长度）超过 L_c 时，应按较小的比例适当的折减，直至达到另一个极限值 L_u。

(3) 对于超过 L_u 的长度，AISC规范给出了一个折减公式，即对弹性屈曲阶段的欧拉屈曲荷载进行调整的一个公式。

AISC手册（参考文献3）包括一些图表，这些图表标出了相对于无侧向支撑长度的极限值，来抵抗折减抗弯承载力下的屈服极限。单个曲线表示梁常用的型钢截面。附录图B.1来源AISC手册第2页（从63页算起）。

下列例题阐明了在复杂情况下，设计人员如何利用上述图表选取合适的型钢。

【例题5.8】 由A36构成的跨度为36ft的简支梁，承受总均布荷载为75kip，求在下列三种情况下截面应选取的合适的型钢类型。(a) 无支撑长度为9ft；(b) 无支撑长度为12ft；(c) 无支撑长度为18ft。

解：首先确定最大弯矩：

$$M = \frac{WL}{8} = \frac{75 \times 36}{8} = 337.5 \text{ kip} \cdot \text{ft}$$

由表B.1得，抵抗弯矩等于或大于337.5kip·ft，有下列型钢与之对应：

最轻型钢：　　W24×76

其他类型型钢：　W18×106

W21×83

W27×84

W30×90

注意：表B.1也列出了L_c和L_u的值。对于型钢W24×76，$L_c=9.5$ft，因此此型钢可以用于情况(a)。

当无支撑长度降至L_c和L_u之间时，W形钢的容许弯曲应力则从$0.66F_y$降到$0.6F_y$，抵抗弯矩降低了10%。从表B.1可以计算出无支撑长度在9.5ft和11.8ft之间时，W24×76的抗弯承载力约降低35kip·ft，因此这种型钢不能用于情况(b)和情况(c)。

在图B.1中可以求得图表左边的抵抗弯矩值。所有的标记曲线都与最大抵抗弯矩的左边相交。注意这段实际是水平线，直至无支撑长度达到相应的L_c值时，该曲线才会突然下降。直至无支撑长度达到相应的L_u的值时，曲线显然又变成水平线。

对于这个例题，在图上找出弯矩为337.5 kip·ft和无支撑长度为12ft的交点。任何一个型钢，其曲线如果落在图上已知点的上方或确定点的右侧时，那么所选型钢是合适的(W24×76的曲线在已知点的左侧，证明较早计算的抗弯承载力是不正确的)。

在附录图B.1中，型钢曲线是实线的，则构件最轻。对于例题5.8，W24×84的曲线是第一条位于弯矩为337.5kip·ft和无支撑长度为12 ft的交点右上方的实线，因此W24×84是适合情况(b)的最轻的型钢。同时，W30×90的曲线是第一条位于弯矩为337.5kip·ft和无支撑长度为18ft的交点右上方的实线，因此W30×90是适合情况(c)的最轻的型钢。但是任何位于已知点的右侧的点都是合适的。其他可能的型钢为

W14×120

W18×97

W24×103

W27×102

判断一个梁是否有足够的侧向支撑通常并不容易。图5.15给出了与梁连接结构的一般情形，但并不是所有结构都有足够的支撑。

过去为了防火，设计人员把钢构件浇筑在混凝土里，如图5.15(*a*)所示。把这样一个构件和现浇混凝土板连接起来形成了一个坚固的支撑，虽然通常已不用这种防火措施。

设计人员经常利用钢梁来支承木托梁，如图5.15(*b*)所示。这类结构形式是否可以形成足够坚固的支撑取决于钢和木构件之间的连接方式。其他梁形式，例如图5.15(*c*)所示的空

腹钢桁架通常是用焊接或螺栓连接的，两者都可以产生较大的支撑。如果将木构件焊接于梁的上翼缘，只要木梁通过金属紧固件连接到钉条上，就能提供足够的支撑［见图 5.15（*d*）］。

当梁直接支承楼板时，必须判断采用什么样的方式把板连接起来。例如，为了保证有足够大的支撑，应把混凝土板与梁翼缘浇筑在一起［见图 5.15（*e*）］，把构件焊接到梁上。或者就像预制板一样将钢构件与板单元浇筑在一起，然后焊接到钢梁上。

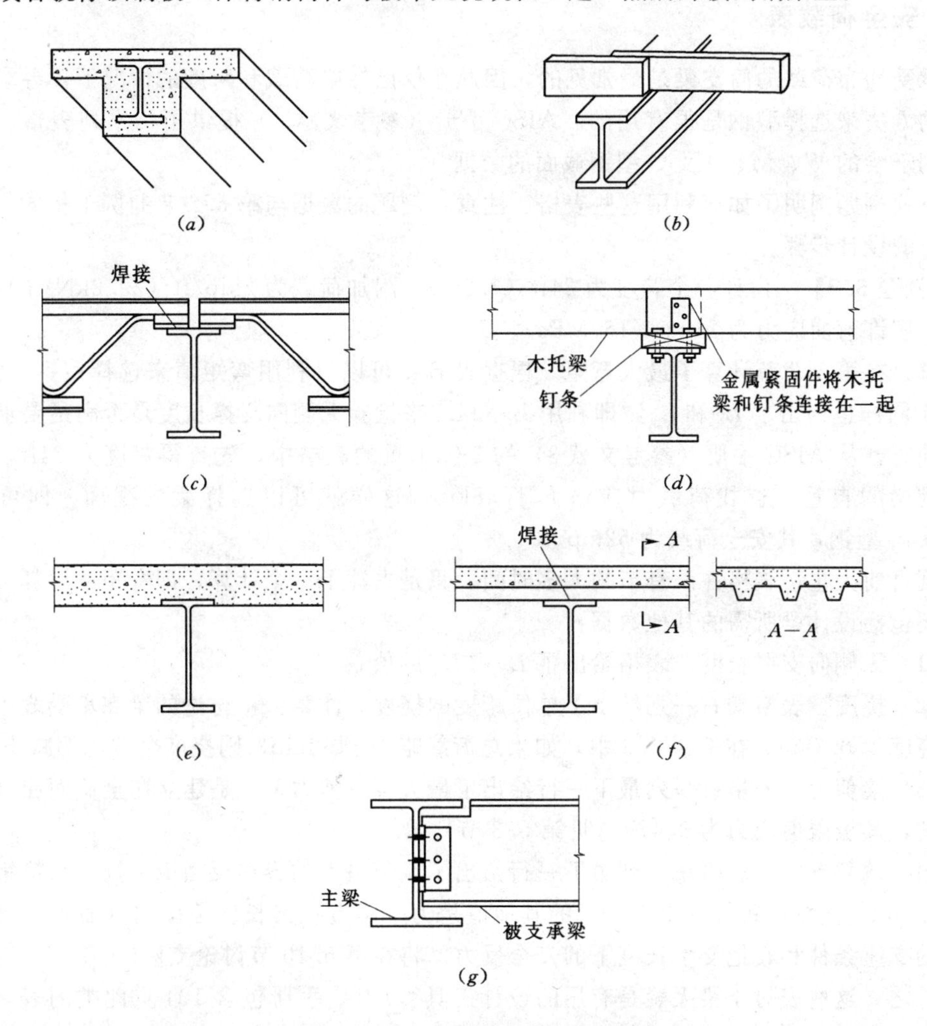

图 5.15 支承结构提供的梁的侧向支撑

（*a*）梁完全包在混凝土内；（*b*）木托梁不与梁翼缘固定；（*c*）钢次梁焊接于主梁上翼缘；（*d*）木钉条栓接于梁上翼缘；（*e*）梁翼缘包在混凝土内；（*f*）钢板焊接于梁上翼缘；（*g*）主梁支承板

对于支承其他梁的梁，相交的被支承梁为支承梁提供了有效的支撑。虽然常用的连接类型并不能把梁每一个翼缘［见图 5.15（*g*）］都紧紧地连接起来，但是它通常有足够的抗扭转能力来防止结构发生屈曲。因此，支承梁的无支撑长度等于被支承梁之间的距离。

提示 盖板也可以支撑支承梁，但是，由于盖板常常被其他梁直接支撑并连接这些梁上，因此设计人员经常对盖板的支撑作用进行折减。

在下列问题中，当需要考虑侧向支撑时，需要利用表 B.1 及图 B.1 来选择梁。

习题 5.5.A W36 的 W 型钢简支梁，承受总均布荷载为 77kip，跨度为 45ft。无支撑长度为下列三种情况时，选择最轻的型钢。(a) 10ft；(b) 15ft；(c) 22.5ft。

习题 5.5.B W36 的 W 型钢简支梁，承受总均布荷载为 72kip，跨度为 30ft。无支撑长度为下列三种情况时，选择最轻的型钢。(a) 6ft；(b) 10ft；(c) 15ft。

5.6 安全荷载表

承受均布荷载的简支梁是最常见的，因此在仅已知梁荷载和跨度的情况下，寻求一种快速的方法来选择型钢是很有用的。AISC 手册（参考文献 3）提供了一系列表格，列出了常用于梁的 W、M、S 及 C 型钢截面的数据。

下列例题阐明了如何利用这些表格。注意：例题的数据与第 5.2 节的例 1 相同，试对照两者的设计步骤。

【例题 5.9】 设计一个跨度为 24ft（7.3m），附加荷载为 2kip/ft（29.2kN/m）的简支梁。容许弯曲应力为 24ksi（165MPa）。

解： 在第 5.2 节计算了最大弯矩。根据表 B.1 可以只利用弯矩值来选择型钢。注意：表 B.1 同样也列出了 L_c 和 L_u，即利用 L_c 和 L_u 来检验无侧向支撑长度是否满足要求。

同时，从 AISC 手册（参考文献 3）的 2－61 页的表格中，先查得跨度为 24ft，然后考虑到梁的自重，查找荷载时应略大于 48kip，这样就可以选择梁的截面，即可采用 W18×46 型钢，其安全荷载为 52kip。

到目前为止，表格并没有节约太多时间，只是去掉了一个计算，即弯矩的计算。但是表格还包括设计梁所需的其他数据：

（1）无侧向支撑长度。表格给出了 L_c 和 L_u 的值。

（2）挠度。表格最右一列给出了单位跨度的挠度。注意：正讨论的梁在承受表中荷载时的挠度为 0.79in。在例题 5.9 中，如果总荷载略小于 52kip，则挠度会按比例减小。

（3）梁剪力。表格每一列最下一行给出了最大容许剪力 V，是建立在全截面屈服的基础上的，其极限剪应力为 $0.4F_y$（见第 5.3 节）。

（4）端部支座。表格每一列最下一行给出了端部最大的容许反力 R，且支承垫板的长度为 3.5in。注意：每一列最下一行的其他值是为了确定在梁长度范围内（而不是梁的端部）的支座条件和其他支承长度下的安全反力。将在第 5.10 节讨论支座。

总之，这些表对于梁无疑是有用的设计工具。AISC 手册包含 104 页此类的表，且分别列出了 F_y＝36ksi、50ksi 的几套表格。

5.7 等效荷载法

AISC 手册列出的安全项目表针对简支梁上作用均布荷载。但是由于表中的荷载值是以最大弯矩和极限应力为基础计算，因此可供其他荷载条件参考。例如，设计框架体系时，可以使用此类表格，其中包括一些不受均布荷载的梁。

分析一个在三等分点位置处作用两个相等集中荷载的梁（见附录图 B.2 情况 3）。在此情况下产生的最大弯矩值为 $PL/3$。假设此弯矩值等于均布荷载下的弯矩值，则可以推导出两种荷载的关系：

$$\frac{WL}{8}=\frac{PL}{3}$$

则

$$W=2.67P$$

换言之，如果一个集中荷载乘以 2.67，就得到一个等效均布荷载（equivalent uniform load，EUL），即与实际荷载情况条件产生相同的荷载。

提示 本书常把等效均布荷载称为等效列表荷载（equivalent tabular load，ETL）。图 B.2 给出了几种常见荷载条件下的 ETL 系数。

记住 ETL 仅以弯曲（如极限弯曲应力）状态为基础，在分析挠度、剪力和支座时必须采用梁的实际加载条件。

任何加载条件都可以采用这种方法，不只是简单的、对称的加载模式。首先求出实际荷载产生的真实最大弯矩，然后令其等于理论均布荷载作用下的最大弯矩，因此

$$M=\frac{WL}{8}$$

则

$$W=\frac{8M}{L}$$

$W=8M/L$ 为任何加载模式下等效均布荷载的通用表达式。

5.8 扭转效应

在有些情况下，钢梁除了承受剪力和弯曲外，还承受扭转作用。例如，当作用在梁上的荷载不通过梁横截面的剪心时，会发生扭转。双轴对称的截面，如 W、M 及 S 形钢，剪心与截面的质心是重合的（即截面主轴的交点）。偏心加载可以产生扭转（见图 5.16）。

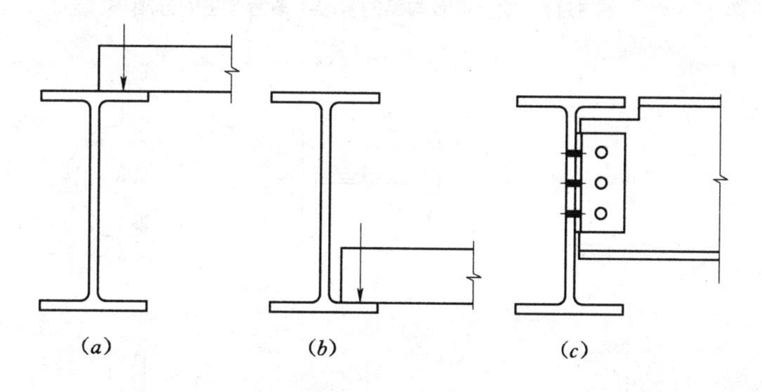

图 5.16 梁上偏心荷载产生的扭矩

在图 5.17 中，当荷载恰好作用在弱轴上（$y-y$ 轴）上时，则会产生关于主轴($x-x$)的纯弯曲。反之亦然。但是，荷载的任何偏移都会产生翘曲和扭转作用效应。对于诸如开口构件等抗扭性较弱的构件，它们采用薄壁板件和对 $y-y$ 轴抗弯承载力较低的截面形式，扭转作用经常导致梁的最终破坏。

对于双轴不对称的型钢——如 C 形钢和角钢，剪心和截面的质心不重合。例如，槽钢的剪心位于截面后部一定距离［见图 5.17（c）］。因此，沿槽钢质心或其竖向腹板部分加载时，会发生扭转。避免此扭转的方法之一是把一个角钢连接到槽钢上，让荷载作用在槽钢的剪心上。

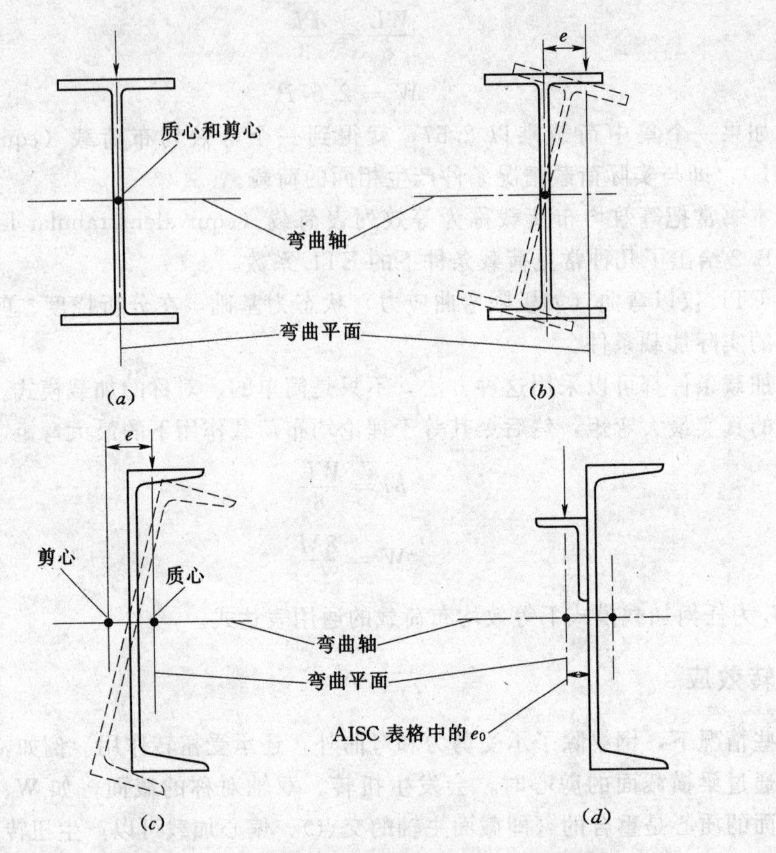

图 5.17 梁上荷载与梁的剪心不重合产生的扭矩

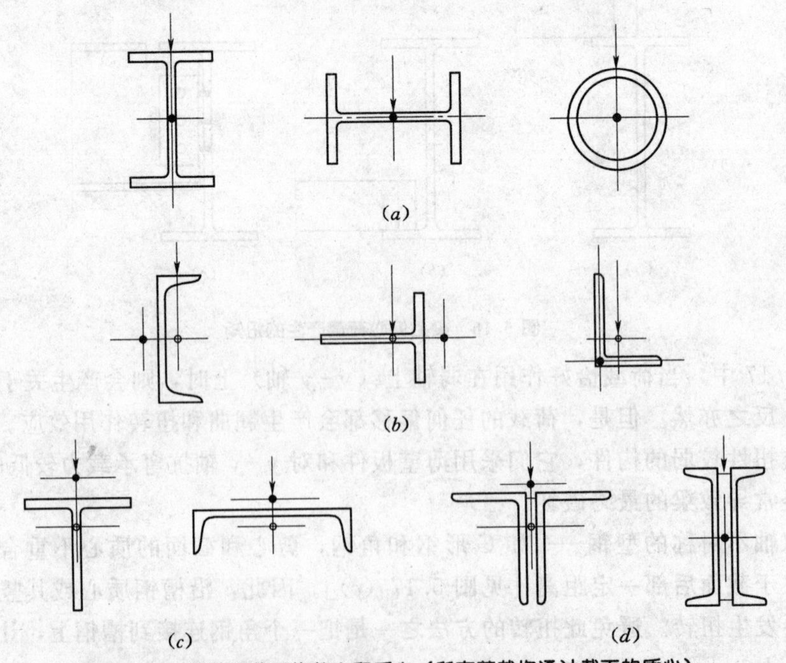

图 5.18 各种梁截面的剪心和质心（所有荷载均通过截面的质心）

图 5.18 给出了几种型钢及不同型钢组合体的剪心和质心位置。当剪心和质心重合时［见图 5.18 (*a*)］，设计人员应保证荷载作用在截面的形心轴上。当剪心和质心不重合时［见图 5.18 (*b*)］，除非加载平面通过剪心，否则沿质心加载会发生扭转［见图 5.18 (*c*) 所示的 T 形钢和槽钢，以及图 5.18 (*d*) 中的双角钢和双槽钢］。

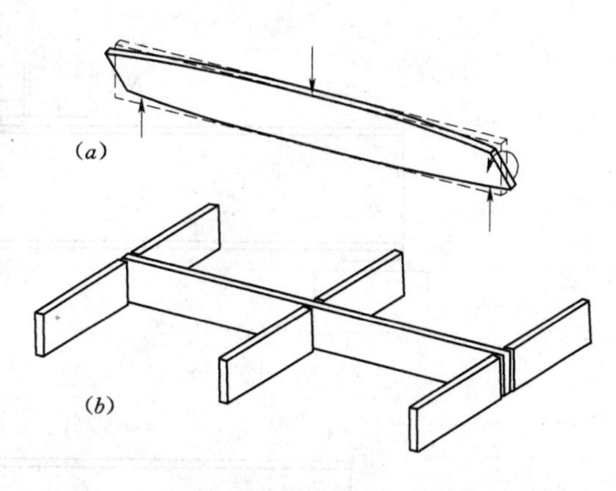

图 5.19 交叉构件的支撑作用（防止梁发生扭曲破坏）

图 5.19 (*a*) 所示的扭转屈曲可能发生在抗扭能力较小的梁上。如果梁上先后作用了扭转屈曲和其他扭转效应，则梁可能完全丧失承载能力。

因为设计人员能够计算扭转作用，所以他们可以设计出抵抗扭转的构件。但是如果梁处于结构框架中，则设计人员应尽可能地避免扭转作用的发生。为此就要设置支撑，例如，用于木梁的常用方法是把构件垂直地放置在受影响梁的端部和跨中以阻止其产生扭转作用［见图 5.19 (*b*)］。

总之，扭转是一个基本问题。为了保证结构安全可靠，必须形成适当的结构构造。

5.9 作用在梁上的集中荷载效应

由于梁上过大的支座反力或者在梁跨内的某一位置作用了过大的集中荷载，从而引起梁局部屈服或者腹板局部屈曲（即薄腹梁的屈曲）。AISC 规范要求设计人员要分析此类效应下的梁腹板，此外，如果集中荷载超过了极限值，AISC 规范还要求设计人员采用腹板加劲肋。

图 5.20 给出了三种常见情况。图 5.20 (*a*) 是在支座上的梁端部支承（常用于砌体或混凝土墙）。通过钢支承板把反力传到梁底部翼缘上。图 5.20 (*b*) 给出了柱荷载施加在梁跨内顶部的某一点上。图 5.20 (*c*) 表示梁被支承在柱顶部的支承上，在此节点处梁是连续的。

图 5.20 (*d*) 表示一段假设可以抵抗支座反力的腹板（沿梁跨方向）。对于梁跨内的屈服抗力、最大端部反力及梁跨内最大荷载确定如下：

$$\text{最大端部反力} = 0.66F_y t_w(N + 2.5k)$$

$$\text{梁中最大荷载} = 0.66F_y t_w(N + 5k)$$

式中 t_w——梁腹板厚度；

N——支座长度；

k——梁翼缘外侧到腹板与翼缘之间转角起弧点的距离。

提示 AISC 手册列出了 W 型钢的 t_w 和 k 值。

当超过了最大支座反力和梁内荷载时，在集中荷载作用处，梁须设置腹板加劲肋，例如，钢板焊接在梁的槽形面上（见图 5.21）。加劲肋不仅可以提高承压承载力，而且还可以减小腹板局部屈曲的可能性。

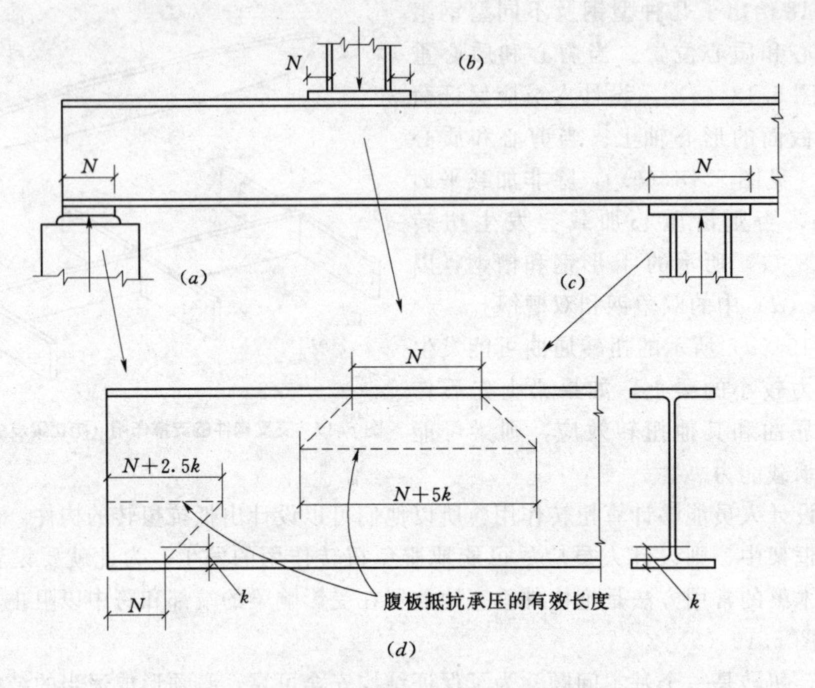

图 5.20 与腹板局部屈曲相关的薄腹梁的支承

虽然 AISC 手册给出了由于腹板局部屈曲引起的极限荷载计算公式，但是也包括一些简便算法的数据表。

下列例题阐明了如何利用公式求解极限支座反力，而且也演示了如何利用 AISC 的数据表来求解答案。

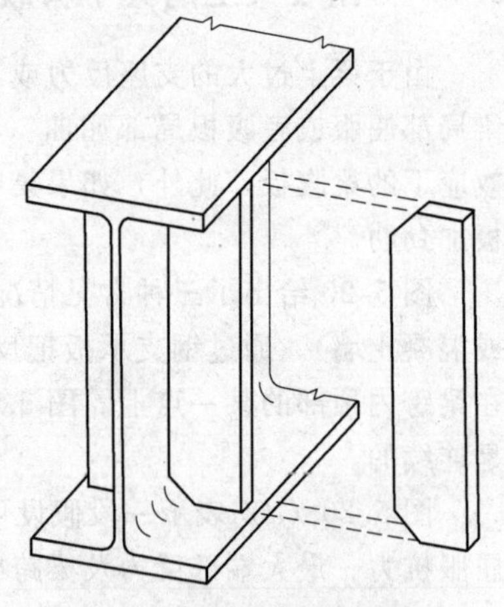

图 5.21 阻止薄腹梁发生侧向屈曲的加劲肋

【例题 5.10】 A36 钢 W18×55 型钢梁，承受一个端部反力，其支撑长度 $N=10\text{in}$（254mm），如果支座反力为 44kip（196kN），试分析下列情况下的梁。(a) 梁处于屈服阶段；(b) 梁腹板处于局部屈曲阶段。

解： 由附录表 A.1 得 $k=1.3125\text{in}$（33mm），$t_w=0.39\text{in}$（10mm），计算端部的承载极限：

$$
\begin{aligned}
R_{\max} &= 0.66F_y t_w(N+2.5k) \\
&= 24\times0.390\times(10+2.5\times1.3125) \\
&= 124\ \text{kip}(538\text{kN})
\end{aligned}
$$

为了分析屈曲（腹板局部屈曲），利用 AISC 手册的 2—61 页的下列数据：

$$
\begin{aligned}
R_1 &= 30.4\ \text{kip} \\
R_2 &= 9.27\ \text{kip/in} \\
R_3 &= 39.4\ \text{kip} \\
R_4 &= 3.18\ \text{kip/in}
\end{aligned}
$$

最大端部反力应为两种反力的最小值，一种为屈服时的端部反力；另一种为屈曲时的端部反力：

$$R_{max} = R_1 + NR_2 \text{ 或者 } R_3 + NR_4$$
$$= 30.4 + 10 \times 9.27$$
$$= 123.1 \text{ kip(发生屈服时的端部反力)}$$

或者 $R_{max} = 32.6 + 10 \times 3.18 = 71.2 \text{ kip(发生屈曲时的端部反力)}$

屈曲极限起控制作用，则最大的端部反力为 71.2kip。因为该值大于反力设计值，所以梁是安全的。

图 5.20 (*b*) 和图 5.20 (*c*) 中，在支座处梁是连续的。在此情况下，必须利用 AISC 公式精确地分析腹板的局部屈曲。但是，正如屈服极限，局部屈曲极限略高于端部承载力极限值。因此可以把端部承载力（查 AISC 的数据表）的腹板局部屈曲荷载和设计荷载做对照，如果设计荷载小于（或略大于）腹板局部屈曲荷载，则不会发生屈曲破坏。

【例题 5.11】 例题 5.10 的梁承受作用在梁跨内柱的荷载为 70kip (311kN)。梁上柱的支撑长度为 12in (305mm)。试分析下列情况下的梁。(a) 梁处于屈服阶段；(b) 梁腹板处于局部屈曲阶段。

解： 首先分析在屈服阶段下

$$P_{max} = 0.66F_y t_w \times (N + 5k)$$
$$= 24 \times 0.390 \times (12 + 5 \times 1.3125)$$
$$= 173.7 \text{ kip(773kN)}$$

梁腹板局部屈曲时，应按以下考虑端部承载极限：

$$R_{max} = R_3 + NR_4 = 39.4 + 12 \times 3.18 = 77.56 \text{ kip}$$

由于上述两个值均大于设计力，同时由于梁跨内的实际抗屈曲承载力高于荷载值，因此此梁是安全的。

习题 5.9.A 求端部支承板为 8in (203mm) 的 W18×40 型钢梁的最大容许支座反力。

习题 5.9.B 一根柱子，荷载为 81kip (360kN)，且支承长度为 11in (279mm)，放在习题 5.9.A 的梁上，试问腹板是否需要设置加劲肋。

5.10 支承板

梁通常依靠钢支承板支承在砌体或混凝土结构上。虽然支承板经常有助于连接梁端部和支座，但是其主要作用是提供一个连接支座的放大面积，以降低承压力到支承支座可以承受的容许值（见图 5.22)。

对于墙支座，尺度 N 通常取决于墙的厚度——实际上，N 大约比墙厚少 2in。如果墙厚度较小且支承荷载较大，则所需的 B 值较大。当然，随着 B 的增加，板上产生的弯矩要求其厚度 t 相应的增加。在某些情况下，对于一般连接形式 B 值太大，必须改变结构（如加厚墙体，增大梁以减小端部反力等)。

为了确定支承板的必要厚度，应考虑在图 5.22 (*b*) 标注为 n 的悬臂长度上产生的弯矩。作用在悬臂端上的荷载是在板底均匀分布的荷载。以此弯矩为基础，可以推导出支承板必要厚度的公式：

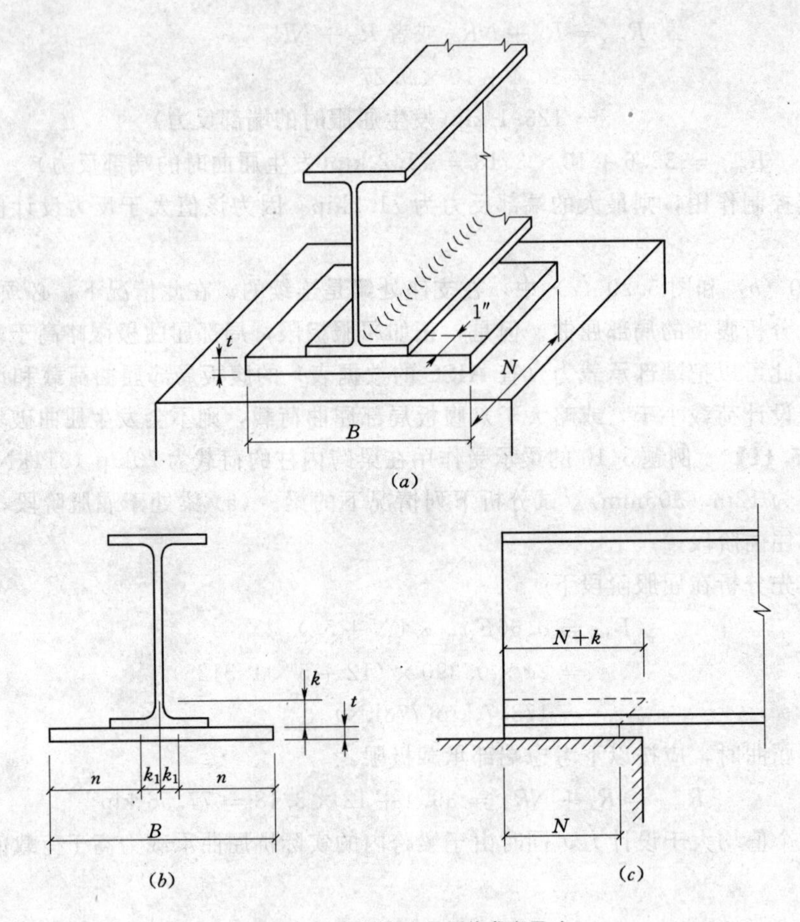

图 5.22 梁端部支承板的参考尺寸

$$t=\sqrt{\frac{3f_pn^2}{F_b}}$$

其中

$$n=(B/2)-k_1$$

式中 t——支承板的厚度；

f_p——承压力的计算值；

F_b——支承板的容许弯曲应力，通常取 $0.75F_y$，或者对于 A36 钢取 27ksi；

k_1——板梁腹板中心到翼缘倒角起弧点的距离。

AISC 特性表列出了 W 型钢的 k_1 值。表 5.1 列出了用于砌体和混凝土墙上的常用值。

正如第 5.9 节讨论的，此处必须分析梁的屈服和梁腹板局部屈曲。如果经过分析需要设置腹板加劲肋，则支承板的弯矩会略有降低。如果设置了加劲肋，可以把悬臂端降至翼缘的边缘。

下列的例题阐明了如何设计如图 5.22（*a*）所示的支承板。

【例题 5.12】 一个由 W21×57 构成的梁通过 A36 的钢支承板把端部反力 44kip (196kN) 传递到实心砖砌体墙上。假设对于砖砌体墙，$f'_m=1500$，且垂直于墙体的支承长度的极限值为 10in (254mm)。试选择支承板的厚度和其他尺寸（见图 5.22 中的 B）。

表 5.1 作用在砌体和混凝土结构上的容许承压力

材料类型和条件	支座处的单位容许应力 F_p		材料类型和条件	支座处的单位容许应力 F_p	
	psi	kPa		psi	kPa
实心砖砌体，S 型砂浆			混凝土①		
			(1) 支座全截面承压		
$f'_m=1500$psi	170	1200	$f'_c=3000$psi	750	5000
$f'_m=4500$psi	338	2300	$f'_c=4000$psi	1000	7000
空心砖砌体（CMU），S 型砂浆			(2) 小于或等于 1/3 支座截面承压		
$f'_m=1500$psi	225	1500	$f'_c=3000$psi	1125	7500
（砌体净面积）			$f'_c=4000$psi	1500	10000

① 在这些极限强度之间的单位容许应力直接按比例插值确定。

解：由附录表 A.1 得，$k_1=0.875$in（22mm）。由表 5.1 得，容许承压力 $F_p=170$psi（1200kPa）。

则承压板所需面积为

$$A=\frac{R}{F_p}=\frac{44000}{170}=259\ \text{in}^2(163\times10^3\ \text{mm}^2)$$

因为

$$N=10\ \text{in}(254\text{mm})$$

$$B=\frac{259}{10}=25.9\ \text{in}(643\text{mm})$$

四舍五入取 26in。

确定实际压力：

$$f_p=\frac{44000}{10\times26}=169\ \text{psi}(1187\text{kPa})$$

为求板的厚度，首先确定 n 值：

$$n=\frac{B}{2}-k_1=\frac{26}{2}-0.875=12.125\ \text{in}(303\text{mm})$$

因此，所需厚度为

$$t=\sqrt{\frac{3f_pn^2}{F_b}}=\sqrt{\frac{3\times169\times12.125^2}{27000}}=\sqrt{2.7606}=1.66\ \text{in}(42\text{mm})$$

四舍五入取 1.70in。

总之，承压板确定为 10in×2ft－2in×1.75in。

在有些情况下支座反力作用下承压力较小，在梁的端部可以不设支承板，取决于梁的翼缘宽度。此时，要分析梁翼缘上的弯曲，如果弯曲应力过大，则利用加劲板来加强梁翼缘。

习题 5.10.A 一个支座反力为 20kip（89kN）且由 W14×30 型钢构成的梁，被搁置在 $f'_m=1500$psi，S 型砂浆的砖砌体上。梁端部设置了 A36 的支承板，且其与梁长度平行的尺寸为 8in（203mm），求承压板的其他尺寸。

5.11 预制桁架

很多生产厂家生产多种规格的平行弦杆桁架。绝大多数的生产厂家遵循行业标准。对于轻钢桁架，钢梁协会（SJI）是主要的行业协会。虽然SJI的出版物是一般资料的主要来源（参考文献7），但是个别的生产厂家偏离常规设计，就需要查询生产特定产品的厂商的设计数据。

平行弦杆轻钢桁架早期称为空腹钢桁架，即用钢条作为桁架的弦杆和连续弯曲的腹板构件（见图5.23)，实际上此类桁架被称为轻型桁架。虽然其他的板件也可用于桁架弦杆，但是弯曲钢条仍广泛用于小型的桁架结构。

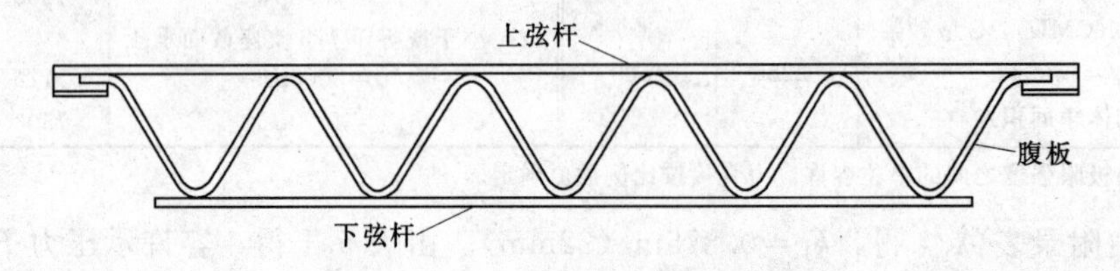

图 5.23 短跨空腹钢桁架的形式

有些构件长达150ft，高度大于7ft。较大的桁架通常采用钢桁架的常用形式，即双角钢，T形钢等（为了了解更多关于安装构造、建议规范、支撑和安装安全性等相关内容，不仅参考个别厂商的设计数据，而且还要参考SJI的有关规范）。对于楼面桁条和屋面椽子，采用较小的截面形式。

表 5.2　　K系列空腹钢桁架安全荷载①

桁梁代号		12K1	12K3	12K5	14K1	14K3	14K6	16K2	16K4	16K6	18K3	18K5	18K7	20K3	20K5	20K7
跨度 (ft)	自重 (lb/ft)	5.0	5.7	7.1	5.2	6.0	7.7	5.5	7.0	8.1	6.6	7.7	9.0	6.7	8.2	9.3
20		241 (142)	302 (177)	409 (230)	284 (197)	356 (246)	525 (347)	368 (297)	493 (386)	550 (426)	463 (423)	550 (490)	550 (490)	517 (517)	550 (550)	550 (550)
22		199 (106)	249 (132)	337 (172)	234 (147)	293 (184)	432 (259)	303 (222)	406 (289)	498 (351)	382 (316)	518 (414)	550 (438)	426 (393)	550 (490)	550 (490)
24		166 (81)	208 (101)	282 (132)	196 (113)	245 (141)	362 (199)	254 (170)	340 (221)	418 (269)	320 (242)	434 (318)	526 (382)	357 (302)	485 (396)	550 (448)
26					166 (88)	209 (110)	308 (156)	216 (133)	289 (173)	355 (211)	272 (190)	369 (249)	448 (299)	304 (236)	412 (310)	500 (373)
28					143 (70)	180 (88)	265 (124)	186 (106)	249 (138)	306 (168)	234 (151)	318 (199)	385 (239)	261 (189)	355 (248)	430 (298)
30								161 (86)	216 (112)	266 (137)	203 (123)	276 (161)	335 (194)	227 (153)	308 (201)	374 (242)
32								142 (71)	190 (92)	233 (112)	178 (101)	242 (132)	294 (159)	199 (126)	271 (165)	328 (199)
36											141 (70)	191 (92)	232 (111)	157 (88)	213 (115)	259 (139)
40														127 (64)	172 (84)	209 (101)

续表

桁梁代号		22K4	22K6	22K9	24K4	24K6	24K9	26K5	26K6	26K9	28K6	28K8	28K10	30K7	30K9	30K12
跨度(ft)	自重(lb/ft)	8.0	8.8	11.3	8.4	9.7	12.0	9.8	10.6	12.2	11.4	12.7	14.3	12.3	13.4	17.6
28		348 (270)	427 (328)	550 (413)	381 (323)	467 (393)	550 (456)	466 (427)	508 (464)	550 (501)	548 (541)	550 (543)	550 (543)			
30		302 (219)	371 (266)	497 (349)	331 (262)	406 (319)	544 (419)	405 (346)	441 (377)	550 (459)	477 (439)	550 (500)	550 (500)	550 (543)	550 (543)	550 (543)
32		265 (180)	326 (219)	436 (287)	290 (215)	357 (262)	478 (344)	356 (285)	387 (309)	519 (407)	418 (361)	515 (438)	549 (463)	501 (461)	549 (500)	549 (500)
36		209 (126)	257 (153)	344 (201)	229 (150)	281 (183)	377 (241)	280 (199)	305 (216)	409 (284)	330 (252)	406 (306)	487 (366)	395 (323)	475 (383)	487 (392)
40		169 (91)	207 (111)	278 (146)	185 (109)	227 (133)	304 (175)	227 (145)	247 (157)	331 (207)	266 (183)	328 (222)	424 (284)	319 (234)	384 (278)	438 (315)
44		139 (68)	171 (83)	229 (109)	153 (82)	187 (100)	251 (131)	187 (100)	204 (118)	273 (155)	220 (137)	271 (167)	350 (212)	263 (176)	317 (208)	398 (258)
48					128 (63)	157 (77)	211 (101)	157 (83)	171 (90)	229 (119)	184 (105)	227 (128)	294 (163)	221 (135)	266 (160)	365 (216)
52								133 (66)	145 (80)	195 (102)	157 (83)	193 (100)	250 (128)	188 (106)	226 (126)	336 (184)
56											135 (66)	166 (80)	215 (102)	162 (84)	195 (100)	301 (153)
60														141 (69)	169 (81)	262 (124)

① 荷载用 lb/ft 表示。第一项为桁架的总荷载值，圆括号内的是挠度等于跨度的 1/360 时的荷载，见图 5.24 跨度的定义。

资料来源：经出版商和钢梁协会的许可，表中数据摘自 1994 钢梁和钢桁支架（steel joists and joist girders）的标准规范（standard specification）、荷载表（load tables）和重量表（weight tables）中更广泛的表格（参考文献 7）。钢梁协会出版了规范和荷载表，两者都包括用于互相连接的标准。

摘自 SJI 标准表格的表 5.2 列出了 K 系列常见的几种规格，是最轻的一组桁条。

注意:桁条可用三个单位名称表示：第一个数字表示桁条总的名义高度，字母表示桁条的等级；第二个数字表示桁条的截面尺寸（数字越大，则桁条自重和强度越大）。

可以根据已知的荷载和跨度，利用表 5.2 选择合适的桁条。表中每一跨度通常对应两项，第一个数字代表桁条的总荷载承载力（lb/ft），圆括号内为产生挠度等于跨度 1/360 时的荷载。

【例题 5.13】 利用空腹钢桁架支承跨度为 40ft 的屋面，屋面的单位活载为 20psf，单位恒载为 15psf（不包括桁条自重）。桁条中心至中心的间距为 6ft，如果活载下的挠度为跨度的 1/360，试选择最轻的桁条。

解：首先确定桁条上的单位荷载：

$$活载=6\times20=120\ \text{lb/ft}$$

$$恒载=6\times15=90\ \text{lb/ft}$$

$$总荷载=120+90=210\ \text{lb/ft}$$

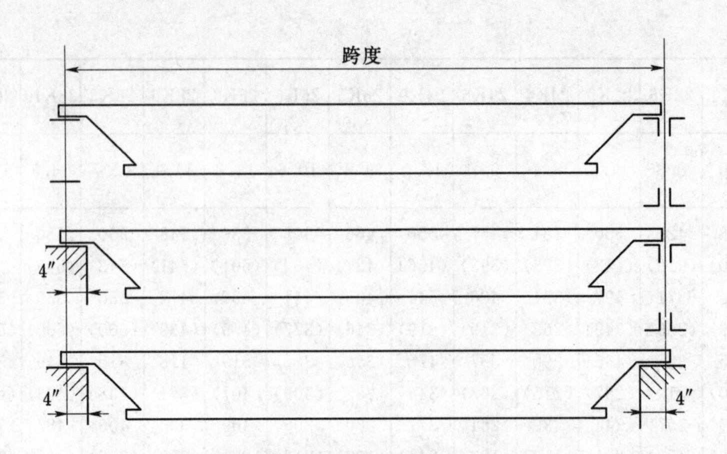

图5.24 参考文献7空腹钢桁架跨度的定义
（经钢梁协会许可重印）

有了总荷载和活载值，根据已知跨度查表5.2。注意：此处计算时应不计桁条的自重，表中总荷载项包括了桁条的自重。一旦选择了桁条，在和计算值比较时，可从表中推断出桁条的自重。

表5.3列出了桁条的可能选择，24K6为最轻的桁条。

【例题5.14】 用于跨度为30ft楼面的空腹钢桁架，作用在楼面上的单位活载为75psf，恒载为40psf（不包括桁条自重），桁条的跨度为2ft。考虑总荷载作用时，挠度应被限制为桁条跨度的1/240；考虑只有活载作用时，挠度应被限制为桁条跨度的1/360。确定最轻的桁条和最轻桁条的最小高度。

解： 和例题5.13一样，首先确定单位荷载：

活载＝2×75＝150 lb/ft

恒载＝2×40＝80 lb/ft

总荷载＝150＋80＝230 lb/ft

为了满足总荷载下的挠度标准，根据挠度限值选择不应小于（240/360）×230＝153lb/ft。由于该值比活载略大，可把它定为参考点。

表5.3 屋面桁条的可能选择

荷载状况	指定桁条的单位荷载			
	22K9	24K6	26K6	28K6
总承载力，查表5.2	278	227	247	266
桁条自重，查表5.2	11.3	9.7	10.6	11.4
可用净承载力	266.7	217.3	236.4	254.6
挠度等于1/360时的荷载，查表5.2	146	133	157	183

表5.4列出了桁条的可能选择，22K4为最轻的桁条，高度最小的桁条为18K5。

在有些情况下，可以选择高度较大的桁条，即使其总荷载承载力有很大富余。例如，对于平屋面结构，是总挠度而不是曲率理论极限值更重要。在例题5.13中，屋面跨度的

1/360 的挠度等于（1/360）×40×12＝1.33in，必须考虑在此挠度极限值下，屋面如何排水或者对内隔墙的影响。另一个例子：对于楼面结构，设计人员有时有意设计一个最大可行高度的桁条来减小楼面的挠度，因此也起到加固结构的作用，从而阻止了板的颤动效应。

因为桁条几乎没有侧向或扭转抵抗力，所以稳定性是一个很重要的问题。其他结构构件，例如楼板和顶棚骨架可能对桁条的稳定性有帮助，但是必须仔细地分析整个支撑状况。总之，对于所有钢桁条结构，需要设置剪力撑或水平拉杆形式的侧向支撑。

提高稳定性的方法之一涉及典型的端部支座构造，如图 5.23 所示。通过桁架上弦杆端部悬吊起来的桁架，增大了结构的高度，而这样的悬吊结构可以防止支座发生如图 5.14 (*b*) 所示的转动屈曲的倾覆。一般较小的桁条增加的高度（桁条端部的高度）为 2.5in，而较大的桁条增加的高度为 4in。

表 5.4 **楼面桁条的可能选择**

荷载状况	指定桁条的单位荷载			荷载状况	指定桁条的单位荷载		
	18K5	20K5	22K4		18K5	20K5	22K4
总荷载，查表 5.2	276	308	302	可用净荷载	268.3	299.8	294
桁条自重，查表 5.2	7.7	8.2	8.0	挠度等于 1/360 时的荷载，查表 5.2	161	201	219

当设计一个完整的桁架体系时，大多数设计人员利用预制桁架的一种特定形式：桁条桁梁（joist girder）。这种桁架主要承受等间距的集中荷载，集中荷载由桁条的支座反力引起。图 5.25 为常见桁条桁梁形式。桁条桁梁采用标准代号形式：名义桁梁的高度、桁条节间数量［被称为桁梁的节间单元（girder panel unit）］和桁条的端部反力（即作用在桁梁上的单位集中荷载）。

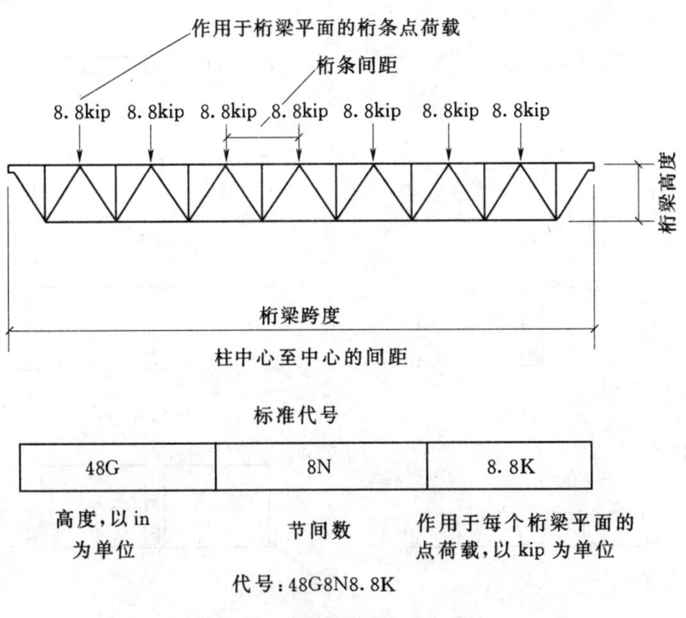

图 5.25 桁条桁梁的设计与名称

可以从目录中选取桁条桁梁。选择程序通常如下：

(1) 确定桁条节间距、桁条荷载及桁梁跨度（桁条间距是桁梁跨度的整数分之一）。

(2) 利用标准名称确定桁梁。

(3) 从厂家目录中选择桁梁或者向供应商订做所需的桁梁。

本书第11章建筑设计实例中进一步讨论了桁条及完整桁架体系的应用。

习题 5.11.A 设计一个屋面跨度为48ft的空腹钢桁架，作用在屋面上的活载和恒载分别为25psf和20psf（不包括桁条自重）。桁条中心间距为4ft，最大挠度为梁跨度的1/360。试选择最轻的桁条。

习题 5.11.B 设计一个屋面跨度为44ft的空腹钢桁架，作用在屋面上的活载和恒载分别为30psf和18psf（不包括桁条自重）。桁条中心间距为5ft，最大挠度为梁跨度的1/360。试选择最轻的桁条。

习题 5.11.C 设计一个楼面跨度为36ft的空腹钢桁架，作用在楼面上的活载和恒载分别为50psf和45psf（不包括桁条自重）。在只有活载的情况下的最大挠度为梁跨度的1/360；而在总荷载作用下的最大挠度为梁跨度的1/240。(a) 试选择最轻的桁条；(b) 试选择截面高度最小的桁条。

习题 5.11.D 除了活载为100psf，恒载为35psf外，跨度为26ft其余同习题6.11.C。

5.12 钢承板

由薄壁型钢组成的钢承板被制成各种的形状，如图5.26所示。最简单是波纹薄板，如图5.26 (*a*) 所示，它可以用于商业建筑的外墙面和屋面（铁皮小屋）或者作为预制板或一般夹层结构的面层。作为一个结构承板，简单的波纹薄板用于特别短的跨度，特别是用结构混凝土填充，充当跨越承板。

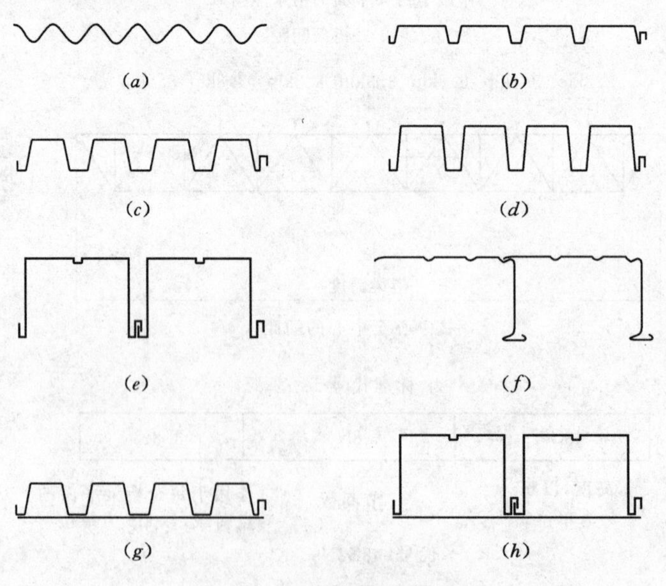

图 5.26 型钢承板的截面形式

图 5.26 (*b*) ～ (*d*) 为三种常用的钢承板类型。当用于屋面且其上荷载较小时，平顶面是用轻质泡沫混凝土填充、轻质石膏混凝土填充或刚性薄片材料共同组成的。对于楼面，其上荷载较大，可以采用结构混凝土填充，设计人员经常选择较高的肋 [见图 5.26 (*c*)、(*d*)] 以获得较大跨度的大间距梁。通常整个钢承板的总高度为 1.5、3、4.5in。

诸如图 5.26 (*e*)、(*f*) 所示的高度相当大的薄壁型钢承板，可以获得相当大的跨度，且通常兼有小梁和承板的作用。

有时钢承板可以用于动力管线、输电线路或通信管线的管道。在这些情况下，设计人员用钢平板封闭钢承板一侧 [见图 5.26 (*g*)、(*h*)]，这样可以为一个方向的管线，埋设在混凝土里的管道可以为垂直方向的管线提供管道。

钢承板有不同的形式（横截面形式）和厚度（标准度量）。设计人员常常根据荷载和跨度来选择钢承板。典型的可利用单元是大于或等于 30ft 的钢承板，此长度可以设计成多跨结构。虽然这样做只略微减小了弯曲效应，但是显著降低了挠度和颤动效应。

楼板防火性能部分由填充混凝土提供。为了保护楼板的底面，设计人员采用耐火材料喷涂或永久性耐火顶棚结构。因为很多重大火灾都是开始于顶棚和架空的楼面或屋面之间的空旷的空间，所以现在耐火顶棚结构不再流行。

设计人员也把板作为一个水平的隔震板来分散风和地震引起的侧向力，而且也作为梁和柱的侧向支撑。

当结构用混凝土作为填充材料使用时，在成型钢承板中可以采用下列三种形式之一：

(1) 混凝土仅作为结构内填充材料，可以提供一个平坦的平面、防火保护层及附加隔声层等。它对结构没有显著贡献。

(2) 对于混凝土填充，钢承板基本上仅作为成型系统——换言之，混凝土用钢筋加强且作为跨越结构板来设计。

(3) 混凝土和钢承板共同工作，发挥组合结构作用(composite structural action)。实际上，钢承板对于跨中弯曲应力充当钢筋作用（当然对于整个承板支座处的负弯矩，混凝土填充的顶部仍需上部钢筋）。

表 5.5 列出的数据足够进行初步设计，且数据与图 5.26 (*b*) 屋面结构的承板单元的应用有关。

提示 对于具有这种单元的屋面板，结构的整体性仅由钢承板决定，而不由填充混凝土决定。

三种不同的肋构造——窄肋、中等肋和宽肋，如表 5.5 所示的板单元。因为每一种肋构造都对承板的横截面特性有一定的影响，所以表 5.5 包括三部分。注意：选择肋宽度时，结构特性仅是一个次要的因素。

例如，更重要的是承板与其支座是否焊接（为了得到较好的蒙皮效应，通常采用焊接），如果采用了焊接，则需采用宽肋。另一个例子：如果采用相对薄的上层材料，那么最好采用窄肋。

对于非常薄的钢承板，锈蚀是很严重的关键问题。虽然钢承板顶部常常由其他结构保护，但是它的底面却需要处理。由于很多生产厂家在制作加工时已经在构件的表面加了一层涂料，所以表 5.5 中板的自重应包括涂料的重量，而这些涂料通常是价格非常低的防锈蚀材料。在板的表面涂一层瓷漆或镀一层锌增加钢承板重量。

表 5.5　　屋面钢承板的安全使用荷载

板的类型①	跨距条件	自重②(psf)	用 ft·in 表示的板的总安全荷载③（恒载和活载）												
			4-0	4-6	5-0	5-6	6-0	6-6	7-0	7-6	8-0	8-6	9-0	9-6	10-0
NR22	单跨	1.6	73	58	47										
NR20		2.0	91	72	58	48	40								
NR18		2.7	121	95	77	64	54	46							
NR22	两跨	1.6	80	63	51	42									
NR20		2.0	96	76	61	51	43								
NR18		2.7	124	98	79	66	55	47	41						
NR22	三跨或三跨以上	1.6	100	79	64	53	44								
NR20		2.0	120	95	77	63	53	45							
NR18		2.7	155	123	99	82	69	59	51	44					
IR22	单跨	1.6	86	68	55	45									
IR20		2.0	106	84	68	56	47	40							
IR18		2.7	142	112	91	75	63	54	46	40					
IR22	两跨	1.6	93	74	60	49	41								
IR20		2.0	112	88	71	59	50	42							
IR18		2.7	145	115	93	77	64	55	47	41					
IR22	三跨或三跨以上	1.6	117	92	75	62	52	44							
IR20		2.0	140	110	89	74	62	53	46	40					
IR18		2.7	181	143	116	96	81	69	59	52	45	40			
WR22	单跨	1.6			(89)	(70)	(56)	(46)							
WR20		2.0			(112)	(87)	(69)	(57)	(47)	(40)					
WR18		2.7			(154)	(119)	(94)	(76)	(63)	(53)	(45)				
WR22	两跨	1.6			98	81	68	58	50	43					
WR20		2.0			125	103	87	74	64	55	49	43			
WR18		2.7			165	137	115	98	84	73	65	57	51	46	41
WR22	三跨或三跨以上	1.6			122	101	85	72	62	54	(46)	(40)			
WR20		2.0			156	129	108	92	80	(67)	(57)	(49)	(43)		
WR18		2.7			207	171	144	122	105	(91)	(76)	(65)	(57)	(50)	(44)

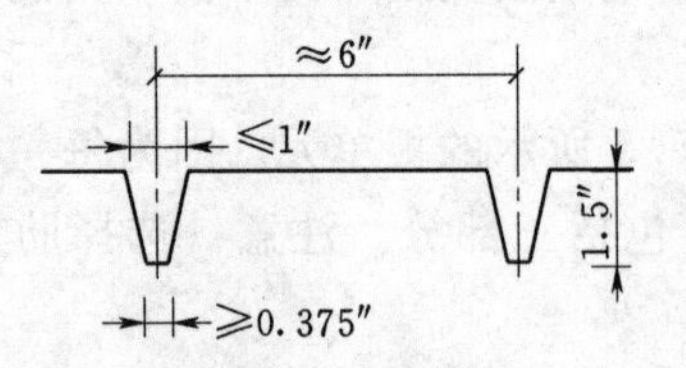

窄肋板—NR

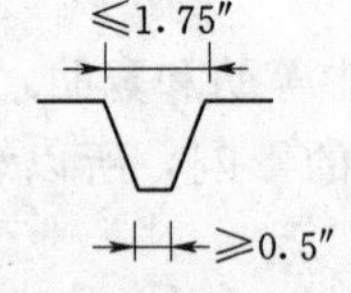

中等肋板—IR

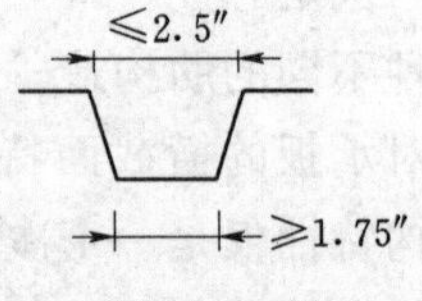

宽肋板—WR

① 字母指肋的类型（见图例），数字表示钢承板钢板的规格（厚度）。

② 指包括涂料装饰层的近似重量，可以应用其他装饰面。

③ 用 lb/ft^2 表示总的允许安全使用荷载。圆括号内的荷载是活载下挠度不超过跨度 1/240 时的总安全荷载，且假设恒载为 10 lb/ft^2。

资料来源：经钢承板协会许可，本表摘自钢承板协会设计手册中的组合板、钢承板及屋面板（Steel Deck Institute Design Manual for Composite Decks, Form Decks, and Roof Decks）（参考文献 8）。

虽然这些产品主要用于跨度大于或等于 30ft 的承板，但是板的连续性取决于支座的间距。表 5.5 给出了三种连续板的情况：单跨、两跨及三跨或三跨以上。

习题 5.12. A、B、C　利用表 5.5 数据，确定最轻的钢承板。

A. 跨度为 7ft 简支板，总荷载为 45psf。

B. 两跨连续板，跨度为 8.5ft，总荷载为 45psf。

C. 三跨连续板，跨度为 6ft，总荷载为 50ft。

5.13 其他可与钢框架配套应用的楼板

图 5.27 给出了型钢梁框架体系中四种可能的楼板形式。

木楼板［见图 5.27 (*a*)］通常由一系列小木梁支承且用钉子连接，反过来小木梁由钢梁支承。但是有些情况下，木楼板钉接在木托梁上，而木托梁用螺栓连在梁的顶部，如图 5.27 (*a*) 所示。对于木楼板结构，设计人员通常在木楼板的顶面加一层混凝土填充，以增加刚度，提高抗火性和隔声效果。

如果是现浇混凝土板［见图 5.27 (*b*)］，设计人员经常使模板与梁上翼缘下表面平齐，以使混凝土板和梁形成整体抵抗侧向作用。另外，可以把钢连接片焊接在梁的顶部形

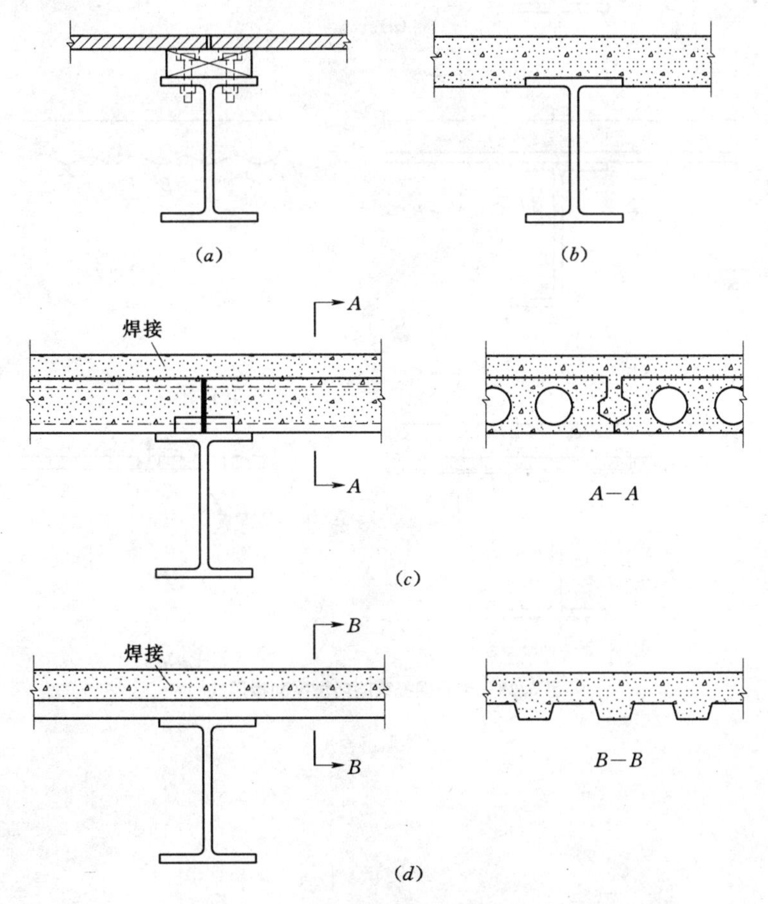

图 5.27　用于钢框架的典型楼面板形式

成组合结构（见第 8.2 节）。对于预制板单元，钢构件嵌入预制件的端部，且焊接到梁上。设计人员通常利用现浇混凝土填充来提供一个光滑平整的表面，填充连接在预制板上以提高结构性能。

正如第 5.12 节所述，薄型钢承板有三种用途：即作为主要结构、混凝土板的模板或连接混凝土的组合板件。为了把此类板连接在梁上，设计人员常常在浇筑混凝土之前把薄型钢承板焊接到梁上。

图 5.28 给出了采用钢板件的屋面板。通常屋面荷载比楼面荷载小，除非屋面板悬吊重物，否则颤动不是主要问题，在发生地震时，这样的体系对竖向位移很敏感。图 5.27（*a*）的胶合板是第四种类型。

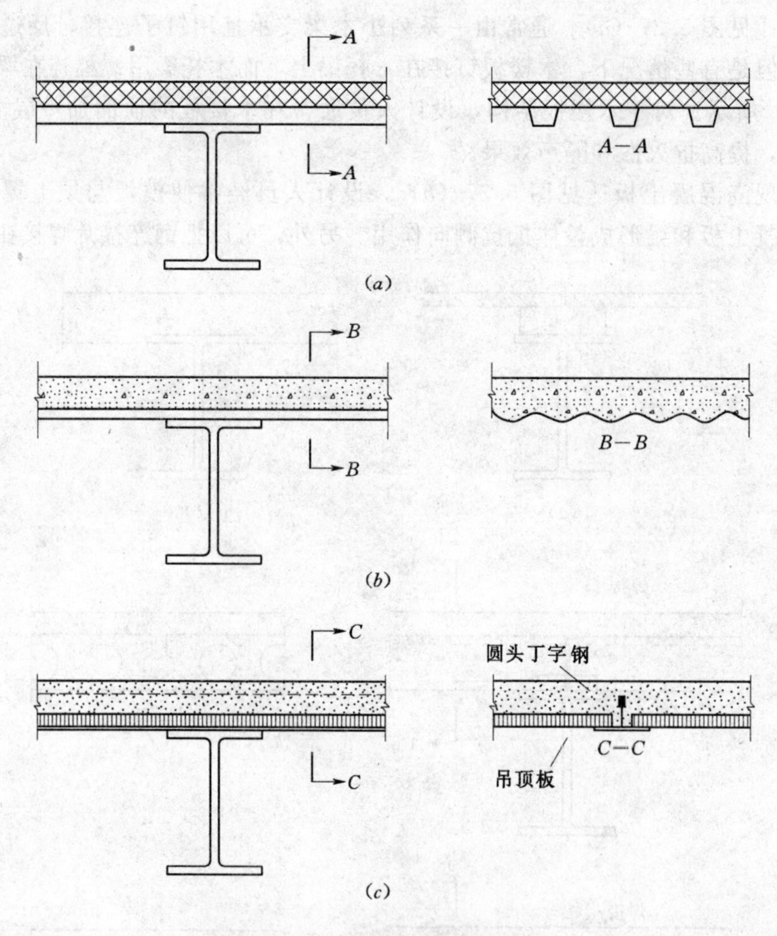

图 5.28 用于钢框架的典型屋面板形式

第6章

钢 柱

钢柱包括单截面柱（圆钢管、方钢管和 W 型钢等）和组合柱，一般的钢柱是等截面的竖向直线构件。柱主要是为了抵抗轴向压力，但是在可变荷载条件下很多柱也承担弯矩、剪力、扭矩，甚至拉力。

本章讨论钢柱的一般应用，重点是常用的简支单根钢柱。

6.1 绪论

柱或压杆是受压构件，其长度是柱截面宽度（或厚度）的几倍。柱指相对长的竖向支承构件，但是压杆有时指诸如支撑或桁架压杆等其他类型的受压构件。注意：其他受压构件可以是壁柱、短柱及细长柱，虽然这些受压构件多用在混凝土或砌体结构中。

对于承受轴向压力的线性柱（压力的作用线通过柱横截面的形心），横截面上的平均单位应力计算如下：

$$f = \frac{P}{A}$$

式中 f——平均单位压应力，均匀分布在横截面上；

P——轴向压力；

A——柱的横截面面积。

考虑一个横截面为 1in×1in，高度为 2in 的短柱［见图 6.1（a）］。当此柱承受压力时，其压应力就会直接进入钢材的屈服区域，因此压力 P 的极限值以材料应力极限值为基础。但是，如果横截面不变，而柱的高度相当大——即 30～40in，如图 6.1（b）所示，则其最大抗压承载力可能小于柱的极限压力，这是由于在达到屈服极限应力前，较细长柱倾向于发生屈曲破坏。

图6.2给出了柱的整个受力过程，考虑柱的应力和长细比。注意：此图实际上是$F_y=36$ ksi、50 ksi时的柱的容许应力的范围图。

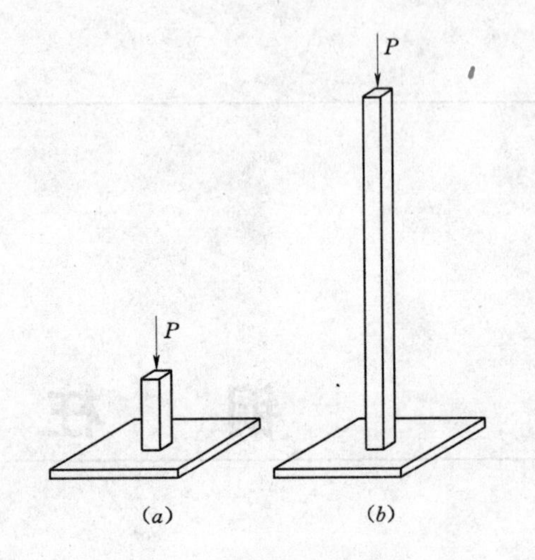

图 6.1 不同长细比的柱

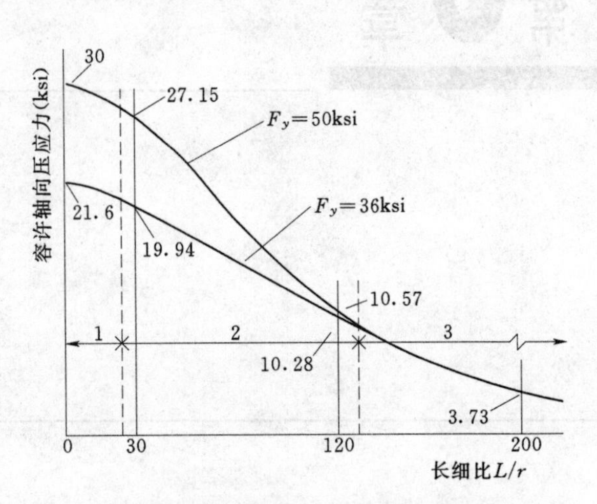

图 6.2 柱的容许轴向压应力与屈服极限和长细比的关系

（区域1为屈服应力破坏情况；区域3为由钢材的刚度决定，且与钢材的屈服强度无关的弹性屈曲极限；区域2为非弹性屈曲状态）

从图上可以很轻松地辨别出柱承受外力作用时的三个基本过程。第一范围：主要的反应与应力有关，柱的最终破坏是由钢材的屈服强度决定的，且容许应力被限定为屈服强度的某一百分比（根据AISC规范，容许应力为$0.6F_y$）。第三范围：细长柱发生屈曲破坏，荷载极限由弹性屈曲状态下的经典欧拉屈曲荷载公式确定。在上述两范围之间的是被称为非弹性屈曲区域的中间段，在这一区域柱的刚度加强且可以抵抗屈曲破坏。

设计柱时必须考虑很多因素，包括材料和横截面的形状。根据建筑整体框架的设计，还必须考虑一般应用条件。对于最后的结构设计，必须确定设计荷载以及端部约束条件或侧向支撑条件。此外，还要牢记是否有其他的结构作用力，即弯矩、剪力和扭矩——和压力共同作用，而这三个作用的合力对构件产生的是压力。柱的最终形状和大小必须反映所有相关的因素。

6.2 钢柱的形状

建筑上最常见的柱形式有圆管、方管及W型钢（见图6.3）。圆管柱和方管柱通常仅用于一层建筑，而W型钢柱通常可用于多层建筑。

支承构架主要放在圆管柱和方管柱的顶部，偶尔也会放在W型钢柱的顶部。正如多层结构，当构架必须连接在柱的侧面时，W型钢柱非常适用。

大多数常用W型钢的名义高度为10、12、14 in。此外，通常使用的W型钢的翼缘较宽。设计人员常用具有这样截面高度和宽度的柱子来处理支架的两个方向。换言之，设计人员需要柱的截面高度足够大以方便连接某一方向的梁，且需要翼缘足够宽以连接另一

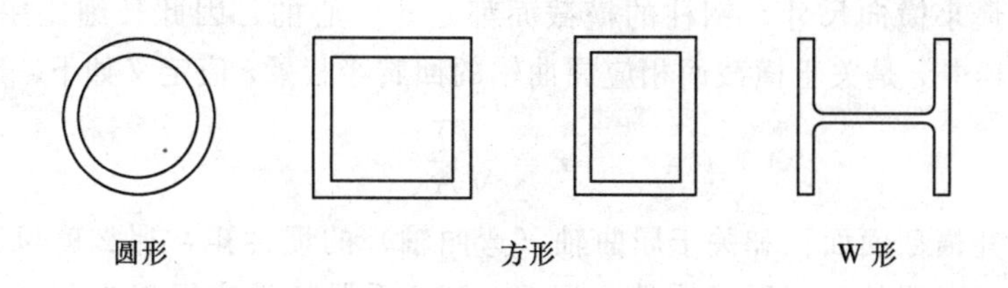

图 6.3　钢柱横截面的一般形式

方向的梁。

圆形和方形是抵抗轴向压力的理想截面形式，但是 W 型钢有强轴（$x-x$）和弱轴（$y-y$）之分。然而，如果可以确定作为柱受压荷载一部分的主弯曲力对应的弯曲强轴的方向，那么 W 型钢是很有用的。

由于多方面的原因，有时需要将两个或多个板件组合在一起形成柱截面。图 6.4 为几种常见组合截面形式，当柱需要特殊的截面尺寸或没有所需的截面形状或是特殊结构要求时，可以采用此类截面。过去由于很难找到大截面型钢，因此设计人员需采用组合截面。如今，生产商生产了较大的构件，设计人员就不必花费资金来装配组合件了。

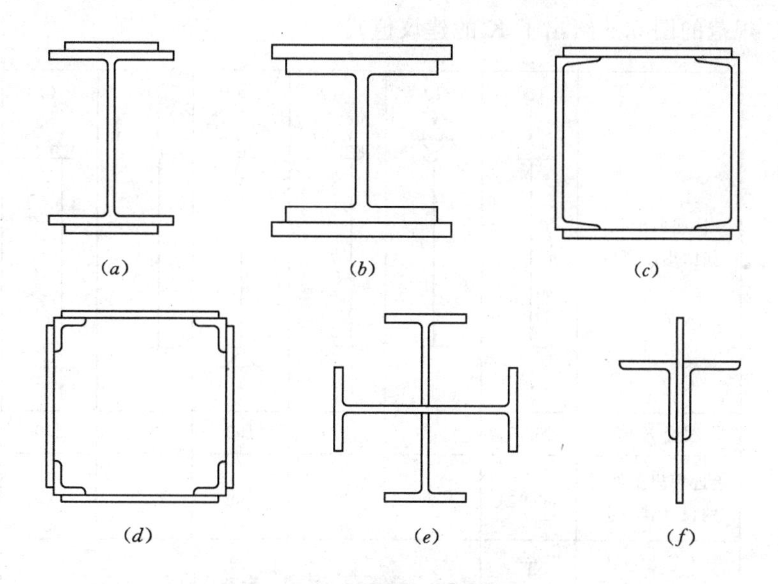

图 6.4　组合装配柱的截面形式

较简单且被广泛使用的组合截面是双角钢，由一对相匹配的角钢背靠背组成［见图 6.4（f）］。此类截面形式常用于桁架弦杆或支撑杆。

6.3　柱的侧向稳定性

由于钢柱很细——除了高层建筑中的低层柱外，因此柱的侧向稳定性是一个主要问题。设计人员必须考虑柱的无支撑长度、端部支承方式（即抵抗自由端转动的任何约束）及在柱高度范围内的任何侧向支撑。

木柱和混凝土柱的长细比由 L/d 的比值来度量，L 为柱的无支撑长度（即柱高），d

为柱横截面的最小横向尺寸。钢柱的横截面都是非实心的，因此长细比用更基本的比值 L/r 来度量，其中 r 是关于横截面相应屈曲轴的回转半径。r 值定义如下：

$$r=\sqrt{\frac{I}{A}}$$

因此，如果已知横截面面积和关于屈曲轴（弯曲轴）的惯性矩，那么就可以计算出 r 了。对于诸如图 6.3 所示的截面形式构件，根据 AISC 手册特性表可以查到 A、I 和 r（参考文献 3）。对于诸如图 6.4 所示的组合板件，必须分别计算这些值。

对于圆管，任何轴的 r 都是相同的，即圆管没有弱轴。方管有两个主轴，但是两个轴的 I 和 r 是相同的。对于有强弱轴之分的型钢，必须计算两个轴的 I 和 r 值。

特殊情况下，单角钢可用于压杆。单角钢的 $x-x$ 轴和 $y-y$ 轴分别与角钢的两个角肢平行。但是，实际的弱轴是一个斜向轴线，用 $z-z$ 表示，因此 $z-z$ 轴的 I 和 r 值最小且受压屈曲常发生在此轴上。注意：表 A.2 上部的图形包括了此轴，表 A.2 列出了回转半径值和 $z-z$ 轴倾斜角度的正切值。

由于有些条件影响了柱端部的约束程度，因此分析和设计柱时，其相对长细比通常用 $K(L)/r$ 表示。$K(L)$ 称为柱的有效长度，K 为针对不同端部约束条件的修正系数（摘自 AISC 规范的图 6.5 给出了 K 的建议值）。

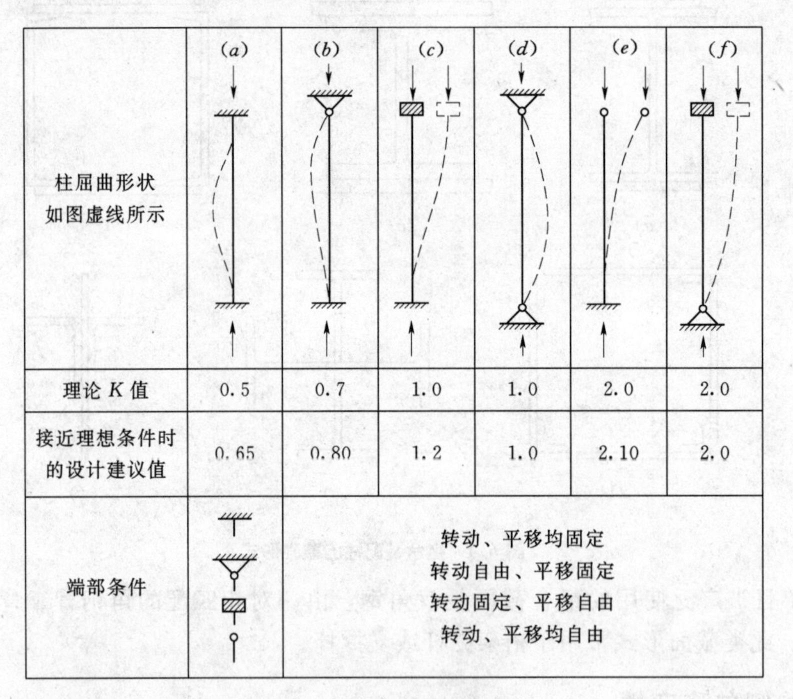

	(a)	(b)	(c)	(d)	(e)	(f)
柱屈曲形状如图虚线所示						
理论 K 值	0.5	0.7	1.0	1.0	2.0	2.0
接近理想条件时的设计建议值	0.65	0.80	1.2	1.0	2.10	2.0
端部条件		转动、平移均固定 转动自由、平移固定 转动固定、平移自由 转动、平移均自由				

图 6.5 屈曲时有效长度的确定

［经美国钢结构协会的许可，此图摘自钢结构手册的第8版（参考文献3）］

确定有效长度的基本参考状况条件为图 6.5 所示的情况，此处的 $K=1.0$。换言之，图 6.5 对于端部简支、转动自由、侧向受到约束及屈曲条件不做修正。当一端或两端的端部约束条件为其他约束条件时，$K\neq1.0$。

提示 图 6.5 每一种情况列出了两个 K 值。第一个值是理论值，是根据充分发挥作用的端部条件确定下来的精确值；另一个值是理论联系实际的可能值。

本章后面和其他章节论述了如何应用图 6.5 所列数值。一般而言，分析和设计柱时，如果没有说明端部条件，则假定 $K=1.0$。

6.4 柱的分析

为了确定柱的承载能力，首先确定以下几点：

（1）必要压力（作用在柱上的荷载）。

（2）柱的无支撑长度。

（3）影响柱屈曲的端部条件，即确定是否 $K=1.0$。

（4）除了轴压力外，柱是否还须承担其他作用力，即确定柱是否必须抵抗弯矩、剪力、扭矩或拉力。

（5）柱的截面形状，即 W 形、圆形、方形及组合截面等。

（6）所使用的钢材等级，即确定 F_y。

现在可以分析以下两种情况之一：

（1）已知柱截面的承载能力。例如，截面为 W14×48 的型钢柱，在上述条件下可以承担多大的荷载？对照必要荷载是否满足要求？

（2）柱截面未知时的设计。此类分析适用于柱的初步设计（见第 6.6 节）。

对于 ASD 方法和 LRFD 方法，柱是利用假设的响应方程来对轴压力进行分析的，而此响应方程是根据多年来大量的试验数据获得的。画成图，常规独立柱的数据形式图 6.2 的曲线。图 6.2 的曲线反映了根据柱最终破坏试验推导出来的安全修正，实际上，可以利用图 6.2 的曲线获得 ASD 方法的容许应力。原始极限荷载试验曲线（即无安全修正）是 LRFD 方法分析抗力的基础。

1. 容许应力设计

可以利用 AISC 规范给出的公式来计算，虽然这些公式手算起来复杂而繁琐。但是，由大多数柱属于几种常见的柱群，存在很多的快捷方式。实际上，AISC 手册（参考文献 3）包含许多表格，表中列出了常用型钢的承载能力。第 6.5 节、第 6.6 节和第 11 章介绍了如何应用这些表格。

对于简单型钢，其分析和设计是很容易的。对于组合截面，必须要有足够的精力和耐心来利用公式，特别是分析包括大量的试算时。

目前专业设计人员利用计算机软件设计柱。因此下列的论证只是学习的过程，即阐述及说明的过程，而并不是作为专业设计的训练。

AISC 手册表列出了 $F_y=36\text{ksi}$、50ksi 时不同的 KL/r 值对应的容许轴压应力。表 6.1 列出了 $F_y=36\text{ksi}$ 时的不同的 KL/r 值对应的容许轴压应力。

2. 荷载抗力系数设计

LRFD 方法确定了结构破坏的准确模式。因此，LRFD 方法集中对引起结构破坏的所有条件进行分析，这样设计人员就知道哪种破坏模式起控制作用。

表 6.1 A36 钢柱的容许应力 F_a (ksi)①

KL/r	F_a	KL/r	F_a	KL/r	F_a	KL/r	F_a	KL/r	F_a	KL/r	F_a	KL/r	F_a	KL/r	F_a
1	21.56	26	20.22	51	18.26	76	15.79	101	12.85	126	9.41	151	6.55	176	4.82
2	21.52	27	20.15	52	18.17	77	15.69	102	12.72	127	9.26	152	6.46	177	4.77
3	21.48	28	20.08	53	18.08	78	15.58	103	12.59	128	9.11	153	6.38	178	4.71
4	21.44	29	20.01	54	17.99	79	15.47	104	12.47	129	8.97	154	6.30	179	4.66
5	21.39	30	19.94	55	17.90	80	15.36	105	12.33	130	8.84	155	6.22	180	4.61
6	21.35	31	19.87	56	17.81	81	15.24	106	12.20	131	8.70	156	6.14	181	4.56
7	21.30	32	19.80	57	17.71	82	15.13	107	12.07	132	8.57	157	6.06	182	4.51
8	21.25	33	19.73	58	17.62	83	15.02	108	11.94	133	8.44	158	5.98	183	4.46
9	21.21	34	19.65	59	17.53	84	14.90	109	11.81	134	8.32	159	5.91	184	4.41
10	21.16	35	19.58	60	17.43	85	14.79	110	11.67	135	8.19	160	5.83	185	4.36
11	21.10	36	19.50	61	17.33	86	14.67	111	11.54	136	8.07	161	5.76	186	4.32
12	21.05	37	19.42	62	17.24	87	14.56	112	11.40	137	7.96	162	5.69	187	4.27
13	21.00	38	19.35	63	17.14	88	14.44	113	11.26	138	7.84	163	5.62	188	4.23
14	20.95	39	19.27	64	17.04	89	14.32	114	11.13	139	7.73	164	5.55	189	4.18
15	20.89	40	19.19	65	16.94	90	14.20	115	10.99	140	7.62	165	5.49	190	4.14
16	20.83	41	19.11	66	16.84	91	14.09	116	10.85	141	7.51	166	5.42	191	4.09
17	20.78	42	19.03	67	16.74	92	13.97	117	10.71	142	7.41	167	5.35	192	4.05
18	20.72	43	18.95	68	16.64	93	13.84	118	10.57	143	7.30	168	5.29	193	4.01
19	20.66	44	18.86	69	16.53	94	13.72	119	10.43	144	7.20	169	5.23	194	3.97
20	20.60	45	18.78	70	16.43	95	13.60	120	10.28	145	7.10	170	5.17	195	3.93
21	20.54	46	18.70	71	16.33	96	13.48	121	10.14	146	7.01	171	5.11	196	3.89
22	20.48	47	18.61	72	16.22	97	13.35	122	9.99	147	6.91	172	5.05	197	3.85
23	20.41	48	18.53	73	16.12	98	13.23	123	9.85	148	6.82	173	4.99	198	3.81
24	20.35	49	18.44	74	16.01	99	13.10	124	9.70	149	6.73	174	4.93	199	3.77
25	20.28	50	18.35	75	15.90	100	12.98	125	9.55	150	6.64	175	4.88	200	3.73

① 上表 K 取 1.0。

资料来源：经美国钢结构协会的许可，上面表格中的数据来自《钢结构手册》第 8 版。

由于本书只提供了一些相对简单的实例，因此并不能说明 LRFD 方法的适用范围。实际上，下列的分析完全采用 ASD 方法，ASD 方法充分阐述了对简单结构有重要意义的一些基本概念及问题。

6.5 安全和极限荷载表格的使用

1. 容许应力设计

当用 ASD 方法分析柱时，应设法确定使用荷载状况下的最大容许轴压力。此荷载极限值称为容许轴向荷载或安全使用荷载。在利用解析公式时，可以通过与柱的 KL/r 对应的极限压应力和柱的横截面面积的乘积来确定此极限荷载。

已知柱截面形式，根据 KL/r 值可以确定柱的极限承载力。很久以前 AISC 手册的发行人就用表格列出了这些荷载的极限值供参考。现在表格列出了几乎所有常用型钢柱的安全使用荷载值。下面论述如何利用表中的数据进行柱的设计。

【例题 6.1】 柱采用 A36 钢 [F_y=36ksi (250MPa)] W12×65 型钢截面，无支撑长度为 16 ft (4.88 m)。试计算柱的安全使用荷载。

解：由附录表 A.1 得，A=19.1in^2 (12.33mm^2)，r_x=5.28in (134mm)，r_y=3.02in (76.7mm)。柱的受力状态未知，所以必须假设柱在弱轴发生屈曲且 K=1.0。临界长细比为

$$\frac{KL}{r}=\frac{1.0\times16\times12}{3.02}=63.6$$

为了求得容许使用荷载应力，可以利用 AISC 规范中的长细比公式。或根据表 6.1，由 KL/r=64，查得 F_a=17.04ksi (117.5MPa)。则安全使用荷载为

$$P=A\times F_a=19.1\times17.04=325.5\quad \text{kip}(1448\text{kN})$$

对于组合截面构成的柱，必须首先确定 r。为此，必须计算横截面面积和关于截面相应主轴的惯性矩。然后在下列公式中采用截面惯性矩的最小值：

$$r=\sqrt{\frac{I}{A}}$$

当柱与其他结构相连时，诸如墙体或桁架支撑，则被连接结构经常在柱的某一轴上提供侧向支撑。如果没有这个侧向支撑，柱可能沿着其他方向发生不同于侧向无支撑长度的屈曲。

【例题 6.2】 图 6.6 中的柱是钢框架的一部分，且与墙相连。虽然柱侧向受到约束，但是在柱顶和柱脚，任何方向都可以自由转动。在垂直于墙平面的方向，柱的无支撑高度等于墙和柱 (L_1) 的全高。但是，在墙平面内且处于中间层高度的梁限制了柱的水平位移 [见图 6.6 (b) 和图 6.6 (c)]，从而导致在平行于墙平面 (L_2) 的方向柱具有不同的无支撑长度。设计人员预测了此类情况，设计了这样的柱子，从而导致柱在 $y-y$ 轴采用较短的无支撑长度。

如果柱由 A36 钢的 W12×58 型钢构成，L_1=30ft (9.14 m)，L_2=18ft (5.49m)，试求安全使用荷载。

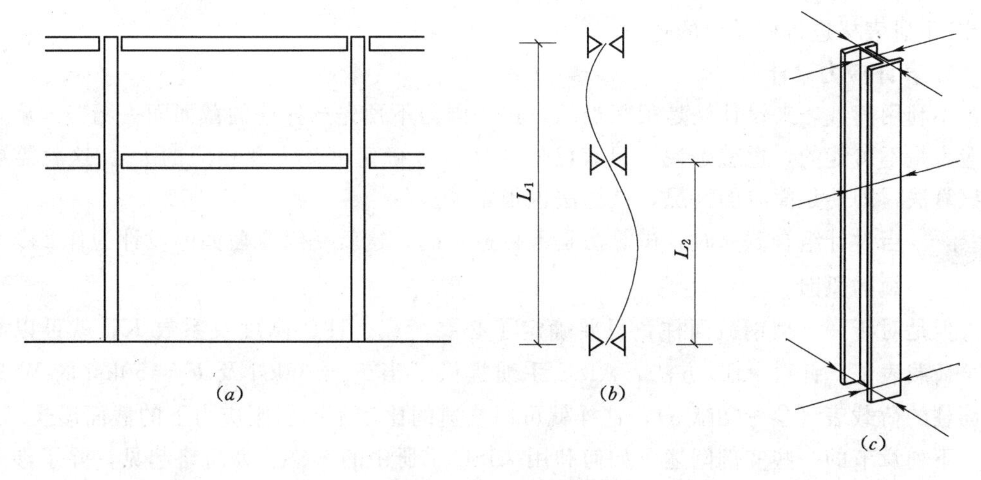

图 6.6 钢柱的双向支撑

解：不可能预先确定哪个轴将产生 KL/r 临界值。利用前面例题的相关数据，可以求得两个 KL/r 值：

$$x\text{轴：}\quad \frac{KL}{r_x}=\frac{1.0\times 30\times 12}{5.28}=68.2$$

$$y\text{轴：}\quad \frac{KL}{r_y}=\frac{1.0\times 18\times 12}{2.51}=86.1$$

换言之，除了较短的支撑距离和较大的容许荷载值外，尽管有侧向支撑，柱仍然会在弱轴上发生屈曲。利用 $KL/r=86$，由表7.1得 F_a 为14.67ksi（101MPa）。因此安全荷载为

$$P=F_a\times A=14.67\times 17.0=249.4\text{kip}(1108\text{kN})$$

对于下列问题，利用A36钢 $F_y=36$ksi（250MPa）并假设 $K=1.0$。

习题6.5.A 确定由W10×88型钢构成且无支撑长度为15 ft（4.57m）的柱的安全使用荷载。

习题6.5.B 确定由型钢W12×65构成且无支撑长度为22 ft（6.71m）的柱的安全使用荷载。

习题6.5.C 如图6.6所示柱由型钢W12×65构成，且 $L_1=15$ft（4.57m），$L_2=$ 8ft（2.44m）。确定此柱的安全使用荷载。

2. 荷载抗力系数设计

AISC手册中表格给出了LRFD（参考文献4）关于柱的快速计算方法。除了考虑荷载和抗力系数外，LRFD方法和ASD方法的计算步骤相同。LRFD方法减少了刻意地计算，直接确定柱荷载下的抗力。型钢表列出了不同的 KL/r 下的抗力荷载。

首先必须通过大量的条件来确定柱作用下的全部抗力，而这些条件是实际的极限破坏模式。然后对照极限承载力与必要设计荷载，必要设计荷载由适当的极限荷载组合确定。

6.6 钢柱的设计

当不利用计算机设计钢柱时，大多数设计人员依赖于表格数据。本节讨论了利用AISC手册表格进行柱设计的过程。

1. 容许应力设计

不利用荷载表来设计柱是很困难的，这是因为不预先选择柱的截面而去精确地确定容许应力是不可能的。也就是说，只有已知 r 才可以确定 KL/r 及相应的 F_a。这就需要采用试算法，即使是简单的情况，试算法也很繁琐。

提示 当设计组合截面时，试算法是不可避免的，这就是组合截面的设计为什么令人厌烦的原因。

但是对于一个型钢截面柱，只要确定了必要荷载、柱的高度及系数 K，就可以利用安全荷载表了。针对ASD方法，AISC手册提供了当 $F_y=36$ksi及 $F_y=50$ksi的W型钢截面柱的荷载表（参考文献3），这样就可以快速的比较不同屈服应力下的截面形式。

下列章节的一些实例阐述了如何利用AISC手册中的表格。为简略起见，除了涉及出自不同钢材等级的管状型材外，本书所列举的实例均为A36钢。

在很多情况下，柱的简单轴心受压承载力是影响设计的唯一因素。同时，虽然柱通常还承受弯曲和剪力（有时还承受扭转），但在组合作用中必须考虑轴向承载力。因此，简单轴心承压下条件安全荷载几乎对于每根柱的设计都是至关重要的。

2. 荷载抗力系数设计

经常采用 LRFD 方法设计柱的专业设计人员通常利用计算机辅助设计软件来设计柱子，特别是，如果柱是刚性框架体系的一部分时。由于 ASD 方法的步骤较简单，本书给出了利用 ASD 方法的柱的设计。但是，在整个的设计过程，必须要考虑构件的多方面结构特性。此外，当设计的结构比本书实例复杂时，最好采用 LRFD 方法。

提示 在很多情况下，对于简单的结构，不同方法的数据出现在 AISC 手册的相同形式中。

6.7 单肢型钢柱

主要用作柱的单肢型钢是 H 型钢，其截面名义高度至少为 8in。轧钢厂生产的此类型钢是宽翼缘型钢，主要是 W 型钢还有一些 M 型钢。

AISC 手册中表格列出了屈服强度为 36ksi 和 50ksi 的 W 型钢和 M 型钢的安全使用荷载（当然，这些表中也包括很多 W 型钢和 M 型钢的其他数据）。表 6.2 概括了 AISC 中从 W4×13 到 W14×730 的型钢数据，表中的值是基于 $y-y$ 轴的 r 值确定的。注意：此表包括弯曲系数 B_x 及 B_y 值，即当设计压力和弯矩共同作用的结构时，设计人员须利用 B_x 及 B_y（见第 6.11 节）。

表 6.2　　W 型钢柱的安全使用荷载①

型钢	有效长度 KL (ft)										弯曲系数	
	8	9	10	11	12	14	16	18	20	22	B_x	B_y
M4×13	48	42	35	29	24	18					0.727	2.228
W4×13	52	46	39	33	28	20	16				0.701	2.016
W5×16	74	69	64	58	52	40	31	24	20		0.550	1.560
M5×18.9	85	78	71	64	56	42	32	25			0.576	1.768
W5×19	88	82	76	70	63	48	37	29	24		0.543	1.526
W6×9	33	28	23	19	16	12					0.482	2.414
W6×12	44	38	31	26	22	16					0.486	2.367
W6×16	62	54	46	38	32	23	18				0.465	2.155
W6×15	75	71	67	62	58	48	38	30	24	20	0.456	1.424
M6×20	98	92	87	81	74	61	47	37	30	25	0.453	1.510
W6×20	100	95	90	85	79	67	54	42	34	28	0.438	1.331
W6×25	126	120	114	107	100	85	69	54	44	36	0.440	1.308
W8×24	124	118	113	107	101	88	74	59	48	39	0.339	1.258
W8×28	144	138	132	125	118	103	87	69	56	46	0.340	1.244
W8×31	170	165	160	154	149	137	124	110	95	80	0.332	0.985
W8×35	191	186	180	174	168	155	141	125	109	91	0.330	0.972
W8×40	218	212	205	199	192	127	160	143	124	104	0.330	0.959

续表

型钢	有效长度 KL (ft)										弯曲系数	
	8	9	10	11	12	14	16	18	20	22	B_x	B_y
W8×48	263	256	249	241	233	215	196	176	154	131	0.326	0.940
W8×58	320	312	303	293	283	263	240	216	190	162	0.329	0.934
W8×67	370	360	350	339	328	304	279	251	221	190	0.326	0.921
W10×33	179	173	167	161	155	142	127	112	95	78	0.277	1.055
W10×39	213	206	200	193	186	170	154	136	116	97	0.273	1.018
W10×45	247	240	232	224	216	199	180	160	138	115	0.271	1.000
W10×49	279	273	268	262	256	242	228	213	197	180	0.264	0.770
W10×54	306	300	294	288	281	267	251	235	217	199	0.263	0.767
W10×60	341	335	328	321	313	297	280	262	243	222	0.264	0.765
W10×68	388	381	373	365	357	339	320	299	278	255	0.264	0.758
W10×77	439	431	422	413	404	384	362	339	315	289	0.263	0.751
W10×88	504	495	485	475	464	442	417	392	364	335	0.263	0.744
W10×100	573	562	551	540	428	503	476	446	416	383	0.263	0.735
W10×112	642	631	619	606	593	565	535	503	469	433	0.261	0.726
W12×40	217	210	203	196	188	172	154	135	114	94	0.227	1.073
W12×45	243	235	228	220	211	193	173	152	129	106	0.227	1.065
W12×50	271	263	254	246	236	216	195	171	146	121	0.227	1.058
W12×53	301	295	288	282	275	260	244	227	209	189	0.221	0.813
W12×58	329	322	315	308	301	285	268	249	230	209	0.218	0.794
W12×65	378	373	367	361	354	341	326	311	294	277	0.217	0.656
W12×72	418	412	406	399	392	377	361	344	326	308	0.217	0.651
W12×79	460	453	446	439	431	415	398	379	360	339	0.217	0.648
W12×87	508	501	493	485	477	459	440	420	398	376	0.217	0.645
W12×96	560	552	544	535	526	506	486	464	440	416	0.215	0.635
W12×106	620	611	602	593	583	561	539	514	489	462	0.215	0.633

型钢	有效长度 KL (ft)										弯曲系数	
	8	10	12	14	16	18	20	22	24	26	B_x	B_y
W12×120	702	692	660	636	611	584	555	525	493	460	0.217	0.630
W12×136	795	772	747	721	693	662	630	597	561	524	0.215	0.621
W12×152	891	866	839	810	778	745	710	673	633	592	0.214	0.614
W12×170	998	970	940	908	873	837	798	757	714	668	0.213	0.608
W12×190	1115	1084	1051	1016	978	937	894	849	802	752	0.212	0.600
W12×210	1236	1202	1166	1127	1086	1042	995	946	894	840	0.212	0.594
W12×230	1355	1319	1280	1238	1193	1145	1095	1041	985	927	0.211	0.589
W12×252	1484	1445	1403	1358	1309	1258	1203	1146	1085	1022	0.210	0.583
W12×279	1642	1600	1554	1505	1452	1396	1337	1275	1209	1141	0.208	0.573
W12×305	1799	1753	1704	1651	1594	1534	1471	1404	1333	1260	0.206	0.564
W12×336	1986	1937	1884	1827	1766	1701	1632	1560	1484	1404	0.205	0.558
W14×43	230	215	199	181	161	140	117	96	81	69	0.201	1.115
W14×48	258	242	224	204	182	159	133	110	93	79	0.201	1.102
W14×53	286	268	248	226	202	177	149	123	104	88	0.201	1.091
W14×61	345	330	314	297	278	258	237	214	190	165	0.194	0.833
W14×68	385	369	351	332	311	289	266	241	214	186	0.194	0.826

续表

型钢	有效长度 *KL* (ft)										弯曲系数	
	8	10	12	14	16	18	20	22	24	26	B_x	B_y
W14×74	421	403	384	363	341	317	292	265	236	206	0.195	0.820
W14×82	465	446	425	402	377	351	323	293	261	227	0.196	0.823
W14×90	536	524	511	497	482	466	449	432	413	394	0.185	0.531
W14×99	589	575	561	546	529	512	494	475	454	433	0.185	0.527
W14×109	647	633	618	601	583	564	544	523	501	478	0.185	0.523
W14×120	714	699	682	663	644	623	601	578	554	528	0.186	0.523
W14×132	786	768	750	730	708	686	662	637	610	583	0.186	0.521
W14×145	869	851	832	812	790	767	743	718	691	663	0.184	0.489
W14×159	950	931	911	889	865	840	814	786	758	727	0.184	0.485
W14×176	1054	1034	1011	987	961	933	904	874	842	809	0.184	0.484
W14×193	1157	1134	1110	1083	1055	1025	994	961	927	891	0.183	0.477
W14×211	1263	1239	1212	1183	1153	1121	1087	1051	1014	975	0.183	0.477
W14×233	1396	1370	1340	1309	1276	1241	1204	1165	1124	1081	0.183	0.472
W14×257	1542	1513	1481	1447	1410	1372	1331	1289	1244	1198	0.182	0.470
W14×283	1700	1668	1634	1597	1557	1515	1471	1425	1377	1326	0.181	0.465
W14×311	1867	1832	1794	1754	1711	1666	1618	1568	1515	1460	0.181	0.459
W14×342		2022	1985	1941	1894	1845	1793	1738	1681	1621	0.181	0.457
W14×370		2181	2144	2097	2047	1995	1939	1881	1820	1756	0.180	0.452
W14×398		2356	2304	2255	2202	2146	2087	2025	1961	1893	0.178	0.447
W14×426		2515	2464	2411	2356	2296	2234	2169	2100	2029	0.177	0.442
W14×455		2694	2644	2589	2430	2467	2401	2332	2260	2184	0.177	0.441
W14×500		2952	2905	2845	2781	2714	2642	2568	2490	2409	0.175	0.434
W14×550		3272	3206	3142	3073	3000	2923	2842	2758	2670	0.174	0.429
W14×605		3591	3529	3459	3384	3306	3223	3136	3045	2951	0.171	0.421
W14×665		3974	3892	3817	3737	3652	3563	3469	3372	3270	0.170	0.415
W14×730		4355	4277	4196	4100	4019	3923	3823	3718	3609	0.168	0.408

① F_y=36ksi (250MPa) 型钢的荷载，单位为 lb，且以 $y-y$ 轴屈曲为基础。

资料来源：经美国钢结构协会的许可，上面表格中的数据来自《钢结构手册》第 8 版。

利用表 6.2 可以加快设计进程。第 11 章的建筑设计实例进一步阐述了这一设计过程。此类表格也可以作为手算的校核。例如，第 6.5 节的例题 6.1 计算的荷载为 325kip，由表 6.2 得 W12×65 型钢截面柱的无支撑长度等于 16 ft 时的安全荷载为 326kip。

习题 6.7.A　已知轴向荷载为 148kip (658kN)，无支撑长度等于 12ft (3.66m)，柱采用 A36 且假设 $K=1.0$，利用表 6.2 选择柱截面。

习题 6.7.B　已知荷载为 258kip (1148kN)，无支撑长度等于 16ft (4.88m)，重新选择习题 6.7. A 的柱截面。

习题 6.7.C　已知荷载为 355kip (1579kN)，无支撑长度等于 20ft (6.10m)，重新选择习题 6.7. A 的柱截面。

6.8 圆钢管柱

圆形钢管柱通常用于支承梁（木梁或钢梁）的单层柱中。可用到的圆管有三种重量：即标准重圆管、特重圆管和超重圆管。一个钢管的重量与其内径无关。换言之，内径为 6in 的圆管不受管壁厚的影响。外径尺寸随钢管的重量变化而变化（当在建筑结构内部选择合适的圆管柱时，应记住这一事实）。圆管根据其名义直径来命名，名义直径接近内径。

表6.3给出了A36钢标准重圆管柱的安全荷载。

表6.3 **标准重圆管柱的安全使用荷载①**

公称直径		12	10	8	6	5	4	$3\frac{1}{2}$	3
壁厚		0.375	0.365	0.322	0.280	0.258	0.237	0.226	0.216
Wt/ft		49.56	40.48	28.55	18.97	14.62	10.79	9.11	7.58
F_y		36ksi							
相对于回转半径的有效长度(ft)	0	315	257	181	121	93	68	58	48
	6	303	246	171	110	83	59	48	38
	7	301	243	168	108	81	57	46	36
	8	299	241	166	106	78	54	44	34
	9	296	238	163	103	76	52	41	31
	10	293	235	161	101	73	49	38	28
	11	291	232	158	98	71	46	35	25
	12	288	229	155	95	68	43	32	22
	13	285	226	152	92	65	40	29	19
	14	282	223	149	89	61	36	25	16
	15	278	220	145	86	58	33	22	14
	16	275	216	142	82	55	29	19	12
	17	272	213	138	79	51	26	17	11
	18	268	209	135	75	47	23	15	10
	19	265	205	131	71	43	21	14	9
	20	261	201	127	67	39	19	12	
	22	254	193	119	59	32	15	10	
	24	246	185	111	51	27	13		
	25	242	180	106	47	25	12		
	26	238	176	102	43	23			
	28	229	167	93	37	20			
	30	220	158	83	32	17			
	31	216	152	78	30	16			
	32	211	148	73	29				
	34	201	137	65	25				
	36	192	127	58	23				
	37	186	120	55	21				
	38	181	115	52					
	40	171	104	47					
截面特性									
面积 A (in²)		14.6	11.9	8.40	5.58	4.30	3.17	2.68	2.23
I (in⁴)		279	161	72.6	28.1	15.2	7.23	4.79	3.02
r (in)		4.38	3.67	2.94	2.25	1.88	1.51	1.34	1.16
弯曲系数 B		0.333	0.398	0.500	0.657	0.789	0.987	1.12	1.29

注： 粗线表示 $Kl/r=200$

① 为圆钢管柱承受轴向荷载且 $F_y=36$ksi（250kN）时的荷载。对于特重圆管和超重圆管，上表同样适用。

资料来源： 经美国钢结构协会的许可，上面表格中的数据来自《钢结构手册》第8版。

【例题 6.3】 如果无支撑长度为12ft（3.66m），荷载为 41kip（183kN）。试利用表 6.3，确定标准重圆管柱。

解：对于无支撑长度为 12ft（3.66m），4in 的圆管，由表查得其安全荷载为 43kip。

习题 6.8. A、B、C、D 轴向使用荷载为 50kip，试在下列四种情况下确定最小的标准重圆管柱的尺寸。(a)无支撑长度 8ft；(b)无支撑长度 12ft；(c)无支撑长度 18ft；(d)无支撑长度 25ft。

6.9 结构方管柱

常被设计人员用于建筑物的柱和桁架杆件的结构方管具有一系列的尺寸（名义尺寸是指管材的实际外部尺寸）、壁厚和钢材等级。对于用于建筑中的柱子，方管的标准尺寸大于 3in（目前最大的可利用尺寸为 16 in）。

摘自 AISC 手册的表 6.4 列出了方管为 3in 和 4in 时柱的安全荷载。

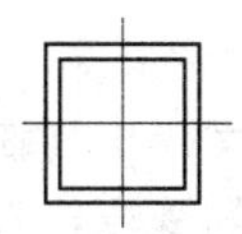

表 6.4 **方管柱安全使用荷载**[①]

名义尺寸	4×4					3×3		
厚度	1/2	3/8	5/16	1/4	3/16	5/16	1/4	3/16
Wt/ft	21.63	17.27	14.83	12.21	9.42	10.58	8.81	6.87
F_y	46ksi							
相对于回转半径的有效长度(ft) 0	176	140	120	99	76	86	71	56
2	168	134	115	95	73	80	67	53
3	162	130	112	92	71	77	64	50
4	156	126	108	89	69	73	61	48
5	150	121	104	86	67	68	57	45
6	143	115	100	83	64	63	53	42
7	135	110	95	79	61	57	49	39
8	126	103	90	75	58	51	44	35
9	117	97	84	70	55	44	38	31
10	108	89	78	65	51	37	33	27
11	98	82	72	60	47	31	27	22
12	87	74	65	55	43	26	23	19
13	75	65	58	49	39	22	19	16
14	65	57	51	43	35	19	17	14
15	57	49	44	38	30	16	15	12
16	50	43	39	33	27	14	13	11
17	44	38	34	29	24	13	11	9
18	39	34	31	26	21		10	8
19	35	31	28	24	19			
20	32	28	25	21	17			
21	29	25	23	19	16			
22	26	23	21	18	14			
23	24	21	19	16	13			
24		19	17	15	12			
25				14	11			

续表

截 面 特 性								
面积 A (in^2)	6.36	5.08	4.36	3.59	2.77	3.11	2.59	2.02
惯性矩 I (in^4)	12.3	10.7	9.58	8.22	6.59	3.58	3.16	2.60
回转半径 r (in)	1.39	1.45	1.48	1.51	1.54	1.07	1.10	1.13
弯曲系数 B	1.04	0.949	0.910	0.874	0.840	1.30	1.23	1.17

注 粗线表示 $Kl/r=200$

① 为单位是 kip 轴向荷载且钢的 $F_y=46$ksi (317MPa)。上表也适用于许多其他尺寸的钢管柱。

资料来源：经美国钢结构协会的许可，上面表格中的数据来自《钢结构手册》第8版。

习题 6.9.A 由方管 TS4×4×3/8 组成的方管柱，钢材的 $F_y=46$ksi (317MPa)，且有效无支撑长度为 12ft (3.66m)。试求安全使用轴向荷载。

习题 6.9.B 如果有效无支撑长度为 10ft (3.05m)，试选择最轻的方管柱使其能够承担轴向荷载 64kip (285kN)。

6.10 双角钢压杆

一对匹配的角钢出现在桁架和框架支撑中。通常两个角钢背靠背放置，在节点板或T形钢的腹板处分开。此类不能称之为柱的受压构件称为压杆。

AISC 手册包括双角钢的安全荷载表，假设平均间距为 3/8in。对于不等肢角钢，可能背靠背放置，称作长肢背靠背或短肢背靠背。表 6.5 为摘自 AISC 手册长肢背靠背双角钢表。对于每一个双角钢，由于数据取决于利用哪个轴线来确定有效无支撑长度，因此表 6.5 分别按轴线列出了数据。如果无支撑长度在两个轴相等，则表 6.5 中的安全荷载采用较小值。

至于其他非双轴对称的构件，例如 T 形钢，横截面板件的长细比可能影响安全荷载值。AISC 安全荷载表对此做了修正。

习题 6.10.A 4×3×3/8 的角钢组成长度为 8ft (2.44m) 的双角钢受压构件，构件采用 A36 钢，且长肢背靠背。确定角钢的安全使用轴压荷载。

习题 6.10.B 如果有效无支撑长度为 10ft (3.05m)，试选择双角钢受压构件使其能够承担轴压荷载为 50kip (222kN)。

6.11 柱与弯曲

通常钢柱除了承受轴压力外，还须承担弯矩。例如，图 6.7 (*a*) ~ (*c*) 给出了三类最常见的此类情况：

(1) 当荷载作用在柱的牛腿上时，由于压力的偏心从而产生了弯曲效应 [见图 6.7 (*a*)]。

(2) 在包括抵抗弯矩节点的刚性框架中，作用在梁上的任何荷载对柱产生弯曲效应 [见图 6.7 (*b*)]。

(3) 当柱嵌固在外墙上时，柱帮助墙抵抗风力作用 [见图 6.7 (*c*)]。

弯矩和直接压力叠加，会产生合成应力（或最终应力）状态，此合成应力并不是均匀

表 6.5 双角钢压杆的安全使用轴向压力[①]

尺寸 (in)	8×6			6×4				5×3½			5×3				4×3				3½×2½				3×2			
厚度 (in)		3/4	1/2		5/8	1/2	3/8		1/2	3/8		1/2	3/8	5/16		1/2	3/8	5/16		3/8	5/16	1/4		3/8	5/16	1/4
自重(1b/ft)		67.6	46.0		40.0	32.4	24.6		27.2	20.8		25.6	19.6	16.4		22.2	17.0	14.4		14.4	12.2	9.8		11.8	10.0	8.2
面积 (in^2)		19.9	13.5		11.7	9.50	7.22		8.00	6.09		7.50	5.72	4.80		6.5	4.97	4.18		4.22	3.55	2.88		3.47	2.93	2.38
r_x (in)		2.53	2.56		1.90	1.91	1.93		1.58	1.60		1.59	1.61	1.61		1.25	1.26	1.27		1.10	1.11	1.12		0.940	0.948	0.957
r_y (in)		2.48	2.44		1.67	1.64	1.62		1.49	1.46		1.25	1.23	1.22		1.33	1.31	1.30		1.11	1.10	1.09		0.917	0.903	0.891
关于标注轴线的有效长度(KL) x-x 轴	0	430	266	0	253	205	142	0	173	129	0	162	121	94	0	140	107	90	0	91	77	60	0	75	63	51
	10	370	231	8	214	174	122	4	159	119	4	149	112	88	2	134	103	86	2	86	73	57	2	70	59	48
	12	353	222	10	200	163	115	6	150	113	6	141	106	83	4	126	96	81	4	80	67	53	3	67	57	46
	14	334	211	12	185	151	107	8	139	105	8	130	98	77	6	115	88	74	6	71	60	48	4	63	54	44
	16	315	200	14	168	137	99	10	126	96	10	119	90	71	8	102	78	66	8	61	52	41	6	55	46	38
	20	271	175	16	150	123	89	12	113	86	12	106	81	64	10	88	67	57	10	50	42	34	8	44	38	31
	24	222	148	20	110	90	69	14	97	75	14	92	70	57	12	71	55	47	12	37	31	26	10	32	27	23
	28	168	117	24	76	62	48	16	81	63	16	76	59	49	14	54	42	36	14	27	23	19	12	22	19	16
	32	129	90	28	56	46	36	20	52	40	20	49	38	32	16	41	32	27	16	21	18	15	14	16	14	12
	36	102	71												18	33	25	22	18	16	14	12				
															20	26	20	17								
y-y 轴	0	430	266	0	253	205	142	0	173	129	0	162	121	94	0	140	107	90	0	91	77	60	0	75	63	51
	10	368	229	6	222	179	125	4	158	118	4	145	108	85	2	135	103	86	2	87	73	57	2	70	59	48
	12	351	219	8	207	167	117	6	148	110	6	132	99	78	4	127	97	81	4	80	67	53	3	67	56	46
	14	332	207	10	190	153	108	8	136	101	8	118	88	69	6	117	89	74	6	72	60	47	4	63	53	43
	16	311	195	12	171	137	97	10	122	91	10	101	75	60	8	105	80	67	8	62	52	41	6	54	45	36
	20	266	169	14	151	120	86	12	107	79	12	82	61	49	10	92	70	58	10	50	42	33	8	43	36	28
	24	216	139	16	129	102	74	14	90	67	14	62	46	38	12	77	58	48	12	37	31	25	10	30	25	20
	28	162	106	20	85	66	49	16	72	53	16	47	35	29	14	61	45	37	14	28	23	18	12	21	17	14
	32	124	81	24	59	46	34	20	46	34	20	30	22	19	16	47	35	29	16	21	17	14	14	15	13	10
	36	98	64												18	37	27	23	18	17	14	11				
															20	30	22	18								

① 轴向荷载单位为 kip 且钢的 $F_y=46ksi$ (317MPa)，上表为长肢背靠背，且两角钢间距为 3/8in。

资料来源：经美国钢结构协会的许可，上面表格中的数据来自《钢结构手册》第 8 版。

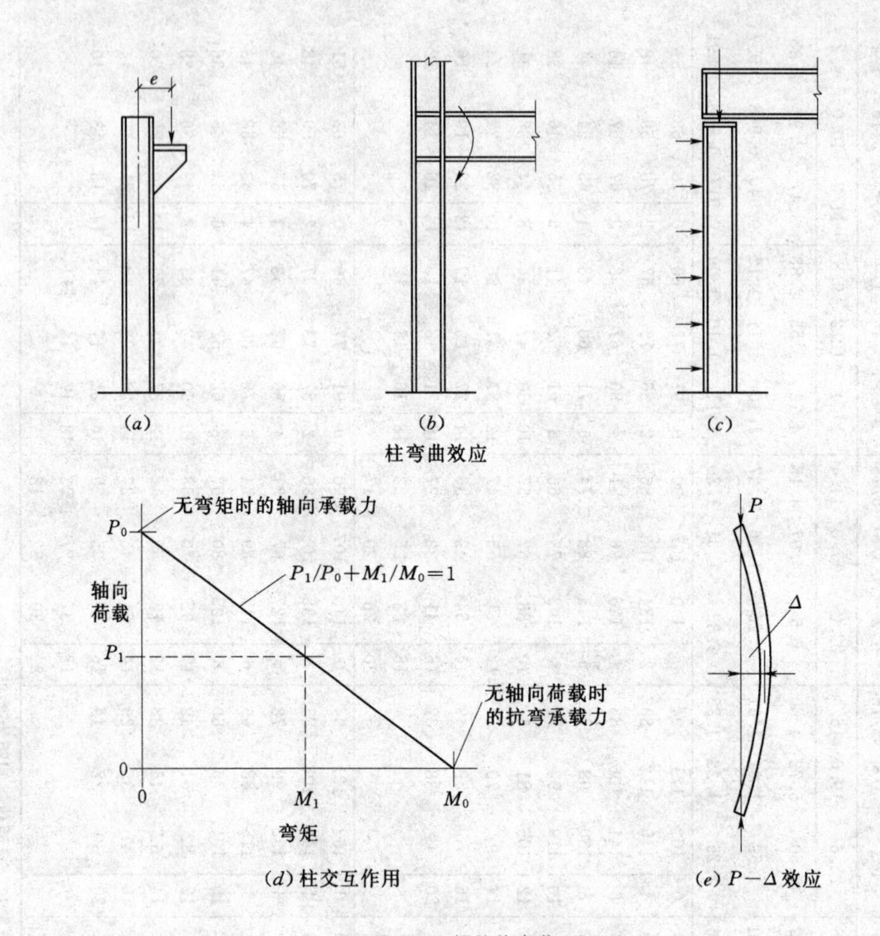

图 6.7 钢柱的弯曲

(a) 由偏心荷载引起的弯曲；(b) 弯曲被传递到刚性框架的柱上；(c) 组合后的荷载产生的轴压力和弯曲；(d) 压力和弯曲相互作用的典型形式；(e) 由承受轴向荷载柔性柱的挠度引起的弯曲

地分布在柱的横截面上。可以分别分析两种效应，然后将两种效应叠加起来以确定最终作用效应。但是，由于弯矩和压力实质上是不同的，因此合成作用的计算是一个较重要的分析过程。被称为交互式分析的这种计算采用以下公式：

$$\frac{P_n}{P_o}+\frac{M_n}{M_o}=1$$

上式按弹性理论分析时，表示的是一条直线［见图 6.7 (d)］，为弯矩和压力关系的标准形式。但是实际上，由于柱的形状、制作过程及施工实践等都是变量，因此上述交互作用并不是直线形式。

对于钢柱的设计，上述公式必须考虑几个重要因素，包括柱翼缘和腹板的长细比（对于W形钢)、钢的延性及整个柱的长细比（对于屈曲)。另一个潜在的问题是 $P-\Delta$ 效应［见图 6.7 (e)］，即当一根相对细长的柱承受压力和弯矩作用时，由于弯矩效应的影响，柱产生明显的弯曲。由于柱的弯曲产生的挠度使得压力发生偏心（即弯矩等于 P 与 Δ 的乘积)。一个特别典型的实例：假设一个悬臂的塔柱，柱顶没有约束且在柱顶作用一个荷载。

提示 任何一个弯曲效应对细长柱都会产生 P-Δ 效应。

如上所述，针对 ASD 方法和 LRFD 方法，AISC 规范完全覆盖了上面介绍的柱同时承受弯矩和压力共同作用的各种问题。然而，深入研究这个问题已超出了本书的范围。关于更多的相关内容可查阅高等教科书（例如参考文献 5 和文献 6）。

在最初设计期间，或在大量的设计分析中，希望快速确定一个有用的试算截面时，可以利用以下程序，该程序确定了考虑弯曲效应的等效轴向荷载。为此需要利用弯曲系数 B_x 和 B_y，由 AISC 的柱荷载表给出（表 6.2 最右端两列列出了这两个系数）。

等效轴向荷载（P'）为

$$P' = P + B_x M_x + B_y M_y$$

式中 P'——等效轴向受压设计荷载；

P——实际受压荷载；

B_x——x 轴的柱弯曲系数；

M_x——关于柱 x 轴的弯矩；

B_y——y 轴的柱弯曲系数；

M_y——关于柱 y 轴的弯矩。

下列的例题 6.4 介绍了如何利用此近似方法。

【例题 6.4】 一个由截面高度为10in 的 W 型钢组成的柱，在其顶部作用荷载为120kip，在梁端，柱的外侧作用 24kip 荷载，柱的无支撑长度为 16ft 且 $K=1.0$，选择柱的试算截面。

解： 总荷载为 120+24=144kip。由于只关于 x 轴弯曲，此时只需利用 B_x。然而，W 形钢的尺寸未确定，必须利用近似弯曲系数来计算等效荷载。由表 6.2 得，10in 型钢的 B_x 范围较小——0.261～0.277，所以取其平均值 0.27，

$$P' = P + B_x M_x = (120 + 24) + (0.27 \times 24 \times 5) = 144 + 32.4 = 176.4\text{kip}$$

可以把此荷载看作是轴向荷载，然后利用这个荷载直接查表 6.2。但是表中的值是根据 y 轴建立起来的，而此例弯矩是关于 x 轴的。因此较精确的使用 P' 是把它与长细比 KL/r_x 对应的荷载值相比较。

例如，如果根据荷载 176.4kip 查表 6.2，得到型钢截面形式为 W10×45，承载能力为 180kip。但是，如果不考虑弯曲作用，则应根据荷载 144kip 来选择截面形式，因此可以选择基于弱轴且承载能力为 154kip 的 W10×39 型钢为最小型钢。由附录表 A.1 得，W10×39 型钢 $A=11.5\text{in}^2$，$r_x=4.27\text{in}$，现计算如下：

$$\frac{KL}{r_x} = \frac{16 \times 12}{4.27} = 44.96$$

取

$$\frac{KL}{r_x} = 45$$

由表 6.1 得，$F_a=18.78\text{ksi}$，所以 x 轴的容许轴向荷载为

$$P_x = F_a A = (18.78 \times 11.5) = 216\text{kip}$$

显然，W10×39 是合适的。

虽然上述过程很繁琐，但是如果利用 AISC 的公式会更繁琐。

当为双向弯曲时，如构件处于空间全刚性框架中时，必须利用近似公式的三个部分。最后，可以直接从表 6.2 中选择截面形式。下面的例题 6.5 阐述了这一过程。

【例题 6.5】 采用截面高度为12in 的 W 型钢柱，柱承受的作用为轴向荷载 60kip，$M_x=40\text{kip}\cdot\text{ft}$，$M_y=32\text{kip}\cdot\text{ft}$，试确定无支撑长度为 12ft 的柱的截面形式。

解： 由表 6.2，根据截面高度为 12in 可以确定 B_x（0.215）和 B_y（0.63）的近似值。因此

$$
\begin{aligned}
P' &= P + B_xM_x + B_yM_y \\
&= 60 + 0.215 \times 40 \times 12 + 0.63 \times 32 \times 12 \\
&= 60 + 103 + 242 \\
&= 405\text{kip}
\end{aligned}
$$

由表 6.2 得，无支撑长度为 12ft 的最轻的型钢截面为 W12×79，且容许荷载为 431kip，弯曲系数 $B_x=0.217$，$B_y=0.648$。由于这些系数略高于假设值，因此重新计算 P'来验证所选的截面是否合适。因此

$$P' = 60 + 0.217 \times 40 \times 12 + 0.648 \times 32 \times 12 = 413\text{kip}$$

由此看出，所选截面仍然合适。

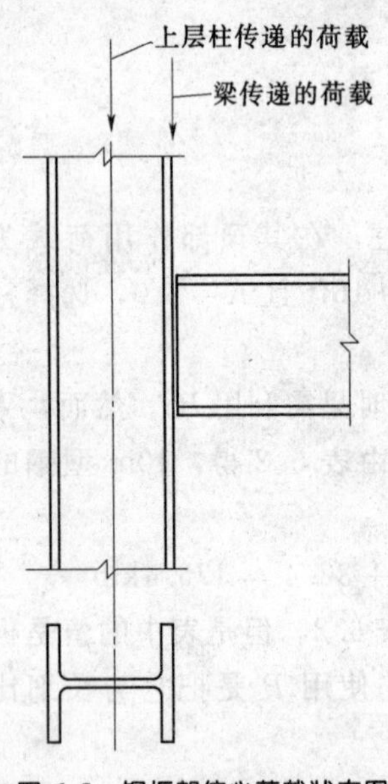

图 6.8 钢框架偏心荷载状态图

正如本节开始所述，处于刚性框架中的柱经常会发生弯曲。实际上，在所有的刚框架及梁两侧的框架柱中，或者当柱为室内柱时，所有面上的柱子均发生弯曲。本书第 7 章将进一步讨论此类框架。

习题 6.11.A 利用截面高度为 12in 的 W 型钢柱来支承如图 6.8 所示梁。试根据下列已知条件选择柱的截面形式：作用在柱顶的轴向荷载为 200kip，作用在梁上的作用力为 30kip 且柱的无支撑长度为 14ft。

习题 6.11.B 利用截面高度为 14in 的 W 型钢柱来承受双向弯曲，试根据下列已知条件选择柱的截面形式：总轴向荷载为 160kip，$M_x=65\text{kip}\cdot\text{ft}$，$M_y=45\text{kip}\cdot\text{ft}$ 且柱的无支撑长度为 16 ft。

6.12 柱框架体系与连接

当设计柱连接的细部构造时，必须考虑柱的形状和尺寸，其他构架的形状、尺寸和方向，以及节点的特殊结构功能。图 6.9 所示为轻型框架几种常见的简单的连接形式。节点通常采用焊接和螺栓连接（有高强螺栓或嵌入混凝土或砌体的锚固螺栓）。

当梁在柱顶［见图 6.9（*a*）］时，设计人员通常在柱顶焊接一块支承板且把梁通过螺栓连接在支承板上。对于所有的连接，必须考虑什么样的连接构件可以完全在预制车间制作，什么样的连接构件只能在施工现场完成。通常事先在车间将支承板连接到柱上（工厂焊接质量较好），而梁是在现场连接的（现场螺栓连接质量较好）。在此节点支承板不具有结构功能，梁可以直接支承在柱顶。然而，支承板使得现场连接变得容易。此外，板可以

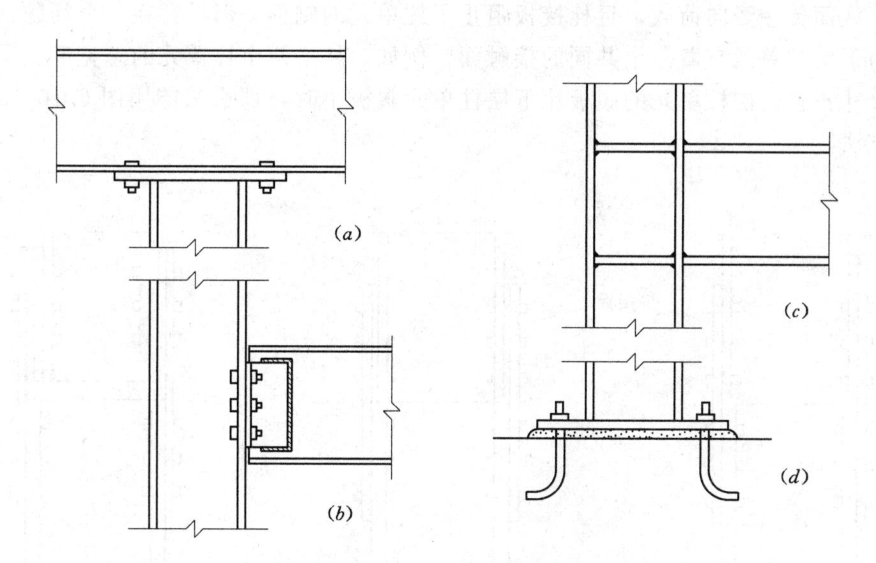

图 6.9 轻型荷载钢柱的典型构造

扩展支承应力的接触面积，使其大于柱的横截面。

在很多情况下，梁必须嵌固在柱的一侧。如果只传递竖向力，则常用的方法是利用一对角钢将梁腹板连接在柱面上［见图 6.9 (*b*)］。当梁与柱相交的方式不同时，可以采用某种连接把梁连接在柱的腹板上，只要角钢的外伸肢在柱翼缘之间的位置合适。总之，为了实现这样的连接，柱至少采用截面高度为 10in 的 W 型钢，这也是为什么截面高度为 10、12in 及 14in 的 W 型钢受欢迎的原因之一。

如果在梁端和支承柱之间必须传递弯矩，一个常用的方法是将梁翼缘的切割端直接焊接到柱面上［见图 6.9 (*c*)］。因为弯矩必须由柱的两翼缘承担，而梁只能直接与柱的一边翼缘相连，所以为更有效地传递弯矩，设计人员采用填板。当然，因为梁腹板承担了梁上的大部分剪力，所以必须把梁腹板连接到柱上。注意：多年来被广泛使用的这种连接方式最近在地震作用下性能很差。

柱底的支承面通常在混凝土柱墩或基础的顶面，设计人员力图减小对较软混凝土的承压力。钢柱可以承受大于或等于 20ksi 的压力，但是混凝土上只有 1000 psi 的抗压能力，因此必须扩大其接触面积。由于以上原因，同时也是实际需要将柱放在板上，常用的方法是在车间把钢承板直接连接在柱上，然后在光滑板与粗糙的混凝土间填加填充材料［见图 6.9 (*d*)］。此连接方式对于承受轻型荷载的柱是适用的，但是设计人员对其进行改变使其可以传递更大的柱荷载，产生抗拔力及抵抗弯矩等。简支节点仍是常见的连接方式。

对于较高钢框架，必须拼接柱——因为单根柱子的长度有限制。此外，较短柱段较容易控制。例如，如果选择了截面很小，但长度很大的 W 型钢柱（$y-y$ 轴是很重要的），由于其自重，使柱产生了永久的弯曲。另一方面，由于连接节点的拼接是很昂贵的，为了节省资金，拼接节点要尽可能的少。为此，大多数设计人员尽可能的利用长柱，在多层结构中柱至少高两层。

图 6.10 是拼接柱的几种方法。在这些节点中，上部的柱单元直接作用在下层柱单元

的末端，从而传递竖向荷载，且栓接板阻止了柱单元的侧移。但是存在一个问题：相匹配的上部与下层柱单元有着一个共同的接触面。例如，如果两个柱单元的总宽度相同（翼缘的外皮尺寸）且上层柱单元的腹板比下层柱单元腹板小时，那么只能用图 6.10（*a*）所示的拼接方法。

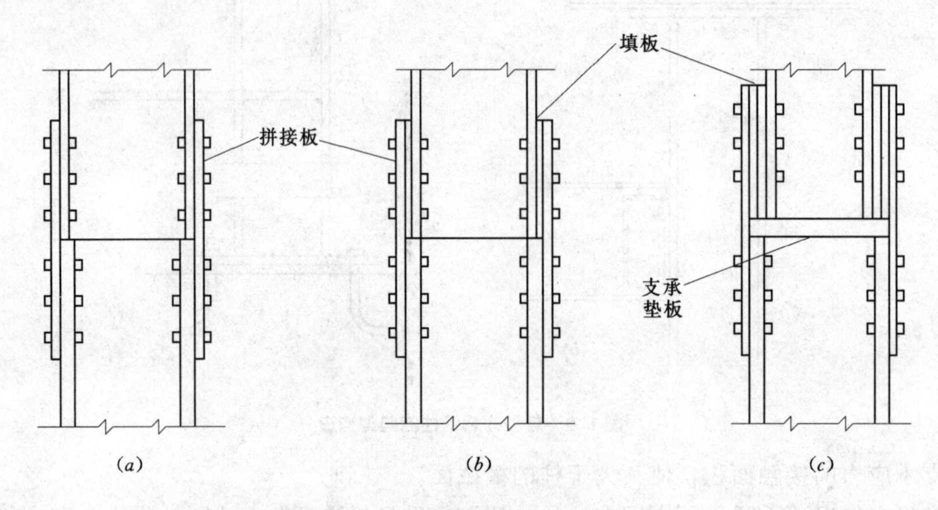

图 6.10 典型的多层柱的螺栓拼接

在图 6.10（*b*）中，虽然在拼接板和上层柱单元翼缘平面之间存在一定的空隙，但是在翼缘间的内部尺寸是相同的，因此承压面仍然可以传递荷载（可以利用填板把此空隙填充起来）。由于大多数具有相似名义宽度的 W 型钢有相近的内部尺寸，所以这种拼较常见。

如果柱翼缘不完全匹配，可以利用较厚的承压板，即承压板覆盖在下层柱的上部，从而获得了一个承压面。

可以把柱拼接节点完全设计成焊接节点，尤其在刚性框架中。

本书第 10 章涵盖了所有关于焊接和螺栓连接的设计。如果想了解更多的内容，参阅 AISC 的有关出版物。

6.13 柱基础

传递到柱底支承材料上的力，常常只有直接承压应力，因此只需一块底板即可承担此力［见图 6.9（*d*）］。对于承受很轻柱荷载，底板面积常常比柱脚（即翼缘和型钢高度的乘积）要小。但是，为了便于锚固螺栓和焊接板与柱，必须使用大于柱脚的底板。

假设底板尺寸大于柱脚尺寸，则利用以下步骤来确定柱底板的必要尺寸。底板的必要面积为

$$A_1 = \frac{P}{F_p}$$

式中 A_1——底板的平面面积；

P——柱的受压荷载；

F_p——混凝土的设计强度为 f'_c 时，作用在混凝土上的容许承压荷载。

如果底板面积等于混凝土柱基的全面积（虽然这样的情况很少见，但是可以作为一个参考点），那么承压力小于或等于 $0.3f'_c$。如果支承构件的面积较大，其承压力乘以不大于 2 的系数 $\sqrt{A_2/A_1}$，其中 A_2 为支承混凝土的面积。

图 6.11 所示为 W 型钢柱，那么如何确定底板的厚度取决于弯矩。如果已知 A_1，确定 B 和 N 使 m 和 n 近似相等。

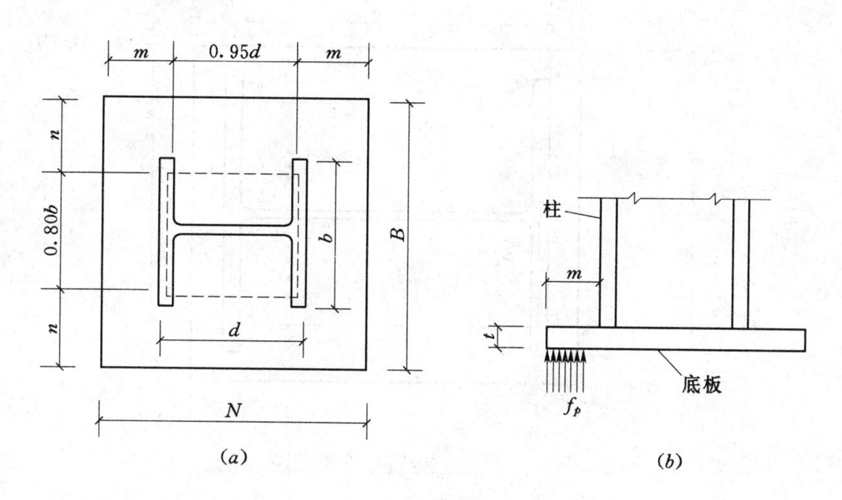

图 6.11 柱底板的参考尺寸

提示 必须将底板尺寸与锚固螺栓的位置以及柱与底板连接的构造联系起来。

由弯曲应力决定的板的必要厚度按如下确定：

$$t=\sqrt{\frac{3f_pm^2}{F_b}}$$

或

$$t=\sqrt{\frac{3f_pn^2}{F_b}}$$

其中

$$f_p=P/A_1$$

$$F_b=0.75F_y$$

式中 n——图 6.11 所示的尺寸；

t——板的厚度；

f_p——实际承压力；

F_b——板的容许弯曲应力。

对于承受较轻荷载的柱，例题 6.6 阐述了这一过程。

【例题 6.6】 设计 A36 钢的 W10×49 型钢柱的底板，已知柱上荷载为 250kip，柱作用在混凝土柱脚上的压力为 $f'_c=3$ksi。

解：假设混凝土柱脚的平面面积比底板大很多，因此取最大系数 2，则 $F_p=2\times0.3f'_c=0.6\times3000=1800$psi，或者 $F_p=1.8$ksi。那么

$$A_1=\frac{P}{F_p}=\frac{250}{1.8}=138.9\text{in}^2$$

近似尺寸为

$$\sqrt{A_1} = \sqrt{138.9} = 11.8\text{in}$$

图 6.12 所示的布置是可行的，所有的尺寸采用 in，考虑焊接和锚固螺栓连接，且结果 m 和 n 近似相等。因为 m（2.26）略大于 n（2.0），则板的厚度为

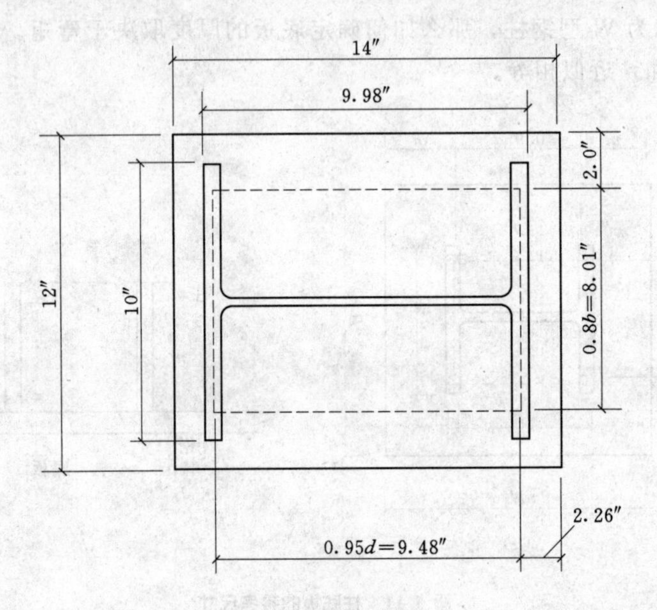

图 6.12 例题 6.6 参考尺寸

$$t = \sqrt{\frac{3f_p m^2}{F_b}}$$

因为实际压力为

$$f_p = \frac{P}{A_1} = \frac{250}{12 \times 14} = 1.49\ \text{ksi};$$

所以
$$t = \sqrt{\frac{3 \times 1.49 \times 2.26^2}{0.75 \times 36}} = \sqrt{0.846} = 0.9195\ \text{in}$$

板通常以 1/8in 的增量来划分，因此板实际厚度取为 1.0in。

习题 6.13.A 已知 W8×31 型钢柱承受的荷载为 178kip，且该柱固定在 $f'_c =$ 2500psi 的混凝土柱墩上，柱墩侧面尺寸与底板尺寸几乎相同。试设计此柱的底板。

习题 6.13.B 重新设计问题 6.13.A，仍使用 $f'_c = 2500$psi 且面积为 8ft² 的混凝土柱墩，试设计此柱的底板。

第7章

框　架

作为简单梁柱体系的框架由竖向柱和水平跨构件组成，其中柱起到简支轴向受压构件作用，水平构件起到简支梁的作用。然而，有时候框架构件之间的相互作用可能更为复杂。例如，在刚性框架中构件刚性连接可以传递弯矩，在斜撑框架中斜向的构件产生桁架作用。本章仅考虑刚性框架和斜撑框架的性能和设计。

7.1　平面构架的发展

平面构架是一种平面框架，用于抵抗诸如风、地震产生的水平荷载。如图 7.1（*a*）所示的简单框架由三个构件构成，构件之间为铰接连接，柱底部连接也为铰接。理论上讲，如果荷载和框架完全对称，则仅作用竖向荷载时此框架是稳定的，但是任何侧向（即水平）荷载或轻微的不平衡竖向荷载都将使框架倾斜失稳。保持框架稳定的方法之一是柱上部，梁端部连接采用能抵抗弯矩的连接［见图 7.1（*b*）］，此时，在竖向荷载作用下框架的变形见图

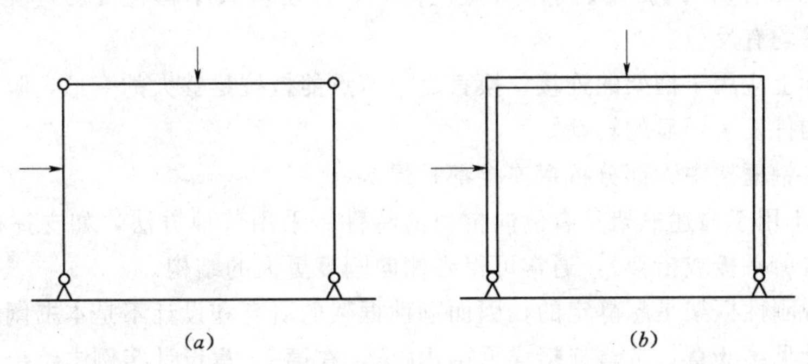

图 7.1　单榀钢框架

（*a*）所有连接均为铰接（典型的梁-柱结构）；（*b*）能抵抗弯矩的梁-柱连接，形成刚性框架

7.2 (*a*)，在梁和柱中形成弯矩，在侧向荷载作用下框架的变形见图7.2 (*b*)。

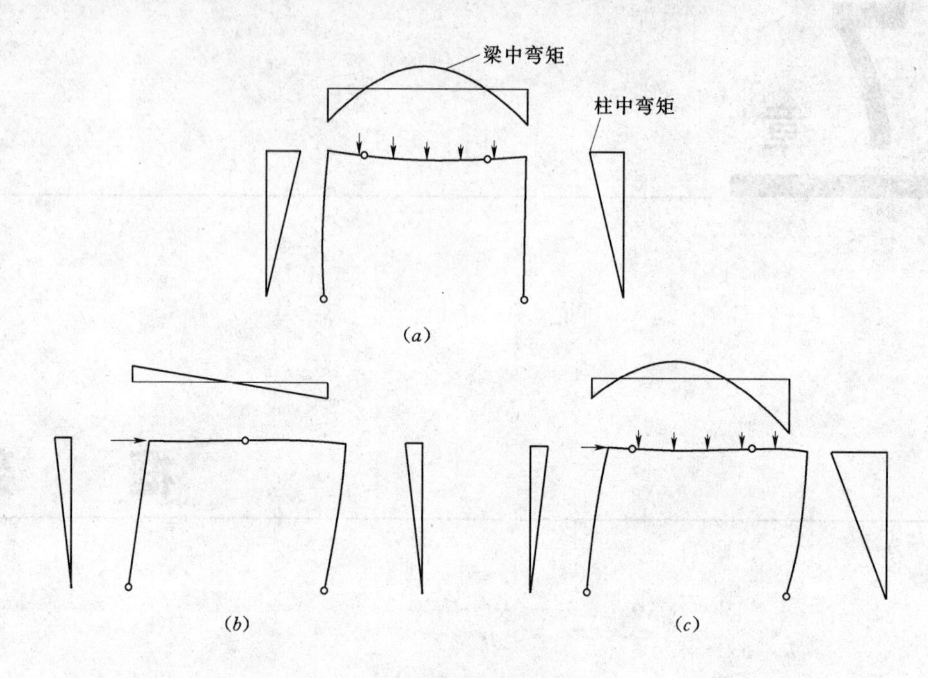

图 7.2 单榀刚性框架作用

(*a*) 竖向荷载作用；(*b*) 侧向荷载作用；(*c*) 竖向荷载和侧向荷载共同作用

当把一个框架转换为一个刚性框架时，其主要目的是为了保证侧向稳定，刚性框架对竖向荷载的反应不可避免地改变了。在图7.1 (*a*) 所示框架中，竖向荷载作用于梁上时，柱（稳定或不稳定）仅承受竖向轴向压力，当柱与梁连接产生刚性框架作用时，柱还承受弯曲。竖向荷载和侧向荷载共同作用下框架作用如图7.2 (*c*) 所示。

7.2 多榀刚性框架

单榀刚性框架用于单层、单跨建筑，多榀刚性框架则常用于多层、多跨建筑。

图7.3 (*a*) 给出了一榀两层两跨刚性框架在侧向荷载下的反应，所有框架构件均发生弯曲，这意味着所有构件共同作用抵抗荷载。即使仅某个构件受力 [见图7.3 (*b*)]，所有框架构件均有反应。

刚性实际上应用于框架的连接。换言之，节点能抵抗足够大的变形，阻止某个被连接构件与其他构件发生明显的转动。

提示 在钢框架中大部分抗弯连接都是焊接。

“刚性”不用于描述框架具有侧向抗力的特性。采用其他方法，如支撑框架抵抗侧向荷载（通过抗剪平板或桁架），通常可得到侧向刚度更大的结构。

通常来说刚性框架是超静定的，因而刚性框架的研究和设计不是本书阐述的范畴。压弯构件的设计见第6章，抗弯连接详见第10章，在第11章设计实例中给出了刚性框架的近似设计。

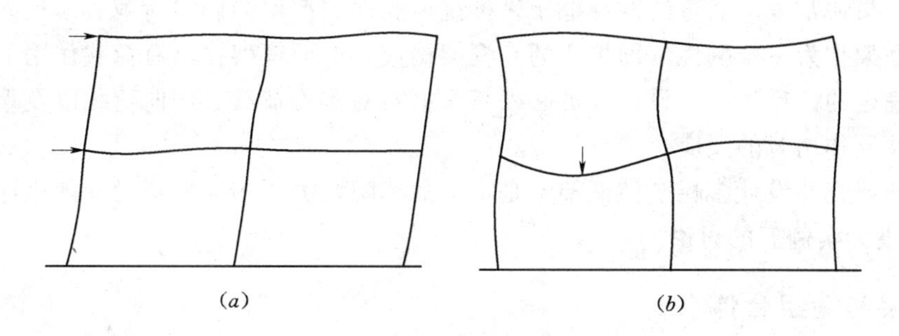

图 7.3 多层、多跨刚性框架的作用

(*a*) 侧向荷载作用；(*b*) 竖向荷载作用于单跨梁

7.3 空间框架

大多数具有柱-梁框架的建筑结构呈有序的布局。典型的布局是柱在规则行、列间距上均匀布置，同样梁也是规则布置。在空间框架体系中，梁和柱的竖直平面定义了一系列平面框架（见图 7.4）。此平面框架并不作为一个独立的结构，而是作为结构的一个子集，但是我们可以研究单个平面框架对重力荷载和侧向荷载的反应。

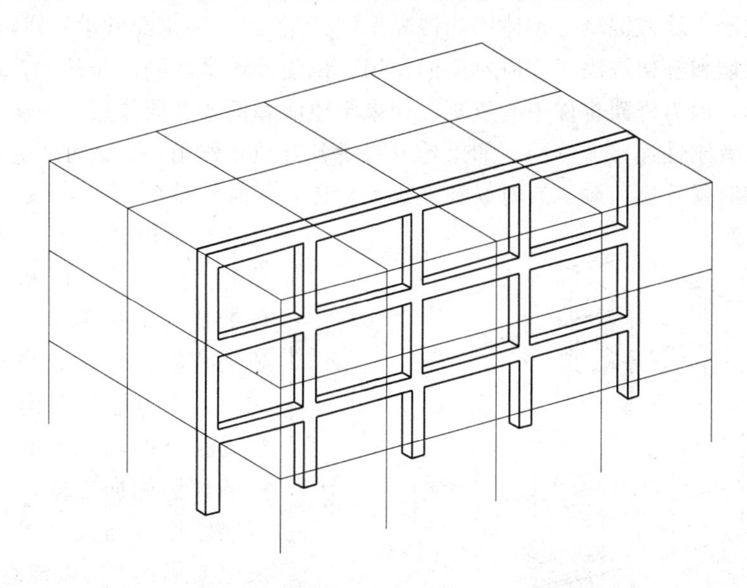

图 7.4 作为空间框架体系一个子集的平面（即平面框架）

关于整个建筑物体系，多榀框架也是典型的空间结构。刚性框架作用可能是空间的框架或仅限于所选平面内的（即平面的）框架。对于现浇混凝土框架，一般不可避免的自然是空间框架作用。对于木框架和钢框架，由于一般结构是简单的柱-梁体系，为产生刚性框架作用必须在梁和柱之间添加抗弯节点。

对于任何刚性框架必须考虑整个框架的作用，即所有柱和梁的整体的相互作用。遗憾的是，此类相互作用是高次超静定的。对于大型框架，在设计之前研究包括荷载可能的变异性等梁、柱相互作用，其计算问题是令人望而生畏的。

设计人员通常采用竖直的刚性框架来抵抗风和地震产生的侧向荷载。一旦此类刚性框架的某个框架作为一个刚性（即抗弯的）框架构成，然而框架在所有荷载作用下的反应都是连续不确定的。反过来，设计人员必须考虑框架对重力荷载、侧向荷载以及重力荷载和侧向荷载共同作用时的反应。

完整地研究和设计多榀刚性框架不是本书的范畴，关于多榀框架设计的概述见本书第11章建筑设计实例五的讨论。

7.4 框架和墙组合体系

大部分建筑物同时包括框架体系和墙，墙的结构潜能可能变化多样。例如，虽然金属和玻璃罩面必须具有一定结构特征以抵抗重力和风荷载效应，但他们是典型的非结构成分。此外，现浇混凝土墙或混凝土砌体结构经常用作结构的一部分。

当墙是结构组成部分时，必须分析墙和框架结构之间的关系，本节对此分析进行了概括。

1. 共存、独立的构件

对于某些功能，框架和墙各自独立作用，对于其他用途，二者又共同作用。对于低层建筑，即使存在一个完全承担重力荷载的框架（例如，有胶合板剪力墙的轻质木框架结构，有浇筑混凝土墙或混凝土砌体墙的混凝土框架结构），墙也经常承受建筑物的侧向力。

如何连接墙和框架取决于你所希望的作用。记住，通常墙刚性非常大，而框架经常存在明显的变形，因为框架构件中有弯矩。如果希望墙和框架共同作用，为实现必要的荷载传递必须将二者刚性连接。然而，如果希望二者各自独立作用，那么可能需要形成特殊的连接，容许有时候传递荷载、有时候独立运动，还有些时候整个分开。

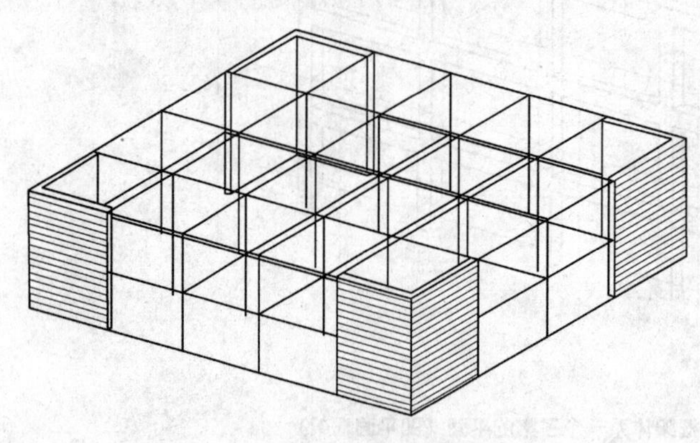

图 7.5 由剪力墙支撑的框架结构

可以设计一个框架仅抵抗重力荷载，侧向荷载由充当剪力墙的墙体抵抗（见图 7.5）。此设计通常需要某些框架构件充当集力器、加劲构件、剪力墙端部构件或水平刚性板的弦杆的功能。如果希望完全采用墙作为侧向支撑，那么必须仔细连接墙上部与高空梁，必须容许梁发生变形且不向墙传递荷载。

2. 荷载分配

与柱紧密连接的墙通常在墙平面内提供连续的侧向支撑。此类框架允许仅针对垂直于墙相对细长的方向设计柱，对于木柱和钢柱（例如 2×4 木龙骨和窄翼缘 W 型钢钢柱），通常很有意义，有时对于横截面不是方形或圆形的混凝土柱和砌体柱，也很重要。

在某些建筑物中，也许在不同位置或不同方向采用墙和框架抵抗侧向荷载，图 7.6 给出了以下四种情况：

(1) 在图 7.6 (*a*) 中，在建筑物的不同端部，一片剪力墙和一个平行框架同等地承担来自同一方向的风荷载。

(2) 在图 7.6 (*b*) 中，墙和框架用来在相互垂直的方向抵抗侧向荷载。虽然在某个方向荷载沿墙分布，在另一方向荷载沿框架分布，但是墙和框架基本上作用独立，除非建筑物有明显的扭转。

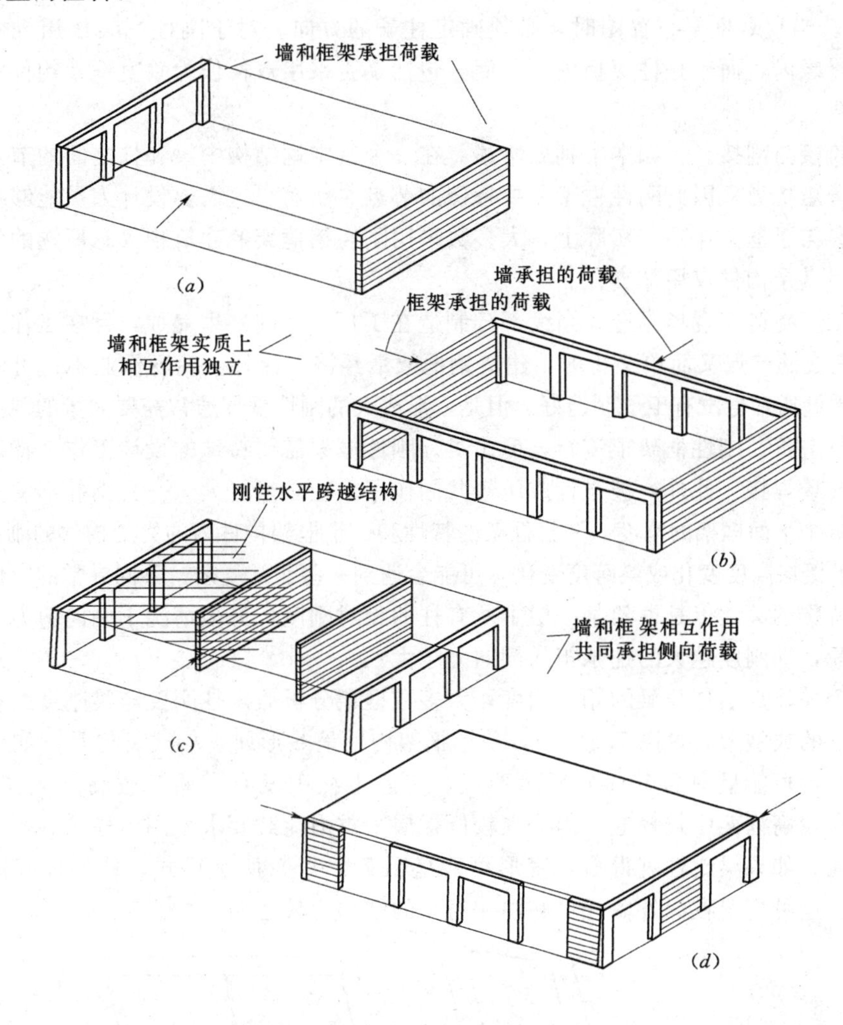

图 7.6 混合侧向支撑体系（剪力墙和框架）

(3) 图 7.6 (*c*)、(*d*) 所示情况：墙和框架共同作用来承担来自某个方向的总荷载。如果水平结构在其自身平面内相当地刚，则以竖向构件相对刚度为基础分配荷载（相对刚度指侧向力下抵抗变形的能力）。

3. 双重体系

在侧向支撑双重体系(dual system) 中，剪力墙和框架体系共同传递剪切荷载。图 7.6 所示体系 (*a*) 和 (*b*) 不是双重体系，但 (*c*) 和 (*d*) 可以是双重体系。双重体系改善了结构的性能，但是为了确保双重体系共同作用且变形对一般结构不引起过分破坏，必须仔细设计构造和画详图。下一节将讨论一些特殊问题。

7.5 刚性钢框架的特殊问题

如果在一空间框架体系内采用平面框架，可能会出其不意地出现以下问题：

(1) 非对称柱。常用的钢柱类型是W型钢，W型钢柱有一个强轴（x轴）和一个弱轴（y轴）。当规划框架布置图时，必须确定柱子的方向。对于刚性框架作用，框架梁应该伸入柱翼缘内，而不是柱腹板内。然而，包括是否采用双柱作为垂直框架构件等其他考虑也很重要。

(2) 铰接与刚接。正如本书别处所述，在一个基本钢结构中梁和柱之间的节点不需形成显著的弯矩抗力，因此刚性框架需要特殊的节点。然而，这需要设计人员能够控制哪榀框架构件参与了框架作用。实际上，大多数采用刚性钢框架的建筑物仅有所选的构件起到框架作用，其余构件仅用作支托。

(3) 工厂制造与现场制造。当大部分制造在工厂（车间）里完成，且在工作地点（现场）制造完成的节点又简单又少时，建造钢框架最经济。此外，现场作业不仅可能耽误安装，而且质量通常也没有工厂制造好。但是，形成大的刚性框架通常需要大量的现场作业。

(4) 总造价。刚性框架很流行，但昂贵。刚性框架需要特殊的设计工作、特殊的节点和大量的现场焊接。此外，被设计成压弯共同作用的柱必须更大——且钢并不便宜。

(5) 单个平面框架的刚度。一榀框架的特性和一个框架构件内的力受构件的刚度影响很大，且如果楼层高度变化或梁跨度变化，可能会遇到一些非常复杂、不同寻常的特性。

一个特殊的关注点是框架某一层中所有柱的相对刚度，许多情况下侧向剪力以此为基础进行分配，即刚度越大的柱承担的侧向力越大。

另一个关注点是柱与梁的相对刚度。大多数框架分析假定柱刚度与梁刚度约相等，产生侧向变形的典型形式见图7.3（a），单个框架构件呈S形屈折形式。但是，如果柱比梁刚得多，变形可能呈图7.7（a）所示形式，实质上柱中没有弯曲且较高层梁变形过大。这种情况在较高框架中较普遍，因为在较低楼层中重力荷载要求采用大柱子。

相反地，如果梁比柱刚得多，变形可能呈图7.7（b）所示形式，柱特性好像是柱端完全固定。这种情况在深外墙托梁和柱相对小的结构中较普遍。

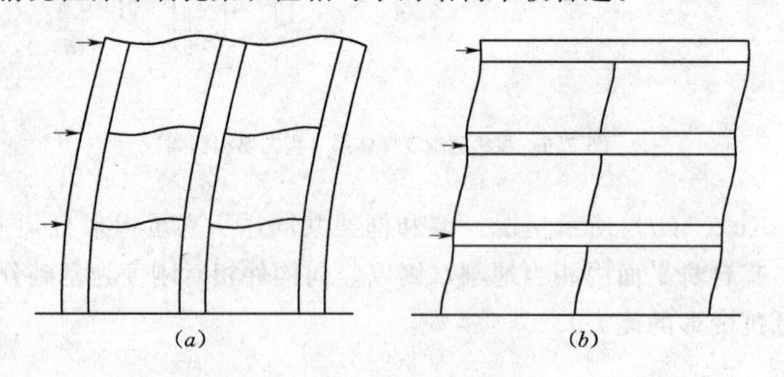

图7.7 侧向荷载作用下构件刚度不协调时刚性框架的变形

（a）强柱弱梁；（b）强梁弱柱

(6) 被约束框架。还有一个问题是部分柱或梁被约束住，插入结构改变了框架变形的形式，被约束柱就是一个例子。例如，在图7.8中，墙部分高度位于柱之间，如果此墙有足够的刚度和强度，且坚固地楔入柱之间，则柱的侧向无支撑长度彻底地被改变了，结构柱中的剪力和弯矩与柱两端自由计算的剪力和弯矩有相当大的区别。此外，包含被约束柱的框架中的力分布可能改变。最终，如果此框架明显较刚，则此框架承担的荷载大于其他平行框架承担的荷载。

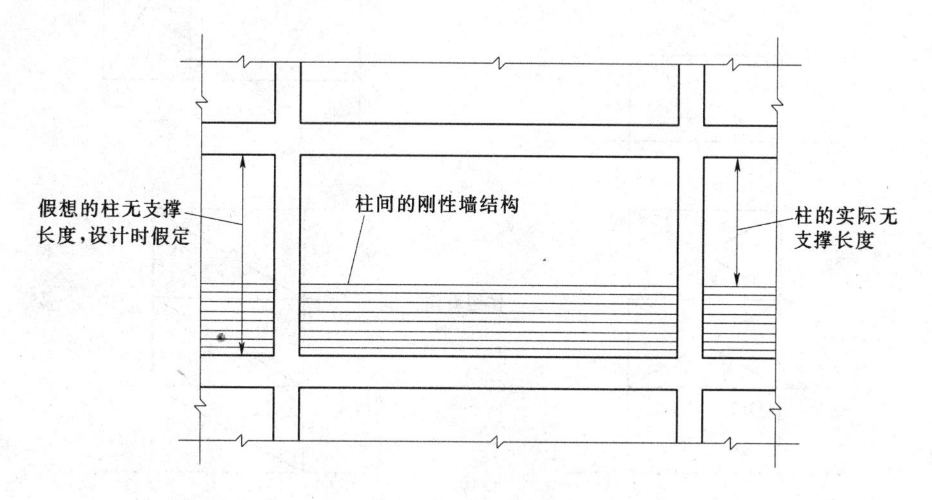

图 7.8 一个被约束的柱，侧向变形受到约束

关于这点不仅结构设计人员应该注意，而且做墙结构施工详图的人也应注意。

提示 对于受地震力影响的混凝土框架，被约束框架尤其是个问题。

7.6 桁架式构架

斜撑框架指一个框架有产生桁架作用的斜向构件。换言之，在典型柱-梁直线布置图中增添了斜构件，斜构件产生桁架式构架，其作用是作为竖向悬臂桁架，提供侧向支撑。

图 7.9 给出了桁架式构架布置的两种形式：

(1) 图 7.9 (*a*) 中附加的单斜杆形成一个简单静定桁架。此形式的缺点是斜杆必须承担来自两个方向的侧向力，因此斜杆有时受压，有时受拉。当斜杆受压时，为防止斜杆无支撑长度发生屈曲，非常长的斜杆必须很重。

(2) 另一种流行的桁架支撑是**X 形支撑**[见图 7.9 (*b*)]。采用这种形式的设计人员有时采用非常细长的受拉构件（如长圆杆），对于加载的每个方向，杆仅受拉时起作用。如果设计人员假定另一杆受压时稍微屈曲且可以忽略其抗压力，那么即使理论上此杆和所有工作杆件都是超静定的，设计人员也可以用简单静定理论来分析 X 形支撑框架。**注意：**轻型 X 形支撑能够提高结构抵抗风荷载的能力，但不能提高抵抗地震力的能力（除非受压斜杆刚度非常大）。

在上部空间采用单斜杆和双斜杆时，此跨间很难布置窗户或门。虽然斜撑和 K 形支撑在跨间有更大的开口空间（见图 7.10)，但它们在柱和梁中产生弯矩，且包括一个桁架和刚性框架共同作用的形式。V 形支撑和倒转的 V 形支撑和山形支撑仅在梁中形成弯矩。

上述的所有支撑形式都能成功地抵抗风荷载。但是，除了 V 形支撑和山形支撑外，其余支撑形式都不能抵抗动力冲击和地震力迅速往复荷载。近年对于抗震支撑设计人员开

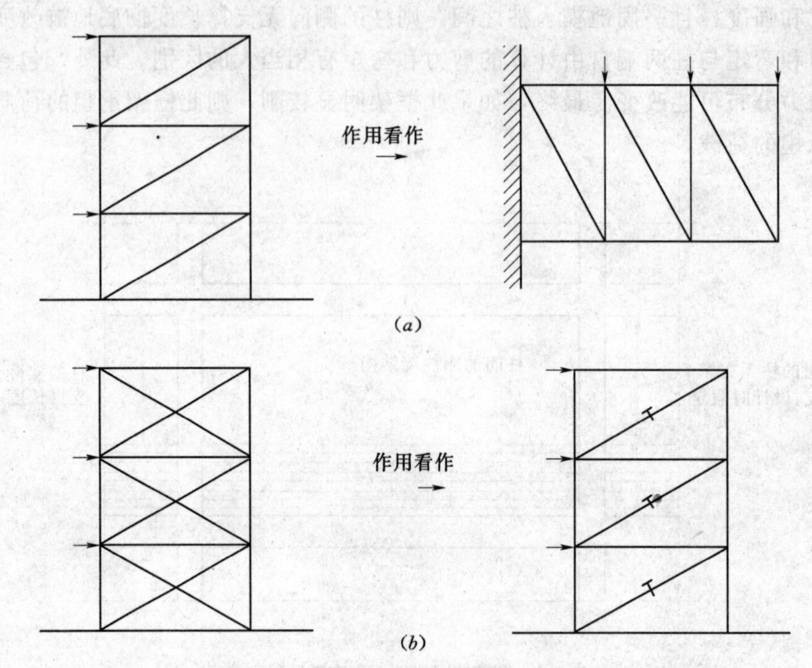

图 7.9 偏心支撑框架

(*a*) 侧向荷载作用下起悬臂作用的框架基本形式；(*b*) 轻质 X 形支撑框架的假定限定条件

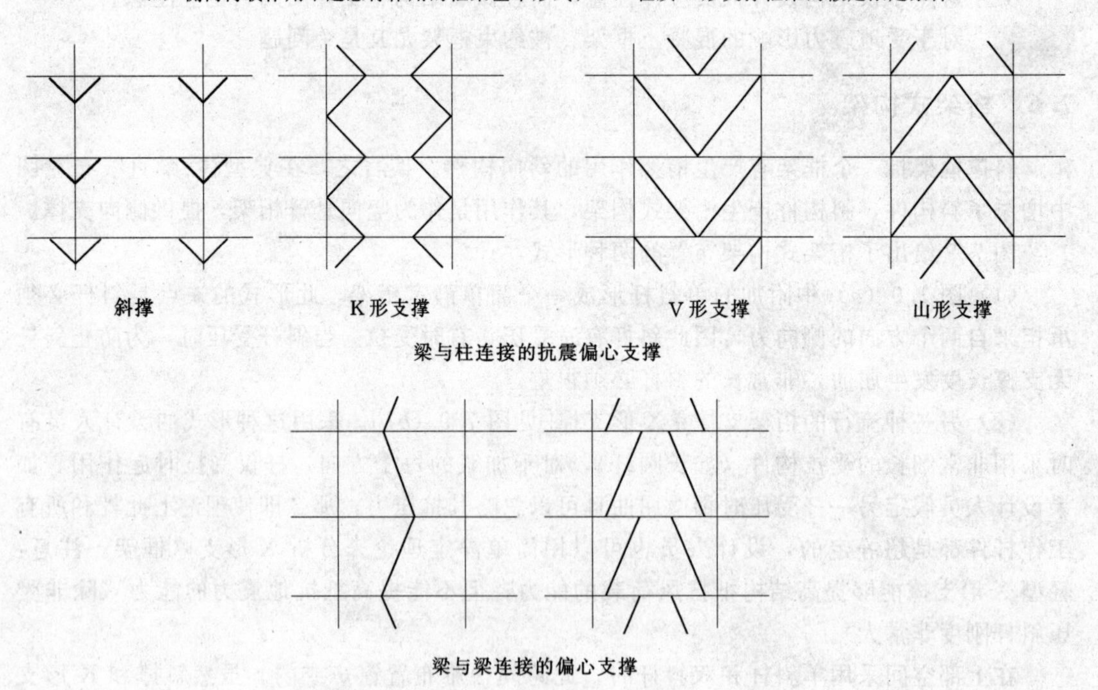

图 7.10 偏心支撑的常用形式

始采用偏心支撑，有坡度支撑构件仅在梁跨内各点连接。偏心支撑充当弱连接的作用，在有一定程度屈服的非弹性屈曲阶段破坏，因而此体系非常适用于动力荷载情况。

第8章

多种钢部件和体系

对于普通结构体系，大多数钢结构采用辊轧结构产品和成型薄钢板钢单元。本章简要讨论建筑结构中钢的一些其他用途。

8.1 预制化体系

一些制造商生产完整的建筑物，“部件”建筑物可以作为整体装配在一起（作为一个移动的房屋）或对部分构件进行装配（有时装配是必要的!）。

尽管多数预制化结构缺乏建筑美感［陆军匡西特活动房屋（the army Quonset hut）、巴特勒兄弟玉米囤（Butler Brothers corm cribs)］，但是包括住宅和学校以及实用工业建筑和农业建筑在内的多种建筑物采用了预制化体系。因为造价已知，设计人员可以选择预制的结构。许多预制化体系使用了钢材，因为钢材质轻、高强、性能可靠且为不燃物。

通常制造商对预制化体系的构件申请专利，力图使自己产品独一无二。然而，由于钢结构中大部分采用的构件是标准化的，因此产品也是可以预见的。从预定的部件装配成一个体系是设计钢结构的主要问题。

8.2 组合结构构件

组合通常指结构构件由两种或两种以上应力-应变特征明显不同的材料组成，最常用的组合结构构件是钢筋混凝土。

1. 钢-混凝土梁

对于有钢框架的楼板而言，常用的一种结构形式由钢梁顶上现浇混凝土板组成［见图5.13 (*b*)］。如果通过某些方法将混凝土板与钢梁上翼缘机械地锚固在一起，那么对于组合抵抗力矩，混凝土板对压力的形成有贡献。图8.1给出了一种典型的锚固形式：称为抗剪连接件、抗剪销钉或销子，锚件焊接于梁翼缘上部且与现浇混凝土咬合在一起。锚定不仅提高了钢框架的强度，而且也减小了钢框架的变形，许多情况下减小变形更有意义。AISC手册包含钢-混凝土结构的设计实例（指“建筑结构组合设计”一节），手册还有换算截面模量的表格，用来度量梁抵抗力矩的提高能力。

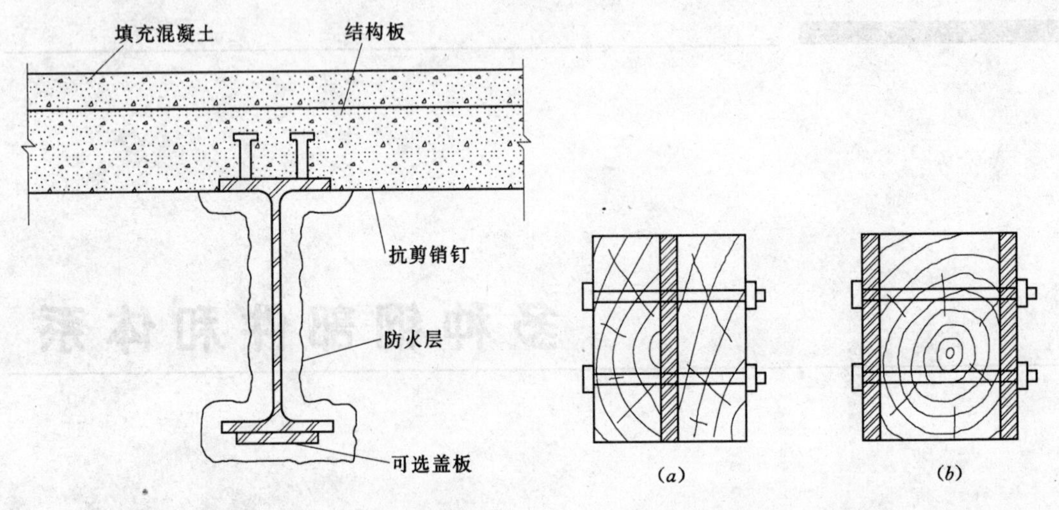

图 8.1 组合结构：钢梁和一现浇混凝土楼板

图 8.2 组合梁

2. 组合梁

有时候在有实心木质梁结构中，梁的变形是很重要的。更为特殊的是，当采用生材制作梁时，梁的长期挠度是不可避免的。为了控制此挠度，设计人员经常将一块木质梁和多块钢板组合在一起形成组合梁。有时候设计人员可能将木质构件夹入到两块钢板之间［见图 8.2 (*b*)］，但更多时候设计人员将一块钢板放入两块木质构件之间［见图 8.2 (*a*)］。组合梁构件通过螺栓结合在一起，以便于构件作为单个单元作用在一起。

当计算弯曲应力时，假定两种材料的变形相等。

Δ_1 及 Δ_2——两种材料最外边缘纤维的单位长度变形（应变）；

f_1 及 f_2——两种材料最外边缘纤维中的单位弯曲应力；

E_1 及 E_2——两种材料的弹性模量。

由定义知，材料的弹性模量等于单位应力除以单位应变，所以

$$E_1 = \frac{f_1}{\Delta_1}$$

且

$$E_2 = \frac{f_2}{E_2}$$

经变换，有

$$\Delta_1 = \frac{f_1}{E_1}$$

且

$$\Delta_2 = \frac{f_2}{E_2}$$

由于二者变形必须相等，则

$$\frac{f_1}{E_1}=\frac{f_2}{E_2}$$

或

$$f_2=f_1\times\frac{E_2}{E_1}$$

这个简单的等式作为研究组合梁的基础，定义了组合梁中两种材料应力之间的关系，在后面例题中将进行论证。

【例题 8.1】　一组合梁由两块2×12一级道格拉斯杉木的厚木板和一块 A36 0.5in×11.24in（13mm×285mm）钢板组成。计算跨度为 14ft（4.2m），求单跨简支梁所能承担的容许均布荷载。已知钢 $E=2.9\times10^7$psi（200GPa），最大容许弯曲应力为 22ksi（150MPa）；杉木 $E=1.8\times10^6$psi（12.4GPa），最大容许弯曲应力为 1500psi（10.3MPa），2×12 厚木板 $S=31.6\text{in}^3$（$518\times10^3\text{mm}^3$）。

解：假定钢应力起控制作用，则相应木材应力为

$$f_w=f_s\times\frac{E_w}{E_s}=\frac{2.2\times10^4\times1.8\times10^6}{2.9\times10^7}=1366\text{ psi (9.3 MPa)}$$

因为 1366psi 低于木材的最大容许应力，所以假定正确。换言之，高于 1366psi 的应力超过了钢材极限，而不一定超过木材极限。

现在进一步求木构件承担的荷载。木材产生的简支梁的弯矩（W_w）为

$$M=\frac{W_wL}{8}=\frac{W_w\times14\times12}{8}=21W_w$$

利用 $S=31.6\text{in}^3$，对于 2×12 板，

$$M=f_w\times S=1366\times2\times31.6=21W_w$$

$$W_w=4111\text{ lb(18.35 kN)}$$

对于钢板，

$$S=\frac{bd^2}{6}=\frac{0.5\times11.25^2}{6}=10.55\text{in}^3(176\times10^3\text{mm}^3)$$

则

$$M=21W_s=f_s\times S=22000\times10.55$$

$$W_s=11052\text{ lb(50.29 kN)}$$

组合截面总承载力为

$$W=W_w+W_s=4111+11052=15163\text{ lb(68.64 kN)}$$

尽管在组合梁中木材的承载力实际上减小了，但是总承载力结果却大大提高了，这种尺寸仅增大一点，而承载力却明显提高，说明了组合梁的优越性。

<u>习题 8.2.A</u>　一组合梁由一块 10×14 结构等级的道格拉斯杉木的厚木板和两块 A36 钢板组成，每块钢板为 0.5in×13.5in（13mm×343mm）。计算跨度为 16ft（4.8m），求单跨简支梁所能承担的跨中集中荷载，忽略梁的自重。已知钢 $E=2.9\times10^7$psi（200GPa），最大容许弯曲应力为 22ksi（150MPa）；杉木 $E=1.6\times10^6$psi（11.03GPa），容许弯曲应力为 1600psi（11.03MPa），10×14 厚木板 $S=228.6\text{in}^3$（$3.75\times10^6\text{mm}^3$）。

3. 成型薄钢板加填充混凝土

当设计人员将成型薄钢板和结构等级的填充混凝土组合在一起时（标准的楼板结构），

钢和混凝土构件以以下三种方式作用：

（1）混凝土仅作为一种嵌入填充材料，钢板是结构的支承。

（2）钢板仅支承湿的、新浇筑的混凝土，当混凝土硬化后，混凝土作为生成的钢筋混凝土楼板。

（3）混凝土硬化后，钢与混凝土相互作用（即组合作用）。实际上，钢板抵抗作用于钢筋混凝土楼板上的正弯矩，即钢板抵抗跨中引起楼板底部受拉的弯矩。与普通钢筋上的突起刻痕类似，这种钢楼板有突缘和压痕，所以可以更好地与浇筑的混凝土结合。

8.3 受拉构件及体系

一些受拉钢构件较简单——例如挂钩及拉杆，一些受拉构件较复杂——例如用于帐篷或充气结构的电缆网及约束拉索，本节概况了一些简单受拉钢构件。

1. 轴心受拉构件

当一个线性构件受拉，且拉力作用线与构件的横截面形心重合时，会出现最简单的拉应力。对于此类构件，拉应力（假定在横截面上均匀分布）可表达为

$$f=\frac{T}{A}$$

弹性阶段对应于应力的单位变形（应变）为

$$\varepsilon=\frac{f}{E}$$

对于长度为 L 的构件，此长度总变化（拉伸）为

$$e=\varepsilon L=\frac{f}{E}L=\frac{TL}{AE}$$

因此，

$$T=fA=\frac{AEe}{L}$$

当受拉构件较短时（例如短挂钩或短桁架构件），设计人员以极限拉应力为基础可以确定抗拉承载力。然而，对于长构件伸长量可能很关键，限制了抗拉承载力低于一般安全应力极限。

【例题 8.2】 一拱跨度为100ft（30m），通过一直径为 1in（25mm）的圆钢杆系在起拱点处。如果圆钢杆应力极限为 22ksi（150MPa），总伸长量极限为 1.0in（25mm），试求杆的拉力极限。

解：杆横截面面积为

$$A=\pi R^2=3.14\times 0.5^2=0.785\ \text{in}^2(491\ \text{mm}^2)$$

由应力得最大拉力为

$$T=fA=22\times 0.785=17.27\ \text{kip}(73.7\ \text{kN})$$

又由伸长量得最大拉力为

$$T=\frac{AEe}{L}=\frac{0.785\times 29000\times 1.0}{100\times 12}=18.97\ \text{kip}(81.8\ \text{kN})$$

因此应力极限起控制作用。

2. 净截面和有效面积

在结构构件中形成拉力伴随着结构构件与其他构件连接在一起，一些抗拉节点——例如螺栓连接节点和螺纹接头——降低了构件的承载力。因此，在选择此类连接形式时，设计人员必须确定这些被削弱的受拉构件是否能够满足抗拉承载力要求。

螺栓连接是木构件或钢构件经常采用的一种连接形式，为了插入螺栓，必须在构件中钻孔或冲孔。当制造了一个螺栓孔洞时，得到一个折减的面积，称为净面积，净面积上的单位应力高于无折减截面上的单位应力。当然，螺栓连接节点的整体性能更为复杂，不仅仅包括净截面的简单受拉，而且此类节点经常决定了构件的抗拉承载力。

另一种常见的简单抗拉构件是端头螺纹的圆钢杆。为了连接两个构件，在构件中将杆的端头插入孔洞中且在螺旋端头的上部旋螺母。螺纹减小了杆的横截面，产生一个净截面(恰好与螺栓孔洞一样)。但是，可以采用端头处锻造扩大的圆杆［称为螺旋轴端（upset ends)］，在这种圆杆中削减螺纹产生的净截面，其面积等于杆主体部分面积。建筑结构中很少采用螺旋轴端，因此受拉圆杆典型设计是按照折减净截面进行的。注意：当荷载是轴向的，而不是剪切时，这种对于净面积的考虑也适用于螺栓。

在钢结构中，有时候为了得到连接而要使构件抗拉潜能完全发挥出来是困难的。图8.3给出了涉及单角钢的典型连接：角钢一肢焊接于支承构件。在连接处拉力仅在与焊缝直接相连的角钢一肢上形成，虽然沿构件在距离与焊缝直接相连一肢一段距离的另一肢上也可形成一些拉力，但是设计人员经常忽略无连接一肢的拉力，认为被连接一肢像一个简单杆那样起作用。对于刚度或其他情况，整个角钢仍然是有效的，但是构件形式和连接布置限制了拉力。

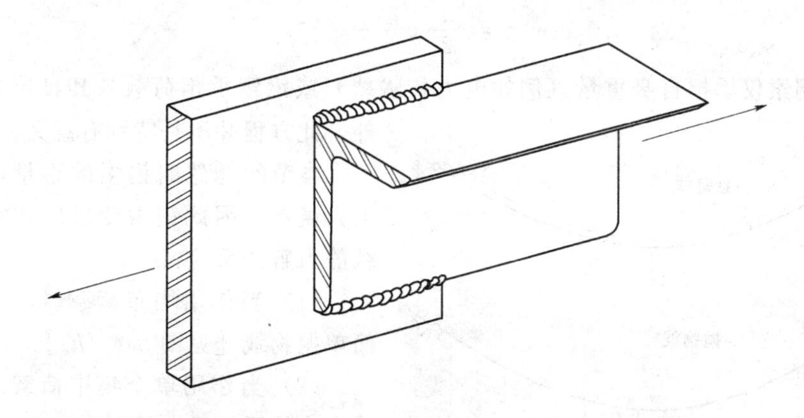

图 8.3 单角钢的典型连接，注意节点处仅直接被连接一肢产生拉力

本书第 11 章将详细阐述连接的设计。但是要牢记完成受拉构件设计取决于如何规划连接和如何将端部拉力有效地传递至支承构件上。

3. 柔性构件

不像其他结构构件，受拉构件很少受到长细比和高宽比的限制。比较而言，高宽比大约超过 30 的柱常常过于细长；跨高比大约超过 20 的梁常常临界变形超过极限。对于受拉构件，侧向刚度可以几乎为零（例如绳索或链条），或者实质上就是零且可忽略（例如非常长的钢丝、钢索和拉杆）。

一个很细长的结构构件不可避免地会形成一种形式，此形式仅对细长构件合成的纯拉力直接起反应。如果构件实际上没有抗弯、抗扭或抗剪承载力，不可能让构件形成抗弯、抗扭或抗剪的内力作用。基本要求：一个细长构件如此严格地被限制，以至于设计人员必须精确确定此类结构将形成多少荷载。

另一方面，为分解拉力，作为简单二力构件起作用的吊杆、拉杆和桁架杆件假定是直线形式的。唯一的问题是必须确保施工详图不会产生纯轴向拉力以外的其他外力，传递至构件的仅有拉力。对于此类构件，长度与应力无关。实际上，在较低拉力情况下，仅（如果完全）对于伸长量、挠度或振动要考虑长度限制。

刚性受拉构件在纯轴向应力情况下起作用，但对于其他作用刚性构件也有一定的承载力，且可以形成合成应力作用。

不能假定一个超柔性受拉构件是刚性的，其变形形式是微小的。可以假定一个变形形式，此变形形式允许构件本质上单纯受拉时起作用。事实上，此变形形式必须是“真实的”，即不是设计人员编造的，而是荷载及受荷结构实际上能实现的变形形式。

4. 跨越钢索

众所周知钢超柔受拉构件是**钢索**，由成束钢丝组成。

提示　从技术学术上看，是否可以称呼此类构件为钢索、钢绳或钢绞线，取决于其形式。为便于讨论，采用了大家熟悉的名称“钢索”，尽管在此叙述的结构构件实质上是钢绞线。

图 8.4（*a*）中的单跨钢索水平跨越，且仅承受自身恒载重量。假定钢索正常的下垂外形是悬链线曲线，曲线变形形式可由方程表达为

$$y=\frac{a}{2}(e^{x/a}+e^{-x/a})$$

除了钢索仅承担自身重量（例如电力传输线）或钢索承担荷载与其自重相比很小以外，此方程并不是特别有意义。

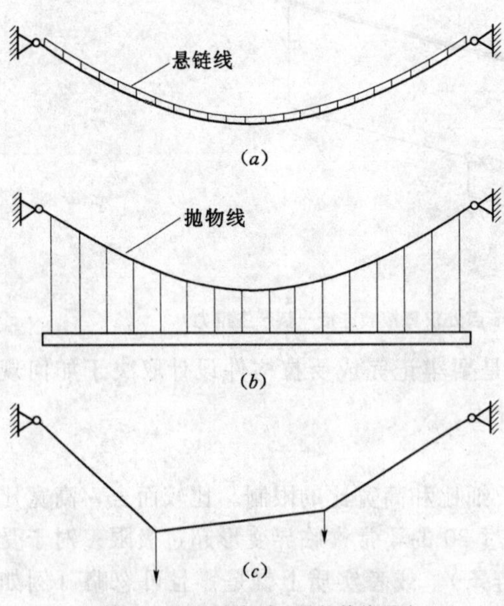

图 8.4　超柔结构对不同荷载的反应

本节问题忽略钢索的重量，不会引起太大误差。因此钢索变形形式完全是对荷载静力解的反应：

（1）当作用均布荷载时，变形形式为简单抛物线［见图 8.4（*b*）］。

（2）当作用单个集中荷载时，变形形式由直线段组成［见图 8.4（*c*）］。

图 8.5（*a*）钢索承受单个集中荷载（W），且有四个外反力分量（H_1、V_1、H_2 和 V_2）。由于仅以静力平衡条件为基础的钢索是超静定的，所以只能利用钢索不能形成弯矩抵抗力，任何点都不存在内弯矩这个事实来分析结构。还要注意单个钢索段作为二力构件起作用，因此 T_1 的方向必

须与左段钢索坡度相同，T_2 的方向必须与右段钢索坡度相同。

考虑到整个钢索的隔离体图［见图 8.5（b）］：如果对支座点 2 取矩，假定逆时针为正，则

$$\sum M_2 = -Wb + V_1 L = 0$$

从而得

$$V_1 = \frac{b}{L}W$$

同理，对支座点 1 取矩得

$$V_2 = \frac{a}{L}W$$

考虑钢索隔离体图的左部分［见图 8.5（c）］，如果关于荷载点取矩，假定逆时针为正，则

$$\sum M = 0 = V_1 a - H_1 y$$

从而得

$$H_1 = \frac{a}{y}V_1$$

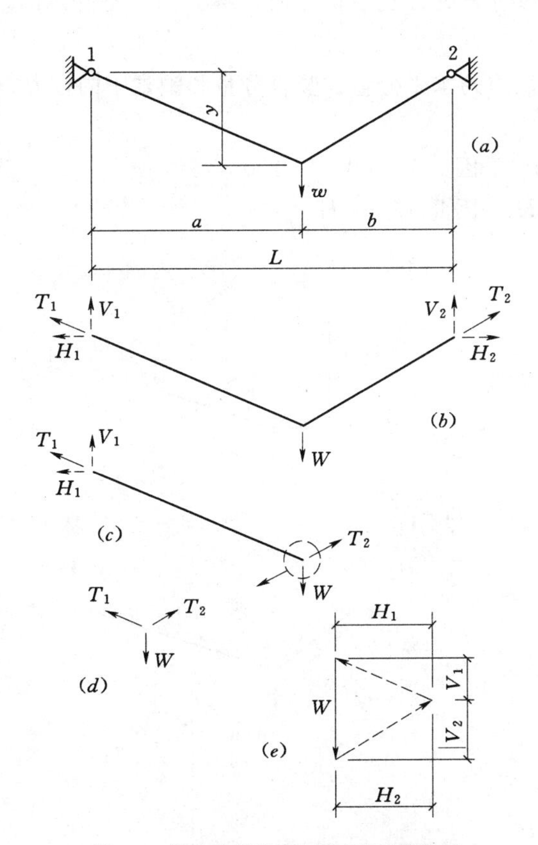

图 8.5 集中荷载作用下钢索的平衡分析

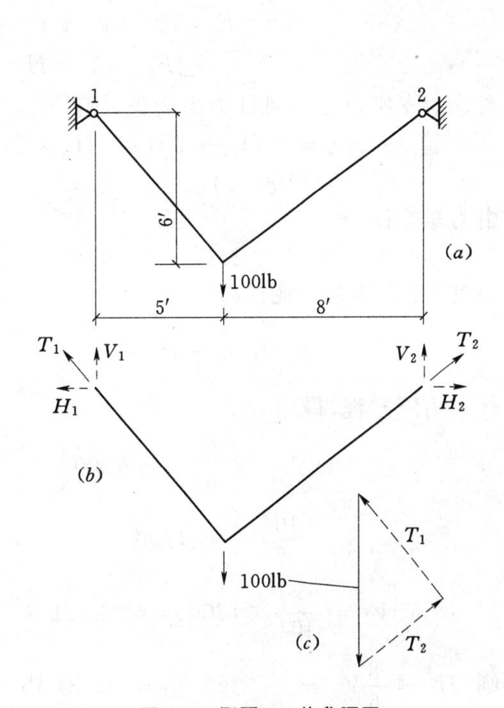

图 8.6 例题 8.3 的参照图

再参照整个钢索隔离体图［见图 8.5（b）］。注意：两个水平力分量是仅有的一个水平力

（因此 $H_1=H_2$）。

现在知道完全能够确定四个反力分量和实际的 T_1 和 T_2 值。还要注意单个荷载和两个钢索拉力在荷载作用点处形成了一个简单的集中力体系［见图 8.5（d）］，可以通过构造图 8.5（e）所示力的三角形来图解分析此体系。如果需要，对于图中所示两个钢索力，可以从力矢量投影值得到反力分量。

【例题 8.3】 如图8.6（a）所示，试求反力的水平分量、竖直分量和钢索中的拉力。

解：利用图 8.5 结构推导的关系式，得

$$V_1=\frac{b}{L}W=\frac{8}{13}\times100=61.54\ \text{lb}$$

$$V_2=\frac{a}{L}W=\frac{5}{13}\times100=38.46\ \text{lb}$$

$$H_1=H_2=\frac{a}{y}V_1=\frac{5}{6}\times61.54=51.28\ \text{lb}$$

$$T_1=\sqrt{V_1^2+H_1^2}=\sqrt{61.54^2+51.28^2}=80.1\ \text{lb}$$

$$T_2=\sqrt{V_2^2+H_2^2}=\sqrt{38.46^2+51.28^2}=64.1\ \text{lb}$$

当两个支座不在同一水平高度时，前述的问题更为复杂。然而，解答仍然是静定的，正如下面例题所述。

【例题 8.4】 如图8.7（a）所示，试求反力的水平分量、竖直分量和钢索中的拉力。

解：由图 8.7（b）的隔离体图，注意到

$$\sum F_v=0=V_1+V_2+100，因此\ V_1+V_2=100$$

$$\sum F_h=0=H_1+H_2，因此\ H_1=H_2$$

考虑对支座点 2 逆时针力矩为正，有

$$\sum M_2=0=+(V_1\times20)-(H_1\times2)-(100\times12)$$

由力矩方程，得

$$20V_1-2H_1=1200$$

由 T_1 几何体系，观察得

$$H_1=\frac{8}{6}V_1$$

代入力矩方程，得

$$20V_1-2\,\frac{8}{6}V_1=1200$$

$$\frac{104}{6}V_1=1200$$

$$V_1=\frac{6}{104}\times1200=69.23\ \text{lb}$$

则 $H_1=\dfrac{8}{6}V_1=\dfrac{8}{6}\times69.23=92.31\ \text{lb}=H_2$

$$V_2=100-V_1=100-69.23=30.77\ \text{lb}$$

$$T_1=\sqrt{69.23^2+92.31^2}=115.4\ \text{lb}$$

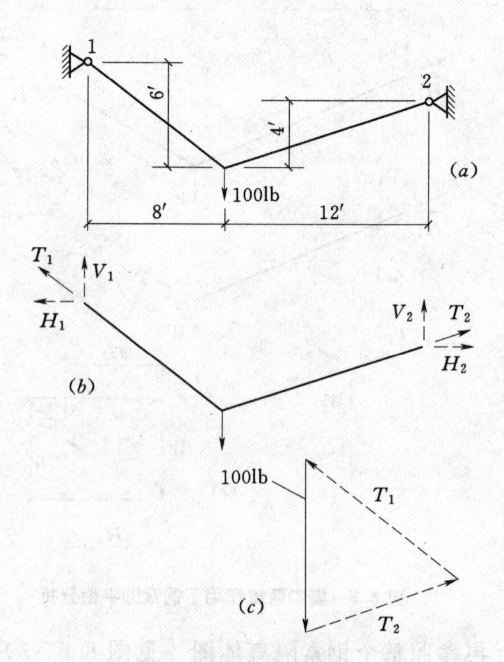

图 8.7 例题8.4参照图

$$T_2 = \sqrt{30.77^2 + 92.31^2} = 97.3 \text{ lb}$$

沿水平跨钢索承受均布荷载［见图 8.8（*a*）］，假定变形形式为一简单抛物线（二次）曲线。由图 8.8（*b*）隔离体图，由于水平力平衡，观察到沿钢索所有点内拉力的水平分量相等。此外，内拉力的竖直分量随钢索坡度的改变而变化，在支座处最大，在跨中降为零。因此最大内力出现在支座处，最小内力出现在跨中。

由图 8.8（*a*），有

$$V_1 = V_2 = \frac{wL}{2}$$

由钢索左半部分隔离体图 9.8（*c*），假定对左支座处取矩

$$\sum M = 0 = H_c y + \frac{wL}{2} \times \frac{L}{4}$$

因此所有点水平力公式为

$$H_c = \frac{wL^2}{8y}$$

通过对竖直反力分量和水平力（也就是水平反力分量）利用方程，可以确定支座处的拉力。

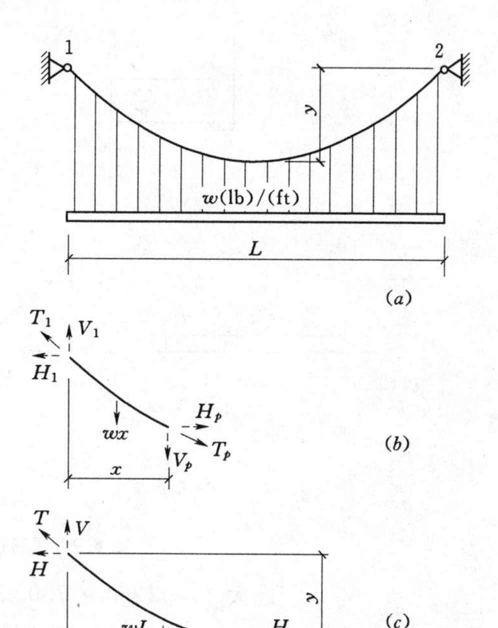

图 8.8 均布荷载下钢索的受力性能

5. 组合作用：拉力和弯矩

在某些情况下，轴向拉力和弯矩同时出现在同一横截面处。

考虑如图 8.9（*a*）所示吊杆，一根 2in 见方钢杆焊接在一块钢板上，钢板与木梁底部螺栓连接。另一钢板（有一孔洞）焊接于钢杆正面，且从孔洞处悬吊一荷载。这种情况下钢杆同时承受拉力和弯矩作用，均由悬吊荷载产生［见图 8.9（*b*）］。弯矩等于荷载和荷载距钢杆横截面形心偏心距的乘积，即

$$M = 500 \times 2 = 1 \times 10^4 \text{in} \cdot \text{lb}$$

$$(22 \times 50 = 1100 \text{ kN} \cdot \text{m})$$

对于这种情况，分别求出两种应力，然后进行叠加。

对于直接拉力作用［见图 8.9（*c*）］，有

$$f_a = \frac{N}{A} = \frac{5000}{4} = 1250 \text{ psi (8.8MPa)}$$

对于弯曲应力，钢杆截面模量为

$$S = \frac{bd^2}{6} = \frac{2 \times 2^2}{6} = 1.333 \text{ in}^3 (20.82 \times 10^3 \text{ MPa})$$

则弯曲应力［见图 8.9（*d*）］

$$f_b = \frac{M}{S} = \frac{10000}{1.333} = 7502 \text{ psi (52.8MPa)}$$

应力合成为［见图 8.9（*e*）］

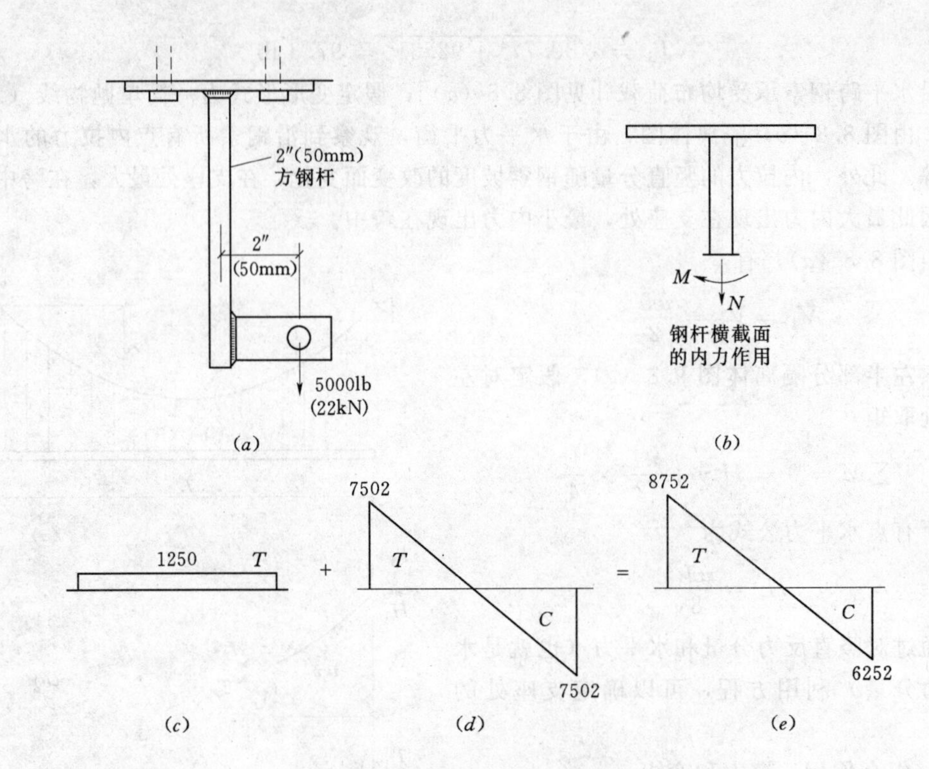

图 8.9 弯曲和拉力共同作用的过程

$$最大\ f = 1250 + 7502 = 8752\ \text{psi}(61.6\text{MPa})(受拉)$$

$$最小\ f = 1250 - 7502 = -6252\ \text{psi}(44.0\text{MPa})(受压)$$

反向的压应力小于最大的拉应力，但某些情况下压应力起控制作用。虽然本例中钢杆也许能形成压力，其他构件的横截面未必能如此。例如较薄钢杆，即使拉应力较高，由于受压，也可能屈曲起控制作用。

习题 8.3.A、B 试求钢索中的最大拉力，已知 $T = 10$ kip（见图 8.10），当(a) $x = y = 10$ft，$s = t = 4$ft；(b) $x = 12$ft，$y = 16$ft，$s = 8$ft，$t = 12$ft。

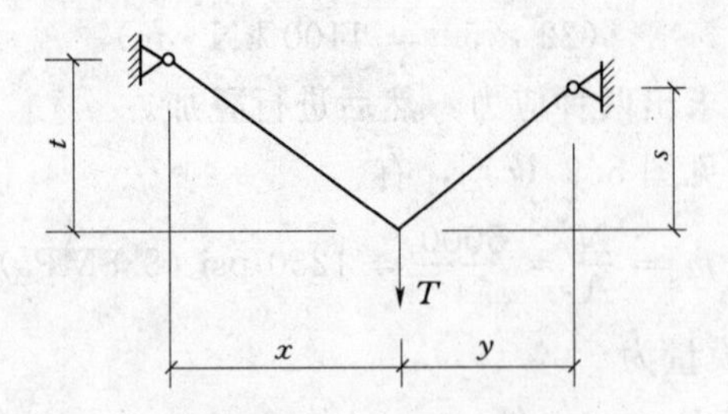

图 8.10 习题 8.3.A 和习题 8.3.B 的参照图

第9章

钢　桁　架

桁架或三角形构架是构成结构稳定的一种途径。桁架的另一优势是可形成非常轻的平面及空间结构。

本章讨论一些简单平面桁架在建筑结构中的应用，重点论述屋架——充分利用桁架轻质、形式自由特性。

9.1　概要

为实现简单、双坡、人字形屋顶形式，设计人员通常采用桁架。此类桁架将斜杆和水平底部杆件相结合，如图 9.1 所示，跨度的大小决定了设计人员如何构造简单三角形。

桁架包括以下杆件：

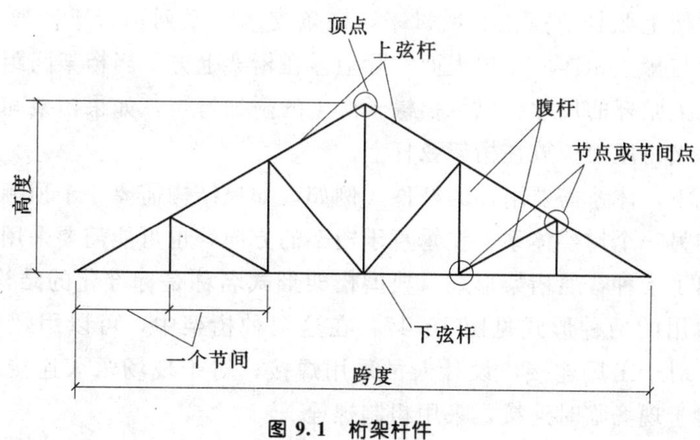

图 9.1　桁架杆件

(1) **弦杆**。桁架上、下边界杆件，与钢梁的上、下翼缘类似。对于大小适中的桁架，弦杆通常由通过几个节点的连续单个杆件组成，弦杆总长只受从供货商处得到的最大构件的限制。

(2) **腹杆**。桁架内部的杆件。除非添加了内部节点，否则腹杆由弦杆节点之间的单个杆件组成。

(3) **节间**。一个可重复模数化单元。节点有时候作为节间点。

对于桁架重要的是桁架的整体高度，有时候指矢高或深度。对于图 9.1 所示桁架，高度与屋顶斜坡有关，高度也决定了腹杆的长度。

注意：作为一个跨越结构，对于一个桁架效用重要的是桁架跨度与高度的比值。尽管梁和桁架的跨度/高度比值高达 20～30 仍可发挥作用，但桁架通常需要的跨高比要小得多。

设计人员采用桁架有多种方式。例如，图 9.2 给出了一系列单跨、平面桁架和构成屋顶系统的结构杆件。另外，图 9.3 给出了一系列平行弦杆桁架，在楼层和平屋顶中设计人员通常采用这种体系。

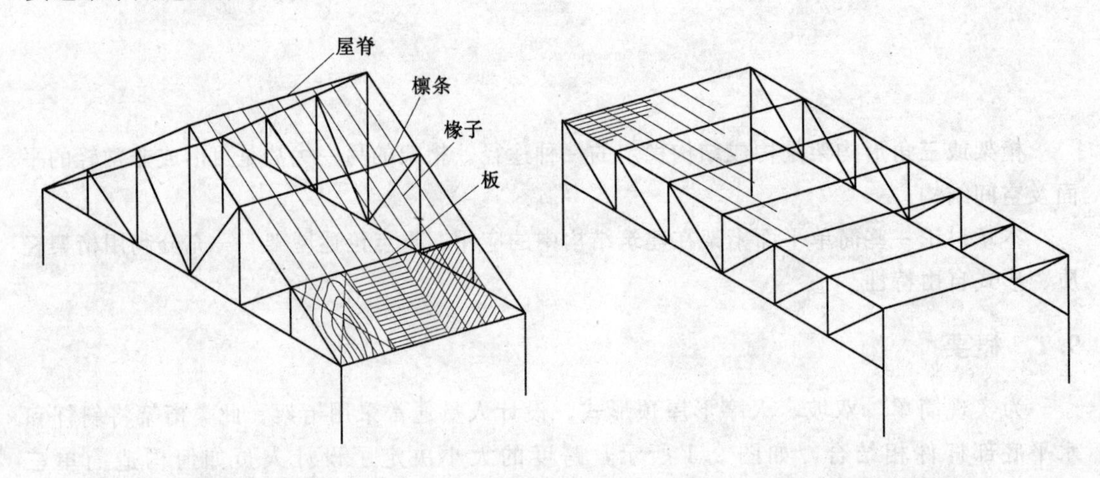

图 9.2 桁架屋顶结构

图 9.3 平直跨越的平行弦杆桁架

当桁架间距非常大时，设计人员通常采用檩条跨越桁架之间。为了防止弦杆弯曲，檩条通常支承在桁架上弦杆节点上。反过来，檩条支承一系列平行于桁架，间距密集的椽子。因为屋面板与椽子相连，屋顶表面实际上浮在桁架上方。当桁架间距足够小时，可以取消檩条并增大上弦杆的尺寸。以承担椽子产生的附加弯矩，如果桁架间距非常小，还可以取消椽子，直接将屋面板放在桁架弦杆上。

在某些情况下，体系需要附加的杆件。例如，如果结构需要一个顶棚，在下弦杆处或下弦杆下面添加另一个构架体系。在垂直于桁架的方向，也可能需要采用一些支撑体系。

图 9.4 给出了十种普通桁架形式（典型桁架形式名称是标准化的结构术语）。中小尺寸钢桁架最为常用的两种形式见图 10.17，在这两种桁架中，可以用螺栓或焊缝连接杆件。典型的是，对于工厂连接，设计人员采用焊接；对于现场永久连接，采用高强螺栓（扭矩拉紧）；对于现场临时连接，采用粗制螺栓。

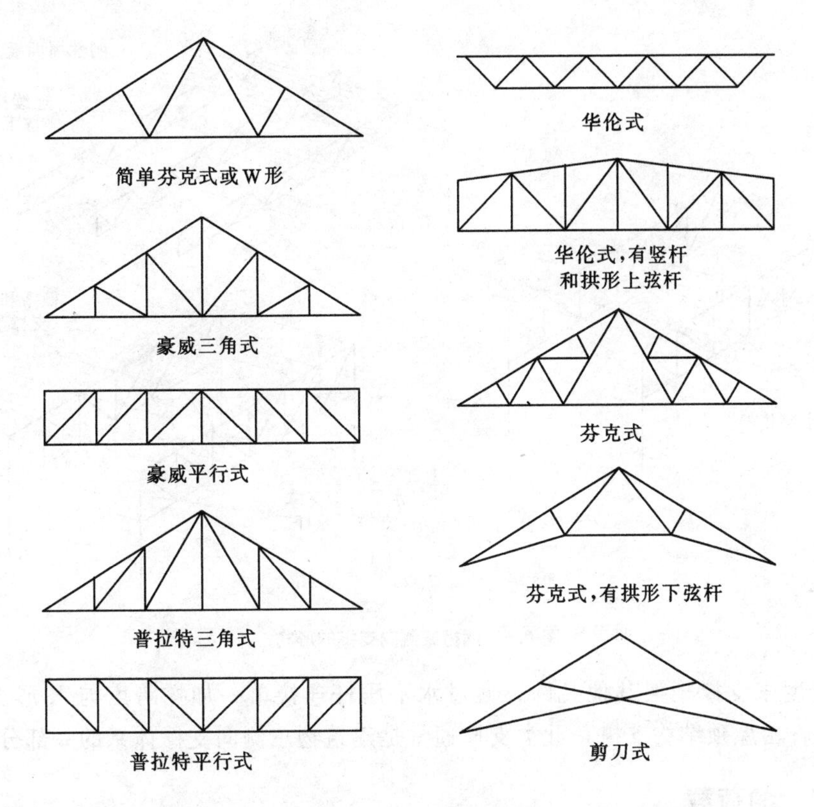

图 9.4 常见钢桁架型式

9.2 桁架支撑

平面桁架是非常薄的结构，需要一些侧向支撑。反过来，必须根据受压弦杆侧向无支撑长度设计受压弦杆。如果没有侧向支撑，在垂直于桁架平面的方向，弦杆无支撑长度为整个桁架的长度。显然，不能根据此无支撑长度设计细长受压杆件。

提示 在桁架平面内每个节点处，其他的桁架杆件支撑住弦杆。

在大多数建筑物中，其他结构杆件为桁架提供了部分或全部的必要支撑。在图 9.5（*a*）中，桁架的上弦杆在每个桁架节点处由檩条支撑。如果屋面板是一个具有合适刚度的平面结构构件，且与檩条充分连接，则此支撑对于受压弦杆已经足够了。但是，为了防止平面外运动，贯穿整个桁架高度也必须支撑桁架。在图 9.5（*a*）中，在每隔一个桁架节间的节点处，一般支撑由竖向平面的 X 形支撑提供（注意：檩条也有助于支撑桁架）。由于此支撑的一个节间可以支撑一对桁架，因此理论上可以仅在相间跨度设置此支撑。实际上，如果支撑是建筑物总支撑体系的一部分，可能要求此支撑连续。

通常直接支承屋面板的轻型桁架［见图 9.5（*b*）］可由屋面板充分支撑。因为支撑是连续的，所以弦杆的无支撑长度实质上可能为零（取决于屋面板如何连接）。在这种情况下，附加支撑可采用连于下弦杆的一系列连接钢杆或单个小角钢。

在图 9.5（*c*）中，X 形支撑的水平平面位于下弦杆平面的两桁架之间。可以采用此

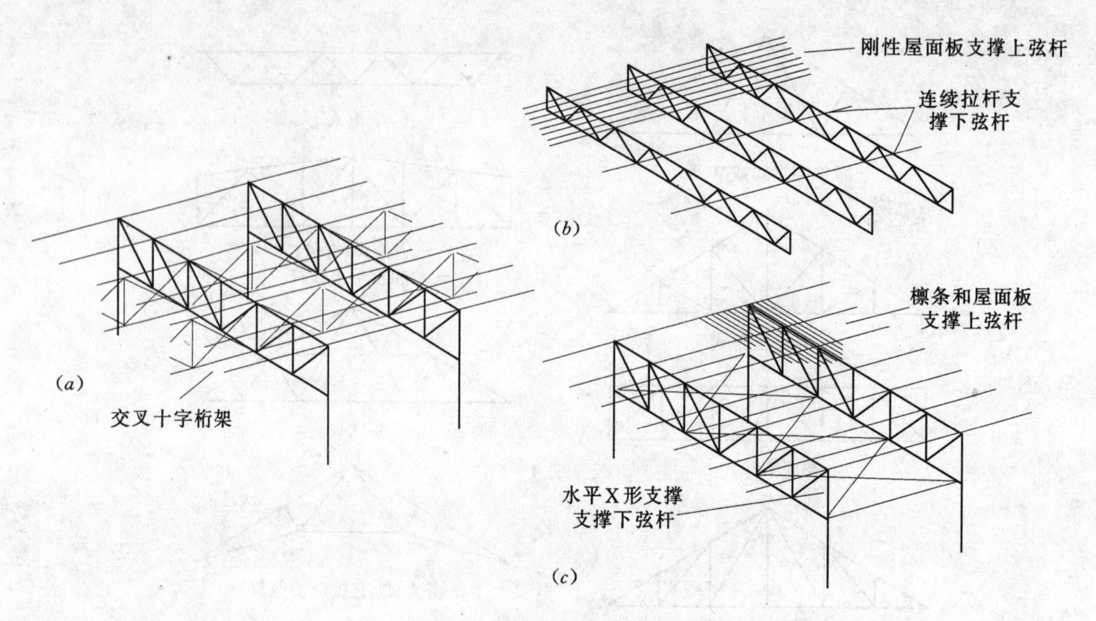

图 9.5 钢桁架侧向支撑的形式

单一加撑跨度来支撑桁架其他几跨，通过水平压杆连接单一加撑跨度与X形支撑桁架。此外，上弦杆由屋顶结构支撑，此类支撑通常是建筑物总侧向支撑体系的一部分。

9.3 桁架上的荷载

当设计屋架时，必须首先计算桁架须承受的恒载和活载。恒载指被桁架支承的所有结构材料的重量——屋顶覆盖层和屋面板、檩条和横向支撑、顶棚和任何悬挂荷载以及桁架自重（表11.1给出了某些屋面材料的重量）；活载包括雪、风、使用荷载（例如屋面施工和维修期间产生的荷载）及积水引起的荷载。

恒载是竖直向下的力，所以桁架的端部反力也是竖向的。表9.1给出了不同跨度和节间的钢桁架重量估计值（仅在设计完桁架之后，才可以计算桁架的实际重量）。需要的重量也许没有列在表中，以英磅为单位估计屋顶表面每平方英尺上的荷载，然后考虑此荷载作用在上部弦杆的节间节点上。一个更精确的方法是分配部分屋顶面荷载至下部弦杆节间节点上，但是仅对跨度特别长的桁架才习惯这么精确地计算。

表 9.1 以英磅为单位的被支承屋顶表面每平方英尺的近似重量

跨度		屋面坡度			
ft	m	45°	30°	20°	平屋顶
小于40	小于12	5	6	7	8
40～50	12～15	6	7	7	8
50～65	15～20	7	8	9	10
65～80	20～25	8	9	10	11

必要活载由地方建筑规范规定。雪荷载主要取决于预期的雪堆积量和屋面坡度，刚降落的雪可能重 10lb/ft^3（0.13kg/m^3），湿的或积雪甚至更重一些。在给定时间内雪停留时间的长短取决于屋面类型和坡度——例如，雪从金属或石板屋顶滑落比从木瓦表面屋顶滑落要容易得多（屋顶结构中保温隔热层的数量也影响雪停留的时间，因为溢出的热量会融化雪）。当屋面坡度明显时，可以修改以结构支承的屋面总表面积为基础确定的基本活载。表 11.2 给出了《统一建筑规范》1994 版（参考文献 1）规定的最小屋面活载，然而要注意当雪荷载不是重要荷载时才能应用这些数值。

提示 地方建筑规范规定了风设计要求。对于如何分析和设计风和地震效应的一般说明参考《建筑物在风及地震作用下的简化设计》（Simplified Building Design for Wind and Earthquake Forces）（参考文献 9）。

9.4 平面桁架的内力分析

本节阐述了如何确定桁架中的内力，即单个桁架杆件的拉力和压力。

1. 图解分析

图 9.6 给出了一榀承受竖向重力荷载的单跨平面桁架。

桁架空间图给出了桁架形式、支承情况和荷载，荷载和单个桁架杆件之间的字母能表示桁架节点上的各个力，节点上的每个力都由两个组合字母表示。

隔离的节点图不仅显示了每个节点的完整力系，而且还给出了节点之间的关系。节点上的每个力由两个字母符号表示，字母符号在空间图中绕节点顺时针读取。注意：在每个桁架杆件的相反端的两个字母符号是颠倒的，例如，当在左支座处显示节点（节点 1）时，桁架左端部的上弦杆表示为 *BI*，当在第一个内部上弦杆显示节点（节点 2）时，此弦杆表示为 *IB*。

麦克斯韦（Maxwell）图是桁架外力和内力合成的力多边形。此名称根据该图的最初使用者英国工程师詹姆斯·克拉克·麦克斯韦（James Clerk Maxwell）命名，此图构成了桁架内力大小和符号的整个解。此图编制如下：

（1）编制外力多边形。首先采用图解法或代数法求出反力值（代数法通常比图解法简单、快速）。在此例中，荷载是对称的，每个反力都等于作用于桁架上总荷载的 1/2，或 5000/2 = 2500 lb。

此例中外力均为一个方向，所以外力的力多边形是一条直线。已知两个字母符号表示的外力，绕桁架顺时针次序读取力：荷载为 *AB*、*BC*、*CD*、*DE*、*EF* 和 *FG*，两个反力为 *GH* 和 *HA*。按照 *A*→*B*、*B*→*C*、*C*→*D* 等等——在端点处又回到 *A* 读取外力，外力矢量结果表明力多边形闭合且外力保持静力平衡（为了更清楚地表示将外力矢量拖至图中一侧）。

提示 空间图采用大写字母，而麦克斯韦图采用小写字母。两者保持字母顺序的对应（*A* 与 *a*），而种图之间不允许存在任何可能的混淆。空间图上的字母表示空间，而麦克斯韦图中的字母表示相交的点。

（2）编制单个节点的力多边形。当确定了外力矢量后，必须确定相应于任何剩余空间

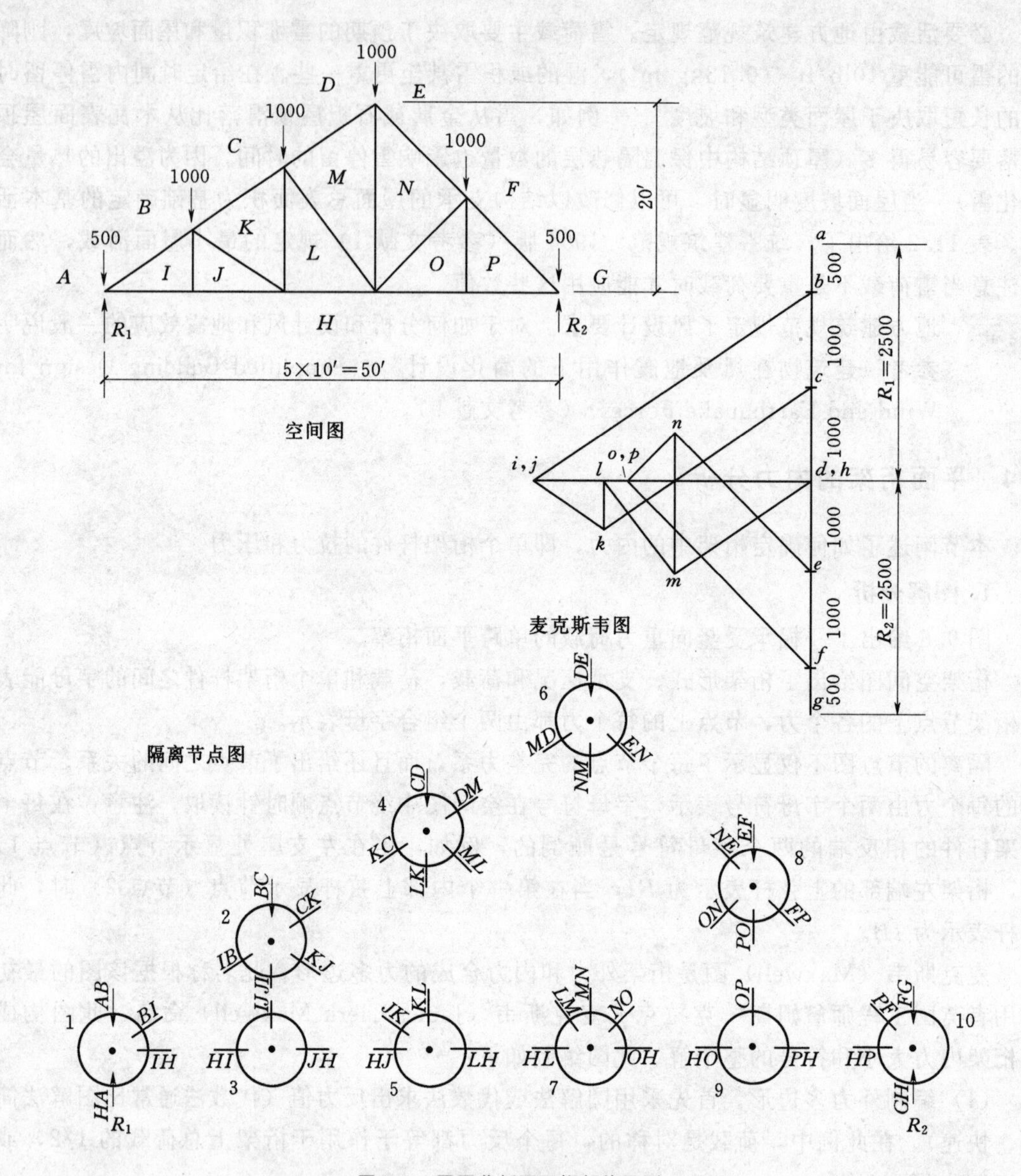

图 9.6 用于分析平面桁架的图形

图字母的麦克斯韦图点的位置。为了确定这些点的位置，利用两种关系。第一，桁架杆件仅能抵抗平行于杆件方向的力，因而，由空间图知道所有内力的方向（角度）；第二，两线相交于一点。例如，考虑节点 1 的力，见节点隔离图。注意：四个力中有两个力已知（荷载和外力），两个力未知（桁架杆件中的内力）。节点 1 的力多边形记为 $ABIHA$，在此多边形中，AB 代表荷载，BI 代表上弦杆杆件内力，IH 代表下弦杆杆件内力且 HA 代表反力。因此，由 I 点必须在通过 H 点的水平方向上（相应于下弦杆的水平位置），且必须在通过 B 点的方向上（相应于上弦杆的水平位置），可以确定 I 点的位置。总之，可以利用两个已知点来投影已知方向线，两线交点确定了另一个点的位置。

为了求出麦克斯韦图上的其余点，采用相同的步骤。一旦求出了所有的点，就完成了整个图，且可以利用图来求每个内力的大小和方向。

为了编制麦克斯韦图，可从一点简单移动到另一点，唯一的限制是：对于任何一个节点，不可能求出多个未知点。例如，如果试图在图 9.6 中的隔离节点图上解得节点 7，仅已知字母 A 至 H 的位置，必须确定四个未知点（L、M、N 和 O）的位置，或者能在一个步骤中能确定多于三个以上的点。因此，必须首先利用其他节点解出三个未知点。

提示 解出一个未知节点相应于求出节点处的两个未知力，因为空间图上的每个字母在确定两个内力时被用到。在共面、共点的力平衡体系中可以解出最大的未知力。

从一个完整的麦克斯韦图中，对于任何一个内力，可以分析以下内容：

1）利用用于绘制外力矢量的比例，通过测量线的长度来确定内力大小。

2）在空间图中通过对照绕单个节点的力与麦克斯韦图上相同字母顺序的力来确定内力符号。

图 9.7（*a*）给出了一个节点上的力系和相应的力多边形——在力多边形上已知的力用实心线表示，未知的力用虚线表示。由力系顺时针读取力 AB、BI、IH 和 HA，在力多边形上由 a 读取至 b，就是以力方向次序移动（即，从节点上代表外力荷载的力矢量尾部移至头部）。如果以此次序继续移动，力矢量线是连续的。因此由 b 读取至 I，就是由力矢量尾部读取至头部，表明力 BI 在左端点有自己的头。当将这种符号含义转换到节点图上时，发现力 BI 受压，即它对节点是推力，而不是拉力。另外，在力多边形上由 i 读取至 h，可以看到此矢量的箭头向右，即结果为受拉。

已知的力越多，解出相邻节点越容易。但是，要仔细注意在杆件的相反端，力的符号相反。例如，从图 9.6 中的隔离节点图，如果上弦杆力如图所示为受压 BI（节点 1），其矢量点向左下［见图 9.7（*a*）］。但是，当相同的力如图所示为 IB（节点 2）时，力的作用是相反的，所以 IB 力矢量指向右上。同理，节点 1 中下弦杆的拉力作用由向右箭头表示向右端的力 IH，但相同的力在节点 3 中由向左箭头表示向左端的力 HI。

在求解出节点 1 后，可以在节点 2 的上弦杆中转换为已知力，因此为了求解节点 2，仅需要求解三个未知量——荷载 BC 和弦杆力 IB 现在均已知。当然，因为相应于三个未知力的两个节点（k 和 j）未知，仍不能求解出节点 2。然而，可以先求解节点 3，此节点仅有两个未知力。通过从点 i 投影竖向矢量 IJ，从点 h 投影水平矢量 JH，可以求出点 j。实际上，因为点 i 位于通过点 h 的水平线，知道点 j 也必然位于通过点 h 的水平线上。反过来，知道了矢量 IJ 大小为零，此荷载情况下此桁架杆件没有应力，点 i 和点 j 重合。

图 9.7（*b*）给出了节点力图和节点 3 的力多边形：在节点力图中，没有箭头的零矢量 IJ 表明零应力情况。在力多边形中，为了区分将两个力矢量稍微分开，但它们实际上是重合的。

现在可以求解节点 2 了，因为此节点仅剩两个未知力了。由图 9.7（*c*），绕节点顺时针读取后再读取力多边形。随后力箭头连续方向次序 $BCKJIB$，可以确定力 CK 和 KJ 的方向。

概要：可以从一个端点开始，从一节点到另一节点求解桁架来绘制麦克斯韦图。在本例中，可以在麦克斯韦图上按照 $i—j—k—l—m—n—o—p$ 次序确定节点位置，按照 1、3、2、5、4、6、7、9、8 次序求解节点。事实上，由桁架两端点同时求解可以将误差减

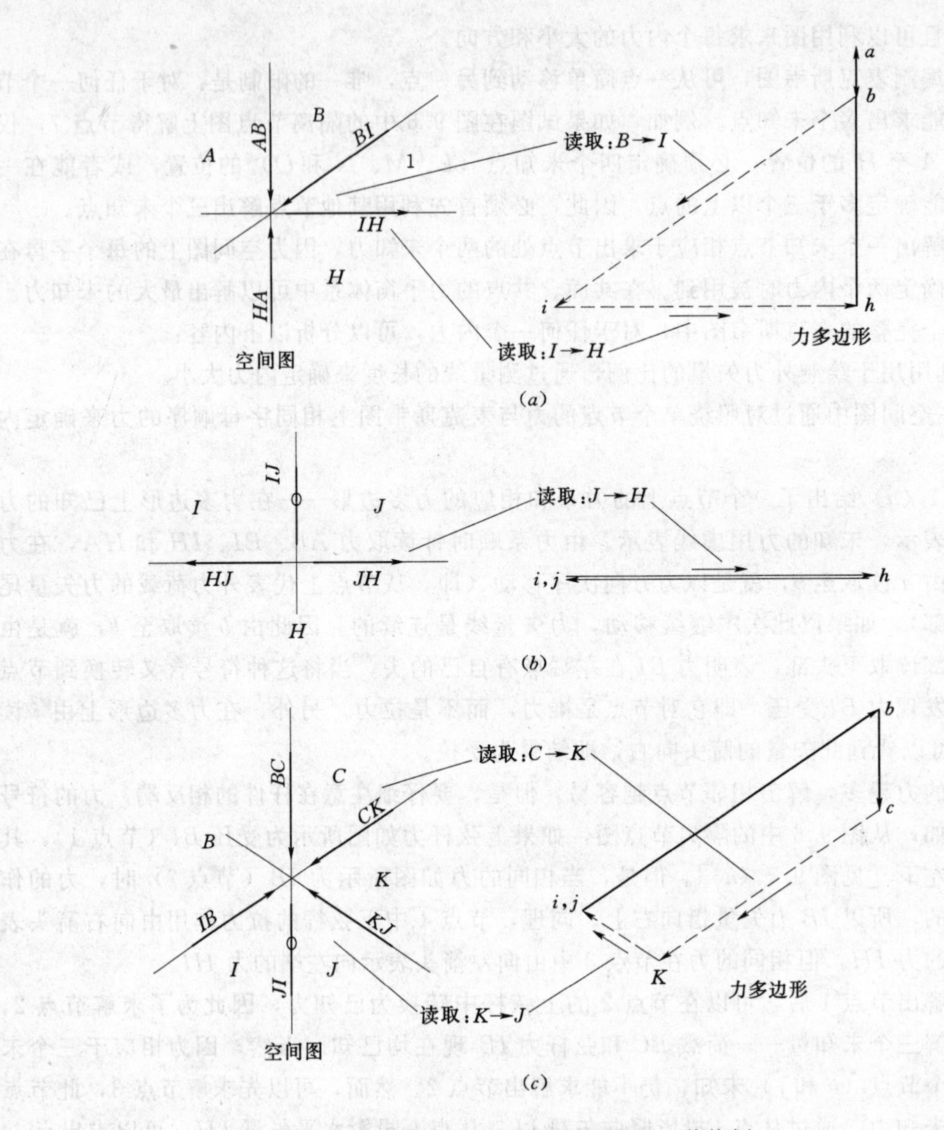

图 9.7 单个桁架节点的图解（参看图 10.6 的节点）

(*a*) 节点 1；(*b*) 节点 3；(*c*) 节点 2

到最小。因此一个更佳的步骤是从桁架左端点求解点 *i*—*j*—*k*—*l*—*m*，然后从桁架右端点求解点 *p*—*o*—*n*—*m*。注意：*m* 点的两个不同位置表明了移动过程中产生的误差。

习题 9.4.A、B 利用麦克斯韦图求解图 9.8 所绘桁架的内力。

2. 代数分析

也可以采用代数方法来求解桁架中的内力。在节点法中，在单个节点上利用简单力平衡方程和已知几何条件求解集中力体系。注意：采用图 9.6 所示相同桁架来说明节点法。

首先确定荷载和支座处的力（反力），然后确定内力。当考虑单个节点平衡时，要注意集中力体系在任一节点上每次仅允许求解出两个未知力，如果在一个节点上超过两个未知力，必须先求解其他节点。

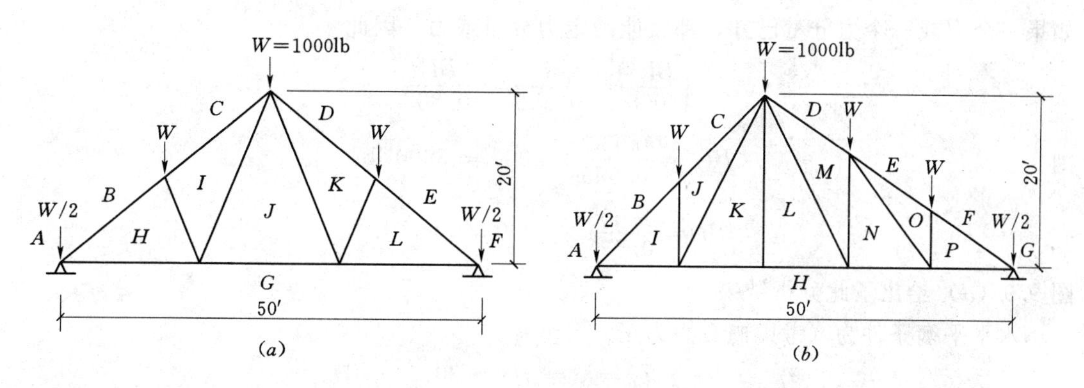

图 9.8 习题 9.4.A 和习题 9.4.B 的参考图

建议画出节点处的力系，包括已知力的符号（几何符号和箭头位置）和大小，然后添加未知力，用没有箭头的线代替未知力（除非已经清楚未知力的方向），为了简化计算过程，杆件中非竖向或水平的力用其竖向分量或水平分量代替，然后通过利用节点的两个条件来考虑节点的平衡：竖向力之和等于零，水平力之和等于零。

节点法自动确定力的方向。然而，建议无论是否可能，都要像随后求解力 BI 那样，通过观察节点情况来预测未知力的方向［求解此问题如图 9.9（a）所示］。

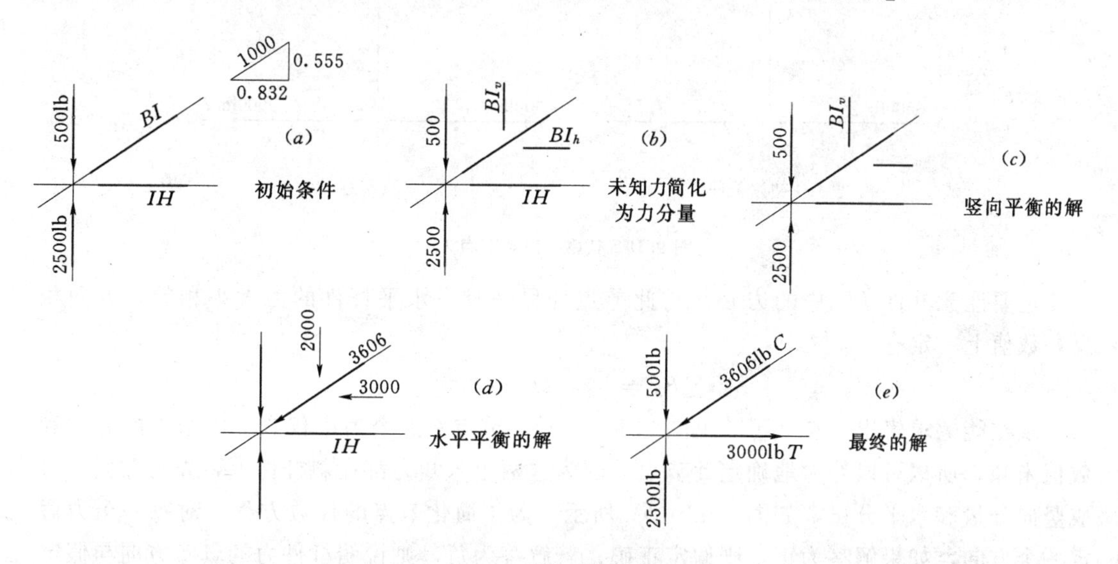

图 9.9 节点 1 的代数解

首先将力分解为竖向分量和水平分量［见图 9.9（b）］，虽然此步骤增加了实际未知力的个数，但是它使得平衡求和更容易。

竖向平衡条件如图 9.9（c）所示。显然竖向分量必须向下作用，即 BI 指向节点，为压力，那就是确定的力的符号。对于竖向力总和的代数平衡方程为（考虑向上力为正）

$$\sum F_v = 0 = +2500 - 500 - BI_v$$

由此方程，BI_v 为 2000lb。

由 BI 的几何条件［见图 9.9（a）］，可以建立一个力和其分量的关系式。换句话说，

如果一个力或一个力分量已知，那么能确定力分量或力。因此

$$\frac{BI}{1.000}=\frac{BI_v}{0.555}=\frac{BI_h}{0.832}$$

则

$$BI_h=\frac{0.832}{0.555}\times 2000=3000\ \text{lb}$$

$$BI=\frac{1.000}{0.555}\times 2000=3606\ \text{lb}$$

图 9.9（d）给出了此分析结果。

水平平衡条件为（考虑向右力为正）

$$\sum F_h=0=IH-3000$$

由此方程可以求出 IH 力为 3000lb，且指向背离节点，为一拉力。

注意：整个体系如图 9.9（e）所示。

现在可以求解出节点 3 上的力。正如图 9.10（a）中看到的一样，杆件 IJ 中不可能有力，因为没有与它相反的其他力存在。数值上一定有

$$\sum F_v=0=IJ$$

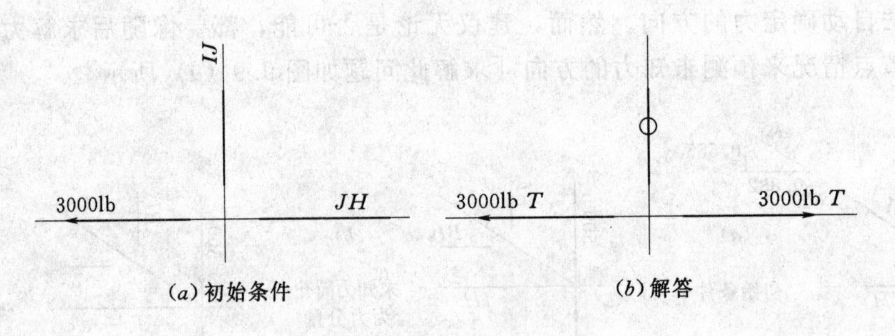

(a) 初始条件　　(b) 解答

图 9.10　代数法求解节点 3

也要注意杆件 JH 中的力必然与此节点处另一唯一水平杆件的力大小相等，方向相反，数值上一定有

$$\sum F_h=0=JH-3000$$

现在能够求解出节点 2 了［见图 9.11（a）］。节点 2 五个力中仅剩下两个力的方向和数值未知，所以可以静力地确定此节点。因为这两个未知力都在斜杆件上，先将它们分解成竖向分量和水平分量，如图 9.11（b）所示。为了简化节点的代数方程，对每一个力假定一个方向，如果解答为正，则假定正确；若解答为负，则说明杆件力的真实方向与假定相反。对于此例，假定力的方向如图 9.11（c）所示。

考虑竖向力的平衡［见图 9.11（d）］，总和为

$$\sum F_v=0=-1000+2000-CK_v-KJ_v$$

利用力的几何条件，有

$$1000-0.555CK-0.555KJ=0$$

同理，水平力求和［见图 9.11(e)］得

$$\sum F_h=0=+3000-CK_h+KJ_h$$

$$3000-0.832CK+0.832KJ=0$$

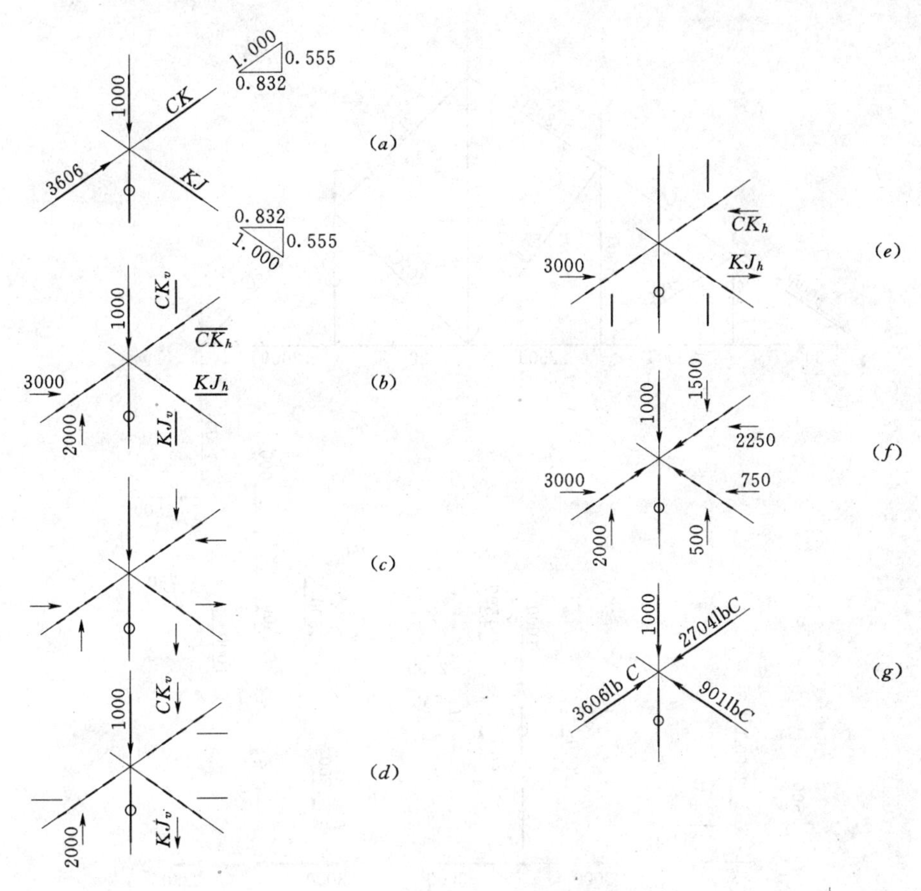

图 9.11 代数法求解节点 2

(*a*) 初始条件；(*b*) 未知力简化为力分量；(*c*) 代数求解时假定未知力的方向；(*d*) 竖向平衡的解；(*e*) 水平平衡的解；(*f*) 未知力分量的最终解答；(*g*) 实际力的最终解答

同时求解以上方程，得到 CK 值为 $+2704$lb，KJ 值为 -901lb。CK 值为正说明假定的方向［见图 9.11（*c*）］正确，而 KJ 值为负说明假定的方向错误。如果需要，可以由几何条件确定力的分量。

图 9.11（*f*）是节点所有竖向力，水平力的解，图 9.11（*g*）是真实力的解。

知道了所有的内力之后，可以用多种方式记录或显示结果。最直接的方法是在桁架比例图中显示力的大小和方向，如图 9.12 上半部分所示，其中 T 代表拉力，C 代表压力，零应力杆件在杆件上用零表示。

如果采用节点法，可以在每个隔离节点图上记录结果，如图 9.12 的下半部分所示。

习题 9.4.C、D　利用节点法求解图 9.8 所绘桁架中的内力。

3. 系数法求解内力

图 9.13 给出了十个简单桁架，表 9.2 列出了为求解这些桁架内力可以采用的系数。对于人字形桁架，给出了三种上弦杆坡度的系数：4/12、6/12 和 8/12；对于平行弦桁架，给出了两种桁架高度与桁架节间长度比值：1∶1 和 3∶4。假定荷载为重力荷载，对称地作用于桁架上。

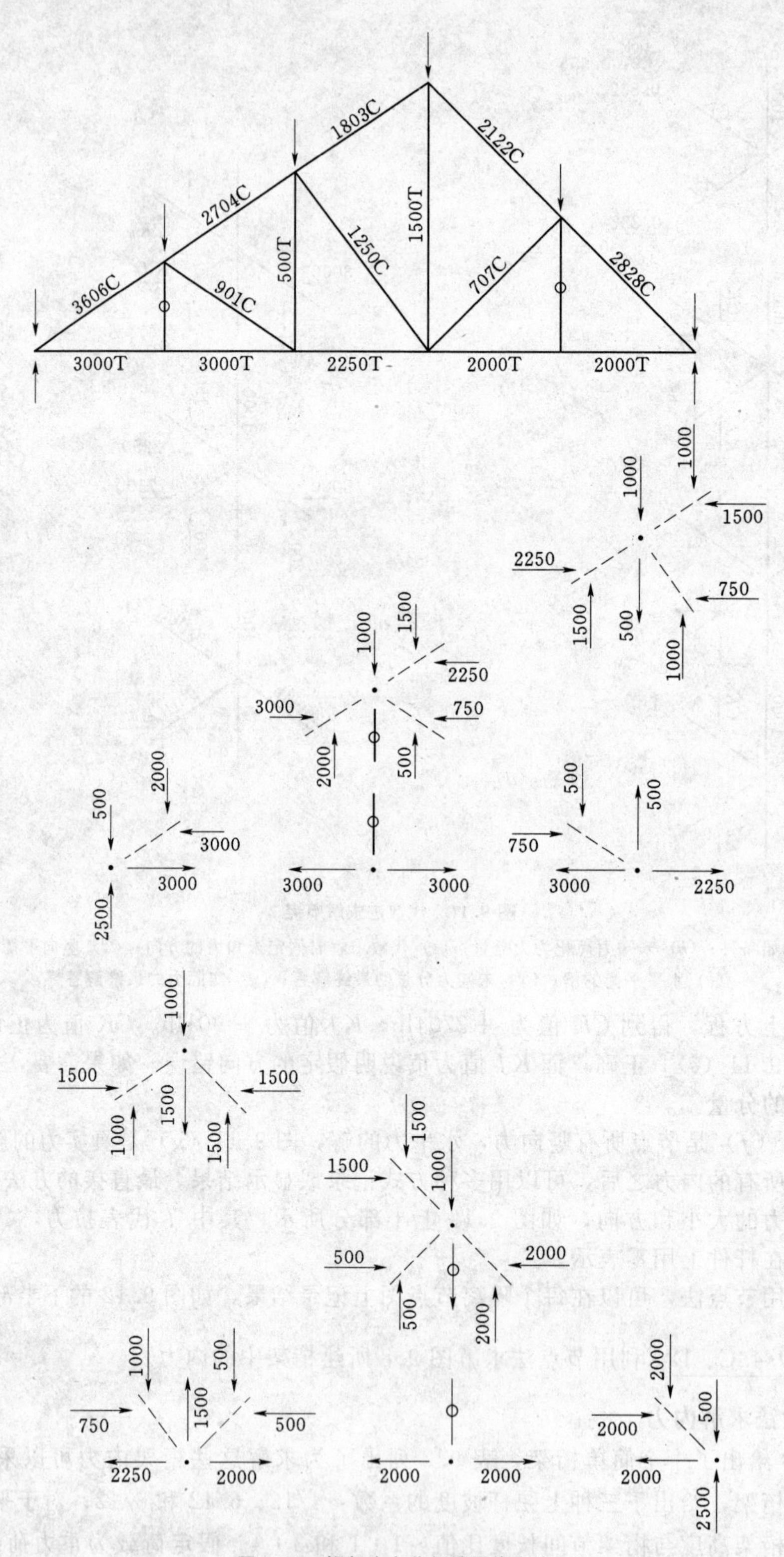

图 9.12 桁架内力分析结果的表达

表 9.2　　简单桁架的内力系数①

杆件中力＝表中系数×节间荷载 W　　T 为拉力、C 为压力

人字形桁架

桁架杆件	力类型	屋面坡度		
		4/12	6/12	8/12
桁架 1——简单芬克式				
AB	*C*	4.74	3.35	2.70
BE	*C*	3.95	2.80	2.26
DC	*T*	4.50	3.00	2.25
FC	*T*	3.00	2.00	1.50
DE	*C*	1.06	0.90	0.84
EF	*T*	1.06	0.90	0.84
桁架 2——芬克式				
BG	*C*	11.08	7.83	6.31
CH	*C*	10.76	7.38	5.76
DK	*C*	10.44	6.93	5.20
EL	*C*	10.12	6.48	4.65
FG	*T*	10.50	7.00	5.25
FI	*T*	9.00	6.00	4.50
FM	*T*	6.00	4.00	3.00
GH	*C*	0.95	0.89	0.83
HI	*T*	1.50	1.00	0.75
IJ	*C*	1.90	1.79	1.66
JK	*T*	1.50	1.00	0.75
KL	*C*	0.95	0.89	0.83
JM	*T*	3.00	2.00	1.50
LM	*T*	4.50	3.00	2.25
桁架 3——豪式				
BF	*C*	7.90	5.59	4.51
CH	*C*	6.32	4.50	3.61
DJ	*C*	4.75	3.35	2.70
EF	*T*	7.50	5.00	3.75
EI	*T*	6.00	4.00	3.00
GH	*C*	1.58	1.12	0.90
HI	*T*	0.50	0.50	0.50
IJ	*C*	1.81	1.41	1.25
JK	*T*	2.00	2.00	2.00
桁架 4——普拉特式				
BF	*C*	7.90	5.59	4.51
CG	*C*	7.90	5.59	4.51
DI	*C*	6.32	4.50	3.61
EF	*T*	7.50	5.00	3.75
EH	*T*	6.00	4.00	3.00
EJ	*T*	4.50	3.00	2.25
FG	*C*	1.00	1.00	1.00
GH	*T*	1.81	1.41	1.25
HI	*C*	1.50	1.50	1.50
IJ	*T*	2.12	1.80	1.68

平形弦杆桁架

桁架杆件	力类型	6 节间桁架		8 节间桁架	
		$\frac{h}{P}=1$	$\frac{h}{P}=\frac{3}{4}$	$\frac{h}{P}=1$	$\frac{h}{P}=\frac{3}{4}$
桁架 5——普拉特式					
BI	*C*	2.50	3.33	3.50	4.67
CK	*C*	4.00	5.33	6.00	8.00
DM	*C*	4.50	6.00	7.50	10.00
EO	*C*	—	—	8.00	10.67
GH	0	0	0	0	0
GJ	*T*	2.50	3.33	3.50	4.67
GL	*T*	4.00	5.33	6.00	8.00
GN	*T*	—	—	7.50	10.00
AH	*C*	3.00	3.00	4.00	4.00
IJ	*C*	2.50	2.50	3.50	3.50
KL	*C*	1.50	1.50	2.50	2.50
MN	*C*	1.00	1.00	1.50	1.50
OP	*C*	—	—	1.00	1.00
HI	*T*	3.53	4.17	4.95	5.83
JK	*T*	2.12	2.50	3.54	4.17
LM	*T*	0.71	0.83	2.12	2.50
NO	*T*	—	—	0.17	0.83
桁架 6——豪式					
BH	0	0	0	0	0
CJ	*C*	2.50	3.33	3.50	4.67
DL	*C*	4.00	5.33	6.00	8.00
EN	*C*	—	—	7.50	10.00
GI	*T*	2.50	3.33	3.50	4.67
GK	*T*	4.00	5.33	6.00	8.00
GM	*T*	4.50	6.00	7.50	10.00
GO	*T*	—	—	8.00	10.67
AH	*C*	0.50	0.50	0.50	0.50
IJ	*T*	1.50	1.50	2.50	2.50
KL	*T*	0.50	0.50	1.50	1.50
MN	*T*	0	0	0.50	0.50
OP	0	—	—	0	0
HI	*C*	3.53	4.17	4.95	5.83
JK	*C*	2.12	2.50	3.54	4.17
LM	*C*	0.71	0.83	2.12	2.50
NO	*C*	—	—	0.71	0.83
桁架 7——华伦式					
BI	*C*	2.50	3.33	3.50	4.67
DM	*C*	4.50	6.00	7.50	10.00
GH	0	0	0	0	0
GK	*T*	4.00	5.33	6.00	8.00
GO	*T*	—	—	8.00	10.67
AH	*C*	3.00	3.00	4.00	4.00
IJ	*C*	1.00	1.00	1.00	1.00
KL	0	0	0	0	0
MN	*C*	1.00	1.00	1.00	1.00
OP	0	—	—	0	0
HI	*T*	3.53	4.17	4.95	5.83
JK	*C*	2.12	2.50	3.54	4.17
LM	*T*	0.71	0.83	2.12	2.50
NO	*C*	—	—	0.71	0.83

① 桁架形式和杆件定义见图 9.13。

表 9.2 值是建立在 W 为单位荷载基础之上的，因此一旦确定了实际荷载，实际力就可以简单地通过比例关系确定。由于所有桁架都是对称的，仅给出半榀桁架的数值。

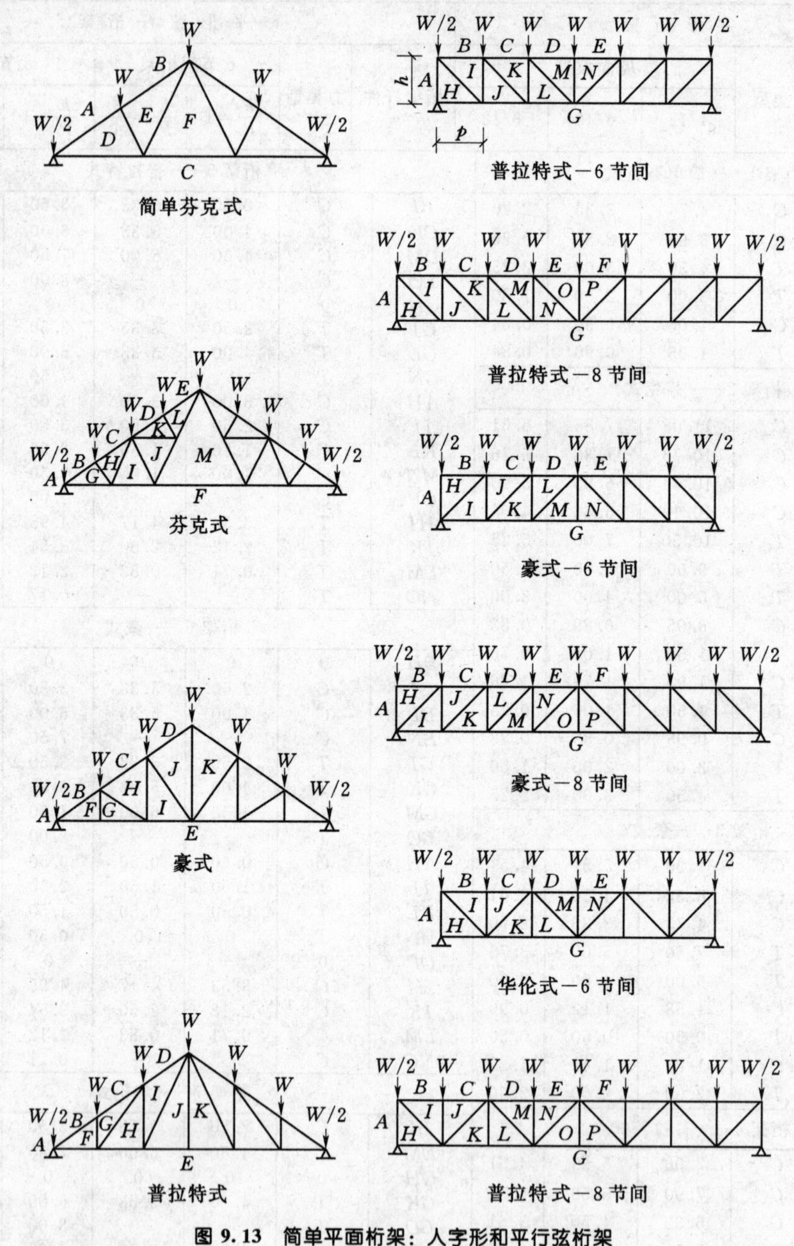

图 9.13 简单平面桁架：人字形和平行弦桁架
（注：表 9.2 的参考图）

9.5 桁架杆件的设计力

在桁架分析中必须确定每个桁架杆件的临界力。

首先确定何种荷载组合是最关键的——有些情况存在多种可能的组合。例如，当风和地震作用都是可能的重要荷载，且有一种以上的活荷载（例如屋面荷载加悬挂荷载）时，理论上可能的荷载组合个数有多种。但是，设计人员通常能够排除一些不可能的荷载组合，例如，飓风和强震同时发生，从统计上讲是不太可能的。

在确立必要的设计荷载情况后，对每种荷载进行单独的分析。然后可以对每个杆件进行荷载组合，以判断哪种组合起控制作用。在一些情况下，可能需要对特定的杆件进行某种组合，而对其他杆件进行其他不同的组合。

提示 当设计杆件的关键荷载包括风和地震荷载引起的力时，大多设计规范容许提高容许应力。

9.6 桁架杆件的组合效应

当分析桁架时，设计人员通常假定桁架节点承担所有的荷载。如果这样，杆件仅通过节点承受荷载，因此只有拉力和压力。

然而，在某些情况下桁架杆件是直接承受荷载的，例如，当桁架的上弦杆支承屋面板而没有其他节点帮助传递屋面荷载时，弦杆作为一个杆件承受两端节点之间的线性均布荷载和作用。

在这种情况下，为了得到典型节点荷载分布必须分析整个桁架。然后设计桁架杆件，杆件承受直接荷载，即桁架作用产生的轴向力的组合作用，以及直接荷载产生的弯矩。

对于一个典型的屋架，实际的荷载由沿上弦杆连续分布的屋面荷载和沿下弦杆连续分布的顶棚荷载组成。换言之，实际荷载是轴向拉力和弯矩的组合。因此，对于上、下弦杆需要较大杆件，估计任何桁架重量都必须反映此附加荷载的要求。

9.7 钢桁架设计要点

设计钢桁架之前，必须确定是否采用桁架，而不是其他可能的结构。以下情况较适合采用桁架：

(1) 结构需要一个有效的跨越体系，例如代替实心腹板梁。

(2) 结构需要一个长跨但荷载却轻（例如大多数屋顶）的体系。

(3) 结构需要适应性强的屋顶几何外形（实际上，桁架是几何上最可接受的结构)。

(4) 结构需要敞口（例如，为了允许空气或灯光通过结构进入，或者为了允许诸如通道、管道、配线及楼梯等通过结构)。

设计桁架时必须特别注意以下几点：

(1) 桁架外形和杆件布局。

(2) 杆件形式。

(3) 连接形式（在本节后面论述)。

(4) 必要的支承。

提示 本章阐述桁架的所有内容，第 10 章将深入讨论连接，第 11 章几个实例中将讨论普通桁架形式。

确定连接的形式对于结构造价尤其重要。当然，连接形式也影响桁架承载能力。实际上，连接几乎与桁架的所有设计内容有关，包括以下几点：

(1) 结构尺寸。对于小桁架合适的方式对于承担较大荷载的大桁架可能不合适。

(2) 桁架杆件形式。有必要对角钢、W 型钢、圆管及方管等需要采用不同的连接方法。

(3) 桁架布置。如果有要求许多节点，则昂贵的连接方法可能无法实施。如果许多杆件在一个节点相交，则连接必须能够容纳这些杆件。

(4) 被支承的杆件。例如，屋面、楼面或顶棚结构经常连于桁架节点上，这些结构的连接设计使节点的功能复杂化了。

由于桁架设计涉及因素范围很宽，建议尽可能联系前后关系进行设计。为说明这点，在第 12 章建筑实例分析中给出了几个桁架应用的设计实例，实例包括：

(1) 建筑设计实例一和实例四的屋架。

(2) 建筑设计实例一、二和实例三的空腹钢桁架结构。

(3) 建筑设计实例六的双向跨越桁架体系。

9.8 双向桁架

可以通过用交叉桁架连接平行桁架的方法将由平行，平面桁架组成的普通桁架体系转换成双向跨越体系。但是，双向桁架体系在水平面内缺乏稳定性，竖向平面桁架构成矩形，在水平面内为了加强稳定性需要将矩形分成三角形（当然，可以通过增加水平桁架来调整这种情况）。

鉴于平面三角形是平面桁架的基本单元，四面体是空间桁架的基本单元（见图 9.14）。一个空间体系包括三个正交的平面（x、y、z 坐标系），在空间每个平面内该体系定义了矩形。由三角形而成的每个正交的平面形成了四面体。

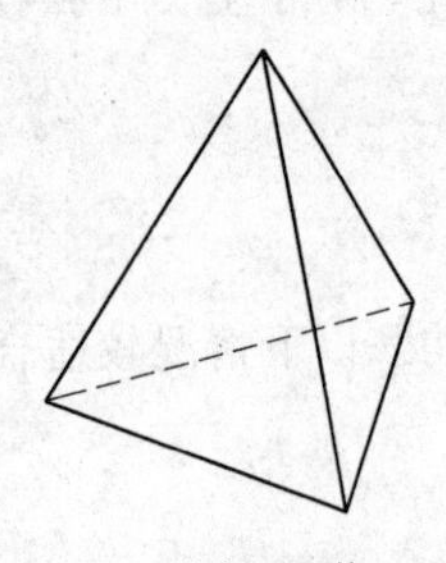

单个四面体

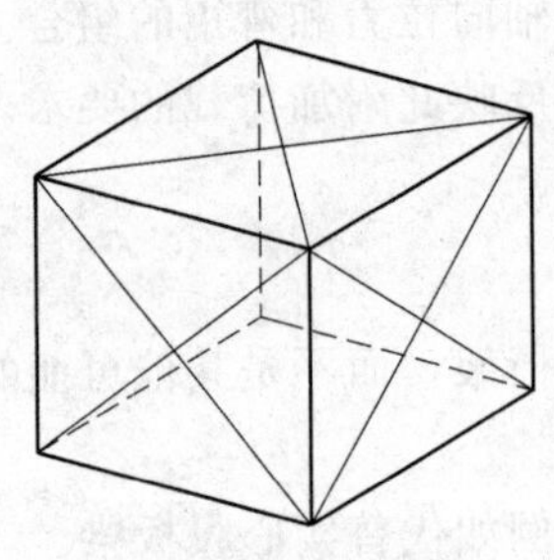

桁架立方体

图 9.14 空间桁架：四面体和立方体

当采用互相垂直，竖向的平面桁架体系时，可以在体系边缘形成方角且在方角下面形成对应的平面布局。屋顶边缘由基本桁架体系构成，且在正常桁架弦杆位置的外墙符合桁架的底部要求。

一个纯粹的空间桁架形式是建立在四面体的基本空间三角网之上的。如果四面体所有边长度相等，那么构成的实心形式就不会是正交的。换言之，就不可能用一般的相互垂直的平面的 x、y、z 体系（见图 9.15）描述。对于双向跨越桁架体系，如果利用四面体，那么可以在水平面内形成一个平面结构，但桁架通常不会形成矩形平面，而是形成三角形、菱形和六边形平面。

完全四面体的体系能节省造价，因为能用相同长度的杆件构成体系，且能在整个桁架体系中采用简单的节点。实际上，纯粹的四面体空间体系允许构成真实的空间结构，而不仅仅是平面的双向跨越体系。

有时候在正交体系和完全三角体系之间有一个中间形式——是由两个水平平面组成的偏移格构，水平平面由矩形栅格构成。在这种体系中，上平面（上弦杆平面）内的栅格交点位于下平面（下弦杆平面）栅格中心的上方。与栅格相连的桁架腹杆在斜平面方向描述了竖向平面，但不与弦杆一起构成竖向平面。在典型节点处四个弦杆与四个斜腹杆相交。偏移格构允许进行四方平面布局（设计人员通常更希望这样），但四面体体系仍有一些优点：杆件等长、节点形式相同。

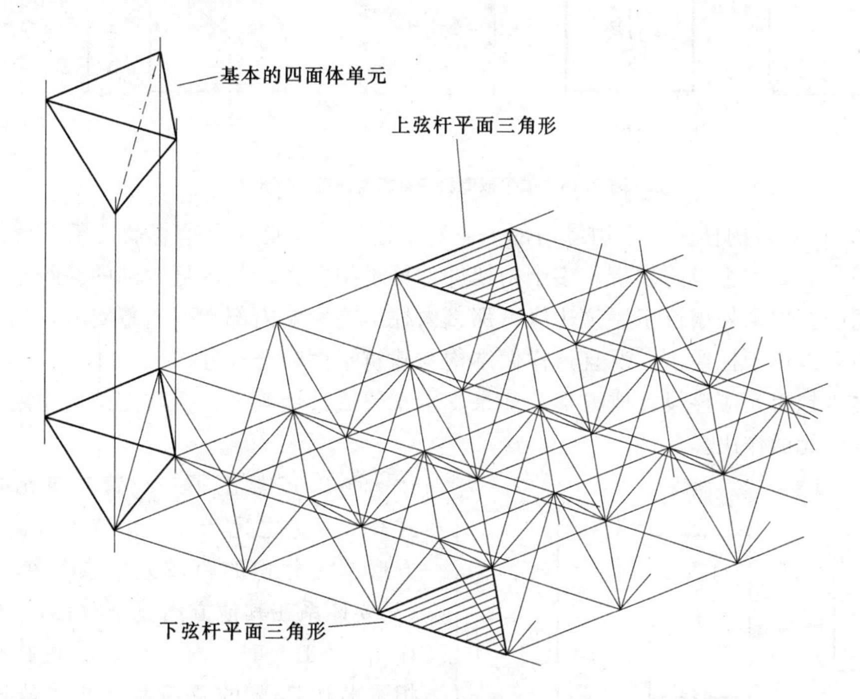

图 9.15 双向跨越桁架体系

（注意：四面体如何构成体系基本几何单元，也要注意在上、下平面内四面体的构成）

总之，尽管可以采用空间桁架形成任何结构单元——包括柱、桁构竖框、独立式塔、梁、大型多层结构的表面，甚至形成像拱一样起拱的表面（即柱面）或圆屋顶——桁架几何条件必须与结构用途相关。顺便说一句，大多数空间桁架都是钢的。

1. 跨度和支承

当规划有空间桁架的结构时，如果想最理想地利用桁架双向作用，必须注意支承。支承的位置不仅限定了跨度的大小，而且限定了双向桁架体系许多方面的性能。

对于一双向跨越体系的单个正方形平面，图 9.16 给出了可能的支承系统。图 9.16（*a*）支承由布置在外角的四根柱子提供，对于系统内部形成了最大的跨度。这种支承形式在角部的单个象限内导致了非常大的剪力，需要边缘构件充当双向体系的单向跨越支承。因此，边缘弦杆必须很重，且角部腹杆在将竖向力传递至柱前必须承受很大的荷载。

图 9.16（*b*）、（*c*）给出的支承系统取消了边缘跨桁架，且角部剪力由承重墙或间距密集的周边柱承受。结果是桁架造价较低，但支承系统和其基础造价较高。此类支承受建筑制约更大。

图 9.16（*d*）支承由布置在周边中心的四根柱子提供。为了实现角部悬臂，这种系统要求边缘结构相当大，但系统实际上减小了内部系统的跨度。此外，悬臂角部的悬挂效应降低了系统的最大弯矩。内部的净跨较大但四根柱子承受非常大的剪力，与图 9.16（*a*）

相同。

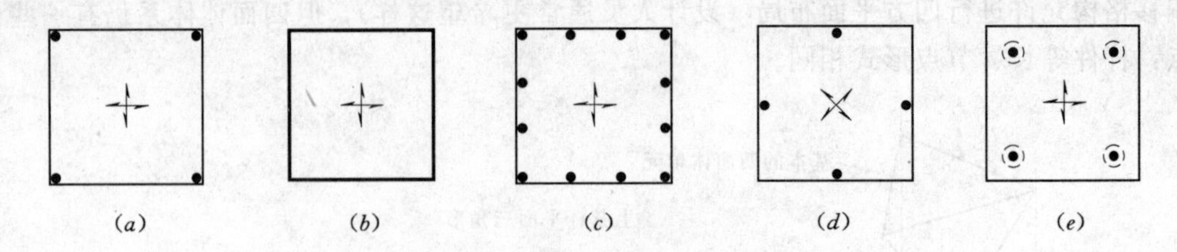

图 9.16 单个双向跨越结构支座的不同形式

图 9.16（*e*）的柱子位于边缘内部——对于柱子受剪是一个理想的支承系统。此系统提供了一个更宽的边缘跨越带，多个桁架杆件可承担剪力，且降低内部的净跨至小于整个桁架的宽度。如果外墙位于屋顶边缘，那么内柱可能影响内部空间。事实上，如果想悬挂屋顶，墙可以位于柱线上，况且这样做结构与建筑平面吻合很好。

双向跨越单元应该设计成方形。如果支承布置成长椭圆形，实质上结构作用可能起到单向跨越单元的作用。

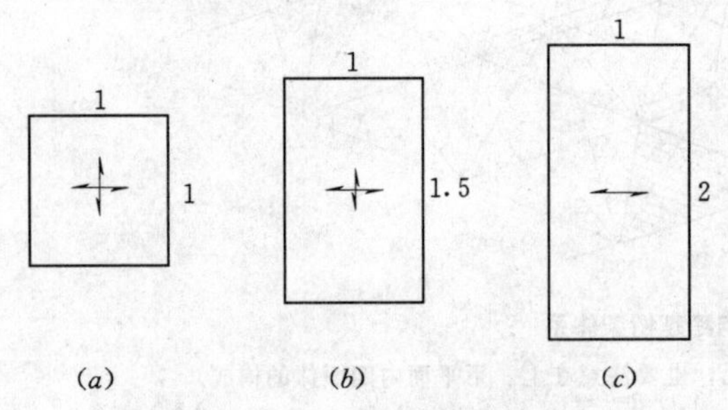

图 9.17 双向跨越体系中不同的两跨比值
（随比值接近 2∶1，不管支承情况如何，结构实质上变成了一个单向跨越体系）

图 9.17 给出了一个跨越单元的三种形式——两边之比为 1∶1、1∶1.5 和 1∶2。方形单元分担的跨越效应在每个方向相等（只要体系在其他方面完全对称）。当两边之比为 1∶1.5 时，对于变形较短跨较刚，承担了多达 75%的总荷载（此比值通常是保证双向作用的最大容许值）。当两边之比为 1∶2 时，在长方向仅在与短边相邻的平面单元端部附近承受荷载。窄单元几乎以单向拱形式弯曲，与双向作用代表的双向弯曲形式（圆屋顶或盘形）相差甚远。

双向系统——尤其是那些具有多跨的双向系统——经常支承在柱上。正如刚才描述的，此类型支承通常导致柱子剪力很大。减小双向跨越混凝土平板中内部集中力的一个常用方法是通过添加一个扩大的上部（称为柱头）来扩展柱的有效周长，且通过在柱上添加一块厚板（称为柱顶托板）来提高平板的局部承载力。

在某些桁架体系中，可以在混凝土平板中设置类似于柱顶托板的部分，提供一个附加的桁架层或一个顺着向下移动的单元以加强桁架。

2. 节点和系统的装配

当形成空间桁架体系节点时，必须考虑许多平面桁架体系中要考虑的因素：材料、桁架杆件形式、桁架布置和荷载。在选择节点连接方法（焊接、螺栓连接及钉子连接等）和决定是否采用中间装置（加固板及节点单元等）之前，必须集中做好基本工作。

对于空间体系，考虑以下两个额外的因素很重要：

(1) 大多数节点是空间的，因此需要比平面桁架常见的可能的简单节点形式更为复杂的节点形式。

(2) 此类体系采用许多节点，因此需要一个简单经济的节点构造。

专用桁架体系通常含有适用于多种节点的节点体系，可通过批量生产降低造价，且可快速简单安装。注意：虽然一种节点体系可能相应于一种桁架杆件类型，但是杆件截面通常并不像节点形式那样，是设计的重要问题。

钢结构中主要的连接方法如下：

(1) 焊接——杆件与杆件或杆件与主要节点杆件（节点板、节点等）。

(2) 螺栓连接——某种形式的节点杆件最可能采用。

(3) 直接连接（例如丝扣连接或揿钮接头）。

通常，大型结构单元在工厂预制好，然后运输到施工现场，在现场将结构单元与结构单元及支承用螺栓连接在一起。为了避免安装问题，应仔细设计现场节点，且检查工厂制造单元的形状和尺寸。

与所有桁架体系一样，节点也是分成多个块面的。节点有许多功能，它们可以承受热胀冷缩、地震分离和某种特定的可控结构作用（例如，铰接节点不传递弯矩）。它们可以支承悬挂杆件。

对于桁架体系，支座处的节点是特殊的。支座节点必须不仅能够承受压力，而且能够承受拉力或侧向力（由风或地震作用产生）或拉、压力与侧向力共同作用。此外，由于桁架变形，为避免向柱上端传递弯矩，支座节点可能需要实现真实的铰接节点。设计必须考虑弦杆长度的变化（由于热胀冷缩或活荷载应力变化）和支承结构的组成。控制节点的论述见本书第 10.8 节。

第10章

钢 连 接

典型的钢结构由许多构件组成，如何连接这些构件取决于构件的形式和尺寸以及构件之间传递的结构力和连接材料的特性。目前主要的连接方法采用电弧焊接和高强度钢螺栓连接，本章讨论这些连接方法。

10.1 概要

对于一个单独的节点，设计人员选择基本连接方法和指定连接材料的尺寸及特定形式之前，必须考虑几个因素。尽管设计人员应该对每个连接都列出要考虑的因素，但现实的原因经常限制了可选择的个数。

1. 连接的类型

对于钢构件，基本的连接类型包括以下几种：

（1）直接。如果直接连接构件，就不需要中间构件了。丝扣连接是一种直接的连接，包括有切割螺旋形凹槽的基本插入式配件和承接式配件组成。其他直接连接是互锁的、可折叠的和导向轴承，建筑结构直接连接很罕见。

（2）熔融。可以通过焊接将分离的金属熔合在它们的接触面上，这是一种通行的结构连接。

（3）黏附。可以采用带黏性的材料形成附加装置——例如，通过简单接触黏附。对于墙、屋面板和楼面板，设计人员经常用黏附实现合成单元，但是对于框架，黏附是一种不常用的结构连接。

（4）中间连接件。能采用机械装置——包括钉子、U形钉、螺丝、铆钉和螺钉——来连接构件。有些情况下设计人员采用一个独立的构件，例如角钢常用于形成梁连接。这种连接类型在结构连接中经常采用，尤其是在现场装配的节点中。

2. 结构的作用

当设计一个结构连接时，必须考虑各构件之间传递的力。例如，必须知道连接是否是受单个荷载作用还是受几个荷载作用。力作用类型如下：

（1）直接力。拉力、压力和剪力。

（2）弯矩。发生在包括构件的线性轴平面内的转动效应。对于任一给定荷载情况，连接通常传递单一弯矩。当然，对于不同荷载情况，连接可能传递其他的弯矩。

（3）扭矩。发生在垂直于构件的线性轴平面内的转动效应。注意：由于弯矩和扭矩各自产生不同的效应，它们可能同时出现。

（4）反向力。相反的力效应——例如，受压与受拉（压/推），来回受剪以及顺时针受弯、受扭与逆时针受弯、受扭。面临反向力的连接经常需要双向抵抗承载。

（5）动力效应。风、地震、机械振动或强烈声波有时候会对连接产生动力作用。与动力效应对比，普通重力效应一般都是静力的。在动力荷载情况下，对静力抗力起作用的连接可能会突然松动，发展成金属疲劳或引起其他的破坏。例如，由于重复的动力效应，螺母可能会从螺栓中脱落。

设计人员必须研究每种结构连接所能传递的特定的力类型和大小，且由于通常有多种荷载存在，一般的连接都有一定抗力范围。

3. 特殊考虑

连接必须经济可行，容易实现（某些情况下即使未受过技术训练的人也能完成）。此外，还要获得必要的材料。其他考虑因素如下：

（1）工厂与工地。在工厂条件下完成的连接与在施工现场（工地）完成的连接有明显的差异，从基本方法（螺栓连接与焊接）到特定的细节都有不同。注意：一般来说，工厂更有可能实现自动化和保证质量。

（2）耐久性。由于装配的建筑结构所在位置通常不固定，设计人员很少担心一个连接是否容易拆开。然而，一些结构是可拆卸的，容许构件替换或重复使用。螺栓、螺钉和互锁连接比焊接、黏附连接、铆钉及U形钉更容易拆卸。

（3）运动的选择性。大多数连接能抵抗作用力方向的运动，防止分离、滑移及转动等。但是，为了适应热胀冷缩，实现抗震分离或控制所选结构的反应，可能某些节点具有运动选择性，能抵抗某些运动而方便其他运动。

连接设计可能与结构类型（即桁架、梁-柱框架及刚性框架）有关。实际上，大多数钢框架使用普通连接方法，采用很常见的装置。对于大量有许多重复使用构件的结构，设计人员可以重复使用连接多次。传统的连接设计不仅是一个设计难题，而且经常需要花费太多人力、时间和金钱。

10.2　钢螺栓连接

设计人员经常通过水平构件与普通孔洞紧密配合，且插入一个铰接类型装置来连接结构钢构件。过去铰接装置通常是铆钉，如今通常采用螺栓，有许多类型和尺寸的螺栓可以利用。本章介绍了建筑结构中常用的几种螺栓连接方法。

1. 螺栓连接的结构作用

图 10.1 给出了两块钢板之间的一种简单连接。此连接的作用是从一块钢板传递拉力至另一钢板，由于连接装置（螺栓）的工作作用是抗剪，所以这种传递拉力的连接也被人称为抗剪连接。对于结构连接，此节点类型主要采用**高强螺栓**实现，高强螺栓是一种特殊的螺栓，拧紧时在螺栓杆产生屈服应力。采用高强螺栓的连接有多种破坏可能，包括以下破坏形式：

(1) 螺栓受剪破坏。在图 10.1 中，破坏包括一种限幅（受剪）破坏，此受剪破坏由作用于螺栓横截面上的剪应力发展形成。螺栓抗力等于容许剪应力 F_v 与螺栓横截面面积的乘积：

$$R = F_v A$$

如果知道螺栓尺寸和钢的等级，很容易确定此限值。

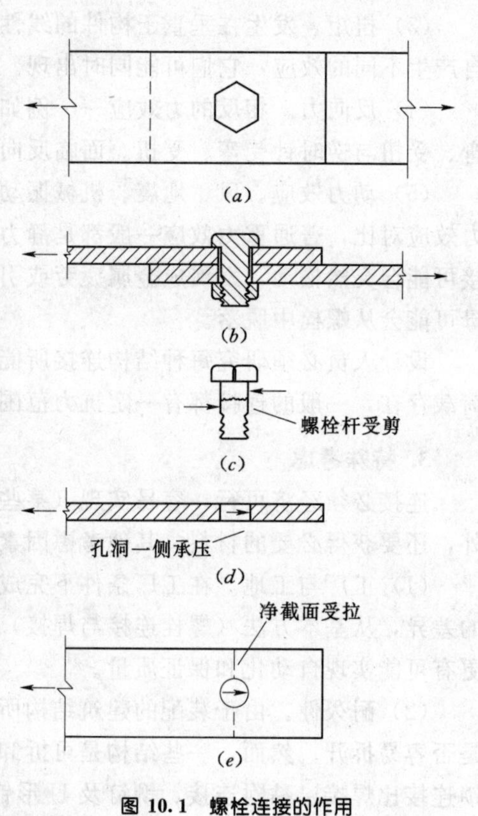

图 10.1 螺栓连接的作用

在一些连接中，为了分离被连接构件，可能需要将同一螺栓分成多个部分，图 10.2 中螺栓在节点破坏前必须被分成两部分。当一个螺栓仅在一个截面上受剪时，此螺栓被称为单剪；当一个螺栓在两个截面上受剪时，此螺栓被称为双剪。

(2) 承压破坏。如果螺栓拉力（由螺母拧紧产生）相对较低，螺栓在匹配的孔洞中主要充当一个铰的作用，使孔洞周边承压［见图 10.1 (*d*)］。当螺栓直径较粗或螺栓由高强钢制成时，如果构件要发挥螺栓的全部承载力，那么被连接构件必须足够厚。对于这种情况，AISC 规范容许的最大承压应力（F_p）为 $1.2F_u$，其中 F_u 为孔洞处被连接构件中钢的极限抗拉强度。

(3) 被连接构件净截面受拉破坏。对于被连接板件，最大拉应力出现在净截面处。虽然孔洞是临界应力的一个位置，但在被连接构件经历严重变形前，能够在此处实现屈服。因此，净截面处的容许应力是建立在板件的极限（而不是屈服）强度基础之上的——通常为 $0.50F_u$。

(4) 螺栓受拉破坏。尽管抗剪（抗滑移）连接常见，但一些涉及螺栓的节点是抗拉螺栓（见图 10.3）。对于螺栓而言，最大拉应力出现在通过切制螺纹的净截面处。事实上，如果在螺栓杆（无折减截面处）中形成屈服应力，螺栓可能会伸长，然而计算应力时，螺栓的抗拉能力由破坏试验确定。

(5) 连接弯曲破坏。无论什么时候，设计人员都尽可能采用螺栓关于直接作用力对称的螺栓连接。当不能满足对称布置时，连接不仅承受直接的力作用，而且由一个弯矩产生扭矩或由荷载产生扭矩，图 10.4 是连接弯曲的一些例子。

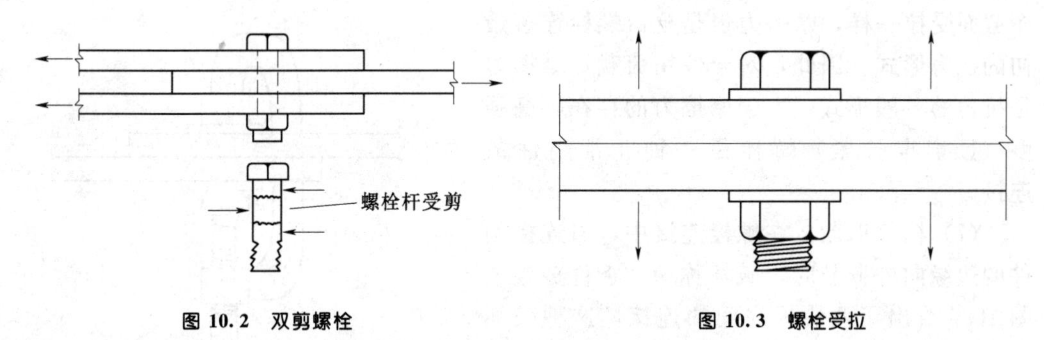

图 10.2 双剪螺栓

图 10.3 螺栓受拉

在图 10.4（a）中两块板件通过螺栓连接在一起。由于两块板件不重合——板件不能够直接传递板件间的拉力——螺栓产生一个转动效应，其扭矩等于拉力与板件不重合引起偏心矩的乘积。此扭转作用增大了螺栓上的剪力（当然，板件端部也受扭）。

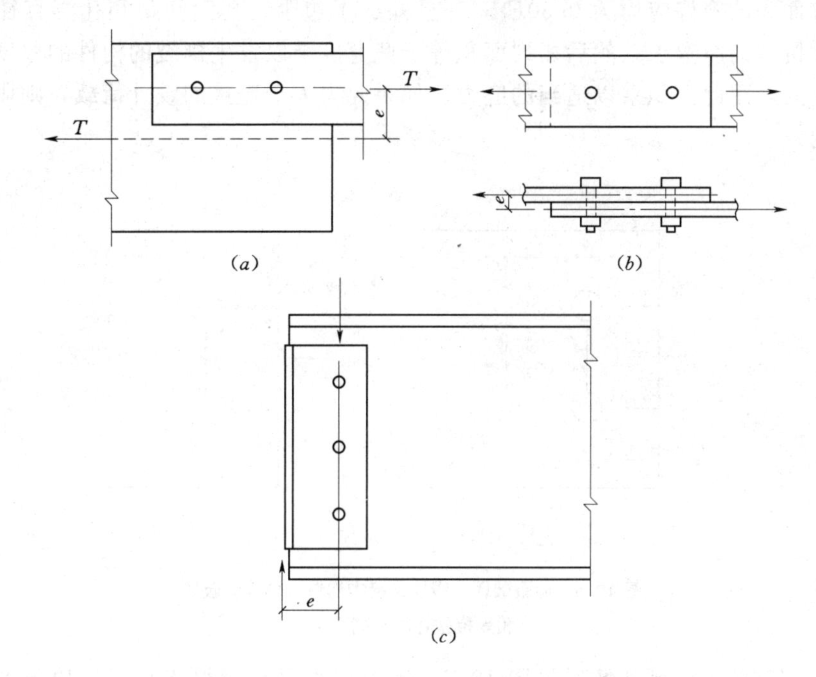

图 10.4 螺栓节点弯曲

图 10.4（b）所示为单剪节点，其本质要求有扭转作用。扭转作用随板件厚度增大而增大，因此对于被连接构件相对很薄的钢结构，这种情况很少起控制作用。但应避免采用此节点来连接木构件。

图 10.4（c）为一梁端部的侧面，此连接包括一对角钢。如图所示，两角钢的一肢与梁腹板连接，另一肢伸出梁腹板与柱或另一梁腹板相连。作用于梁的竖向荷载在梁腹板中产生剪力，此竖向荷载通过角钢与梁腹板之间的连接传递到角钢上——图中连接为螺栓连接。此荷载然后从角钢外伸面传递，两作用力之间有偏心。

(6) 被连接构件滑移。高拉力、高强度螺栓在配对的平板上产生一个非常强的夹紧力（见图 10.5）。此夹紧力在滑移表面形成较大的摩擦力。与前述的螺栓受剪和承压，甚至净截面受拉一样，摩擦力也是抗剪螺栓连接最初的抗力形式。因此，对于使用荷载，摩擦力是抗力的一般形式，由于摩擦力的存在，高强度（且牢牢拧紧）螺栓是一种非常刚性的连接。

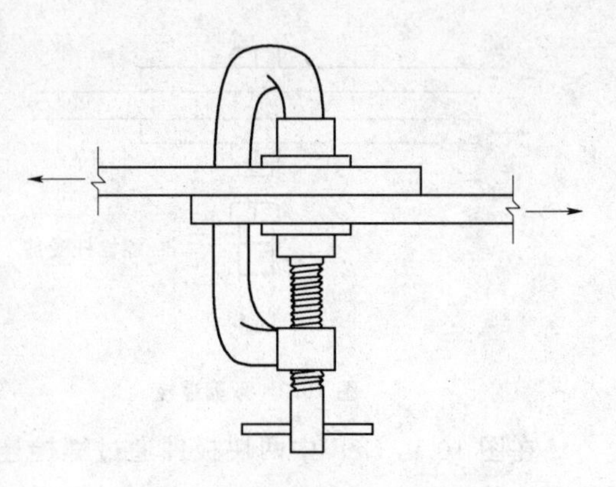

图 10.5 高强螺栓的抗滑移夹紧力

（7）构件剪断。在螺栓连接中，当连接构件的边缘向外撕裂时，破坏称为**"板件剪断"**。图 10.6 给出了两块板之间的连接，这种破坏包括剪力和拉力共同作用，总撕裂力是两种形式破坏产生的力总和。作用于受拉净截面的容许应力为 $0.50F_u$，其中 F_u 为钢最大抗拉强度，作用于受剪面积的容许应力为 $0.30F_u$。一旦知道了边距、孔洞间距和孔洞直径，就可以确定抗拉及抗剪的净宽了，然后撕裂面积等于此宽度乘以发生撕裂的构件的厚度。为了求出总抗撕裂力，用此面积乘以适当的应力。如果此力大于连接的设计荷载，则撕裂问题不是关键问题。

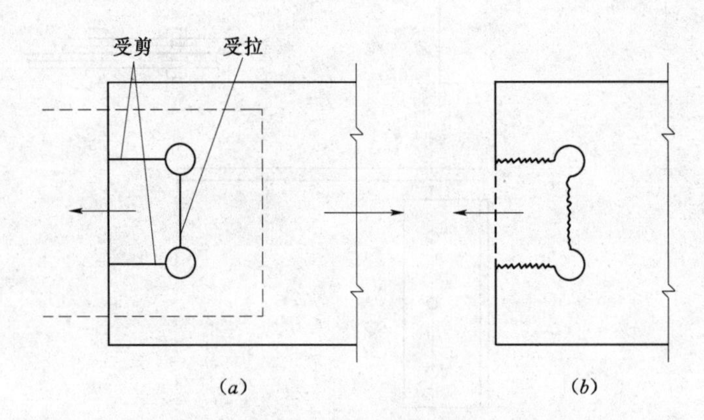

图 10.6 撕裂破坏：螺栓连接中构件材料受剪破坏和受拉破坏的共同作用

另一种常见的可能撕裂情况见图 10.7：一根梁由另一根梁支承，且顶部平齐。为了允许被支承梁腹板延伸至支承梁的一侧，必须削减被支承梁上翼缘的端部。如果采用螺栓连接，就会发生图中的撕裂情况。

概要：为了判断特定的临界情况，必须分析每种螺栓连接。尽管有多种不定性造成各种可能破坏形式，但仅有几种情况会重复发生。

2. 钢螺栓的类型

用于连接结构钢构件的螺栓有两种基本类型：

（1）A307 的螺栓称为粗制螺栓，因为此结构螺栓的承载力最低。粗制螺栓的螺母仅拧紧到被连接构件达到紧密装配即可。因为抗滑移能力差且存在过大孔洞（为了装配更方便），在形成全部抗力时螺栓有一定的运动。总之，粗制螺栓不能用于主要的连接，尤其是在振动或重复荷载下，当连接运动或松弛会存在问题时，更不能使用粗制螺栓。但是，

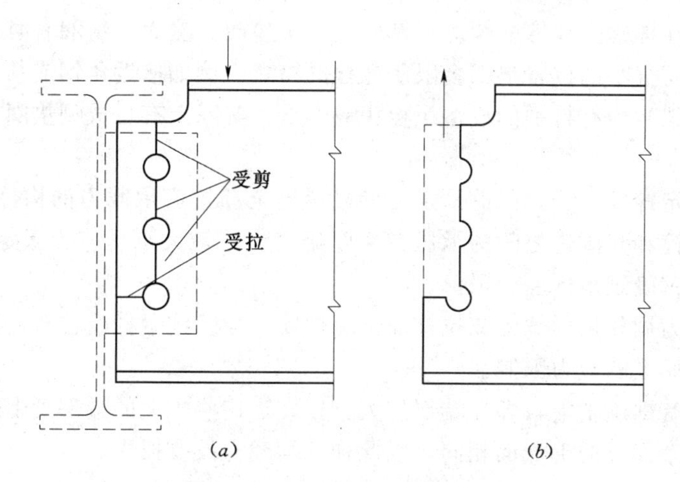

图 10.7 梁中螺栓连接的撕裂破坏

粗制螺栓广泛用于框架安装过程的临时连接。

(2) A325 和 A490 的螺栓称为高强螺栓。为产生相当大的拉力，高强螺栓的螺母拧得很紧，使得被连接构件间有很大的抗摩擦力。对于高强螺栓的安装，不同规范导致强度等级不同，一般与破坏的关键模式有关。

当连接受剪时，单个螺栓的承载力是以连接中的剪切作用为基础的。一个螺栓的承载力在单剪时表示为 S，双剪时表示为 D。

表 10.1 列出了结构螺栓（直径 3/4～1¼ in）抗拉及抗剪承载力。尽管螺栓直径从 5/8in到 1½ in，轻钢结构最常用尺寸为 3/4in 和 7/8in，如第 10.3 节所述。对于较大连接和较大结构，常用尺寸为 1in 和 1¼ in。

表 10.1　　结构螺栓的承载力 (kip)①

ASTM 代号	受荷情况②	螺栓的公称直径 (in)				
		$\frac{3}{4}$	$\frac{7}{8}$	1	$1\frac{1}{8}$	$1\frac{1}{4}$
		根据公称直径计算的面积 (in^2)				
		0.4418	0.6013	0.7854	0.9940	1.227
A307	S	4.4	6.0	7.9	9.9	12.3
	D	8.8	12.0	15.7	19.9	24.5
	T	8.8	12.0	15.7	19.9	24.5
A325	S	7.5	10.2	13.4	16.9	20.9
	D	15.0	20.4	26.7	33.8	41.7
	T	19.4	26.5	34.6	43.7	54.0
A490	S	9.3	12.6	16.5	20.9	25.8
	D	18.6	25.3	33.0	41.7	51.5
	T	23.9	32.5	42.4	53.7	66.3

① 滑移控制连接：假定连接中不存在弯曲，且被连接材料的承压力不是控制力。

② S—单剪；D—双剪；T—抗拉。

资料来源：经出版者美国钢结构协会许可，摘自《钢结构手册》第 8 版。

一般来说，在螺栓头和螺栓螺母下都安装一个垫圈。然而，垫圈有时候是限制尺寸的因素，在一些空间很小的位置垫圈会限制螺栓的布置，例如接近角钢或其他型钢的倒角处(内径)。有些高强螺栓有特别的成型螺栓头或螺母，实际上有自成型垫圈，取消了单独设垫圈的要求。

对于任一给定螺栓直径，能够确定为形成螺栓全部抗剪承载力的构件最小必要厚度。此厚度建立在螺栓和孔洞边之间的承压应力基础之上，最大承压应力限定为 $F_p=1.5F_u$，由螺栓钢或构件钢确定承压应力限值。

钢条有时候为用作锚固螺栓或拉杆而刻上螺纹。当螺纹钢杆受拉时，其承载力由取决于螺纹处折减截面上的应力限制。

拉杆有时候有螺旋轴端，即在端部扩大直径。当这些扩大的端部刻上螺纹时，螺纹处的净截面与杆其余部分的毛截面相同，因此杆的承载力没有损失。

10.3 螺栓节点考虑因素

1. 螺栓连接的布置

设计螺栓连接涉及许多因素，这些因素与被连接结构构件的螺栓形式尺寸布置有关。本节概述了主要因素。

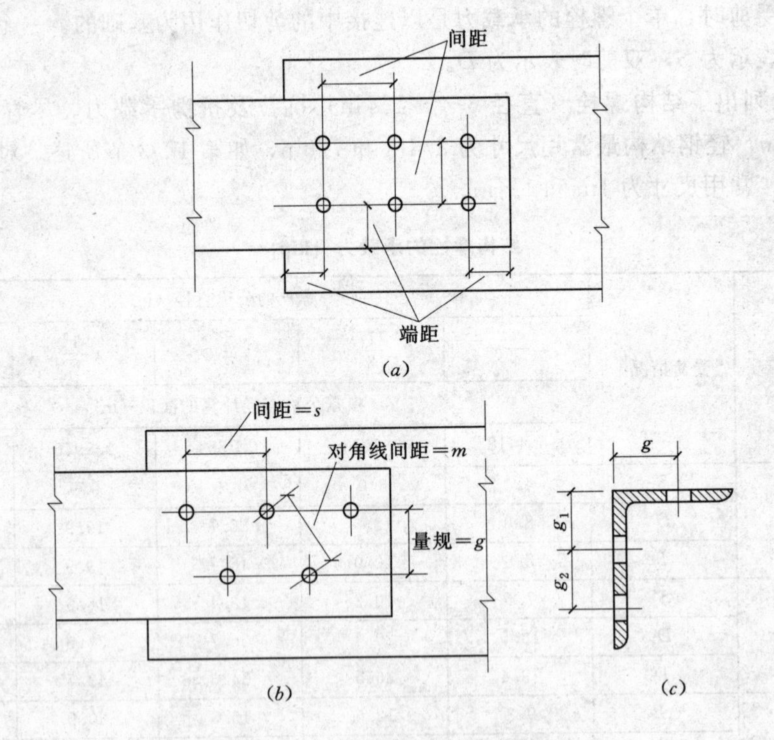

图 10.8 布置螺栓连接时考虑因素

(a) 间距和端距；(b) 螺栓间距；(c) 角钢的量规距离

如图 10.8 (a) 的螺栓形式布置，螺栓排列平行。螺栓的尺寸（公称直径）限制两个基本尺寸。

(1) 间距为螺栓中心至中心的距离。AISC 规范限制螺栓间距为螺栓直径的 2⅔倍。然而，本书中采用的最小间距为 3 倍直径。

(2) 边距为螺栓中心至包含螺栓孔洞构件最近边的距离。自然地，边距受螺栓尺寸和构件边缘是否轧制或切割成型的限制；边距也受构件被剪断处边缘撕裂的限制，在第 10.2 节中已经进行了讨论。

表 10.2 给出了普通钢结构采用螺栓尺寸的间距和边距的建议限值。

当螺栓在平行行交错布置时［见图 10.8 (*b*)］，斜距离 m 很重要。对于交错螺栓，间距是行方向的螺栓距离，而行距被称为量规(gage)。当设计人员想使量规小于间距时，交错布置螺栓。此外，交错螺栓孔洞也有助于产生一个稍微小些的临界净截面。

表 10.2　　螺栓的间距和边距

铆钉或螺栓直径 d (in)	冲孔、铰孔或钻孔的最小间距 (in)		最小建议间距，中心至中心 (in)	
	在受剪边缘	在钢板、型钢或钢条的辊轧边缘或气体切割边缘①	$2.667d$	$3d$
0.625	1.125	0.875	1.67	1.875
0.750	1.25	1.0	2.0	2.25
0.875	1.5②	1.125	2.33	2.625
1.000	1.75②	1.25	2.67	3.0

① 在被连接构件中，当孔洞处应力不超过最大容许的应力 25%时可折减到 0.125in。

② 在角钢连接的梁端，可取 1.25in。

资料来源：经出版者美国钢结构协会许可，摘自《钢结构手册》第 8 版。

螺栓线的位置经常与欲连接的结构构件的尺寸和类型有关——尤其是当在角钢一肢或 W、M、S、C 型钢翼缘和结构 T 形钢采用螺栓连接时。例如，图 10.8 (*c*) 给出了角钢的两肢。当在一肢布置一列螺栓时，螺栓应该位于距离角钢肢背距离 g 处；如果采用两列螺栓，第一列位于距离角钢肢背 g_1 处，第二列位于距离第一列 g_2 处。表 10.3 给出了 g、g_1 和 g_2 的建议值。

表 10.3　　角钢的常用量规尺寸　　单位：in

量规尺寸	角钢肢宽								
	8	7	6	5	4	3.5	3	2.5	2
g	4.5	4.0	3.5	3.0	2.5	2.0	1.75	1.375	1.125
g_1	3.0	2.5	2.25	2.0					
g_2	3.0	3.0	2.5	1.75					

资料来源：经出版者美国钢结构协会许可，摘自《钢结构手册》第 8 版。

当在辊轧型钢建议位置处布置螺栓时，螺栓距离构件边缘一定距离设置。对于辊轧边缘，由表 10.2 所给建议边距，能确定螺栓的最大尺寸。对于角钢，最大紧固件有时候受边距的制约，尤其是采用两列螺栓时更是如此，但是其他因素可能更重要。例如，从螺栓中心至角钢内部倒角的距离可能禁止采用大垫圈，而螺栓需要采用垫圈。另一个因素是作用于角钢净截面的应力，尤其是当构件荷载完全由被连接一肢承担时。

2. 抗拉螺栓连接

对于横截面有削弱的受拉构件，必须分析两个应力。此类构件包括有螺栓孔洞或切制螺纹的构件。

对于有孔洞构件，通过孔洞横截面折减处的容许拉应力为 $0.50F_u$，其中 F_u 为钢的极限抗拉强度。必须将折减截面处（也称为净截面）的总抗力与其他无折减截面处的抗力（无折减截面处的容许拉应力为 $0.60F_u$）进行对比。

对于钢螺栓，容许抗拉应力是建立在螺栓类型的基础之上的，表 10.1 给出了三种螺栓类型的抗拉承载力。

对于有螺纹钢杆，螺纹处的容许拉应力为 $0.33F_u$。

当受拉构件由 W、M、S 型钢及 T 形钢组成时，抗拉连接通常不可能连接截面所有构件（例如 W 型钢的两翼缘和腹板）。此时，根据 AISC 规范，必须计算折减的有效净截面面积 A_e：

$$A_e = C_1 A_n$$

式中 A_n——构件的实际净截面面积；

C_1——折减系数。

除非可以证明能采用一个较大的系数（通过试验），否则采用以下数值：

(1) 对于翼缘宽度不小于 2/3 高度的 W、M 或 S 型钢以及这些型钢切割的 T 形钢，当与翼缘连接且在应力方向的每条线上至少有三个螺栓时，$C_1=0.90$。

(2) 对于不符合以上条件的 W、M 或 S 型钢以及这些钢切割的 T 形钢，在应力方向的每条线上有不少于三个螺栓时，$C_1=0.85$。

(3) 对于在应力方向的每条线上仅有两个螺栓连接的所有构件，$C_1=0.75$。

受拉构件的角钢通常仅在一肢进行连接。保守的设计人员仅采用被连接一肢的有效净截面面积。注意：不仅铆钉孔洞和螺栓孔洞大于紧固件的公称直径，而且冲孔破坏了孔洞周围的一小部分钢。因此，出于设计目的，孔洞直径为 1/8in，大于紧固件的公称直径。

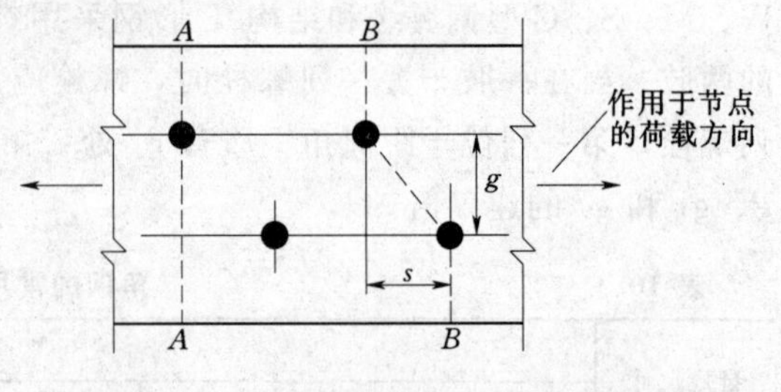

图 10.9 螺栓连接中被连接构件净截面面积的确定

当仅涉及一个孔洞或者沿应力线采用一列螺栓时，板横截面的净截面面积等于板厚与板净宽（即构件宽度减去孔洞直径）的乘积。

当孔洞沿应力线交错排成两列时（见图 10.9），确定净截面有些困难，AISC 规范规定如下：

在一系列孔洞延伸穿过一个构件的斜线或 Z 形线的情况下，构件的净宽度由构件毛截面宽度扣除斜线或 Z 字形所有孔洞直径之和，对于线上的每个量规间距再加上 $s^2/4g$ 得到，其中，s 为任何两个连续孔洞的纵向间距（间距），in；g 为相同两孔洞的横向间距（量规），in。

构件的临界净截面由给出最小净宽的线得到。

AISC 规范也规定通过孔洞的净截面不大于相应毛截面的 85%。

10.4 螺栓连接设计

在前节中提到的一些问题将在后面设计实例中的特别说明，牢记以下几点：

（1）如果采用滑移控制设计的螺栓，被连接构件表面须干净、平整。

（2）如果采用高强度螺栓，ASTM 规范特别确定了螺栓的特性。

（3）要注意以下 AISC 规范（参考文献 3）要求：①每个连接至少采用两个螺栓；②由ASD 方法，连接必须至少承担 6kip 的荷载；③桁架中连接必须至少承担被连接构件承载力的 50%。

提示 现实设计中有时候要求设计人员选择紧固件类型并计算被连接构件所需的强度。然而，在以下问题中给出了这些内容。

【例题 10.1】 图 10.10 中的连接由一对窄钢板组成，将 100 kips（445kN）拉力传递至一 10in（250mm）宽的钢板上。钢板均为 A36 钢，$F_y=36$ksi（250MPa），$F_u=58$ksi（400MPa），且用 3/4in A325 螺栓分两列布置连接。利用表 10.1 和表 10.2 表格，确定所需螺栓个数，窄板的宽度及厚度，宽板的厚度以及螺栓连接的布置。

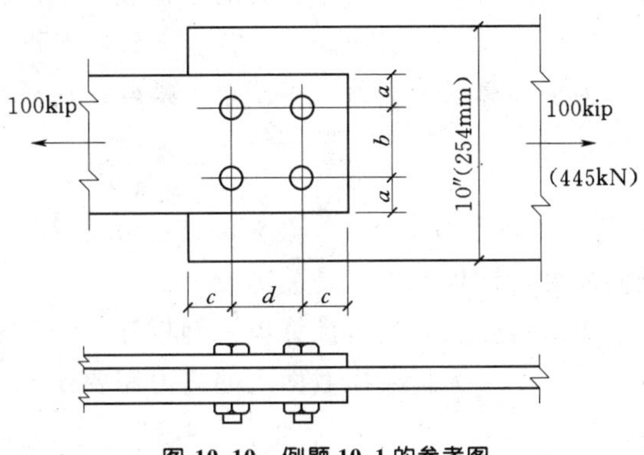

图 10.10 例题 10.1 的参考图

解： 由表 10.1，单个螺栓双剪时的承载力为 15.5 kip（69 kN），因此所需的螺栓个数为

$$n=\frac{100}{15.5}=6.45 \text{ 或 } 7$$

尽管在连接中可能布置 7 个螺栓，但大多数设计人员宁愿采用对称布置（此时需 8 个螺栓，每列 4 个）。螺栓平均荷载为

$$P=\frac{100}{8}=12.5\ \text{kip}(55.6\ \text{kN})$$

由表 10.2，对于 3/4in 螺栓，切割边缘的最小边距为 1.25in，且建议的最小间距为 2.25in。因此所需板最小宽度为

$$w=b+2a=2.25+2\times1.25=4.75\ \text{in}\ (121\text{mm})$$

如果尺寸过小，可以指定宽度，对于此例采用宽度为 6in。

作用于钢板横截面毛截面上的容许应力为 $0.60F_y=0.60\times36=21.6$ksi。因此所需面积为

$$A=\frac{100}{21.6}=4.63\ \text{in}^2(2987\ \text{mm}^2)$$

已知宽度为 6in，所需厚度为

$$t=\frac{4.63}{2\times6}=0.386\ \text{in}\ (9.8\text{mm})$$

因此，可以采用最小厚度为 7/16in（11mm）的钢板。下一步校核净截面应力，净截面容

许应力为 $0.50F_u=0.50\times58=29$ksi（200MPa）。计算时，考虑到孔洞真实尺寸和孔洞边缘的某些钢破坏，采用螺栓孔至少比螺栓直径大 1/8in。因此如果假定孔洞直径为 7/8in，钢板净宽为

$$w=6-2\times0.875=4.25\ \text{in}(108\text{mm})$$

且作用于净截面的应力为

$$f_t=\frac{100}{2\times0.4375\times4.25}=26.9\ \text{ksi}(187\ \text{MPa})$$

此应力小于容许应力，因此窄板拉应力满足要求。

表 10.1 中的螺栓承载力以滑移控制设计为基础，假定设计破坏极限是螺栓的抗摩擦力（抗滑移），另一可能的破坏模式是钢板滑移至螺栓发挥销接作用，允许螺栓靠在孔洞的一侧处。此种破坏包括螺栓抗剪承载力和板的承压承载力。由于螺栓的承载力总是高于滑移破坏能力，所以唯一关心的是钢板的承压作用。根据 AISC 规范，有

$$F_p=1.2F_u=1.2\times58=69.6\ \text{ksi}(480\ \text{MPa})$$

为了计算承压应力，对于单个螺栓，荷载除以螺栓直径与板厚度的乘积。因此，对于窄板，有

$$f_p=\frac{12.5}{2\times0.75\times0.4375}=19.05\ \text{ksi}\ (146\ \text{MPa})$$

显而易见，钢板承压不是关键。

除了宽度已知且需计算单一钢板外，中间板的设计步骤基本上与窄板设计相同。如前所述，作用于无折减横截面上的应力需要 4.63in^2 的面积，因而 10in 宽钢板所需厚度为

$$t=\frac{4.63}{10}=0.463\ \text{in}\ (11.6\text{mm})$$

换言之，钢板必须厚 1/2in。

对于中间钢板，净截面宽度为

$$w=10-2\times0.875=8.25\ \text{in}(210\ \text{mm})$$

且作用于净截面上的应力为

$$f_t=\frac{100}{8.25\times0.5}=24.24\ \text{ksi}(177\ \text{MPa})$$

此应力小于前面确定的容许应力 29 ksi。

中间板中作用于孔洞一侧的计算承压应力为

$$f_p=\frac{12.5}{0.75\times0.50}=33.3\ \text{ksi}(243\ \text{MPa})$$

此应力小于前面确定的容许应力 69.6 ksi。

AISC 规范要求荷载作用方向的最小间距为

$$\frac{2P}{F_ut}+\frac{D}{2}$$

且荷载作用方向的最小边距为

$$\frac{2P}{F_ut}$$

式中 D——螺栓直径；

P——一个螺栓传递至被连接构件的力；

t——被连接构件的厚度。

对于此例，中间板最小边距为

$$\frac{2P}{F_u t}=\frac{2\times 12.5}{58\times 0.5}=0.862\ \text{in}$$

此边距不是控制设计的因素（表 10.2 中列出 3/4in 螺栓切割边缘处的边距为 1.25in）。

对于最小间距

$$\frac{2P}{F_u t}+\frac{D}{2}=0.862+0.375=1.237\ \text{in}$$

也不是控制设计的因素。

最后一个问题：计算钢板端部的两个螺栓在钢板被剪断时是否会被撕裂。因为外侧板的总厚度大于中间板的厚度，所以中间板是关键。图 10.11 给出了撕裂情况，包括截面 1 受拉和截面 2 受剪。对于受拉截面有

$$w_{净}=3-0.875=2.125\ \text{in}(54\ \text{mm})$$

且对于受拉容许应力为

$$F_t=0.50F_u=29\ \text{ksi}\ (200\text{MPa})$$

对于双剪截面有

$$w_{净}=2\left(1.25-\frac{0.875}{2}\right)=1.625\ \text{in}(41.3\ \text{mm})$$

且对于受剪容许应力为

$$F_v=0.30F_u=17.4\ \text{ksi}\ (120\ \text{MPa})$$

因此总抗撕裂力为

$$\begin{aligned}T&=2.125\times 0.5\times 29+1.625\times 0.5\times 17.4\\&=44.95\ \text{kip}(205\ \text{kN})\end{aligned}$$

因为此抗力大于两个端部螺栓的合成荷载（25 kip），所以钢板被剪断不是关键。

图 10.12 是整个连接解答。

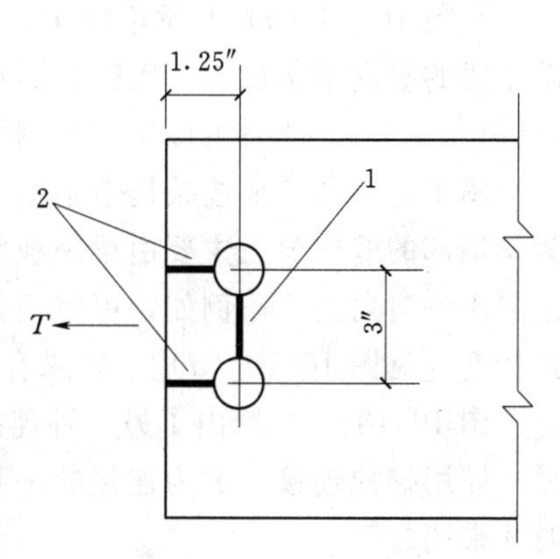

图 10.11　例题 10.1 中的撕裂

被连接构件之间传递压力的连接本质上与螺栓受力和构件承压相同。作用于被连接构件净截面上的应力很少起控制因素，因为由于柱作用受压构件通常设计为应力相对较小。

习题 10.4.A　螺栓连接与图 10.10 类似，利用 7/8in A325 螺栓和 A36 钢板传递拉力 175 kip（780 kN），外侧钢板宽 8in（200 mm），中间板宽 12 in（300mm）。试求钢板所需厚度；如果螺栓设置为两列，试求所需螺栓的个数；绘出连接布置草图。

习题 10.4.B　除了外侧钢板宽 9in，螺栓布置为三列外，其余设计数据与习题 10.4.A 相同，设计此螺栓连接。

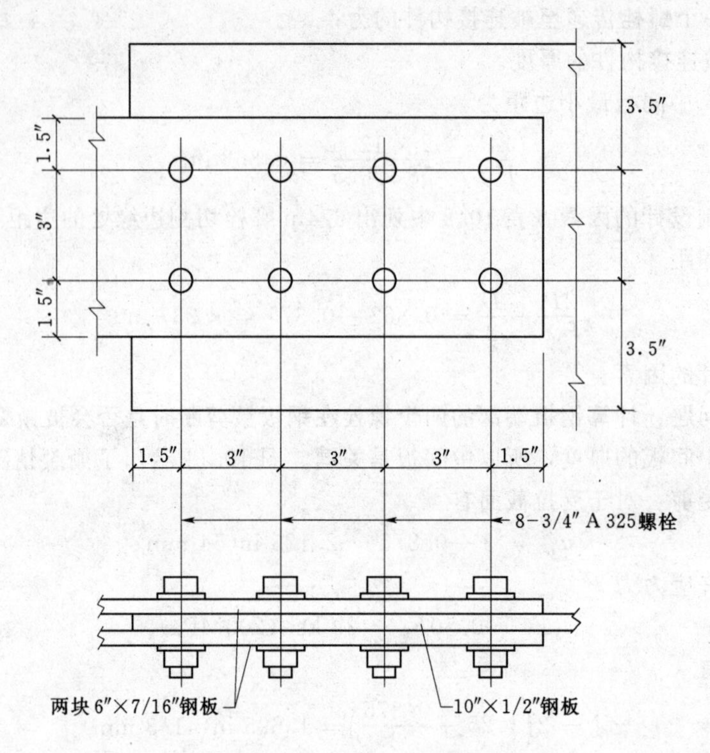

图 10.12 例题 10.1 的解答

10.5 构架螺栓连接

钢结构构件如何连接取决于被连接构件、连接装置和构件间必须传递的力。图 10.13 给出了用于连接钢柱和辊轧型钢梁的几种常见连接。

在图 10.13 (*a*) 所示连接中，钢梁搁在焊接于柱上部的一块钢板顶部。如果力传递限于梁的竖向端部反力，则螺栓不承担荷载，所关心的唯一应力情况是梁腹板可能的屈曲(见第 5.9 节)。此时可以采用粗制螺栓。

图 10.13 的其他连接构造给出了梁反力通过梁腹板传递至支承的情况。一般而言，因为梁端部的竖向剪力主要由梁腹板承担，这种形式的力传递是合适的。最常用的连接形式是采用一对角钢——例如，可将钢梁与柱侧进行连接 [见图 10.13 (*b*)]、钢梁与另一钢梁相连 [见图 10.13 (*d*)]，如果有足够空间，甚至可与 W 型钢腹板相连。

图 10.13 (*c*) 给出了另一种连接类型：单角钢一肢焊接于柱的侧边，梁腹板与角钢另一肢用螺栓连接。因为连接的一肢有些扭转，这种形式通常仅在作用于梁上的荷载较小时才采用。

当相交梁的上部必须在同一高度时（例如，为了简化框架上部的楼面板安装），必须切掉被支承梁的部分上翼缘 [见图 10.13 (*e*)]。甚至更糟的情况是两个梁高度相同，那么必须切掉被支承梁的两翼缘 [见图 10.9 (*f*)]。如果可能，要尽量避免这种连接形式，因为这样连接造价较高且连接降低了梁的抗剪承载力。如果某个连接导致梁腹板受剪是关键，必须加强梁端部。但是，如果设计要求采用钢楼面板，也可以采用图 10.14 所示的连

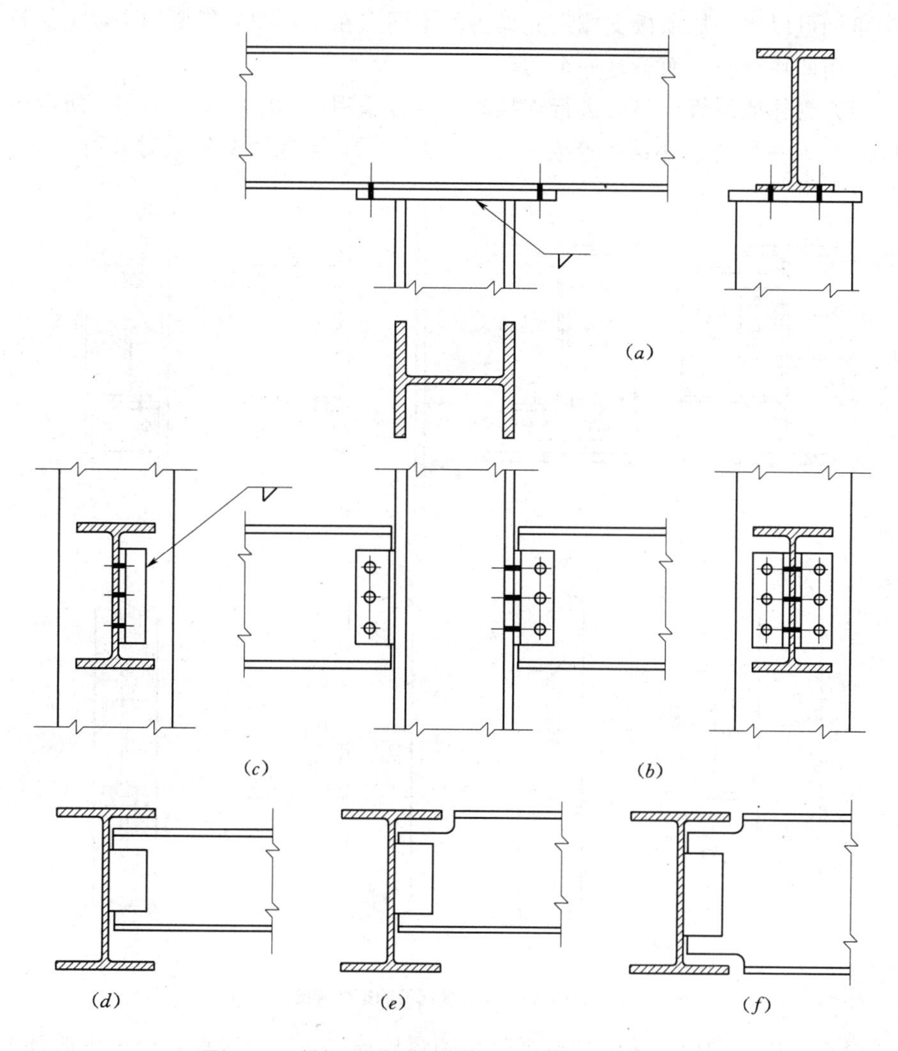

图 10.13 辊轧型钢的轻钢结构中典型的构架螺栓连接

接形式，允许梁上部偏移楼板肋高。除非支承梁的翼缘非常厚，否则应该提供允许连接的足够的空间，此连接不需要切割被支承梁的翼缘。

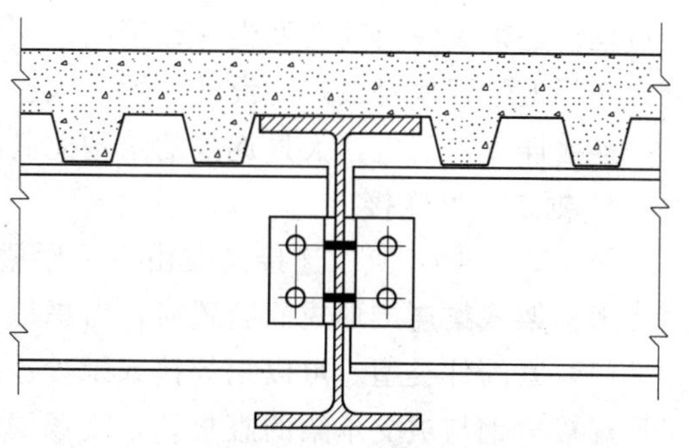

图 10.14 钢楼板支承梁的特殊构造，简化了纵横梁的连接

图 10.15 给出了特殊的构架详图：

(1) 当被支承梁较低时，有时候采用图 10.15 (*a*) 所示连接。竖向荷载通过支座角钢传递，支座角钢与承重梁螺栓连接或焊接连接。被支承梁腹板的连接为倾覆或扭转转动提供了附加的抗力。此连接的另一个优点是简化了现场工作，支座角钢可以在工厂焊接，且腹板连接仅需要小的粗制螺栓。

(2) 图 10.15 (*b*) 所示连接与图 10.15 (*a*) 类似，用于梁和柱节点。对于重型梁荷载，支座角钢可以用一加劲板支撑。此详图的不同点在于：如果需要四个以上螺栓连于柱上，可以采用两块钢板，而不是一个角钢。

(3) 当方管柱或圆管柱与梁进行连接时，经常采用图10.15（*c*）、（*d*）所示连接。由于图10.15（*c*）一侧连接在梁中产生了一些扭转，所以当梁荷载较大时采用支座连接。

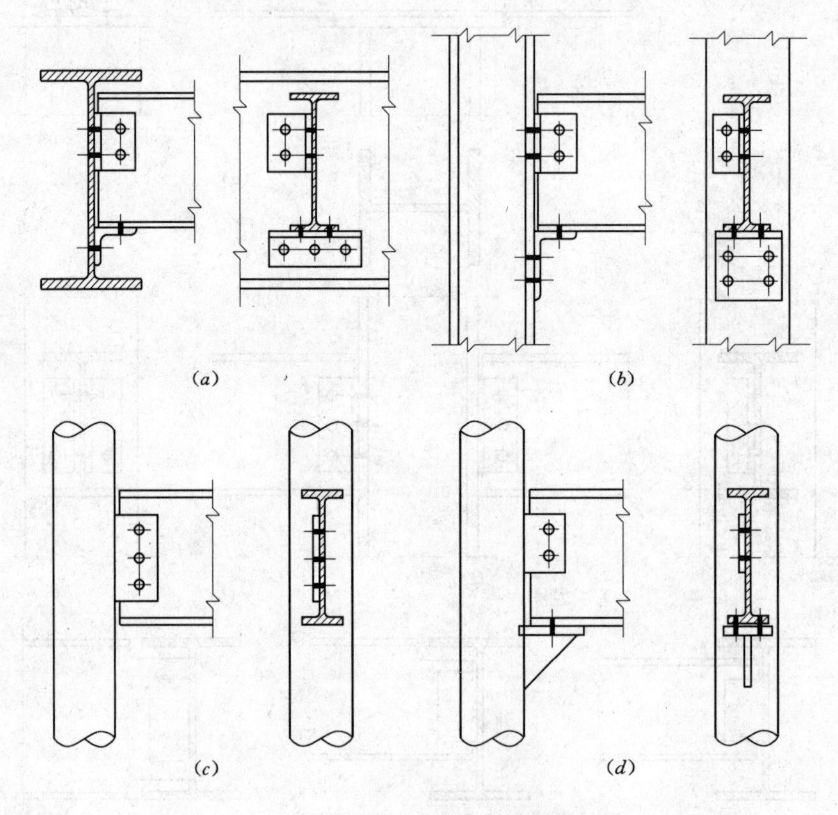

图 10.15 特殊情况下的螺栓连接

在单个连接中，构架连接经常包括焊接和螺栓连接。一般来说，焊接更适宜于工厂作业，螺栓连接更适宜于现场作业。因此，当形成连接时，设计人员必须理解整个制造和安装过程，必须警惕何处会发生什么情况。当然，承包人不可避免地对这些过程也有某些理念。实际上，即使对最好的设计，承包人也可能提出建议替换的构造详图。

连接详图对于包括大量连接的结构尤其重要——例如，桁架。

1. 框架式梁连接

图10.13（*b*）所示连接是在由I字形梁和H形柱组成的框架结构中最常用的类型。当参考框架式梁连接形成此装置时，考虑以下几点：

(1) 紧固件类型。可以用焊接或螺栓连接固定角钢到被支承梁或支承。最常用的是在工厂焊接角钢与被支承梁的腹板，在现场用螺栓连接角钢与支承（即柱表面或支承梁的腹板）。

(2) 紧固件个数。被支承梁腹板上采用的螺栓的个数。尽管角钢的伸出肢需要螺栓个数为被支承梁腹板螺栓个数的2倍，由于腹板螺栓双面受剪，承载力是相匹配的。对于较小梁或对于较轻荷载，角钢肢尺寸宽度通常仅够容纳单列螺栓，如图 10.16（*b*）所示。对于非常大的梁或对于较重荷载，采用较宽肢以容纳两列螺栓。

（3）角钢的尺寸。角钢的肢宽和肢厚取决于紧固件尺寸和荷载大小。外伸肢的宽度也取决于可利用的空间，尤其是当角钢与柱的腹板相连时。

（4）角钢的长度。角钢长度必须适应螺栓的个数。图 10.16 给出了标准布置，螺栓直径达 1in，间距 3in 且端矩 1.25in。角钢长度也取决于梁腹板上可利用的距离，即梁腹板平直部分的总长度［见图 10.16（*a*）］。

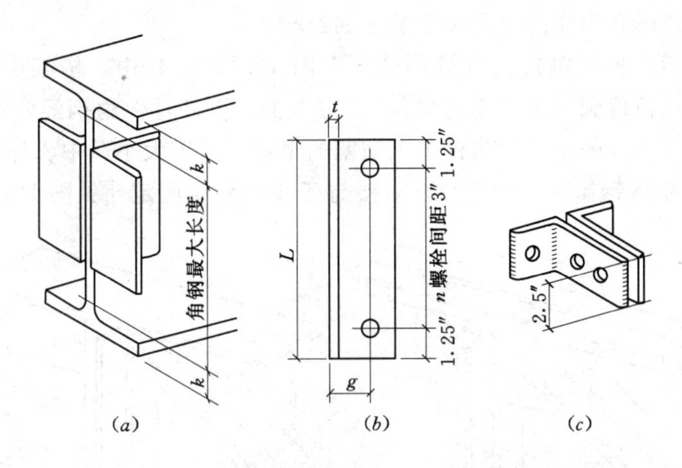

图 10.16 辊轧成型框架式梁的连接，采用中间连接角钢

AISC 手册（参考文献 3）给出了经常采用的连接构件的设计资料，数据针对螺栓连接和焊接连接。大多数有用的、预先设计的连接都已列表，所以能根据荷载大小和梁尺寸选择连接。

尽管对于一给定梁的框架式连接的最小尺寸没有特定的限制，但是一般准则是采用一个角钢时，角钢长度至少为梁高度的 1/2。这条准则有助于确保在梁端部防止扭转效应的某些最小稳定性（见第 5.5 节和第 5.8 节）。

对于非常浅的梁，可以采用图 10.16（*c*）所示的特殊连接件。不论荷载大小，此连接件要求在梁腹板的角钢一肢能容纳两列螺栓（每列有一个螺栓），以确保角钢的稳定性。

连接中需特殊考虑不可避免的弯曲［见图 10.4（*c*）］。此扭转作用的力臂是角钢一肢的量规距离——图 10.16（*b*）中的尺寸 *g*，此力矩是选择相对窄的角钢肢的一个原因。

如果切掉被支承梁的部分上翼缘——当连接是梁与梁的连接时经常采用——净截面竖向受剪或板件受剪破坏可能很重要。当被支承梁腹板很薄时，这两种情况都会恶化，由于最经济有效的梁类型在其名义尺寸类别中通常是最轻的类型，所以这两种情况经常出现。

对于薄腹梁，另一个关注点是：螺栓连接中承压应力可能是关键。因此，尽量不要在薄腹梁上采用大螺栓。

特殊的连接通常由普通结构设计人员设计。此处讨论的框架式梁连接来源于 AISC 表格或者由钢制造商和安装工的雇员进行设计。

2. 桁架螺栓连接

桁架设计中的一个主要部分是桁架节点的构成。由于典型的桁架有好多节点，节点必须制造简单经济，尤其是如果建筑物结构体系采用大量类似桁架时。当设计节点时，必须考虑桁架构造、杆件类型和尺寸以及紧固方法。

大多数情况下，焊接对于工厂制造连接来说是较好的连接方法，而螺栓则常用于建筑现场制造的连接。如果可能，在工厂建造桁架。因此，螺栓用于支承、被支承构件、支撑以及工厂预制单元之间的拼接节点的连接。当然，所有连接可以改变，取决于建筑的其他部分以及特定的现场和当地制造商和安装工的经验。

图 10.17 包括两种轻钢桁架常见形式。在图 10.17（*a*）中，桁架由成对角钢组成，且节点采用钢节点板得到（为了连接构件）。对于上、下杆件，角钢经常通过节点连续制造，减少了所需连接件的个数和角钢单独切割的个数。对于大小适中、外形水平的平行弦桁架，弦杆由T字形钢制成，内部杆件直接与T形钢腹板固定［见图 10.17（*b*）］。

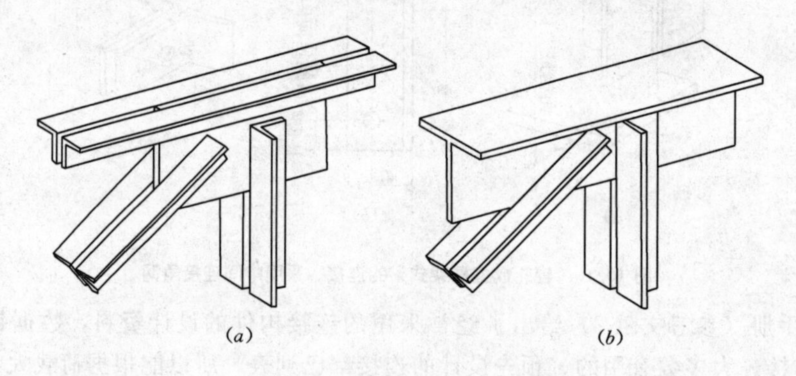

图 10.17 轻钢桁架常见构架详图

（*a*）弦杆由双角钢组成且节点采用节点板；（*b*）弦杆由T形钢组成

图 10.18 给出了用于大坡度屋顶的轻钢桁架的一些节点布置图。

对于图 10.18 中桁架，完成节点设计涉及许多考虑，包括以下几个方面：

（1）桁架杆件的尺寸和荷载大小。确定所需连接件的尺寸和类型，选择取决于单个连接件的承载力。

（2）角钢肢宽。与螺栓尺寸有关，选择取决于角钢的量规和最小边距（见表 10.3）。

（3）节点板的外形尺寸和厚度。影响造价，自然地，设计人员愿意采用最轻的节点板。

（4）节点处杆件的布置。为了防止节点处扭转，设计人员希望力的作用线相交于一个节点上（归属于螺栓的排列）。

螺栓的最小边距（见表 10.2）与角钢的一般量规尺寸（见表 10.3）匹配，且杆件中的力与螺栓的承载力（见表 10.1）有关——如果保持螺栓个数最小，则节点板较小。

其他事项要求设计人员巧妙地处理节点详图。对于真正困难或复杂的节点，可能需要通过仔细绘制大比例节点布置图来研究节点的形式，从这些图中可以推导出实际的尺寸和形式（例如杆件端部和节点板）。

图 10.18 所示桁架有些共同的特性。例如，所有杆件端部均仅由两个螺栓连接在一起

是最少螺栓个数，意味着采用最小尺寸螺栓就可保证所有杆件有足够的承载力。另一个实例：在支承和顶点之间的上弦杆节点处，上弦杆在节点处是连续的（无切割），一个常见、经济有效的情况是桁架中可利用杆件的长度大于节点与节点的距离。

如果建筑物仅需要几个桁架，建造可以如图 10.18 所示。

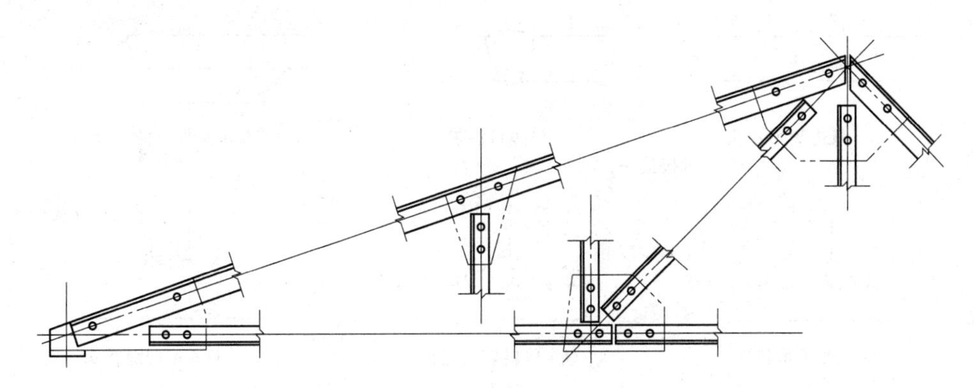

图 10.18 典型的轻钢桁架，具有双角钢杆件和带节点板的螺栓节点

10.6 焊接

在一些情况下，焊接可以代替螺栓连接。最常见的是，一个连接装置（承重板或框架角钢等）在工厂焊接于某个构件，在现场用螺栓连接于连接构件。然而，许多情况下，不论是工厂制造还是工地制造，都完全采用焊接。对于某些情况，焊接是形成节点的唯一方法。在以下各节中，给出了建筑结构中一些问题和采用焊接的可能。

焊接的一个优点是可以直接连接构件，消除了诸如节点板或框架角钢等中间装置。另一个优点是：没有孔洞，所以能最大限度地利用受拉构件无折减横截面承载力。焊接也能形成刚度非常大的节点，在抗弯连接中有优势。

1. 电弧焊

电弧焊是钢建筑结构中常用的一种工艺。在焊接类型中，电弧在焊条和欲连接的两片金属之间形成。熔化的金属珠滴从焊条流入熔融处，当冷却时，它们和欲焊接在一起的构件黏合。

熔深指基材初始表面到熔化停止点处的高度。部分焊透指在焊缝根部基材和焊接金属相互熔化的失效产生质量较差的焊缝。

2. 焊接连接

图 10.19 给出了几种节点。一般来说，节点有三种类型：对接接头、T 形接头和搭接接头。采用何种焊接类型取决于必要荷载的大小、荷载作用的方式和工程预算。许多节点的详细论述及其应用和限制不是本书讨论范围。

在建筑结构中用于钢结构的常用焊接是**填角焊**。横截面类似于三角形，在被连接构件的两个相交表面之间形成填角焊［见图 10.20（*a*）、（*b*）］。填角焊的尺寸是最大内接两等边直角三角形的一直角边长，*AB* 或 *BC*［见图 10.20（*a*）］。一个填角焊的喉部是距离最大内接直角三角形的斜边根部的长度，可以在焊缝横截面内部内接——图 10.20（*a*）中

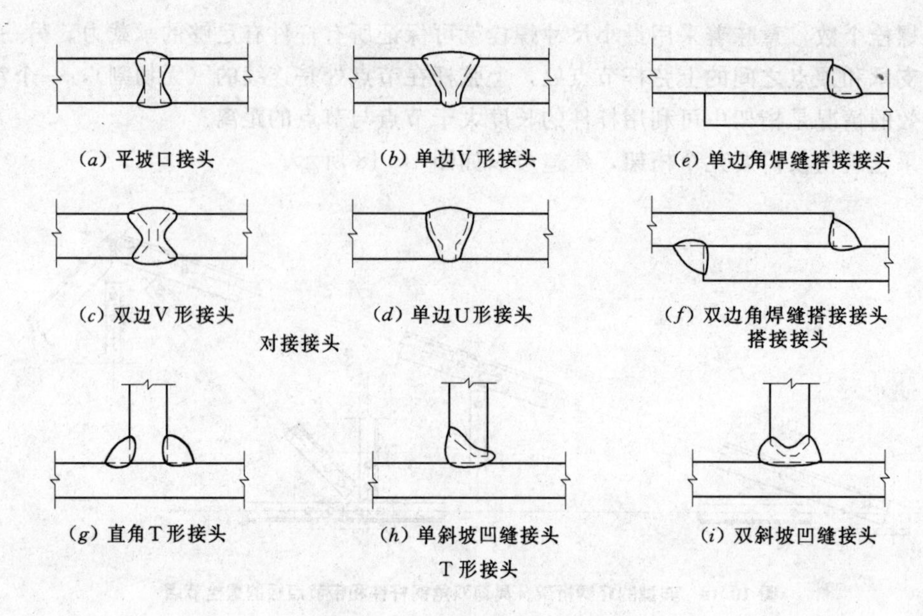

图 10.19 焊接接头的一般形式

的距离 BD，实际上，喉部经常有点凸起，如图 10.20 (b) 所示。因此实际的喉部可能比图 10.20 (a) 所示喉部要大，但当确定一个焊缝的强度时，不考虑这些附加材料，将其称为余高。

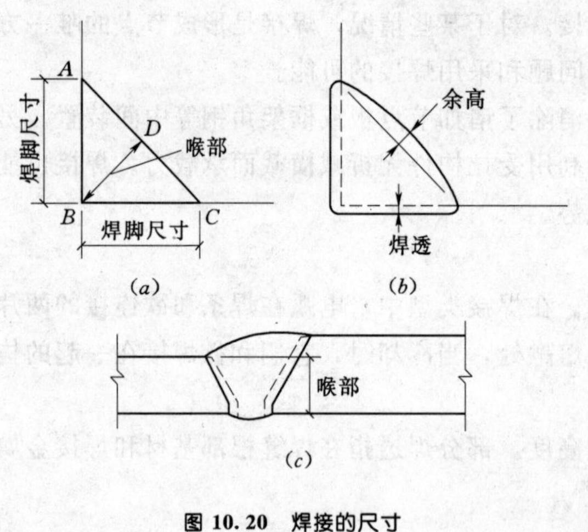

图 10.20 焊接的尺寸

3. 填角焊中应力

如果 AB 为一个单位，则

$$AD^2 + BD^2 = 1^2$$

由于 AD 与 BD 相等，则

$$2BD^2 = 1^2$$

或

$$BD^2 = \frac{1}{2}$$

$$BD = \sqrt{0.5} = 0.707$$

换言之，一条填角焊的喉部等于焊缝尺寸乘以 0.707。考虑一条 1/2in 的填角焊，即焊缝尺寸 AB 或 BC 等于 1/2in，焊缝的喉部为 0.5×0.707，或 0.3535in。如果作用于喉部的容许单位剪应力为 21ksi，则 1/2in 填角焊单位容许工作承载力为 0.3535×21 = 7.42 kip/in。如果容许单位应力为 18 ksi，则焊缝长度上容许工作承载力为 0.3535×18 = 6.36 kip/in。

上段揭示的容许单位应力分别对应 A36 钢，E 70 XX 和 E 60 XX 焊条形成的焊缝。注意：不论施加荷载的方向如何，一条填角焊的应力按喉部上的剪力考虑。表 10.4 列出了不同尺寸填角焊的容许工作承载力。

考虑被连接构件金属（称为基材）的应力作用于整个熔透坡口焊缝，平行于焊缝轴受拉或受压，或垂直于有效喉部受拉。也可适用于整个或部分熔透坡口焊，垂直于有效喉部受压或有效喉部受剪。因此，对接接头的容许应力与基材容许应力相同。

表 10.4　　　　填角焊的安全使用荷载

焊缝尺寸 (in)	容许荷载（kip/mm）		容许荷载（kip/in）		焊缝尺寸 (mm)
	E 60 XX 焊条	E 70 XX 焊条	E 60 XX 焊条	E 70 XX 焊条	
$\frac{3}{16}$	2.4	2.8	0.42	0.49	4.76
$\frac{1}{4}$	3.2	3.7	0.56	0.65	6.35
$\frac{5}{16}$	4.0	4.6	0.70	0.81	7.94
$\frac{3}{8}$	4.8	5.6	0.84	0.98	9.52
$\frac{1}{2}$	6.4	7.4	1.12	1.30	12.7
$\frac{5}{8}$	8.0	9.3	1.40	1.63	15.9
$\frac{3}{4}$	9.5	11.1	1.66	1.94	19.1

表 10.5 给出了仅由填角焊连接的节点中焊缝尺寸和材料最大厚度之间的关系。作用于厚度大于或等于 1/4in 的板的直角边缘或截面的一条填角焊的最大尺寸应该比边缘名义厚度小 1/16in。沿厚度小于 1/4in 的材料边缘，填角焊的最大尺寸等于材料的厚度。

对接焊缝和填角焊的有效面积等于焊缝的有效长度与有效喉部厚度的乘积。一条填角焊的最小有效长度应该不小于 4 倍焊缝尺寸。当指定焊接时，为设计填角焊长度，对于起弧点和落弧点增加的距离约等于焊缝尺寸。

图 10.21（*a*）表示两块钢板由填角焊连接，标记为 *A* 的焊缝是纵向焊缝，标记为 *B* 的焊缝是横向焊缝。如果一个荷载作用于箭头所示方向，纵向焊缝的应力分布不均匀，且横向焊缝中的单位长度应力约高 30%。

表 10.5　　　　材料厚度与填角焊尺寸之间的关系

被连接较厚构件的材料厚度		填角焊的最小尺寸	
in	mm	in	mm
$\leqslant\frac{1}{4}$	≤6.35	$\frac{1}{8}$	3.18
$\frac{1}{4}\sim\frac{1}{2}$	6.35～12.7	$\frac{3}{16}$	4.76
$\frac{1}{2}\sim\frac{3}{4}$	12.7～19.1	$\frac{1}{4}$	6.35
$>\frac{3}{4}$	>19.1	$\frac{5}{16}$	7.94

如果绕角焊缝的绕角长度不小于 2 倍焊缝尺寸，则在构件端部中断的横向焊缝［见图 10.21（*b*）］强度有所增加。有时称这些端部转角焊缝为围焊，围焊有助于抵抗作用于焊缝的撕裂破坏。

1/4in 填角焊是实践中最小的焊缝，5/16in 焊缝大概是最经济的焊缝。如果一次焊成，一条小的连续焊缝通常比一条较大的不连续焊缝更经济。某些规范限制单条焊缝不大于 5/16in。较大填角焊需要两次或多次施焊（多次施焊），如图 10.21（*c*）所示。

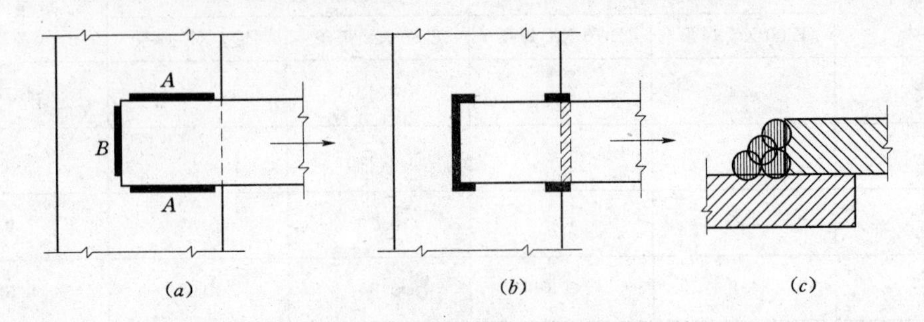

图 10.21 搭接钢板件的焊缝

10.7 焊缝连接设计

在焊接过程中，必须稳固地将构件固定在一定位置，经常需要一些临时性的连接装置。实际上，在施工现场可能需要一个完整的临时性安装连接，即使此连接在焊接后是多余的。

尽管工厂焊接经常是自动化的，但现场焊几乎总是手工完成。

在以下实例中，将阐述对于普通连接如何设计简单填角焊。

【例题 10.2】 设计一横截面为 3in×7/16in（76.2mm×11mm）的 A36 钢条与角钢肢背间的连接。为得到钢条的全部抗拉强度，采用 E 70 XX 焊条将钢条焊接于槽钢的肢背。确定所需填角焊的尺寸（见图 10.22）。

解： 此情况的一般容许拉应力为 $0.6F_y$，因此

$$F_a = 0.6F_y = 0.6 \times 36 = 21.6 \text{ ksi}$$

钢条的抗拉承载力为

$$T = F_a A = 21.6 \times 3 \times 0.4375 = 28.35 \text{ kip}$$

焊缝必须足够大以抵抗此拉力。

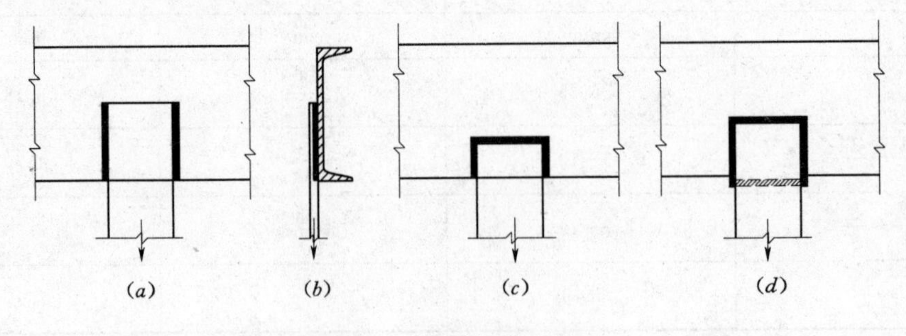

图 10.22 焊接连接的不同形式

实际的焊缝尺寸为 3/8in，查表 10.5 得强度为 5.6kip/in。为发挥钢条强度，所需焊缝长度为

$$L=\frac{28.35}{5.6}=5.06\ \text{in}$$

对于起弧点和落弧点，每个端部增加一个最小距离等于焊缝尺寸，实际长度取 6in。

图 10.22 给出了焊缝的三种布置。在图 10.2（*a*）中，焊缝等分为两部分。对于两个起弧点和落弧点，钢条的每一边设置 4in 焊缝。

图 10.22（*c*）中焊缝有三部分：一条穿过钢条端部，长 3in 的焊缝和一条应该在钢条的两边分开的 3in 长的焊缝。为了保证有效焊缝的总长为 3in，每条焊缝长 2in。

图 10.22（*a*）或（*c*）中的任何焊缝都不能很好地抵抗作用于非对称节点的扭转作用。为了考虑扭转作用，大多数设计人员提供一条附加的焊缝，最好的焊缝如图 10.22（*d*）所示，此图抗扭焊缝由钢条和槽钢角部之间的钢条背部提供。可以采用图 10.22（*a*）或（*c*）中的任一条焊缝作为形成抗扭焊缝的附加焊缝。钢条背部的焊缝主要是一条稳定焊缝，所以不能指望此焊缝来抵抗所需拉力。

形成一个焊接节点要结合计算和判断。

【例题 10.3】 用填角焊连接一 A36 角钢 3½in×3½in×5/16in（89mm×89mm×8mm）与一块钢板，焊缝承受拉力，采用 E 70 XX 焊条。为实现角钢的全部抗拉强度，试求焊缝的尺寸。

解：由表 A.4，角钢横截面面积为 2.09in²（1348mm²）。最大容许拉应力为 $0.60F_y=0.60\times36=21.6$ ksi（150 MPa），因此角钢抗拉承载力为

$$T=F_tA=21.6\times2.09=45.1\ \text{kip}\ (200\ \text{kN})$$

对于 5/16in 厚角钢，建议最大焊缝为 1/4in。由表 10.5，焊缝承载力为 3.7kip/in。因此所需焊缝总长度为

$$L=\frac{45.1}{3.7}=12.2\ \text{in}\ (310\ \text{mm})$$

可以在角钢两边之间分配此总长度，但是，假定角钢中的拉力与其形心完全重合，角钢两条边的荷载分布不相等。因此，一些设计人员宁愿将两条焊缝按比例分配长度，以便于焊缝长度与角钢的位置相对应。为了实现此目的，设计人员采用以下步骤。

由附录表 A.4，角钢的形心距离角钢肢背为 0.99in。图 10.23 所示两条焊缝的长度应该与它们距形心的距离成反比。因此

$$L_1=\frac{2.51}{3.5}\times12.2=8.75\ \text{in}\ (222\ \text{mm})$$

且

$$L_2=\frac{0.99}{3.5}\times12.2=3.45\ \text{in}(88\ \text{mm})$$

事实上，角钢每个端部设计长度至少比计算值长 1/4in。因此，合理的指定长度为 $L_1=9.25$in，$L_2=4.0$in。

当角钢用作抗拉构件，且当角钢在端部仅一肢用紧固件进行连接时，不要假定作用于整个角钢横截面上的应力分布是等大小的。为了仅考虑有连接一肢的力，一些设计人员宁愿忽略无连接一肢发展的应力，且限制构件的承载力。因而，在本例中最大拉力折减为

$$T=F_tA=21.6\times3.5\times0.3125=23.625\ \text{kip}\ (105\ \text{kN})$$

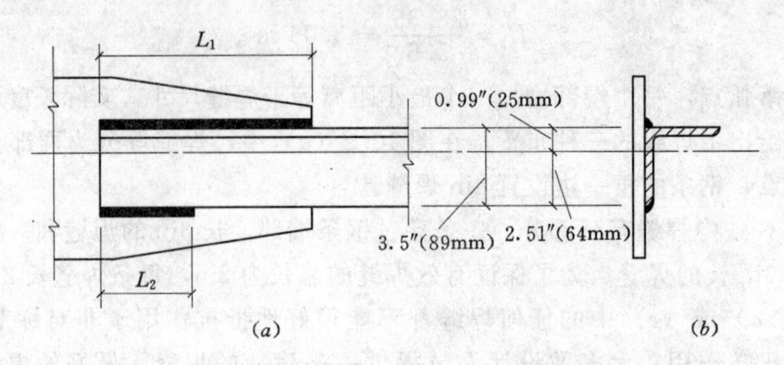

图 10.23 例题 10.3 中的焊接连接形式

且所需焊缝总长为

$$L=\frac{23.625}{3.7}=6.39\ \text{in}\ (162\ \text{mm})$$

然后除以两边之间的长度，再增加一个 2 倍焊缝尺寸的附加长度，每一边的指定长度为 3.75in。

习题 10.6A　为了实现角钢的全部抗拉强度，将 A36 钢 4×4×1/2 角钢用 E 70 XX 焊条焊接于一块钢板。采用 3/8in 填角焊，计算角钢两侧焊缝的设计长度，假定实现角钢全部横截面抗拉。

习题 10.6B　假定拉力仅由角钢的被连接一肢承担，重新设计习题 10.6.A 中的焊接连接。

塞焊和槽焊

连接两块搭接钢板的方法之一是在其中一块钢板中挖一孔洞，在孔洞里采用焊接（见图 10.24）。塞焊和槽焊是在孔洞或狭槽的整个面积处塞满焊接金属。塞焊和槽焊的最大尺寸，最小尺寸以及槽焊的最大长度如图 10.24 所示。如果含有孔洞的钢板厚度不大于 5/8in，应该用焊缝金属填充孔洞；如果含有孔洞的钢板厚度大于 5/8in，焊缝金属应该至少取材料厚度的 1/2，但不小于 5/8in。

考虑塞焊或槽焊中的应力为作用于被连接两块钢板接触平面上焊缝面积的剪力。当采用 E 70 XX 焊条时，容许单位剪应力为 21 ksi (45 MPa)。

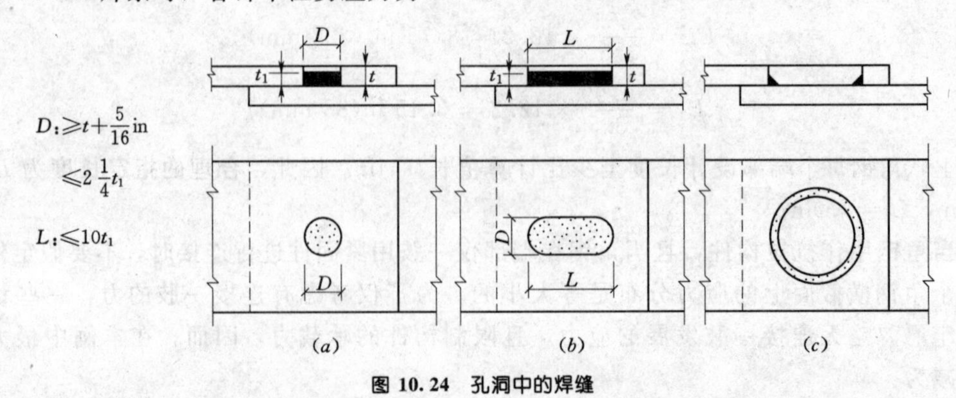

图 10.24 孔洞中的焊缝

(a) 塞焊；(b) 槽焊；(c) 大孔洞中的填角焊

在孔洞周围由一连续填角焊组成的类似焊缝如图 10.24（*c*）所示，此焊缝不是塞焊或槽焊，而是满足一般要求的填角焊缝。

10.8 焊接钢框架

无论在工厂里还是在工地上，目前装配钢框架广泛采用焊接。但是在 19 世纪，大多数装配采用铆钉连接。20 世纪中叶螺栓连接和焊接成为主导时，铆钉连接丧失了其主导地位。不过，已形成的经典铆钉连接节点形式仍然在广泛使用。

许多情况下，可以用螺栓或焊接形成节点。采用何种方式通常与工作的位置有关——工厂或工地。本书所示用螺栓连接的许多节点，如果采用焊接也是可行的。

某些情况下，节点用一些制造工厂及工地里已有的装配体来实现。一个常见的例子是采用一对角钢的标准框架式梁连接，现在在工厂里通过焊接连接角钢与被支承梁端部，以及在工地用螺栓完成角钢与支承构件的连接是很普遍的。

对于多层建筑，一种特殊的结构是多层、多跨钢框架。这些空间框架的构件经常作为刚性框架来抵抗风或地震引起的侧向力，近些年这些框架大多通过梁与柱直接焊接来实现。然而，最近大地震的经验已经让人们重新认识这些连接方法，且地震设计很重要的地区正在发展新的连接形式。

10.9 控制节点：性能设计

结构构件之间的大部分连接被设计成在节点内部抵抗运动。诸如螺栓和焊缝等紧固装置的一般目的是使被连接构件紧固连接在一起。另一方面，控制节点是允许某种运动的节点。采用控制节点的三个主要原因如下：

（1）热胀冷缩。所有材料都会随温度变化膨胀或收缩。在大型建筑物或某个长建筑物中，要考虑总的运动。这就要求考虑热胀冷缩对结构的影响。

（2）结构作用。连续、长跨结构的作用可以导致结构支座处运动，此运动会影响其他结构。支承节点也许需要允许一定程度的运动以减小抗力要求，但必须提供基本的支承。

（3）地震分离。多质量建筑物可以有几个离散的部分，各部分在地震的动力效应下运动不同。处理方法之一是在各部分的连接点处为各部分的独立运动提供允许变形。

当然，一个控制节点的最简单形式是没有连接，即各部分不相连。从结构的观点来看，大部分地震分散节点本质上即是如此。然而，一种常见情况是需要连接的某种形式，而同时需要促进运动的某种形式。例如，希望支承一根梁，不约束梁的端部转动。换言之，为竖向力提供一个简单支承，而不是一个固定支承。

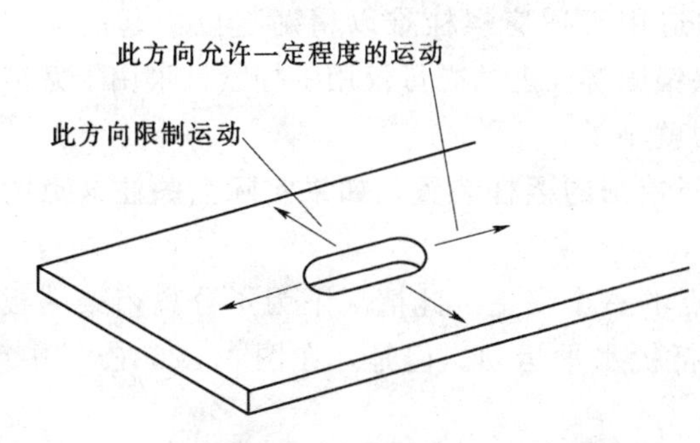

图 10.25 在连接中为便于某个方向运动的常用方法
（也用于框架体系中预期不能准确放置的构件）

螺栓连接的一个常用装置是长圆孔，如图 10.25 所示。如果孔洞的宽度仅比螺栓直径大一点，那么即使螺栓不绷紧，钢板在此方向也被约束住了，不能运动。但是，在另一方向，螺栓位置恰当，则钢板可以小距离运动。此装置被用于允许小运动（例如热胀冷缩引起的运动），但实际上更多用于调节安装误差。

对于控制节点，有许多类型和许多详图。以下实例阐明了需要某种类型的结构抗力，而其他抗力需要尽可能减小的一种情况。

桁架特性要求弦杆的长度随荷载变化而改变——主要是由于活荷载的出现或消失，这就意味着桁架支承能够便利地对桁架长度进行整体改变，这需要支承点之间的实际距离有些改变。如果实际尺寸中的运动较小，且桁架与支承的连接中有一些非破坏变形的可能，也许没必要为运动预先做特殊安排。但是，如果运动的实际尺寸较大，且支承结构和连接实质上是不可压缩的，除非便于运动的实际条件有效，否则将出现问题。

温度范围较宽也能在长结构中产生相当大的长度改变，在支座处根据运动应该考虑长度变化和温度效应。两个实例：

(1) 由圬工桥墩支承的长跨钢桁架。在这种情况下，运动相当大，且本质上支座不沉陷。对于运动的某些实际尺寸，在一个支座或两个支座处必须提供特殊的条件。

(2) 在寒冷天气安装，但后来遭受温暖天气或在密闭建筑物中保持较温暖条件。在这种情况下，即使没必要规定加载应力产生的运动，也要考虑温度变化产生的长度改变。

有时候某项技术用于减少对支座处运动的任何特殊规定的要求，建筑结构基本完工后，此技术使支座连接处于一个稳定，但不绷紧的状态。此技术允许在施工期间累积恒载下结构变形，以便于关键的效应仅限于活载引起的变形。对于恒载是总设计荷载的主要部分的地方，这样做常常很有效。

当对于运动必须制定规定时，必须仔细确定运动的精确形式和运动的近似预期大小。对于一水平跨越结构的支座，例如一个梁或桁架，所需的最小结构抗力与竖向力相对应。因此，节点必须限制竖向运动，而水平运动和转动可能都允许。

图 10.26 给出了好几个详图，这些详图可用于在桁架支座处提供运动。对于这些详图，需要大致的判断，且必须根据建筑结构的整个过程来考虑。

图 10.26 (*a*) 中采用的方法是一个常见节点的轻微改进，此节点采用一个端部承压板和支座连接，端部承压板与支座采用螺栓连接，支座用锚固螺栓嵌入砖石或混凝土中。在本书中，采用两块钢板，因此一块钢板焊接于桁架，另一块钢板放置于墙体上部。桁架端板上设置长槽形孔（见图 10.25）。这种构造用于适应螺栓难以精确定位引起的误差——无论如何是一个明智的选择。但是，如果锚固螺栓上的螺母仅用手拧紧且采用了摩擦力降低的接触面材料，那么抵抗水平运动的力就小了。

图 10.26 (*b*) 所示方法采用一个制作相当精细的摆杆装置。如果实际上关注这点的话，此节点一个优势是转动抗力很小。

图 10.26 (*c*) 中详图是所谓滚轴支座节点的一个变更。此情况下为了分离桁架端板和墙上部板，采用三个钢杆，因此仅仅轻微抵抗水平运动。但是，在图 10.26 (*a*) 中，对桁架端部转动的折减效应几乎没有规定。

对可能对周围结构或被支承结构产生影响的情况，经常采用控制节点。必须根据结构效能和建筑物整体性要求评价控制节点的有效性。

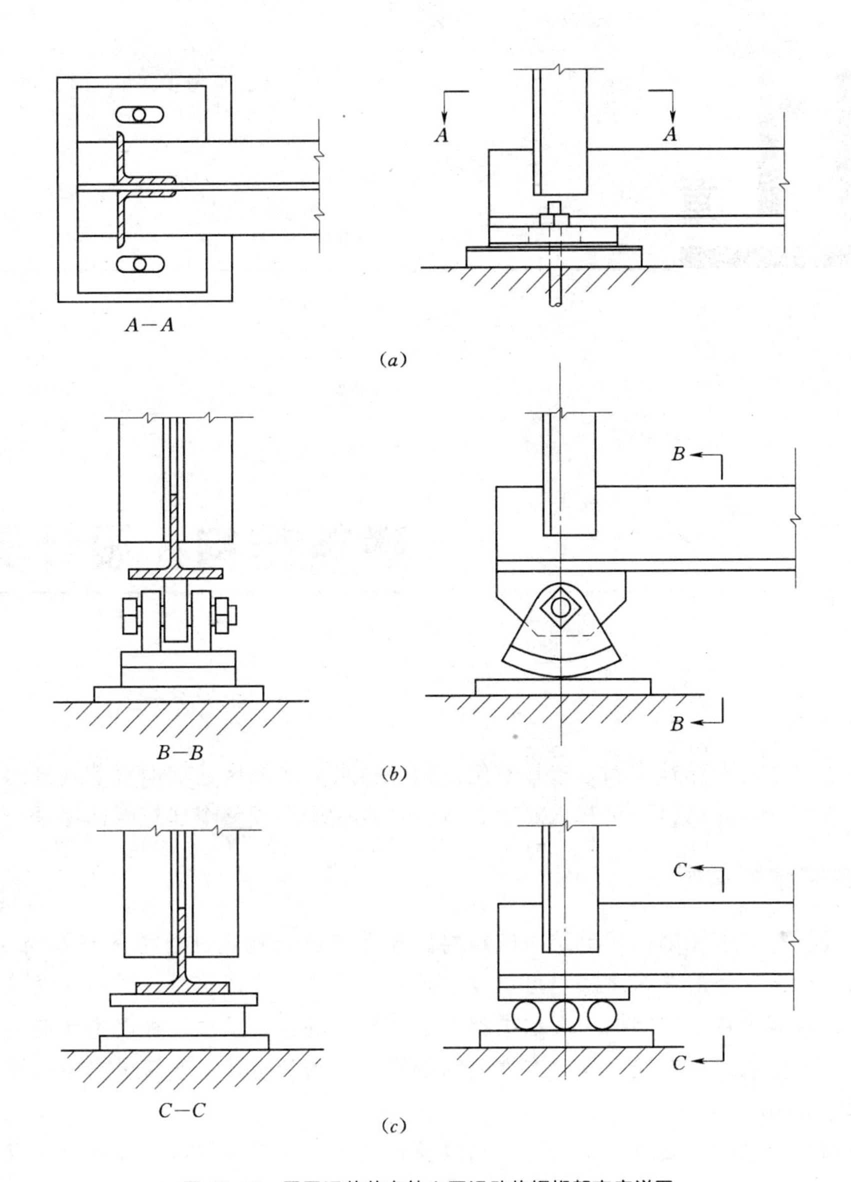

图 10.26 用于调节节点处水平运动的钢桁架支座详图

(*a*) 在钢承重板之间用减小摩擦力滑移材料的滑移连接；(*b*) 铰接摆杆；
(*c*) 在承重板之间的加强钢滚轴支座

第11章

建筑结构：设计实例

本章给出了几个建筑实例，选择实例是为了尽可能多的阐述前面章节的概念，事实上对单个结构构件的详细讨论见其他章节，本章重点在于形成整个建筑结构体系。

11.1 建筑结构总则

由于气候等诸多原因，建筑结构的材料、建造方法及构造在各地区有相当大的差别，即使在同一地区，类似建筑之间也可以发现差异，反应了各建筑设计风格和建筑技术的不同。然而，在某个特定时间内大多数类似类型和尺寸的建筑呈现几种占主导地位的、流行的建造方法。注意：作者决不认为本章介绍的建造方法和构造是建筑风格中的佼佼者。

1. 结构方案

当规划某个结构方案时，不论建筑物难易、大小、一般或独特，都必须完成以下两个主要任务：

（1）为满足基本稳定性和合理相互作用，符合逻辑地布置结构（考虑结构几何形式、尺寸和比例以及构件）。跨越梁必须有支承点且高度足够满足梁跨度要求，有承担拱水平推力的构造，柱上下不产生偏心等。

（2）一般来说，形成结构和建筑之间的联系，换言之，在建筑方案中“看到”内在的结构方案。结构方案和建筑方案不需要相同，但二者必须互相吻合。同样建筑方案和结构方案应该交互式完成，而不是分散完成。建筑师对结构问题了解得越多，结构设计人员对建筑问题知道得越多，越有可能产生交互式设计过程。

尽管每个建筑物都是独特的，但大部分设计问题是相似的。选择最终的设计包括评价尽可能多的方案。问题越普遍，可能的解答越为人熟知。事实上，当产生新问题时——例如，新技术应用，规模上有飞跃，或者要求新的性能指标，则需要进行创新。令人欣慰的是，即使对于大多数普通问题，技术和想像力的结合不可避免地导致新的解答（当然，对于老问题不将新的解答与已确定的解答进行对照，就不能选择出某种新的解答）。最低要求：选择一个解答时，考虑所有可能的可供选择的解答——众所周知的、新型未被证实的以及仅是想象的解答。

2. 建筑体系

好的结构设计将结构与建筑整个物理体系结合起来。我们必须意识到结构设计方案不仅影响建筑设计，而且影响能源、照明、热控制、通风、供水、排水、垂直运输以及防火等体系的形成。最受欢迎的结构体系兼顾建筑子体系，且使流行建筑形式和构造便利。

11.2 设计荷载

如本书第 4 章所述，结构本质上是为了抵抗荷载，因而设计人员必须彻底理解每种荷载的性质、来源及影响，本节简要总结了常用的主要荷载。

1. 建筑规范要求

结构设计必须符合当地建筑规范，如果某个设计与地方规范不符合，则管理部门将不会批准，即不能获得结构的法定许可要求。

大多美国建筑规范建立在以下三种典型规范基础之上：

(1) 统一建筑规范(Uniform Building Code，UBC)（参考文献 1)。由于具有最为完整的抗震设计数据而广泛用于西部地区。

(2) BOCA 基本国家建筑规范(BOCA Basic National Building Code)。用于东部和中西部地区。

(3) 标准建筑规范(Standard Building Code)。用于东南部地区。

这三种典型规范由于来源于相同的基本数据和标准的文献来源，因而相同点多于不同点。实际上地方规范反映了特定的地区特征。

所有规范都涵盖以下信息：

(1) 最小必要活载。所有规范均有类似于表 11.2 和表 11.3 的表格。

(2) 风荷载。取决于当地风暴情况，典型规范给出了地理区域房屋倒塌的风荷载数据。

(3) 地震作用。取决于当地情况，包括研究建议的地震数据经常被修改，以反映正在进行的研究和经验。

(4) 荷载持续时间。当计算荷载或设计应力时，设计人员必须考虑荷载持续的时间，荷载持续时间随结构的使用年限（对于恒载而言）和瞬间时间（对于阵风或地震而言）而变化，本章后面给出了一些实例。

(5) 荷载组合。以前由设计人员自行判断组合，现在因为更多的设计人员采用极限状态设计和极限设计荷载，所以在规范中一般清楚地说明了荷载组合。

(6) 不同结构类型的设计数据。所有规范包括基本材料（木、钢、混凝土及砌体等）、特定结构（刚架、塔、阳台及桅杆等）以及特殊问题（基础、挡土墙及楼梯等）。尽管地方规范通常认可工业标准和常用实践，但也倾向于反映地方经验或看法。大多数规范定义了最小结构安全性，因此规定的限制可能导致某些性能有问题（楼板有弹性、墙粉开裂等）。

（7）防火。规范关心两个主要的影响：结构倒塌和控制火的扩散。即使当规范限制限定了材料或施工详图的选择，设计人员也要注意这两个因素。

提示 因为最熟悉UBC规范细节，所以本章实例主要以UBC规范为基础进行编写。

2. 恒载

恒载指材料的重量。当设计梁时，必须考虑梁自身的重量（表11.1列出了许多建筑材料的重量）。恒载是由重力产生的竖直向下的力，除非建筑物改建，否则在建筑物建造完成后恒载就作为一种永久荷载而存在。

表11.1　　建筑材料的自重

	psf①	kPa①
屋面		
3层预制屋面料（轧辊、合成）	1	0.05
3层油毡绿豆砂屋顶	5.5	0.26
5层油毡绿豆砂屋顶	6.5	0.31
屋顶板：木材	2	0.10
沥青	2～3	0.10～0.15
陶土瓦	9～12	0.43～0.58
混凝土瓦	6～10	0.29～0.48
石板瓦，1/4in	10	0.48
保温隔热：玻璃纤维毡保温材料	0.5	0.025
泡沫塑料，刚性屋面板	1.5	0.075
泡沫混凝土，矿质集料	2.5/in	0.0047/mm
木椽：2in×6in，间距24in	1.0	0.05
2in×8in，间距24in	1.4	0.07
2in×10in，间距24in	1.7	0.08
2in×12in，间距24in	2.1	0.10
钢平屋顶，涂漆：22等级	1.6	0.08
20等级	2.0	0.10
天窗：钢框玻璃窗	6～10	0.29～0.48
铝框塑料窗	3～6	0.15～0.29
胶合板或软木板屋面板	3.0/in	0.0057/mm
顶棚		
悬挂式槽钢	1	0.05
板条：钢筋网	0.5	0.025
石膏板，1/2in	2	0.10
纤维瓦	1	0.05
板墙，石膏板，1/2in	2.5	0.12
粉刷：石膏	5	0.24
水泥	8.5	0.41
悬挂式照明、采暖通风和空气调节（HVAC），平均	3	0.15
楼面		
硬木，1/2in	2.5	0.12
聚氯乙烯板	1.5	0.07
瓷砖瓦：3/4in	10	0.48

续表

	psf①	kPa①
薄粘结层	5	0.24
纤维板衬垫，0.625in	3	0.15
地毯和垫层，平均	3	0.15
木楼板	2.5/in	0.0047/mm
钢楼板，块石混凝土填充，平均	35～40	1.68～1.92
混凝土楼板，碎石骨料	12.5/in	0.024/mm
轻质混凝土填充	8.0/in	0.015/mm
木搁栅：2in×8in，间距16in	2.1	0.10
2in×10in，间距16in	2.6	0.13
2in×12in，间距16in	3.2	0.16
墙面		
2in×4in龙骨，平均间距16in	2	0.10
钢龙骨，平均间距16in	4	0.20
板条、粉刷——见顶棚		
板墙，石膏板，1/2in	2.5	0.10
装饰抹灰，糊墙纸且用金属丝衬垫	10	0.48
窗户，平均，窗框+镀锌层：		
小窗格玻璃，木或金属窗框	5	0.24
大窗格玻璃，木或金属窗框	8	0.38
加厚镀层镀锌增加	2～3	0.10～0.15
幕墙，生产单元	10～15	0.48～0.72
砖镶面，4in，砂浆接缝	40	1.92
1/2in，玛琋脂黏附	10	0.48
混凝土砌块：		
轻质、无钢筋，4in	20	0.96
6in	25	1.20
8in	30	1.44
普通、有钢筋、灌浆，6in	45	2.15
8in	60	2.87
8in	85	4.07

① 除非特别说明外，均指每平方英尺的平均重量。所给数值/in或/mm必须乘以材料实际厚度。

因为恒载的永久性特征，它影响设计的以下几方面：

(1) 除非仅分析单一荷载效应，例如仅分析活载产生的变形，否则设计人员在进行荷载组合时总要包括恒载。

(2) 恒载随时间的流逝产生松弛（在木结构中设计应力需要降低），在某些土壤中形成长期连续的沉降，且在混凝土结构中产生徐变效应。

(3) 恒载对某些特殊反应有贡献，例如，抵抗风荷载引起的上拔力和倾覆有稳定效用。

尽管设计人员能确定材料的重量，但大多建筑结构的复杂性意味着设计人员仅能近似计算恒载，因而结构特性的设计是近似的。切记不要因为结构的复杂性来作为计算粗心大意的借口，而应将注意力放在精确计算上。

3. 活载

从学术上讲活载包括所有非永久荷载，然而“活载”这个术语通常仅指作用于屋面和楼面的竖向重力荷载。尽管在荷载组合时，活载和恒载要进行组合，但活载特性通常是随机的，因此设计人员必须研究不同荷载组合下活载的大小。

（1）屋面活载。设计屋面要承受屋面均匀分布的活载，屋面活载包括积雪荷载及屋面施工和维修的一般荷载（雪荷载以地方降雪量为基准，由地方建筑规范规定）。

表 11.2 给出了 1994 年版 UBC 规范要求规定的最小屋面活载。要注意相对于屋面坡度和屋面总表面面积，建筑构件的屋面活载应进行调整，以考虑随总表面面积的增加，构件承受的总表面荷载减少的可能。

表 11.2　　　　最 小 屋 面 活 载[①]

屋面坡度	方法 1			方法 2		
	任何结构构件从属受荷面积（ft^2）			均布荷载[②]	折减率 r（百分比）	最大折减率 R（百分比）
	0～200	201～600	大于 600			
	换算为 m^2，×0.0929 换算为 kN/m^2，×0.0479					
1. 平屋顶[③]或水平 12 个单位对应竖向升高小于 4 个单位（坡度 33.3%），起拱或圆屋顶矢高小于 1/8 跨度	20	16	12	20	0.08	40
2. 水平 12 个单位对应竖向升高介于 4～12 个单位（坡度 33.3%～100%），起拱或圆屋顶矢高介于 1/8～1/3 跨度	16	14	12	16	0.06	25
3. 水平 12 个单位对应竖向升高大于 12 个单位（坡度 100%），起拱或圆屋顶矢高大于 1/3 跨度	12	12	12	12	不允许折减	
4. 雨篷（遮阳雨篷除外）[④]	5	5	5	5		
5. 温室、板条房屋及农业用房[⑤]	10	10	10	10		

① 有雪荷载处，屋顶结构根据建筑部门确定的屋面荷载进行设计，见条文 1605.4。对于特殊要求的屋顶，见条文 1605.5。

② 活载折减见条文 1606。条文 1606 公式（6-1）中的折减率 r 在表格中列出，最大折减率 R 不超过表中所列数值。

③ 平屋顶指水平 12 个单位对应竖向升高小于 1/4 个单位（坡度 2%）的屋顶。平屋顶或荷载与条文 1605.6 要求的积水荷载进行叠加。

④ 见条文 3206 中定义。

⑤ 对于温室屋顶构件要求的集中荷载见条文 1605.5。

资料来源：根据统一建筑规范 1994 年版（参考文献 1）改编，经出版商国际建筑官员会议许可。

屋面表面还必须承受风压力，风压力以地方风历史资料为基础，由建筑规范规定。对于轻型屋顶结构，风的上拔力（吸力）可能大于屋面活载导致合力为上拔力。

平屋顶其实用词不当，考虑到排水要求所有的屋顶都是有坡度的，最小的斜度要求通常为 1/4in/ft 或坡度近似为 1∶50。当设计的屋顶表面近似于水平时，要防止积水，积水处水重量将导致支承结构变形，变形反过来导致更多的积水（形成水塘），引起更大的变形，这些诸多因素将加速结构倒塌。

（2）楼面活载。楼面必须能够承受居住期间产生的所有作用，楼面必须能够承受居住者、家具、设备及储藏货物等等的重量。所有建筑规范都列出了各类使用情况下建筑物的最小活载，但是不同规范规定的活载不同，因此必须采用地方规范。表 11.3 给出了 UBC 规范的楼面活载。

表 11.3　　最小楼面活载

使用或占用		均布荷载[1]（lb）	集中荷载（lb）
类别	特征	转换为 kN，×0.00448	
1. 活地板	用于办公室	50	2000[2]
	用于机房	100	2000[2]
2. 兵工厂		150	0
3. 人群密集地方[3]、会堂和楼座包厢	有固定座位区域	50	0
	有移动座位区域及其他地方	100	0
	舞台及封闭戏台	125	0
4. 挑檐和雨罩		60[4]	0
5. 出口设备[5]		100	0[6]
6. 汽车库	常用车库及（或）维修车库	100	[7]
	个人汽车库或游览汽车库	50	[7]
7. 医院	病房	40	1000[2]
8. 图书馆	阅览室	60	1000[2]
	书库	125	1500[2]
9. 制造业	轻型	75	2000[2]
	重型	125	3000[2]
10. 办公室		50	2000[2]
11. 印刷工厂	印刷车间	150	2500[2]
	排字、排版房	100	2000[2]
12. 住宅[8]	普通楼面	40	0[6]
	外阳台	60[4]	0
	平台	40[4]	0
13. 休息室[9]			
14. 检阅台、正面大看台、露天看台及可折叠压缩座位的看台		100	0
15. 屋面板	与服务区域或居住类型相同		
16. 学校	教室	40	1000[2]
17. 人行道及车道	公共入口	250	[7]

续表

使用或占用		均布荷载① (lb)	集中荷载 (lb)
类别	特征	转换为 kN，×0.00448	
18. 储藏库	轻型	125	
	重型	250	
19. 商店		100	3000②
20. 人行天桥		100	

① 活载折减见条文1606。

② 对于应用的受荷区域见条文1604.3第一段。

③ 人群聚集的地方包括舞厅、训练场、健身房、运动场、购物中心、平台及一般人群聚集的公共场合。

④ 当雪荷载超过设计情况时，应设计建筑物能承受移动改造产生的附加荷载，或由建筑官员确定的增加的雪荷载。

⑤ 出口设备包括诸如10个及10个以上人流的走廊、外用的出口阳台、楼梯、防火梯及类似用途的设备，见条文1605.4。对于特殊用途的屋顶，见条文1605.5。

⑥ 设计单个楼梯踏步板在产生最大应力处能承受300lb（1.33 kN）的集中荷载设计，楼梯斜梁能承受表中给出的均布荷载。

⑦ 对于集中荷载见条文1604.3第二段，对于车辆栅栏见表16-B。

⑧ 住宅包括个人住宅、公寓房间及旅馆。

⑨ 休息室荷载不小于居住活载，也不大于50lb/ft^2（2.4kN/m^2）。

资料来源：根据统一建筑规范1994年版（参考文献1）改编，经出版商国际建筑官员会议许可。

尽管表中给出的是均布荷载值，但规范要求值通常足够大以便考虑一般集中荷载。事实上，对于办公室、多层停车库及其他居住地方，规范通常要求设计人员考虑均布荷载和规定的集中荷载，且当建筑物包括重型设备、储藏货物或其他较重东西时，设计人员必须提供特殊的构造。

当结构构架构件支承较大面积时，大多数规范容许设计人员对总活载进行折减。对于承受较大楼板面积的梁、桁架或柱，UBC规范给出了以下方法来确定折减率：

除了人群集中地方（例如影剧院）的楼板或活载大于100 psf（4.79kN/m^2）的楼板外，设计构件活载时可以根据以下公式进行折减

$$R=0.08\ (A-150)$$

或

$$R=0.86\ (A-14)$$

对于水平构件或计算截面以上层数为一层的竖向构件，折减率不超过40%；对于其他竖向构件，折减率不超过60%。或R确定为

$$R=23.1\left(1+\frac{D}{L}\right)$$

式中 R——折减率（百分数表示）；

A——构件支承的楼板面积；

D——支承面积上每平方英尺的均布恒载；

L——支承面积上每平方英尺的均布活载。

对于特定建筑物类型（例如办公室），分隔并不是一成不变的。考虑分隔的灵活性，将其恒载增加15～20 psf（0.72～0.96 kN/m^2）。

4. 侧向荷载

侧向荷载通常指风和地震对固定建筑物产生的水平力，随着设计人员研究的深入，关于侧向荷载的设计准则和设计方法不断得以改善，诸如 UBC 等典型建筑规范反映了当前的设计建议。

关于侧向荷载完整的阐述不是本书的讨论范围，实际上本书总结了最近时期 UBC 规范规定的一些设计准则。在本章后面的建筑结构设计实例中论述了如何应用 UBC 规范条文。更为广泛的讨论参考风和地震力简化建筑设计（参考文献 9）。

（1）风。许多规范都包含了风设计的简单准则。事实上在风荷载是主要荷载的地区，地方规范内容通常更为广泛。对于风设计，最新和最复杂的标准是《建筑物和其他构筑物最小设计荷载》（参考文献 2）。

当设计风荷载对建筑物的影响时，必须考虑大量建筑和结构涉及的因素，在后面各节中讨论了这些因素的一部分。

1）基本风速。最大风速（即速度），以记录的风历史为依据，且调整为与统计可能性相匹配。对于美国大陆，设计人员采用 UBC 规范中图 No. 4 所示的风速度。注意：风速是离地 10 m（约为 33ft）高处的记录。

2）地貌类别。指建筑场地周围的地形状况。UBC 规范定义了三种类别（B、C 和 D）：类别 C 指建筑物周围的场地至少有 1/2 英里是平坦空旷的地形；类别 B 指在场地周围 1mile 范围内至少有 20%面积有 20ft 高的建筑物、森林和不规则的表面；类型 D 则指近海和其他特殊位置的场地。

提示 ASCE 标准地貌类别为 4 类（A、B、C 和 D）。

3）静风压（q_s）。基本风压是以当地临界风速为依据的，UBC 规范表 No. 16－F 以下列公式（ASCE 标准给出）为基础：

$$q_s=0.00256V^2$$

【例题 11.1】 对于 100 mph 的风速，

$$q_s=0.00256V^2=0.00256\times100^2=25.6\ \text{psf}\ (1.23\text{kPa})$$

在 UBC 规范表格中舍入为整数，取 26psf。

4）设计风压（P）。指垂直于建筑物外表面的等效静压力，由公式（UBC 规范条文 1618）确定为

$$P=C_eC_qq_sI_w$$

式中 P——设计风压力，psf；

C_e——系数，考虑高度、地貌类别和阵风系数，由 UBC 规范表 No. 16－G 给出；

C_q——建筑（或考虑中的建筑部分）的压力系数，由 UBC 规范表 No. 16－H 给出；

q_s——30ft 高处的静风压力，由 UBC 规范表 No. 16－F 给出；

I_w——重要系数：对于公众健康和安全有重要意义的建筑（例如医院或政府建筑）及有危险可能的建筑取 1.15；对于其他建筑取 1.0。

建筑物表面上的设计风压可能为正（向内），也可能为负（向外吸力）。

5）设计方法。当设计主要支撑体系时，UBC 规范给出了用于设计风压力的两种方法：

• 方法 1（法向力法）。在此方法中，假定风压力同时垂直作用于所有外表面，对于人字形刚性框架必须采用此方法，此方法也可用于任何建筑物。

• 方法 2（投影面积法）。在此方法中，总风压力的作用等于作用于投影的建筑物侧面的单独的向内（正值）水平压力加上作用于建筑物整个平面投影面积上的向外（负值，向上）压力。除了人字形刚性框架外，此方法可用于高度小于 200ft 的任何建筑。过去建筑规范仅采用此方法。

对于单个构件设计，C_q 系数（用于确定 P）的取值参考 UBC 规范表 No. 16 - H。

6）上拔力。上拔力可能作为一种总效应产生，包括整个屋顶，甚至整个建筑物。上拔力也可能作为一种局部现象产生（例如对单片剪力墙产生的倾覆力矩）。一般而言，两种设计方法都考虑了上拔力。

7）倾覆力矩。大多数规范规定恒载抵抗力矩（称为恢复力矩、稳定力矩等）与倾覆力矩比值等于或大于 1.5，如果此比值小于 1.5，建筑物必须有足够的锚固以抵抗上拔力作用。

对于下列情况倾覆是至关重要的：

• 相对高耸、细长的塔式结构。

• 在建筑物中由剪力墙、桁构框架及刚性框架支撑的单个支撑单元。

除了非常高的建筑物及人字形刚性框架外，采用方法 2 分析。

8）侧移。侧向荷载引起建筑物水平变形。侧移准则通常限定单个楼层的侧移（换言之，某一楼层相对于其上、下楼层的水平运动）。

尽管 UBC 规范没有给出风引起侧移的限值，但其他规范给出了限值。通常建议限定楼层相对侧移为楼层高度的 0.005 倍（此限值为 UBC 规范对地震作用侧移的限制）。对于砌体结构，有时限定层间侧移为楼层高度的 0.0025 倍。至于涉及结构变形的其他情况，设计人员必须考虑对建筑构造的影响——因而幕墙的详图或内部分割可能影响侧移限值。

9）特殊问题。大多数规范给出的一般设计规范适用于普通建筑。对于特殊建筑，推荐（有时是必不可少的）更为彻底的研究。特殊建筑包括以下类型：

• **高耸建筑物**。设计人员必须考虑上部楼层处的风速和异常的风现象。

• **柔性结构**。设计人员必须研究振动或摆动的影响。此外，设计人员必须加倍注意校核柔性结构是否能承担额定的风运动。

• **外形异常建筑物**。设计人员必须研究建筑物是否敞口，有无大型悬挂或其他突出部分，有复杂外形的建筑物是否能引起特殊的风效应。有些规范建议（甚至是要求）对外形异常建筑物做风洞试验。

(2) 地震。地震期间建筑物将产生振动。因为典型的建筑物来回（水平的）运动较为激烈且使建筑物不稳定，所以结构设计通常考虑地震为侧向荷载。

侧向力通常由建筑物重量产生，或者更明确地讲是由建筑物质量产生的，建筑物一旦真正运动起来，侧向力代表运动的惯性阻力和动能的来源。当采用等效静力方法时，设计人员考虑建筑物受到一组水平力作用，水平力包括建筑物重量的一部分（设想将建筑物垂直旋转 90°，形成一悬臂梁，地面为固定端，且荷载等于建筑物重量）。

一般而言，设计地震水平力作用类似于设计风的水平力作用，设计人员采用的抵抗风和地震的侧向支撑（剪力墙、桁式框架及刚性框架等）的基本类型相同。大体上用于抗风的支撑体系也能很好用作抗震支撑。

因为抗震设计准则和过程十分复杂，本章设计实例中没有阐明地震效应的设计。然而，本章设计实例中的侧向支撑构件及侧向支撑体系通常适用于地震为主导因素的情形。

对于结构的研究，地震作用和风荷载之间主要的差异在于它们各自的实际动力效应不同：临界风力通常由某个主导方向的阵风控制，而地震则代表快速往复运动。然而，一旦将动力效应转化为等效静力，设计人员就关心相应的支撑体系，两者支承体系非常类似，考虑包括剪切、倾覆和水平侧移等。

对于地震效应的详细说明及等效静力法研究的阐述参考《建筑物在风及地震作用下的简化设计》（参考文献 9）。

11.3　建筑设计实例一

如图 11.1 所示，为一层箱式商业建筑。如详图［见图 11.1（*d*）］所示，外墙主要是

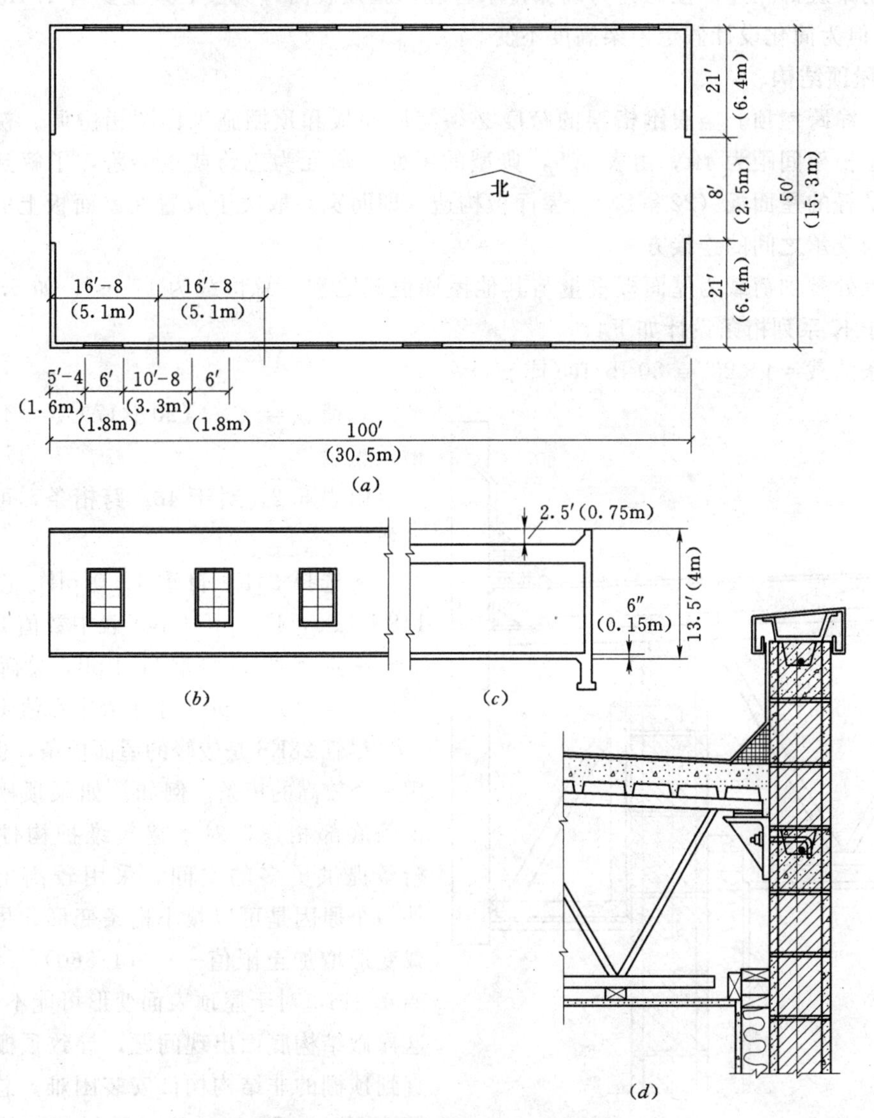

图 11.1　建筑设计实例一：一般构成

（*a*）建筑平面图；（*b*）局部立面图；（*c*）剖面图；（*d*）详图

有混凝土砌块和加筋砌块（即混凝土砌块或 CMUs），而屋顶结构包括轻钢桁架支承成型薄钢屋面板。在本节后面论述了采用不同钢构件的其他建筑物结构类型。

1. 概述

假定设计数据如下：

屋面恒载——15psf，不包括结构自重；

屋面活载——20psf，对于较大支承面积的构件，屋面活载可折减。

图 11.1（*d*）给出了屋顶至女儿墙的连续墙，图 11.1（*d*）还给出了支承在墙表面的钢桁架，桁条跨度约为 48ft。

图 11.1（*c*）所示建筑物屋顶为平屋顶。此外，屋面楼板直接位于桁架上部，且顶棚直接与桁架底部相连。注意：为确保排水合理，屋顶表面每英尺必须至少有 1/4in 的坡度（2%），但为简化设计假定桁架高度不变。

2. 屋顶结构

（1）净跨屋顶。空腹钢桁架的跨度必须与屋面板和顶棚施工详图相协调。初步设计时，假定桁架间距为 4ft，由表 5.5，典型的屋面板单元为三跨或更多跨，了解到可以采用表中最轻的屋面板（22 等级）。屋面板构造（即肋宽）取决于放置在屋面板上的材料及屋面板与支承之间的连接方法。

节点处叠加荷载为屋面板重量与其他屋面恒载之和，总恒载为 17 psf。如 5.10 节所述，对于 K 系列桁条设计如下：

桁条活载＝4×20 ＝ 80 lb/ft（或 plf）

总荷载＝ 4×（20＋17）＝ 148 plf ＋桁条重量

由表 5.2，对于 48ft 跨桁条，可用以下选择：

• 选择 24K9 自重 12.0 plf，总荷载＝148＋12 ＝ 160 plf（小于表中数值 211plf）。

• 选择 28K6 自重 11.4 plf，总荷载＝148＋11.4 ＝ 159.4 plf（小于表中数值 184plf）。

尽管 28K6 是较轻的屋面桁条，也可以选用一个较高的桁条。例如，如果顶棚直接与桁条底部相连，对于建筑维护构件较高的桁条提供更多的空间。采用较高桁条的另外一个原因是可以减小桁条变形。尽管将活载变形增加至限值——（1/360）（48×12）＝ 1.9in，对于屋顶表面变形可能不是关键，这样做结构底面出现问题，导致顶棚下垂或直到顶棚的非结构构件安装困难。总之，选择 30K7 自重 12.3 plf，重量增加不大，而变形相当小。

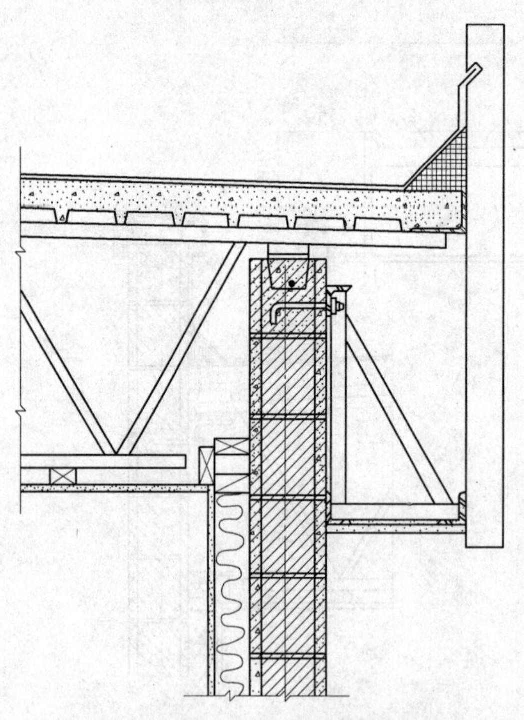

图 11.2 建筑设计实例一：屋顶至墙体详图

［为了对照，参考图 11.1（*d*）］

提示 表 5.2 是一精简的表格，更多桁条尺寸未在表中列出，本书的目的仅在于阐述如何使用文献。

对于空腹钢桁架，规范给出了端部详图及侧向支撑的要求（参考文献 7）。对于跨度 48ft 的桁条，例如，如果采用 30K7 桁条，还必须采用四列剪刀撑。

图 11.1（*d*）所示支承表明桁条对墙体产生一偏心荷载，此偏心荷载引起墙体弯曲。图 11.2 表明屋顶与墙体节点的另一种常用详图：桁条直接位于墙上，且桁条上弦延伸出来形成一个短悬臂。

（2）有内柱屋顶。如果此建筑不要求采用净跨屋顶结构，那么就有可能采用内柱且形成跨度适中的框架体系。

图 11.3（*a*）给出了体系的框架平面图，每一方向柱中心间距为 16′8″；可以采用多跨次梁或较长跨屋面板，如平面图所示。此跨度超出了 1.5in 肋宽屋面板的承载力，但是可以利用较高肋宽的屋面板。

图 11.3（*b*）给出了框架体系的另一种可能布置：屋面板跨越另一方向且仅采用两列梁。这种布置考虑较大的柱间距，这样增加了梁的跨度，但消除了 60%的内柱和柱脚（资金大大节省）。

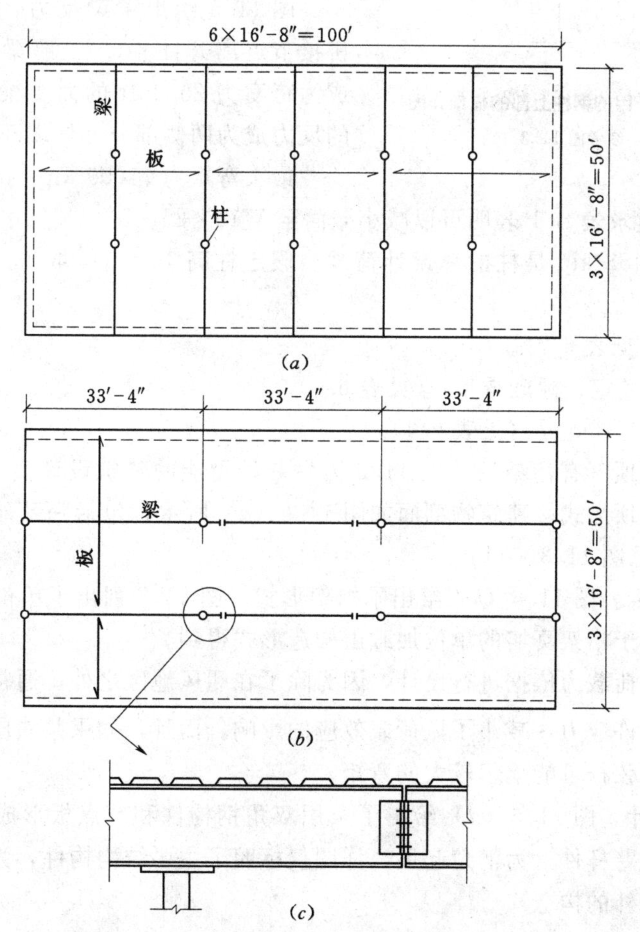

图 11.3 建筑设计实例一：有内柱屋顶框架的选择

有时候可以模仿无抗弯能力连接的连续梁作用，在连续列上形成梁。例如，可以采用拼接节点离开柱的梁［见图 11.3（*c*）］，这样做考虑了相对简单的连接，且降低了变形。

对于图 11.3（*b*）所示梁，假定略重的屋面板，约 20 psf 的恒载导致梁荷载为

$$w=16.67\times(20+16)=600\text{plf}+\text{梁重量}\approx 640\ \text{plf}$$

（注意：梁从属面积 $33.3\times16.67=555\text{ft}^2$，限制了梁活载的折减）。

对于跨度 33.3ft 的简支梁，弯矩为

$$M=\frac{wL^2}{8}=\frac{0.640\times33.3^2}{8}=88.9\ \text{kip}\cdot\text{ft}$$

由附录表 B.1，最轻的 W 型钢梁为 W16×31。由图 5.3，总荷载变形约为 $L/240$，对于屋顶结构通常不重要。而且，活载变形小于总变形的 1/2。

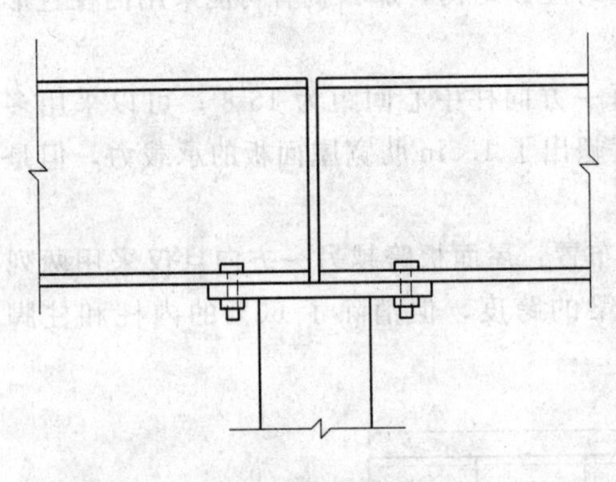

图 11.4 简支梁作用的钢柱上部的框架详图
［为了对照，参考图 11.3（*c*）］

如果建造三跨梁，分成简支三跨，则柱上部详图见图 11.4。但是图 11.3 所示框架详图中梁与梁在离开柱的部位的连接更好。

图 11.5 给出了梁反力、剪力及弯矩，梁拼接节点离开柱 4ft。三跨梁的中心部分因此成为跨度为 25.33ft 的简支梁。中心部分端部的反力成为两侧部分外伸端部的荷载。

最大弯矩为 71.09 kip·in，约为简支梁最大弯矩的 80%。附录表 B.1 表明可以减小截面至 W16×26。

支承反力 22.458 kip 是柱的总设计荷载。假定柱高 10ft，*K* 取 1，可以从以下柱中选择：

- W 4×13（见表 6.2）。
- 3in 圆管（额定、标准重量）（见表 6.3）。
- 3in 方管，3/16in 厚（见表 6.4）。

（3）人字形屋顶（有桁架）。图 11.6 为另一种可能的建筑设计实例一的屋顶结构：人字形（双坡）屋顶形式。建筑物剖面如图 11.6（*a*）所示，包括一系列平面上等间距的桁架［梁-柱布置见图 11.3（*a*）］。

1）**桁架的分析**。图 11.6（*b*）给出了桁架形式，图 11.7 列出了单位加载时代数分析的结果。当然，对于桁架真实的单位加载由构造形式得到。

提示 仅以重力荷载为依据进行设计，因为除了在飓风地区之外，通常对于风荷载设计可提高容许应力，减小了风荷载效应的影响。而且，如果某块屋面板直接由桁架支承，上弦杆可能承担较大的弯矩。

2）**钢桁架设计**。图 11.6（*d*）给出了采用双角钢构件和节点板形成的节点，上弦杆外伸以形成一个悬臂杆件（为清楚起见，详图仅标明了主要结构构件，为形成屋顶、顶棚和拱腹必需附加额外的构造）。

在此尺寸的桁架中，设计人员通常尽可能长地延伸弦杆，不设节点。可利用的长度取

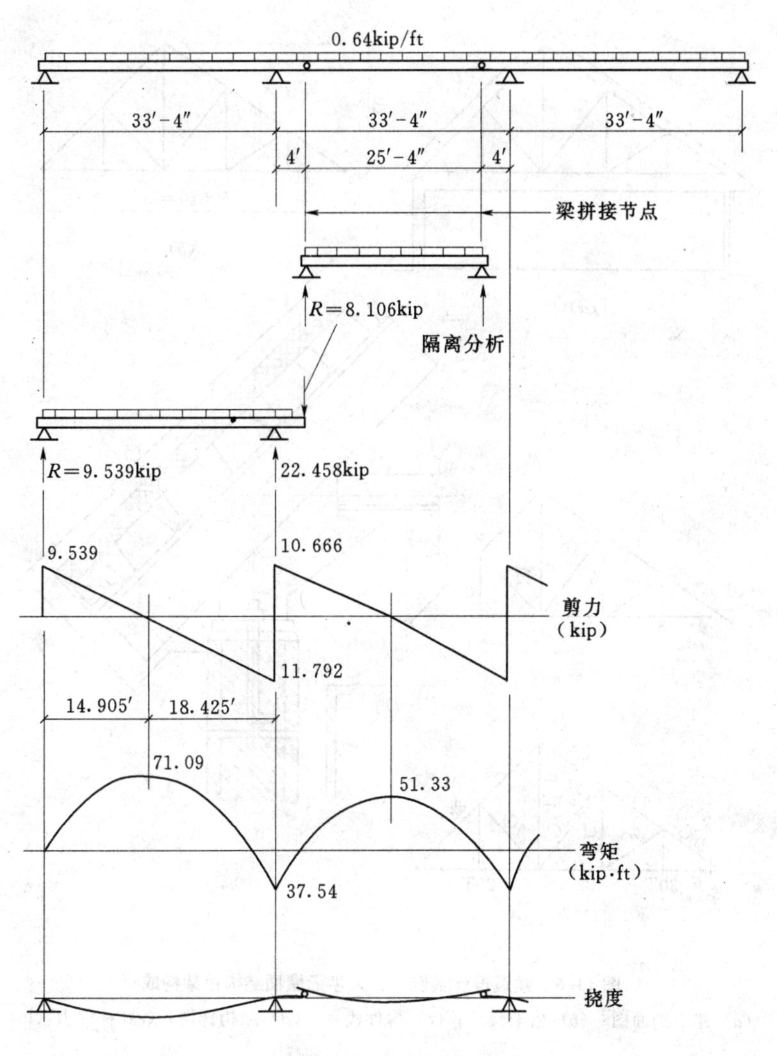

图 11.5 有内部铰的连续梁

决于构件尺寸和当地制造商提供的常用构件长度。图 11.6 (*c*) 给出了可能的构件布置图，包括一个两角钢构成的上弦杆和一个两角钢构成的下弦杆。较长上弦杆长 36ft，还需加上悬臂尺寸，如果角钢不大，可能很难得到此长度。

图 11.6 (*d*) 所示屋顶构造有一块直接支承在上弦杆的大跨钢屋面板，采用此屋面板省掉了桁架之间的中间框架，简化了框架。对于间距 16′18″的桁架［见图 11.3 (*a*)］，屋面板很轻，体系是可行的。但是，对于上弦杆，屋面板直接支承增加了跨越作用，上弦杆变得相当重。

已知屋面活载为 20psf，屋面总恒载为 25psf（屋面板＋保温隔热＋屋面基层＋瓦屋面），上弦杆的单位荷载为

$$w = (20+25) \times 16.67 = 750 \text{ lb/ft}$$

偏于保守地假设简支梁弯矩：

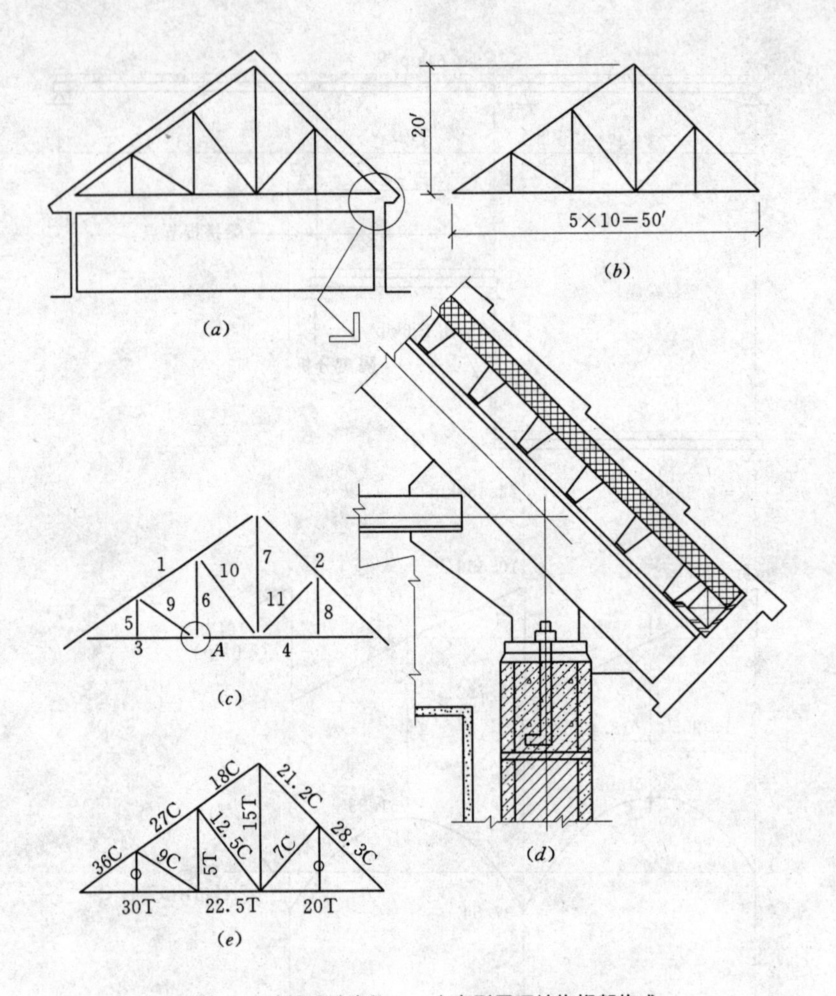

图 11.6 建筑设计实例一：人字形屋顶结构桁架构成

(*a*) 建筑剖面图；(*b*) 桁架尺寸；(*c*) 构件代号；(*d*) 结构详图；(*e*) 构件力 (lb)

$$M=\frac{wL^2}{8}=\frac{0.750\times10^2}{8}=9.375\ \text{kip}\cdot\text{ft}$$

采用容许弯曲应力为 22ksi，则

$$S_{所需}=\frac{M}{F_b}=\frac{9.375\times12}{22}=5.11\ \text{in}^2$$

如果弯曲作用约为弦杆作用的 3/4，可以通过查询一对双角钢确定近似尺寸，双角钢截面模量至少为 7.5。表 A.5 给出了一种可能的尺寸：一对 6in×4in×1/2in 角钢，截面模量为 8.67in²。

在进一步研究之前，先分析桁架杆件内力。图 11.7 给出了每个上弦杆节点处作用 1000 lb 的集中力。

提示 一般设计人员仍假定荷载模式为这种集中加载模式，尽管实际荷载沿上弦杆（屋面荷载）和下弦杆（顶棚荷载）是均布荷载。

如果总活载、屋面恒载、顶棚恒载及桁架重量约为 60psf，则单个节点荷载为

$$P=60\times10\times16.67=10000\ \mathrm{lb}$$

此荷载是图 11.7 所示荷载的 10 倍，因此对于重力荷载产生的内力是图 11.7 所示的 10 倍［见图 11.6（e）］。表 11.4 总结了除上弦杆以外所有桁架杆件的设计，受拉构件反映了需要焊接节点且最小角钢肢厚为 3/8in，而受压构件取自 AISC 表格。

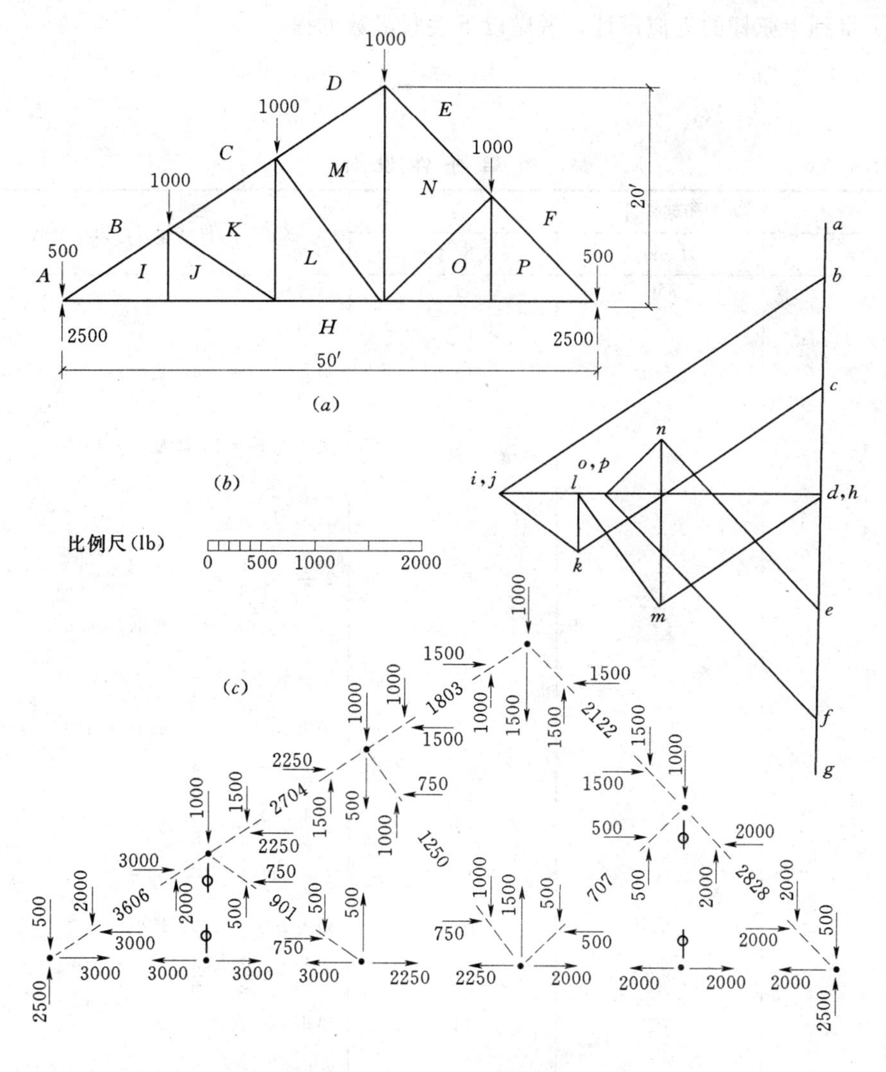

图 11.7 重力荷载下桁架的分析

（a）空间图；（b）麦克斯韦图；（c）单个节点图

［空间图（a）表示桁架示意图和单位荷载；麦克斯韦图（b）为单位荷载下桁架杆件内力图解分析；单个节点图（c）给出了结点处单个集中力系、有坡度构件力的合成及所有构件的总力。注意：在第 10.4 节中，采用了本实例分析的桁架］

当设计轻型桁架时，可以由布置图、尺寸、力的大小或节点详图来推断构件最小尺寸。例如，设计人员可能采用角钢肢宽足够容纳螺栓或角钢肢厚足够容纳填角焊，最小 L/r 比值是推断最小构件的另一准则。最小设计有时导致桁架设计很不合理，与构件形式、尺寸及建议的构造类型并不相匹配。

除了支座处，这里所讨论的桁架弦杆均可以由T形钢组成，取消了大多数情况下采用的节点板。如果能将桁架运输至现场且将桁架作为整个一片进行安装，那么能在车间将桁架内的所有节点焊接好。否则，必须安排好桁架的分割，且在现场将单片桁架拼接好，现场连接可能必须采用高强螺栓。

为了得到上弦杆的近似设计，考虑以下关联函数方程：

$$\frac{f_a}{F_a}+\frac{f_b}{F_b}=1$$

表11.4 桁架杆件设计

桁架杆件			构件选型（均为双角钢）
编号	力（kip）	长度（ft）	
1	36C	12	压弯构件 $6\times4\times\frac{1}{2}$
2	28.3C	14.2	最大 $L/r=200$，最小 $r=0.85$ $6\times4\times\frac{1}{2}$
3	30T	10	最大 $L/r=240$，最小 $r=0.5$ $3\times2\frac{1}{2}\times\frac{3}{8}$
4	22.5T	10	$3\times2\frac{1}{2}\times\frac{3}{8}$
5	0	6.67	$2\frac{1}{2}\times2\frac{1}{2}\times\frac{3}{8}$
6	5T	13.33	最大 $L/r=240$，最小 $r=0.6$ $2\frac{1}{2}\times2\frac{1}{2}\times\frac{3}{8}$
7	15T	20	最大 $L/r=240$，最小 $r=1.0$ $3\frac{1}{2}\times3\frac{1}{2}\times\frac{3}{8}$
8	0	10	$2\frac{1}{2}\times2\frac{1}{2}\times\frac{3}{8}$
9	9C	12	$2\frac{1}{2}\times2\frac{1}{2}\times\frac{3}{8}$
10	12.5C	16.67	最大 $L/r=200$，最小 $r=1.0$ $3\frac{1}{2}\times2\frac{1}{2}\times\frac{3}{8}$
11	7C	14.2	最小 $r=0.85$ $3\times2\frac{1}{2}\times\frac{3}{8}$

可以计算此直线相关图的简单形式，考虑两个比值：必要压力与抗压承载力的比值以及实际必要弯矩（必要的 S）与实际抗弯承载力 S。因而

必要压力＝36.06 kip

抗压承载力（AISC手册表格荷载）＝137 kip

比值＝36.06/137＝0.263

必要 $S=5.11\ \text{in}^3$

实际抗弯承载力 S（文献3建议表格建议）＝$8.67\ \text{in}^3$

比值 ＝5.11/8.67＝0.589

比值之和 ＝ 0.852

以上计算表明构件的选择是合理的，尽管 AISC 规范要求更为精细地研究构件的选择。

图 11.8（*a*）给出了节点 A 的一种可能构造。由于下弦杆在此节点处进行拼接，那么此节点处的弦杆不连续。如果两部分桁架在现场装配，此节点适合现场连接。图 11.8（*b*）给出了采用螺栓连接的拼接节点。

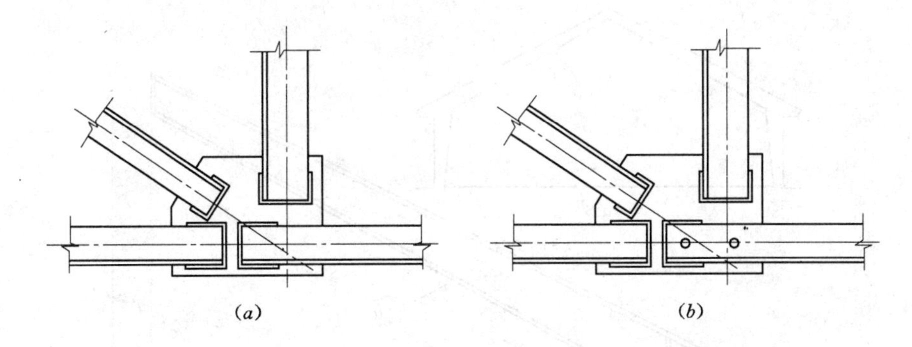

图 11.8 采用双角钢构件通过节点板焊接连接的典型桁架的构成

（*a*）完全焊接节点；（*b*）现场拼接节点，对于现场连接构件采用钢螺栓

3）**屋顶结构的形成**。形成一套完整的屋顶构造必须伴有屋面板体系设计——也可能要包括顶棚体系设计。可以直接将这两种体系支承在桁架弦杆上，或者也可以发展一套支承在桁架节点上的中间框架构件（图 11.9 给出了两种做法的框架平面图）。

当桁架间距较小（如可用空腹钢桁架），图 11.9（*a*）所示体系更为常用。当桁架间距太大时，不能采用一净跨的屋面板。采用附加的梁，可以消除桁架弦杆中的一些弯矩。

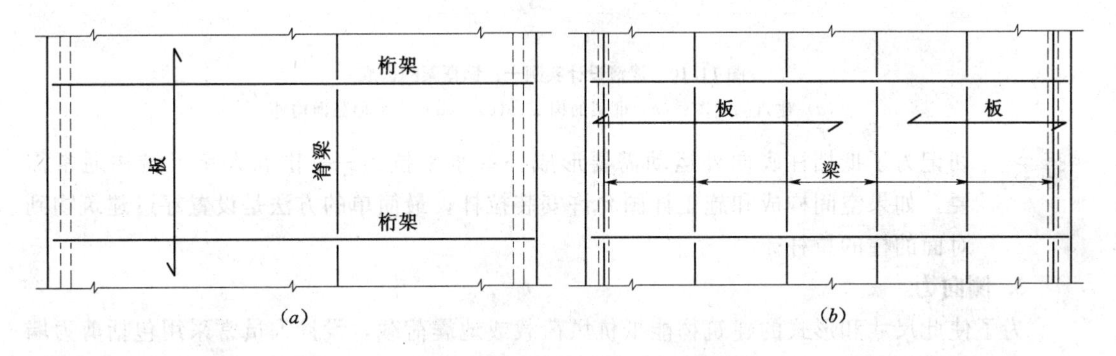

图 11.9 桁架屋顶结构的局部框架平面图

（*a*）屋面结构板跨越桁架之间且无次框架；（*b*）桁架之间有梁，支承在桁架节点上以避免桁架弦杆弯曲

如果抗火规范容许，桁架在室内可以外露，即在桁架下部不悬挂顶棚。但是，结构支承通常必需满足照明、消防喷水管道系统、HVAC 以及固定设备等要求。为了支承这些构件，设计人员有多种选择，包括直接由桁架杆件支承或将钢丝吊筋插入到屋面板中支承。

（4）**人字形屋顶（有焊接钢框架）**。图 11.10 所示为焊接框架结构的人字形屋顶，框架由钢板制成，焊接在一起形成 I 字形截面的构件［见图 11.10（c）、（d）］。无论建筑物由钢、胶合板还是预制混凝土建成，都非常普遍地采用人字形屋顶。

当人字形屋顶结构构成如图 11.10 所示在屋顶屋脊处及柱基为铰接时，反力由静力条件就可以确定，因此此结构设计相对简单。此外，因为许多钢制造公司都生产屋架非常基本的构件——实际上，屋架构件有标准的目录单——通过选择标准商业构件，能很快完成全部设计。无论如何，本书并不打算给出此结构全部分析和设计过程，如果需要，可以在钢结构设计或木结构设计的许多教科书中找到设计实例。

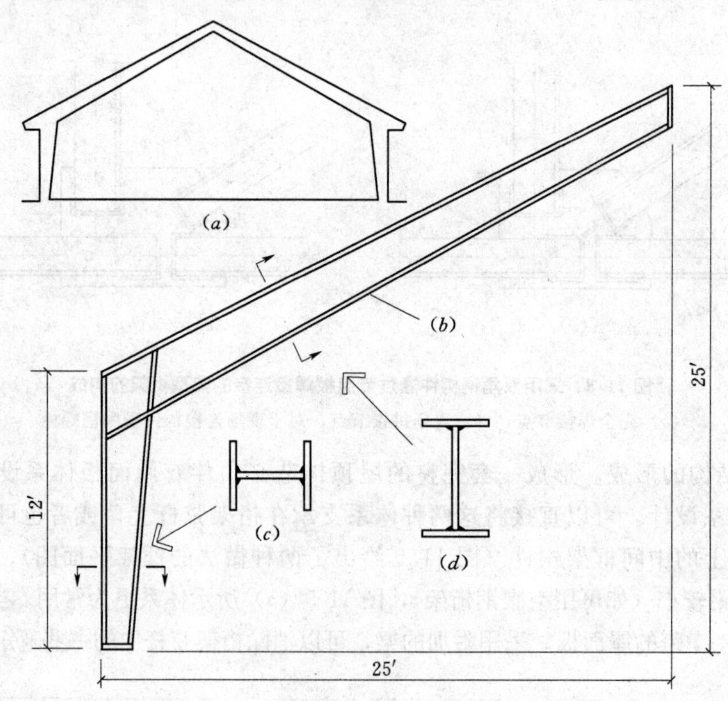

图 11.10 建筑设计实例一：钢框架的构成

（a）建筑剖面图；（b）框架的构成；（c）、（d）工字形截面构件

提示 切记为了抵挡柱底向外运动需要形成一些水平抗力——拱和人字形结构通常需要。如果空间构成和施工详图允许安装拉杆，最简单的方法是设置穿过建筑物到对面的柱的拉杆。

3. 侧向力

为了使此尺寸和形式的建筑物能抵抗风荷载或地震荷载，设计人员常采用包括剪力墙和一水平横隔屋面板的箱式体系。对于剪力墙，如果实心墙不能提供足够的抗侧力，那么可以采用桁架式构架（即斜撑框架）或刚性框架。

一般设计钢屋面板作为水平隔板，屋面板制造商提供钢屋面板的数据——单个屋面板产品及相关连接构件。钢框架的构件用作横隔板弦杆、集力件、拉杆和压杆。例如，建筑设计实例一的砌体墙能用作剪力墙，如果钢屋面板与框架连接可靠，即使最轻的钢屋面板也能满足横隔板的作用。实际上，对于非飓风情况，满足规范和工业标准给出的最小构造要求就可以了。

提示 后面给出的建筑设计实例能适用于更大的侧向荷载。

11.4 建筑设计实例二

提示 本节采用的活载及恒载数据与建筑设计实例一数据相同。

图 11.11 给出了单层工业建筑屋顶结构的局部框架平面图，体系每个方向跨度均为 48ft。平面图显示出一系列主梁支承在柱上，垂直于主梁是一系列次梁，且屋面板支承在次梁上。次梁的间距是此体系的一个关键因素，影响如下：

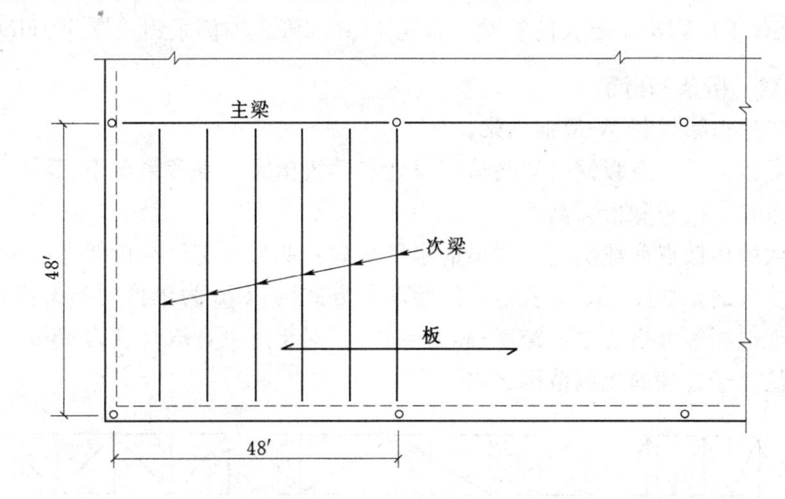

图 11.11 建筑设计实例二：局部屋顶框架平面图

- 作用于单个次梁上的荷载。次梁间距越大，次梁承担的荷载越大。
- 屋面板。胶合板跨度小，而钢屋面板跨度则取决于板肋高度。专利产品有特定的限制，因而要校核制造商提供的数据。
- 作用于桁梁上的点荷载。如果主梁是桁架，荷载必须作用于上弦杆节点。

当选择屋面板、主次梁、桁条和桁梁以及柱时，设计人员有很大的选择范围，本节概述了两种常用方案。

1. 方案一：次梁和 W 型钢主梁

此体系采用次梁间距 4ft，支承在 W 型钢主梁上。注意：对于此跨度和荷载，次梁的选择与建筑设计实例一相同。

因为内部的单个主梁支承较大面积，屋面活载可折减为 12psf（见表 11.2）。如果假定次梁总恒载为 20psf，主梁总荷载为 32psf，则主梁线荷载（均匀分布荷载）为

$$w=32\times48=1540\ \text{plf}\ (1.54\text{kip/ft})$$

实际上次梁传来的荷载为作用于主梁上间距为 4ft 的点荷载，但是与均布荷载产生的最大弯矩差别很小。如果进一步合理地假定主梁重量为 1.6 kip/ft，对于简支梁作用，最大弯矩为

$$M=\frac{wL^2}{8}=\frac{1.6\times48^2}{8}=518.4\ \text{kip}\cdot\text{ft}$$

由表 B.1，最轻主梁类型为 W30×99。

可以采用梁节点离开柱的布置。如果能同样地降低20%最大弯矩，弯矩降为0.80×518.4=415 kip·ft，则主梁可能的最小类型为W 27×84，单位荷载增大至1.624 plf，对应设计抵抗弯矩约为421kip·ft。

对于柱，总荷载为1.624×48 = 77.95 kip。已知柱净高20ft，K为1，可用以下选择：

(1) W 8×31（见表6.2）。

(2) 8in标准圆管（见表6.3）。

提示 AISC手册列出了更大的管材，直至16in方管。本例采用壁厚5/16in，6in方管。

2. 方案二：桁条和桁梁

此体系采用桁架代替W型钢主梁。

对于此类型体系，空腹钢桁架制造商设计和销售桁梁（参考第5.10节）。设计的最终结构是确定布置、荷载和桁架高度。

次梁导致的离散点荷载确定了主梁的水平模数，此尺寸应该与桁架高度相匹配，以使桁架节间尺寸合适，如图11.12所示。经验取值方式为以in为单位的桁架高度与以ft为单位的跨度近似相等（换言之，跨度/高度=12）。对于此例，取高度为48in（不是必须如此，而是取值处于合理的比例范围之内）。

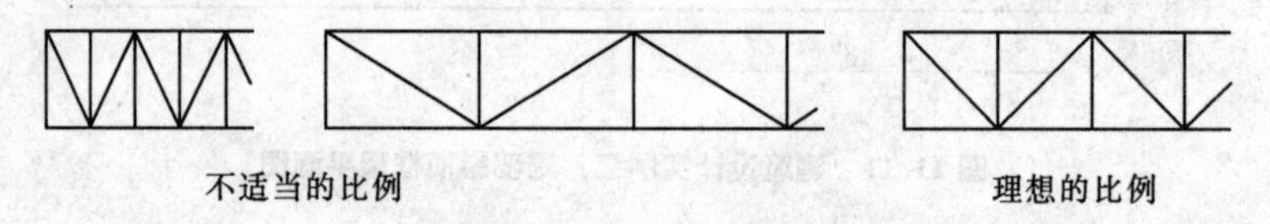

图11.12 桁梁的桁架布置图

对于间距4ft桁条，桁架有12节间，且桁架式桁梁上弦杆节点的单位荷载等于一根桁条的总荷载。已知桁条的总的平均恒载为20psf，但对于桁梁设计活载减为12psf（见表11.2），此桁架节点荷载为

$$4\ (12+20)\ \times 48 = 6144\ \text{lb}\ (6.144\ \text{kip})$$

如第5.10节所阐述，桁梁选定型号48G12N6.144K，表明桁梁高48in，支承桁条有12个间隔（实际上有11根桁条），且桁条荷载为6.144kip。

柱的选择一般与方案一选择相同，然而W型钢主梁与柱的连接和桁架与柱的连接不同，因此相同的柱类型（横截面）可能对两种体系的影响不尽相同。

提示 方案二基本体系是建筑设计实例三的一种方案（见图11.31）。

11.5 建筑设计实例三

建筑设计实例三是一通常称为低层建筑的中等大小办公室（见图11.13）。对于此类建筑，设计人员可供选择的结构形式有许多，但是在任一地方的特定时期，仅有几种形式最为常用。

1. 概述

此类建筑通常要求满足一定模数，以与柱、窗间小柱及房间内部分隔相协调。这种模数协调还包括与顶棚结构、照明、HVAC构件以及接入电力、电话和其他信号配线系统

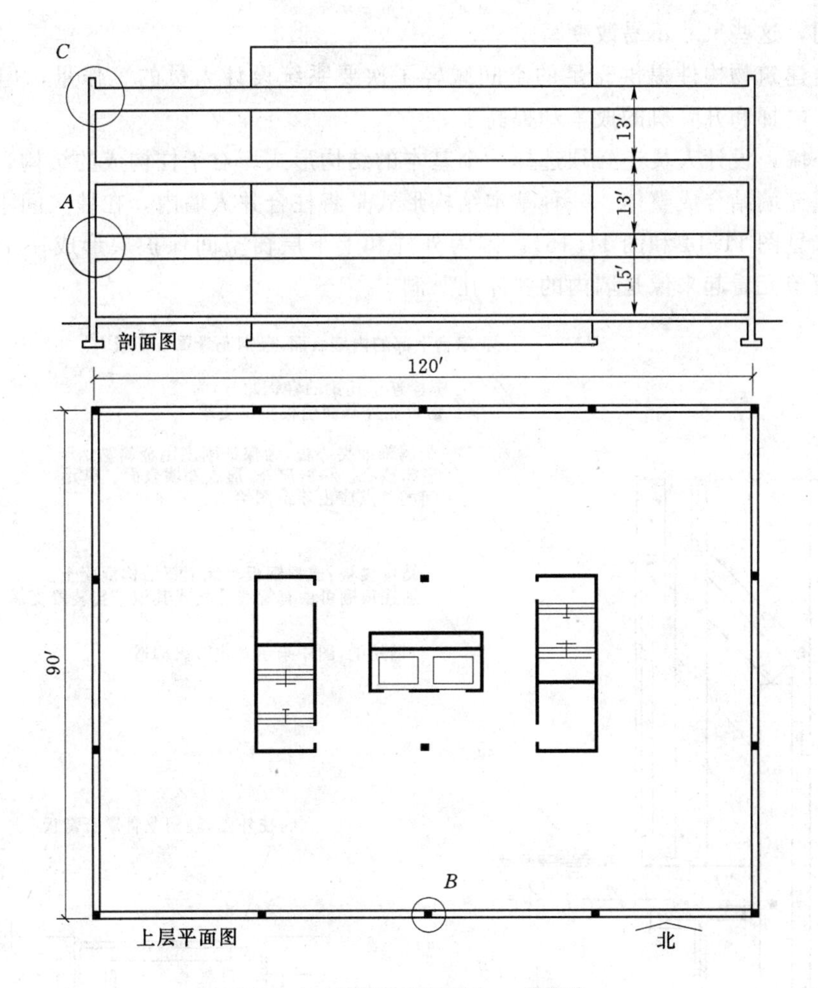

图 11.13 建筑设计实例三：一般构成

的协调。没有一种固定的尺寸，不同设计人员采用和提倡的尺寸不同，介于 3～5ft 之间。为了建立一个参考尺寸，选择幕墙体系、内部模数分隔或一个完整的顶棚体系。

作为建筑物拥有者的一项投资，一般一栋建筑物的用户在使用寿命内可能会发生变化，建筑物内部必须易于进一步改建。因此，设计人员设计的基本结构要几乎不采用永久性结构构件——如柱、楼面板、屋面板、外墙以及封闭楼梯、电梯、休息室和立管的内墙，如果可能，其他构件事实上应该是非结构的或可拆卸的。

此外，设计人员布置柱距应尽可能大，以减少独立式柱的数量。实际上，如果从核心（即成组永久构件）至外墙的距离对于单跨不是太大的话，设计人员力争实现无柱的自由内部空间。建筑物周边柱不成问题，所以设计人员有时会增加周边柱数量以提高建筑物抵抗重力荷载及侧向荷载的能力。

较为复杂的是，悬挂顶棚底面和楼面板及屋面板结构顶面之间的空间必须不仅包括基本的结构构件，而且还要包括结构、HVAC、电力、通信、照明和防火体系。在将所有这些构件结合成一个整体之前，必须正确估计所需的总空间大小。遗憾的是，一旦确定了跨越结构的高度和竖向建筑物层与层之间的常用高度，如果密闭体系的详细设计表明需要更大的空间，这些尺寸不易改变。

尽管给建筑物构件提供充足的空间减轻了次要系统设计人员的工作量，但较高的外墙、楼梯、电梯和升降机的成本却提高了。

关于外墙，设计人员还必须选择一个基本的结构形式。对于柱构成的结构，必须将柱和非结构填充墙结合成整体。一种基本结构形式是将柱合并入墙内，在柱之间水平板条处形成窗户（见图 11.14 和图 11.15）。因为外柱和上下层窗空间保护层形成一个普遍连续的表面，窗单元看起来像是墙内的“冲孔”洞。

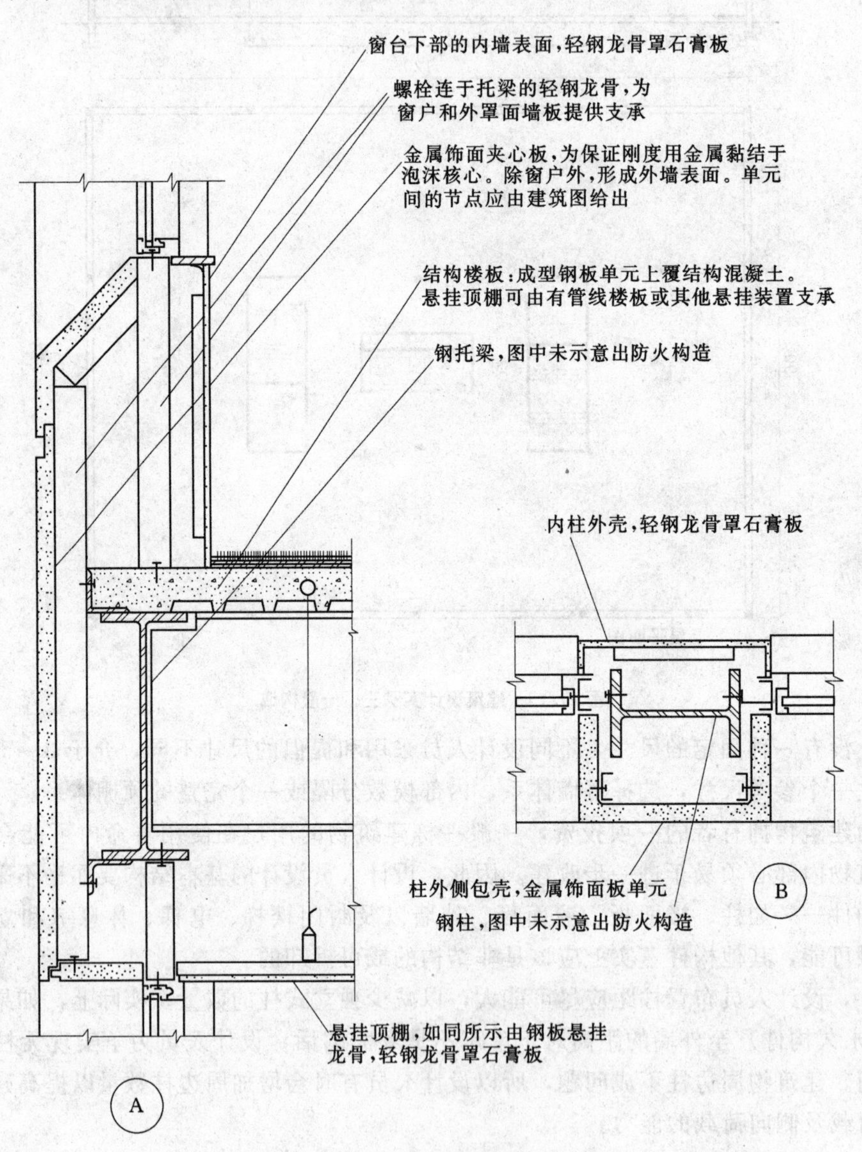

图 11.14 建筑设计实例三：典型办公室楼面处墙、楼面板及柱构造

本实例的窗户不作为连续幕墙体系的一部分，实际上窗户本质上是独立的单元，放置在一般墙体系内且由一般墙体系支承。作为一个龙骨-表面体系形成了幕墙，而不像典型

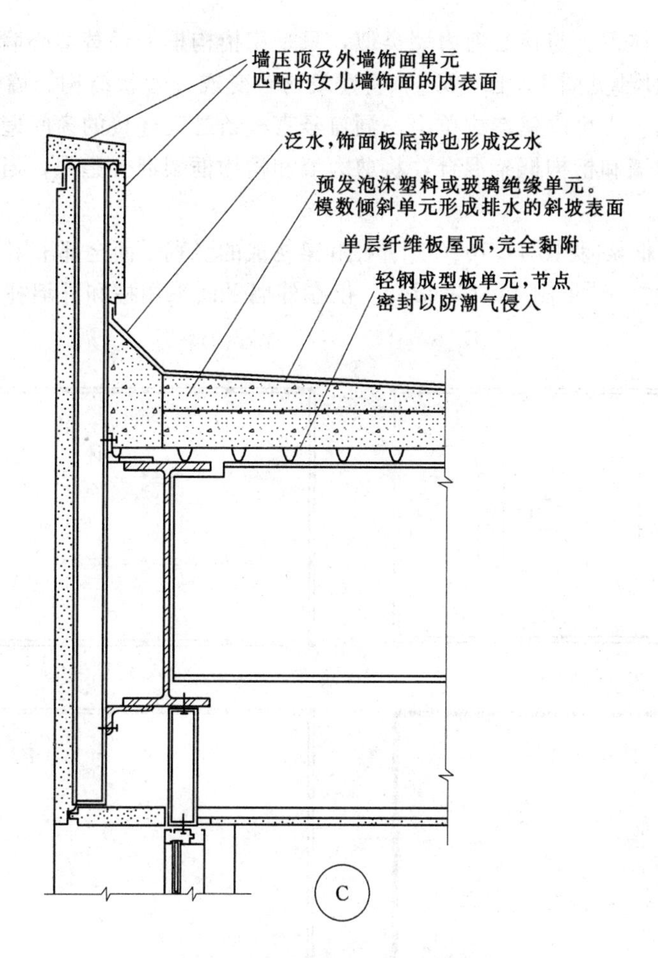

图 11.15 建筑设计实例三：屋顶构造

的轻型木龙骨墙体系那样形成幕墙。龙骨是轻钢，外侧覆盖金属面层夹心板单元体系，内侧覆盖（如果需要）石膏板干饰面，金属龙骨与板材采用螺丝相连。

详图 A 给出了相当大的孔隙空间，容易容纳配套系统（如电力体系）和常用的保温隔热材料。在寒冷气候条件下，此空间经常容纳周边热水供暖系统。

2. 结构方案

设计人员可以选择多种结构方案，包括完全钢框架、混凝土框架及砌体承重墙体系。如果所需楼板总面积和使用分区允许，甚至可以选择轻木框架结构。选择的结构构件主要取决于所需平面形式、窗户布置类型及建筑物内部的净跨要求。

在建筑设计实例三的高度范围内，常用的主要结构方案是钢结构和钢筋混凝土结构。本节讨论采用钢柱与不同水平跨越钢结构及不同侧向支承系统组合形成的结构。

当设计结构体系时，应同时考虑重力体系和侧向力体系。对于重力，设计人员必须设计屋面、上部楼面与竖向支承构件叠加的水平跨越体系；对于侧向荷载，设计人员可从以下常用支承体系中选择（见图 11.16）：

（1）核心剪力墙[见图 11.16 (*a*)]。在核心构件（楼梯、电梯、休息室及通风管道）周围采用实心墙，形成一个刚度非常大的竖向结构，结构的其余部分可以靠着此刚性核心。

(2) 桁架支撑体系。与核心剪力墙类似，只是用桁构框架代替实心墙。

(3) 周边剪力墙[见图 11.16 (*b*)]。将建筑物转变成一管状结构。墙体可以结构上连续，允许门窗穿通。也可以建造成单个、洞口竖直板条之间连接的窗间壁。

(4) 内外剪力墙和桁构框架混合。将剪力墙和桁构框架混合起来，当周边核心体系不可行时采用。

(5) 完全刚性框架[见图 11.16 (*c*)]。柱和梁构成的竖直平面全部采用可利用的框架。

(6) 周边刚性框架[见图 11.16 (*d*)]。仅在外墙平面采用柱和外墙托梁，导致每个方向仅有两榀框架。

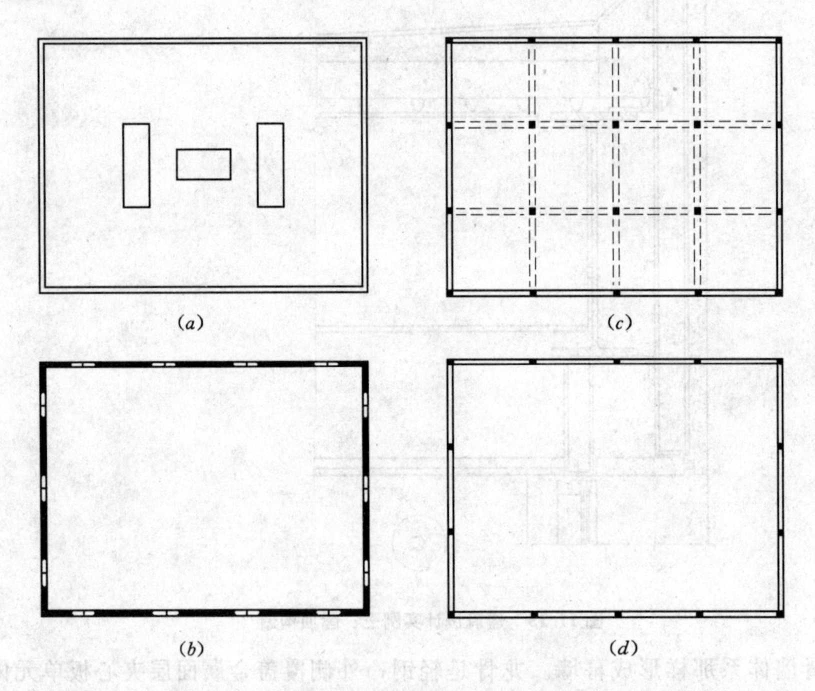

图 11.16 建筑设计实例三：不同侧向支撑体系的竖向构件

(*a*) 支撑核心，剪力墙或桁架；(*b*) 支撑周边，剪力墙或桁架；(*c*) 完全空间刚性框架；(*d*) 周边刚性框架

每种建筑结构体系都有各自的优缺点。

在以下各节中，计划采用桁构核心框架体系和完全刚性框架。对于竖向支承，两种体系均采用 W 型钢钢柱；对于水平屋面结构和楼面结构，也给出了两种体系：全部采用 W 型钢钢主-次梁体系和空腹钢桁架、桁梁的桁架体系。

3. 设计准则

采用以下数据：

建筑规范：1994 UBC 规范（参考文献 1）

活载：

屋面：见表 11.1。

楼面：由表 11.3，对于办公室最小取 50 psf，对于大厅和走廊取 100 psf，对于可移动部分取 20 psf。

风荷载：地貌类别 B，风速 80 mph。

假定结构荷载：

楼面家具：5 psf。

顶棚、照明、管道：15 psf。

墙（表面平均重量）：

内墙永久荷载：15 psf；

外幕墙：25 psf。

热轧型钢：ASTM A36，$F_y=36$ ksi。

4. 主-次梁楼面结构

图 11.17 给出了一个上部楼层的典型结构体系。注意：轧制型钢次梁的间距与柱间距有关。次梁中心间距 7.5ft，不在柱线上的次梁由柱线上主梁支承，因此主梁支承 3/4 的次梁，其余次梁直接支承在柱上，次梁支承单向楼面板。

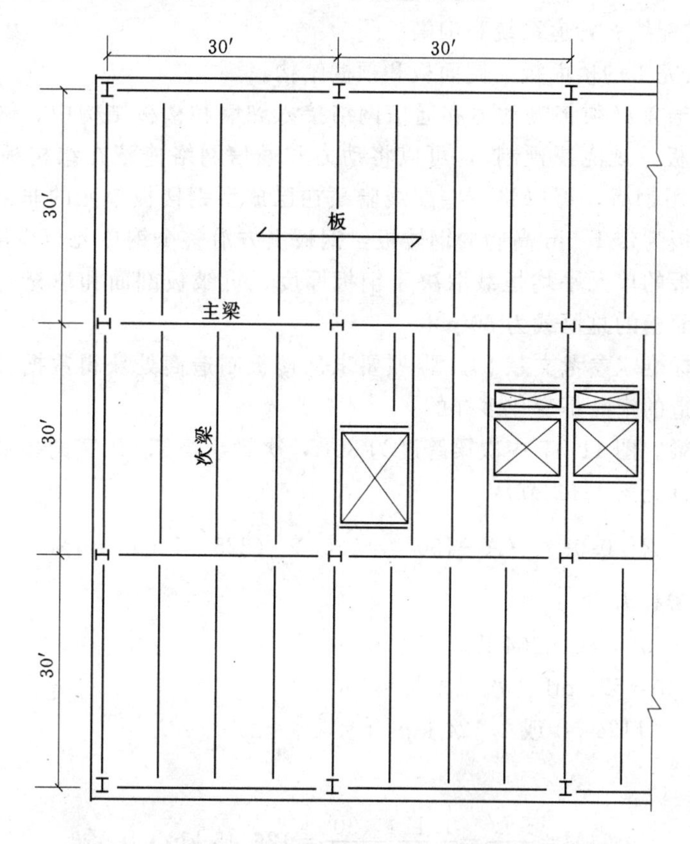

图 11.17 建筑设计实例三：上部楼层钢楼面结构的局部框架平面图

此基本体系有以下几个可变量：

(1) 次梁间距：影响楼面板跨度和次梁荷载。

(2) 楼面板：可用多种类型，见后面讨论。

(3) 次梁和柱关系：容许在两个方向上形成竖向框架。

(4) 柱方向：W 型钢有一强轴，柱不同方向给出的框架不同。

(5) 防火：见第 2.5 节。

图 11.17 不仅给出了普通构件，而且给出了建筑核心需要的几根特殊梁。事实上，在此仅限于讨论普通构件，即图 11.17 中标明的次梁和主梁。

在投机性的租用建筑物中，每个楼层都可能有不同的平面图。因为设计人员不能预测办公室和走廊的位置——各自规定的活载不同——所以对于一般荷载组合有多种设计可能。对于本节设计，采用以下数据：

对于楼面板：活载 = 100 psf。

对于次梁：活载 = 80 psf；对于可移动部分，恒载增加 20 psf。

对于主梁和柱：活载 = 50 psf，恒载增加 20 psf。

(1) 结构楼面板。可以选择好几种楼面板。设计人员必须不仅要考虑包括重力和侧向荷载的结构因素，还要考虑以下因素：

1) 钢材如何防火。

2) 如何容纳配线、管道系统和沟槽。

3) 如何连接完工的楼面板、屋面板和顶棚结构。

办公室建筑通常必须将电动力和通信网络接入到墙和楼板结构中。例如，如果结构楼面板是混凝土板（现浇或预制），可以将动力和通信网络掩蔽在结构板上方的非结构填充处；如果采用钢板，可以将一些配线隐藏在已成型钢楼板单元的非密闭空腔内。

此例选择楼板为带 1.5in 高肋的钢楼板，钢板上方沿整个钢单元至少浇筑 2.5in 厚轻质混凝土。此楼板的单元平均恒载取决于钢板厚度、折皱板剖面和填充混凝土的单位密度。假定此例楼面板的总恒载为 50 psf。

尽管有工业标准（参考文献 8），强烈要求从楼板制造商处获得数据。工业标准仅作为指导，实际制造的产品是变化多样的。

(2) 普通次梁。图 11.17 中次梁跨度为 30ft，次梁承担 7.5ft 宽的板带荷载，容许进行以下活载折减（见第 11.2 节）：

$$R=0.08\times(A-150)=0.08\times(225-150)=6\%$$

因此，次梁荷载为

活载 $=7.5\times0.94\times80=564$ lb/ft（或 plf）

恒载 $=7.5\times50=525$ plf + 次梁重量 ≈560 plf

总单位荷载 = 1124 plf 或 1.124 kip/ft

那么

$$M=\frac{wL^2}{8}=\frac{1.124\times30^2}{8}=126.45\ \text{kip}\cdot\text{ft}$$

考虑到次梁重量，附录表 B.1 给出了以下选择可能：W16×45、W18×46 或 W21×44。尽管对于 16in 型钢次梁，此例中活载变形在一般限值范围之内（见图 5.3），但是较高的次梁产生的变形显然要小。同时，楼面板实质上对次梁上（受压）翼缘应该提供连续侧向支撑。

此次梁是典型的构件，如果需要可以设计其他类型梁——包括柱线上次梁和外墙托梁等。

(3) 普通主梁。图 11.8 给出了主梁所受荷载情况——但仅给出了支承次梁产生的荷载。注意：由于主梁自重荷载是次要荷载，可以忽略主梁重量的影响（一均匀分布荷载）。

主梁承担三个次梁，因此总的活载面积为 $3\times225=675\ ft^2$。容许活载折减率为

$$R=0.08\times(675-150)=42\%$$

然而，因为对于水平跨越结构的活载最大折减率为 40%，所以单位梁荷载为

恒载 $=0.570\times30=17.1$ kip

活载 $=0.60\times0.050\times7.5\times30=6.75$ kip

总荷载 $=17.1+6.75=23.85\approx24$ kip

为了选择一个合适的构件，必须留意多方面的数据。确定最大弯矩之后（见图 11.18），为确定令人满意的构件查阅附录表 B.1 或附录图 B.1。已知此构件侧向支撑间距为 7.5ft，选择最小构件为 W24×84 和 W27×84，也可以采用 W21×93 和 W30×90。截面较高的构件变形较小，但对于在楼面或顶棚密闭空间内的建筑使用构件，构件截面越小，容许的空间越大。

尽管能通过反映真实荷载情况的公式来计算变形，但能通过采用由最大弯矩得到的等效荷载来近似计算变形，如在第 5.6 节所论述。此实例的等效均布荷载为

$$M=\frac{WL}{8}=360\ \text{kip}\cdot\text{ft}$$

$$W=\frac{8M}{L}=\frac{8\times360}{30}=96\ \text{kip}$$

采用此假定的均匀分布荷载和简化公式来计算近似变形。

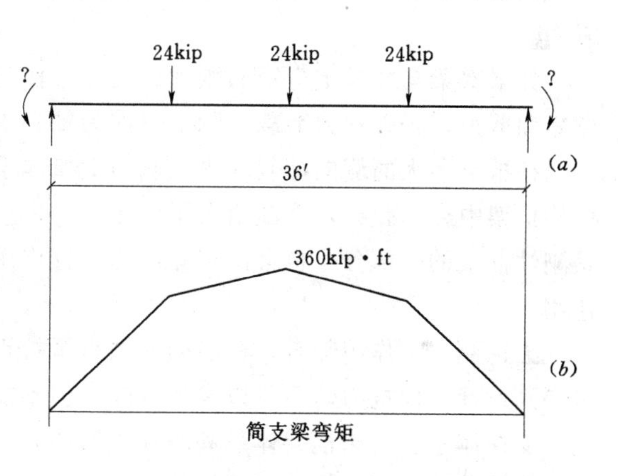

图 11.18 作用于主梁上的荷载情况

(a) 从被支承的次梁，固端约束或连续减小了弯矩；(b) 从简支梁弯矩

尽管应该研究单个构件的变形，但还有一些变形也是重要的，包括以下几点：

1) **楼板振动**。振动影响到刚度和跨越构件的基本周期，涉及楼面板、次梁或对二者均有影响。一般而言，采用静力变形限制能保证合理减小振动，但差不多任何提高刚度的措施都能改善楼板振动情况。

2) **荷载传递至非结构墙**。对于复杂的建筑结构，活载变形可能引起跨越构件对非结构构件产生荷载作用。降低变形可能会有好处，但设计人员经常必须设计特殊的构造来连接结构构件与非结构构件。

3) **施工期间的变形**。主梁变形加上次梁变形引起柱跨中心的变形叠加（见图 11.19）。不仅这种叠加变形对于活载可能至关重要，而且在施工期间也可能引起问题。如果安装平的钢次梁和钢楼面板，然后施工——例如填充混凝土——就会从平直情况产生变形。一个解决的途径是将梁在车间起拱以便于施工阶段变形后梁平直。

5. 重力荷载下柱设计

当设计钢柱时，必须同时考虑重力和侧向荷载。

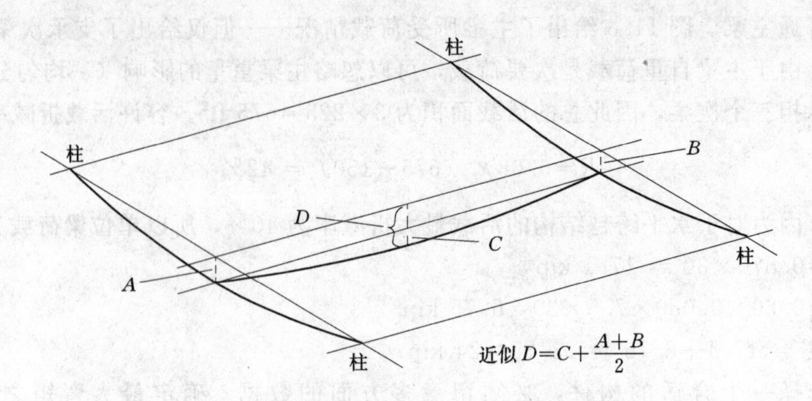

图 11.19 楼板结构的叠加变形：*A* 和 *B* 为主梁变形，*C* 为次梁变形，*D* 为柱跨中的实际总变形

重力荷载以柱的周边为基础，通常定义为每一被支承楼层的被支承表面积。荷载实质上由次梁和主梁传递至柱上，但设计人员采用周边的面积将荷载制成表格且确定活载折减率。

如果次梁与柱是抗弯矩的刚性连接——作为刚性框架——那么重力荷载在柱中也引起弯矩和剪力，否则重力荷载实际上仅作为轴心受压荷载。

柱抵抗多大的侧向荷载取决于侧向支撑体系。如果采用桁构框架，一些柱在竖向悬臂桁构框架中充当弦杆，因此增大了柱压力，也可能在柱中产生一些反向的净拉力；如果柱是刚性框架的一部分，也会出现相同的弦杆作用，但柱还要承受刚性框架侧向弯矩和剪力作用。

无论侧向力作用与否，柱必须能独自抵抗重力荷载作用。本节忽略侧向荷载，这样做可得到设计侧向抗力体系可以参考修改（但不能减小）的柱设计（在本节后面将讨论两种侧向支撑体系：桁构框架体系和刚性框架体系）。

柱荷载取决于框架布置及柱的位置，为了完成所有柱的设计，必须对每种情况柱制表列出荷载。事实上，在本节集中考虑三种情况：角柱、边柱和一个假定的内柱。

注意：对于内柱，假定柱一般从属面积 $900\mathrm{ft}^2$——一般的屋面面积和楼面面积。当然，如图 11.13 表明所有内柱均处于核心范围，所以不存在假定的内柱。然而，随后给出了所有内柱如何影响侧向力体系，所以列此表是有意义的，当设计侧向力时也给出了合适的柱尺寸。

图 11.20 是设计人员确定柱荷载的一种常用列表形式。对于外柱，此表列出了三个独立的荷载，与三层高柱相对应；对于内柱，表格假定第四层——屋顶上层结构（例如小棚屋）——坐落在楼层中心上方。

类似图 11.20 的表格有助于设计人员确定以下内容：

（1）作用于每层柱周边的恒载，由每平方英尺假定的平均恒载乘以面积计算得到。当设计水平构件时，设计人员可以采用已确定的荷载。

（2）作用于每层柱周边的活载。

（3）每层的活载折减率，以该层以上楼层总的被支承周边面积为基础。

楼层	荷载来源	角柱 225ft²			中间外柱 450ft²			内柱 900ft²		
		DL	*LL*	总和	*DL*	*LL*	总和	*DL*	*LL*	总和
小棚屋屋面	屋面							8	5	
	墙							5		
	总/楼层							13	5	
	设计荷载									18
屋面	屋面	9	5		18	9		36	18	
	墙	10			10			10		
	柱	3			3			3		
	总/楼层	22	5		31	9		49	23	
	设计荷载			27			40			72
第 3 层	楼面	16	11		32	23		63	45	
	墙	10			10			10		
	柱	3			3			3		
	总/楼层	51	16		76	32		125	68	
	LL 折减率	24%	12		60%	13		60%	27	
	设计荷载			63			89			152
第 2 层	楼面	16	11		32	23		63	45	
	墙	11			11			11		
	柱	4			4			4		
	总/楼层	82	27		123	55		203	113	
	LL 折减率	42%	16		60%	11		60%	45	
	设计荷载			98			145			248

图 11.20 建筑设计实例三：柱荷载表

（假定屋顶上方小棚屋在建筑物中心处，内柱是假设的，忽略上部楼层实际核心情况）

（4）其他直接被支承的恒载，例如，柱重量和荷载周边范围之内的任何永久性墙。

（5）每层楼的总荷载。

（6）每个楼层的设计荷载，以该楼层所支承的所有楼层总荷载之和为设计依据。

图 11.20 反应了以下假定：

屋面单位活载 ＝ 20 psf（可折减）；

屋面恒载 ＝ 40 psf（初估，建立在类似楼板构造基础之上）；

小棚屋楼板活载＝100 psf（设备平均值）；

小棚屋楼板恒载＝50 psf；

楼板活载＝50 psf（可折减）；

楼板恒载 ＝ 70 psf（包括隔墙）；

内墙重 15 psf/ft²；

外墙平均重 25 psf/ft²。

图 11.21 总结了三种柱的设计。对于铰接框架，*K* 系数假定取 1.0，且整个楼层高度用作无支撑柱的长度。

楼层	无支撑高度 (ft)	角柱		中间外柱		内柱	
		设计荷载 (kip)	柱选型	设计荷载 (kip)	柱选型	设计荷载 (kip)	柱选型
3rd	13	27	W10×33	40	W10×33	72	W10×39
2nd	13	63	W10×33	89	W10×33	152	W10×39
				假定柱拼接位置			
1st	15	98	W10×33	145	W10×33	248	W10×49

图 11.21 建筑设计实例三：以图 11.20 为基础的柱设计总结

尽管在上部楼层柱荷载较小，建议 W 型钢至少在 10in 以上，原因如下：

(1) 水平框架构件的形式以及柱和水平框架之间的连接类型。H 形柱通常必须在两个方向均便于形成梁与柱的翼缘和腹板相连。对于现场螺栓与柱的标准框架连接（见第 10.4 节），梁最小高度和翼缘最小宽度均要求能够使连接角钢和螺栓的安装切实可行。如图 11.22 所示角柱平面图（注意：梁框架从两个方向均与 W10×33 柱相连），显示了角钢大小、螺栓大小及梁翼缘宽度（除非翼缘被切断）的限制条件。

(2) 多层柱的拼接。如果对于单段柱而言建筑物过高，必须在某些地方将柱拼接起来。当两段柱尺寸相同时，叠加多层柱比较容易（见图 6.10）。

(3) 钢构件的尺寸。很长的钢构件运输麻烦，在现场也不易处理。构件的横截面越小，长度越短，越易处理。

最小柱为 W10×33，它是翼缘宽 8in 的最轻类型（见图 11.22）。参见图 11.21，柱在第二层楼面以上 3ft 拼接（大约是施工人员腰部高度，便于施工），两个柱段近似长 18ft 和 23ft，此长度可以应用且易于处理。

在 6.13 节讨论柱底部设计时，采用了图 11.21 中一屋内柱的荷载和所选型钢。

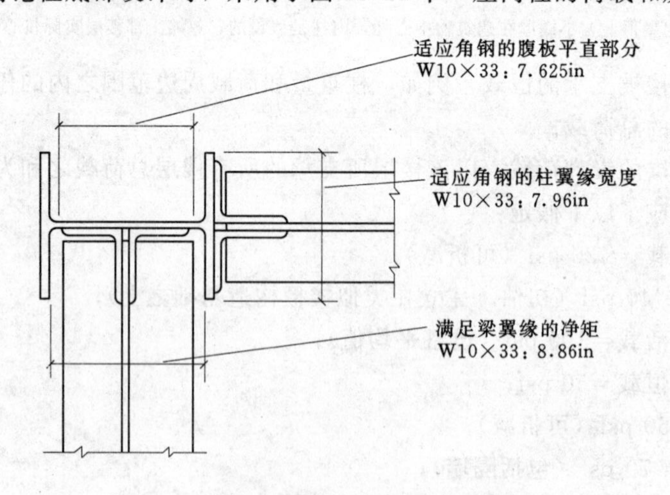

图 11.22 考虑 W 型钢柱两方向连接框架梁的尺寸

6. 侧向支撑体系设计

桁构框架。图 11.23 中给出了核心区域局部框架平面图，某些柱布置在 30ft 网格之外，这些柱有助于形成图 11.24 桁架支撑体系所需的竖向框架。由于细长斜构件，X 形支撑性能在第 8.4 节中进行了阐述——仅受拉斜构件起作用。总而言之，四个竖向悬臂构件确定了每个方向建筑物的桁架支撑。

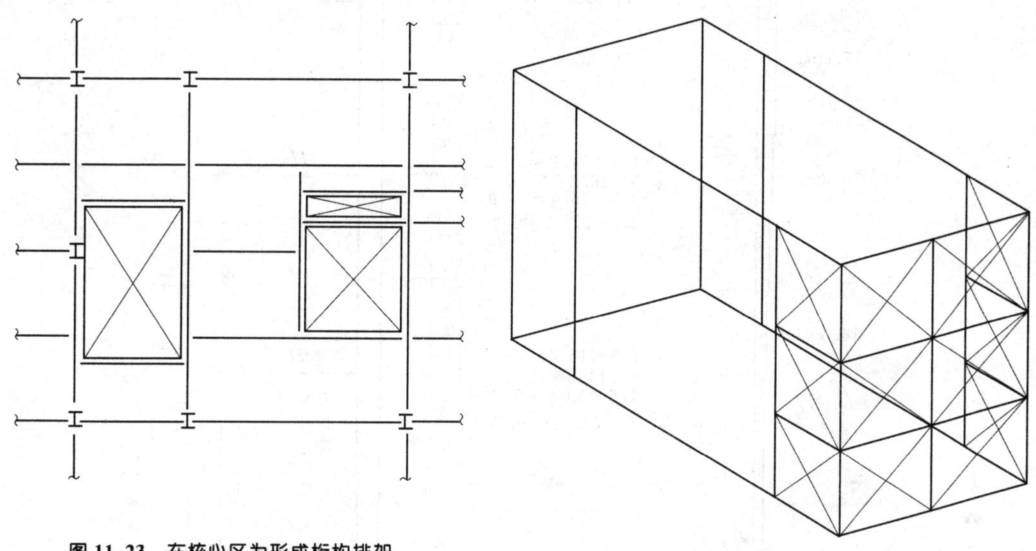

图 11.23 在核心区为形成桁构排架修改后的框架平面

图 11.24 中心带桁构框架支撑体系的一般形式

已知建筑物外部形式对称，且设置的核心支撑也对称，这些桁架（与水平屋顶结构和上部楼层结构相联合）应能有效抵抗风荷载产生的水平力。在随后各节中，利用 1994 年版 UBC 规范（参考文献 1）风荷载准则阐述了设计过程。

对于总风力，规范容许设计人员采用剖面方法，此方法定义了作用于竖直表面的风压为

$$p=C_eC_qq_sI$$

假定风速为 80mph，地貌类别为 B 类，且对于系数 I 不包括任何特殊因素，表 11.5 列出了不同建筑三个高度区域的风压。为了研究侧向支撑体系，将作用于外墙表面的风压力转化为屋面和上部楼层隔板的边缘荷载（见图 11.25），竖向结构横跨分配外部风压。

表 11.5　　建筑设计实例三的设计风压（地貌类别为 B 类）①

建筑物表面区域	距地面以上高度（ft）	C_e	C_q	压力 p（psf）
1	0～15	0.62	1.3	13.2
2	15～20	0.67	1.3	14.3
3	20～25	0.72	1.3	15.4
4	25～30	0.76	1.3	16.2
5	30～40	0.84	1.3	17.9
6	40～60	0.95	1.4	21.8

① 水平垂直作用于表面的压力：$p=16.4C_eC_q$psf。

图 11.25 所示标注为 H_1、H_2 和 H_3 的合力作用于图 11.26（a）的竖向桁构框架。对于东西方向框架，荷载由建筑物宽度乘以隔板边缘荷载，然后除以框架数量来确定，因此

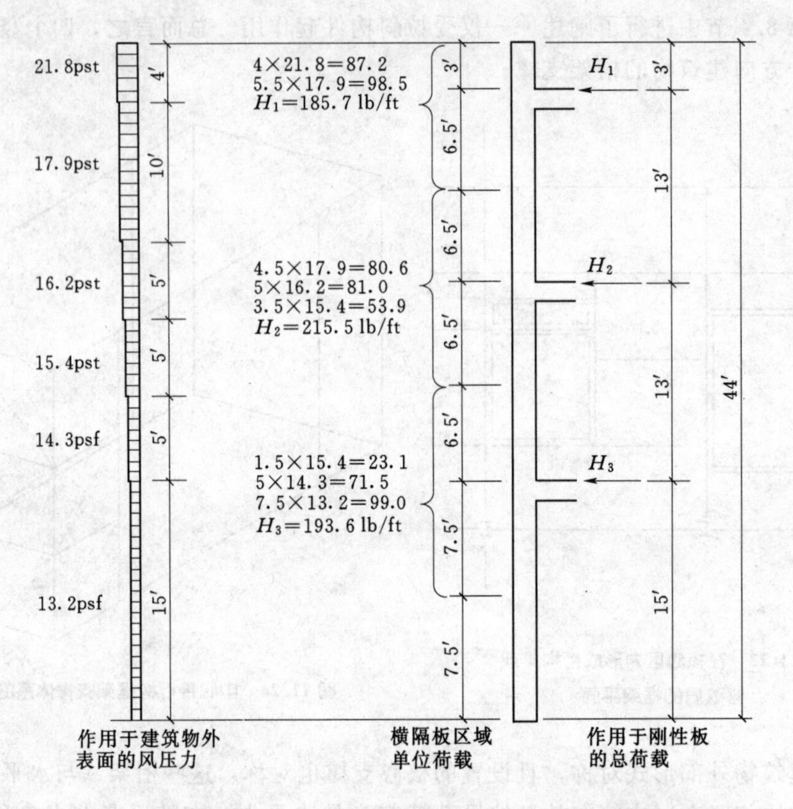

图 11.25 建筑设计实例三：风荷载传递至上部楼层横隔板（屋面板和楼面板）

（作用于建筑物外表面的设计风压力见表 11.5，横隔板区域由柱中点定义。为了求得作用于某层横隔板的总荷载，用横隔板区域每英尺的单位荷载乘以建筑物宽度）

$$H_1 = 185.7 \times 92/4 = 4271 \text{ lb}$$
$$H_2 = 215.5 \times 92/4 = 4957 \text{ lb}$$
$$H_3 = 193.6 \times 92/4 = 4453 \text{ lb}$$

图 11.26（*b*）给出了桁架荷载和支座处反力；图 11.26（*c*）给出了荷载产生的桁架杆件内力，力的单位为“lb”且“C”指压力、“T”指拉力。

可以利用斜杆上的力来设计受拉构件，对于 ASD 方法允许采用一般应力增量。确信在柱中将压力与重力荷载进行叠加，以校核此荷载组合是否起控制作用。然后对照迎风柱的上拔力和恒载，以校核是否需要重新设计柱基的受拉锚固力。

应该在中心框架处将水平力加入梁中，且分析组合的弯矩和压力。由于梁在弱轴方向（y 轴）一般较弱，可能需要在合适的角钢处添加一些框架构件以支撑梁，防止梁侧向屈曲。

当设计斜杆及斜杆与梁、柱框架的连接时，必须考虑斜杆的形式及其嵌入墙体结构的形式（图 11.27 给出了一些可能的详图）。如果对于斜杆采用的是双角钢（一种常用桁架形式），有必要在两个斜杆相交处设置图 11.27 所示拼接节点。如果斜杆采用单角钢或槽钢，构件在中心背靠背，互相贯通。注意：如果荷载较大，不应采用单角钢或槽钢，这两种型钢在构件和连接中产生一定程度的偏心，且螺栓受单剪。

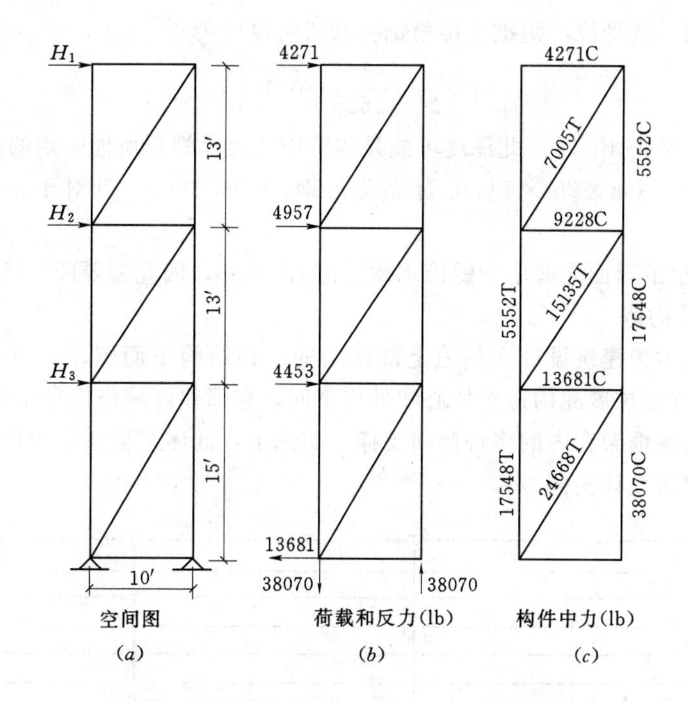

图 11.26 建筑设计实例三：东西方向中心框架分析

(a) 框架布置及荷载图，所示荷载为总刚性楼板荷载的 1/4；
(b) 作用于悬臂桁架的外力（荷载和反力）；(c) 桁架杆件的内力

以下总结了一底部斜杆设计时考虑的因素，斜杆承受风荷载 27.2kip，假定采用3/4in，A325 螺栓连接，双角钢构件。

构件长度为

$$L=\sqrt{10^2+15^2}=18\ \text{ft}$$

对于受拉构件，建议最小长细比 L/r 值取 300，因此

$$r_{\min}=\frac{18\times 12}{300}=0.72\ \text{in}$$

毛截面允许应力为 $1.33\times 22=29.3$ ksi，双角钢毛截面面积必须取

$$A_g=\frac{24.7}{29.3}=0.84\ \text{in}^2$$

假定 $F_u=58$ ksi，且假定净截面允许应力为 $0.50F_u$，螺栓孔洞处所需净截面面积为

$$A_n=\frac{24.7}{1.33\times 0.50\times 58}=0.64\ \text{in}^2$$

假定对于 3/4in 螺栓取最小角钢，且假定设计孔洞尺寸 7/8in，连接角钢一肢的净宽为

$$W=2.5-0.875=1.625\ \text{in}$$

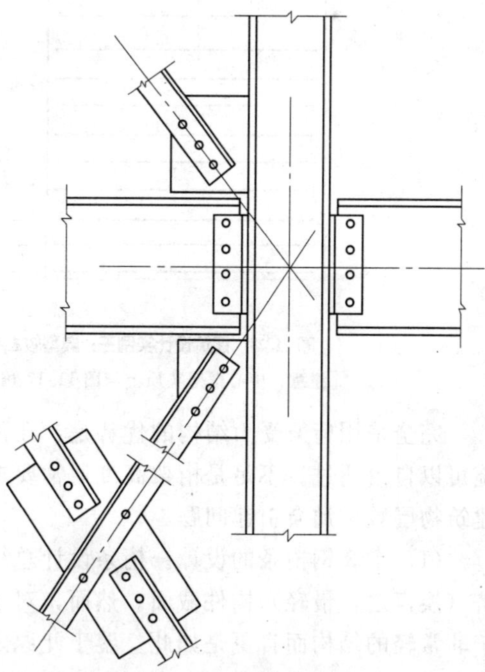

图 11.27 螺栓连接框架结构详图

仅连接角钢一肢受拉，则被连接角钢一肢所需厚度为

$$t=\frac{0.64}{2\times1.625}=0.197\ \text{in}$$

当四舍五入至1/4in时，此厚度可能是实践中此尺寸螺栓所能采用的最小角钢肢厚。

表A.5给出$2\frac{1}{2}$ in×2in×$1\frac{1}{4}$ in背靠背角钢，间隔3/8in，且对于$x-x$轴最小r值为0.784in。

表11.1给出了双面受剪单个螺栓承载力值为15kip，因此需要两个螺栓。

7. 桁架楼盖构造

图11.28所示为建筑设计实例三上部楼层的一种结构平面图，采用空腹钢桁条和桁梁。（注意：尽管能扩展此构造至核心和外部窗间，在那些区域也能采用型钢。）这种构造允许采用包括桁构框架在内的多种侧向支撑。实际上，此体系更适于较长跨度、较小荷载的建筑物（见建筑设计实例二）。

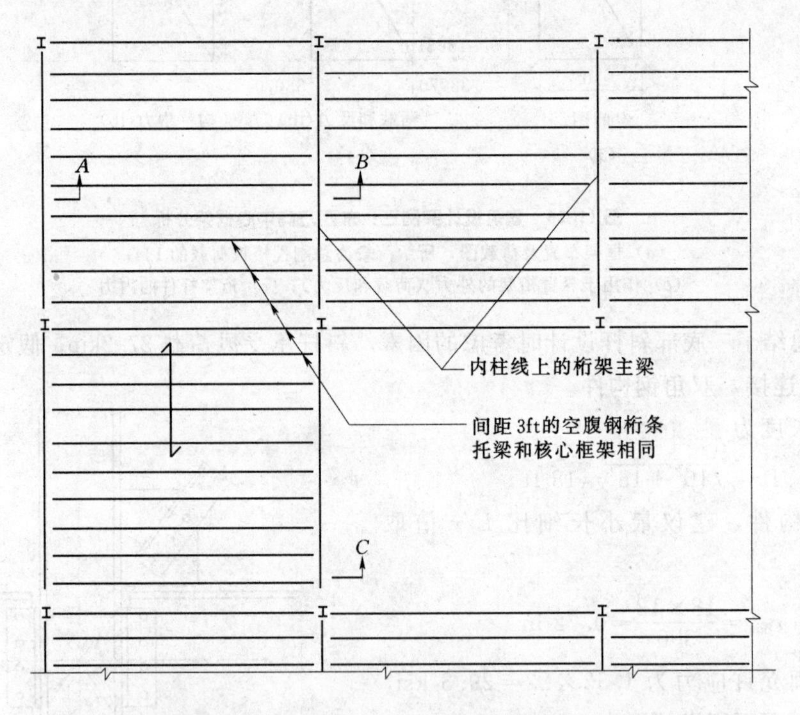

图11.28 建筑设计实例三：典型较高楼层采用空腹钢桁条和桁梁的局部框架平面图

［注意：中心框架实质上与图11.17相同，桁条的侧向支撑（剪刀撑）未画出］

完全采用桁架受力结构的优势是：在顶棚和其上被支承结构之间的密闭空间内附属设施可以自由通过。不足是桁架高度通常要求结构高度更高，增大了建筑物的高度——随着建筑物层数增加会引起问题。

（1）空腹钢桁条的设计。桁条设计总结于图11.29中，此设计采用常用方法寻求最经济（换言之，最轻）构件截面。然而，对于楼盖构造，振动是主要考虑因素——尤其是对于非常轻的结构而言更是如此。鉴于此原因，建议对于楼板采用截面最高的可行桁条。总之，增大高度（桁架的整个高度）将减小静力变形（下垂）和动力变形（振动）。

提示 在第5.11节给出了关于空腹钢桁条的概述。

空腹钢桁条计算
桁条中心间距3ft，跨度30ft（+或−）
荷载：
$DL=(70psf\times3ft)=210\ lb/ft$（不包括桁条重量）
$LL=(100psf\times3ft)=300\ lb/ft$（无折减）
对于办公室此荷载较大，但允许在任何位置设置走廊，也有助于降低楼板变形，消除楼板振动。
总荷载 = 210 + 300 = 510 lb/ft+桁条重量
从附录表B.16中选择此桁架：
注意：表中所列容许总荷载数值包括桁条的重量，为了得到桁条能承担的荷载，必须从表中减去桁条的自重才是计算的总荷载。
表中数据：总荷载=510lb/ft +桁条自重，$LL=300$ lb/ft，跨度 = 30ft
从附录表B.16中选择：
24K9，容许总荷载= 544−12 =532 lb/ft，满足要求
26K9，强于24K9，仅比24K9重0.2 lb/ft
28K8，强于24K9，仅比24K9重0.7 lb/ft
30K7，强于24K9，仅比24K9重0.3 lb/ft
注意：对于桁条，荷载导致剪切受到限制，而不是弯曲应力受到限制。
上列桁条都是经济有效的，所以可根据楼盖构造总高度的尺寸来进行选择。较矮的桁条意味着楼层较低，建筑物总高度较小；较高的桁条是为了容纳管道等，在楼盖构造中提供了更多的空间，且可能为了满足楼板最小振动要求。

图11.29 开口腹板桁条设计总结

对于桁梁：
LL为50 psf、采用40%折减率。
那么，$LL=0.60\times50=30$ psf，桁条总荷载为
(30 psf) ×（3ft 中心/中心）×（30 ft 跨度）=2700 lb 或 2.7 kip
对于DL，将20psf分隔荷载加入40 psf的DL中
(60psf) ×（3ft 中心/中心）×（30ft 跨度）=5400 lb
+ 桁条重量（10lb/ft）×（30ft）=300 lb
总$DL=5400+300=5700$ lb 或 5.7 kip
一个桁条作用于桁梁的总荷载：
$DL+LL=2.7+5.7=8.4$ kip
由制造商荷载表选择桁梁规格（参考文献11）

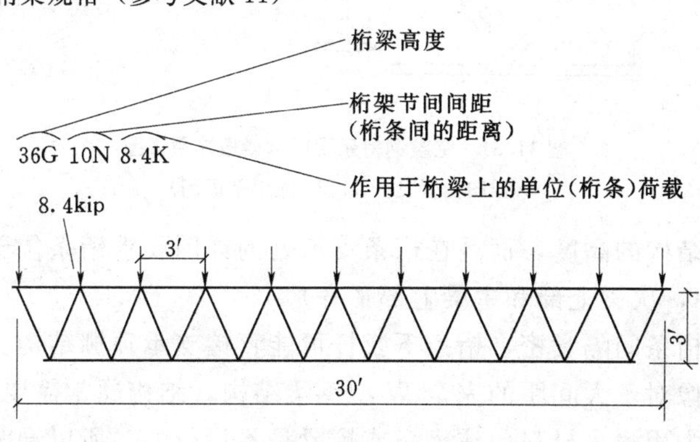

图11.30 桁梁设计总结

（2）桁梁的设计。通常桁条和桁梁由同一承包商提供和安装。关于设计和构造详图的数据，不要依赖于工业标准（例如文献7），而要向特定的制造商咨询。

桁梁构件的布置在某种程度上是固定的，与被支撑桁条的间距有关。为了确保桁架节间单元比例合理，桁梁高度应该与桁条间距近似相等。

在图11.30中，假定桁梁高为3ft——此跨的最小高度。任何附加的高度都将减小用钢量且减小了变形反应，然而对于楼盖构造，很难实现此尺寸。

提示 已在第5.11节论述了桁梁。

（3）桁架结构的施工详图。图11.31给出了桁架体系的某些施工详图。尽管较小跨度可能允许采用较轻的钢楼板，但是所示楼板本质上与W型钢框架布置的楼板相同。事实上，楼板也影响横隔楼板作用，限制了折减的可能。

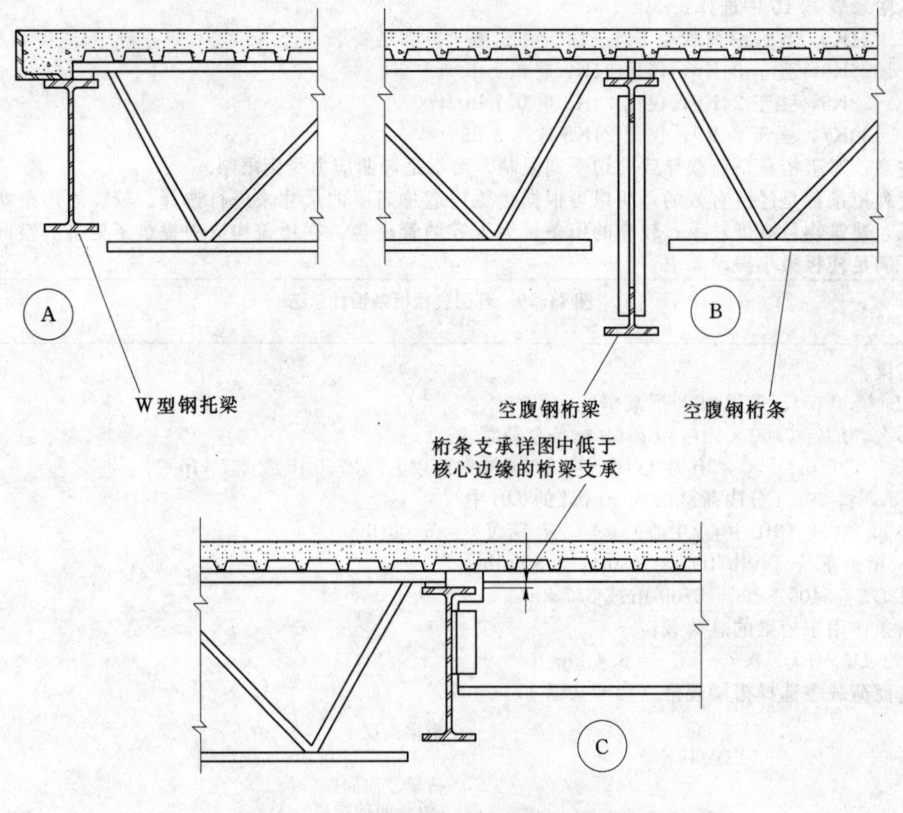

图11.31 空腹钢桁条和桁梁楼板体系详图

（详图位置见图11.28框架平面图）

不仅需要考虑结构的高度，而且在桁条支承处的详图要求桁条位于支承构件上部（在完全W型钢体系中，次梁上部和主梁上部平齐）。

由于开口腹板桁条间隔紧密，桁条下弦杆可能直接支承顶棚结构。但是，也有可能从楼板悬挂顶棚，正像对于大间距的完全W型钢梁结构，结构通常需要如此。

另一问题：因为用耐火材料包住桁条或桁梁是不可行的，所以通常必须采用防火顶棚结构。

(4) 刚性框架。对于多层、多跨刚性框架，一个关键的考虑是柱的抗侧强度和刚度，因为一栋建筑物必须能够抵抗所有方向的侧向力，许多情况下设计人员必须考虑在两个方向上（例如南北方向和东西方向）柱如何抵抗剪力和弯矩。例如 W 型钢柱强轴（$x-x$）比弱轴（$y-y$）抗力大得多，因此如何确定 W 型钢柱的方向有时候是结构方案的一个主要决定因素。

图 11.32（a）给出了建筑设计实例三中柱方向的一种可能：两榀主要支撑框架抵抗东西方向侧向力，五榀较短、刚度较小的框架抵抗南北方向侧向力。两榀刚度较大框架与五榀较短框架的抗力可以相等，提供了建筑物合理、对称的反应。

为在建筑物周边产生近似对称的框架，图 11.32（b）给出了一柱状平面图设计，图 11.33 给出了此平面周边支撑的形式。

关于周边支撑，可以采用较高（因此刚度较大）外墙托梁——高度的限制适用于内部梁，而所有外墙平面不存在梁高限制。也可以不影响建筑物类别空间，在周边布置更多的柱［见图 11.32（c）］。实际上，较高层窗间梁和紧密布置的外柱可以形成一个刚度非常大的周边框架，此类框架构件中几乎无挠曲，构件性能接近于开洞墙，而不是弹性框架。

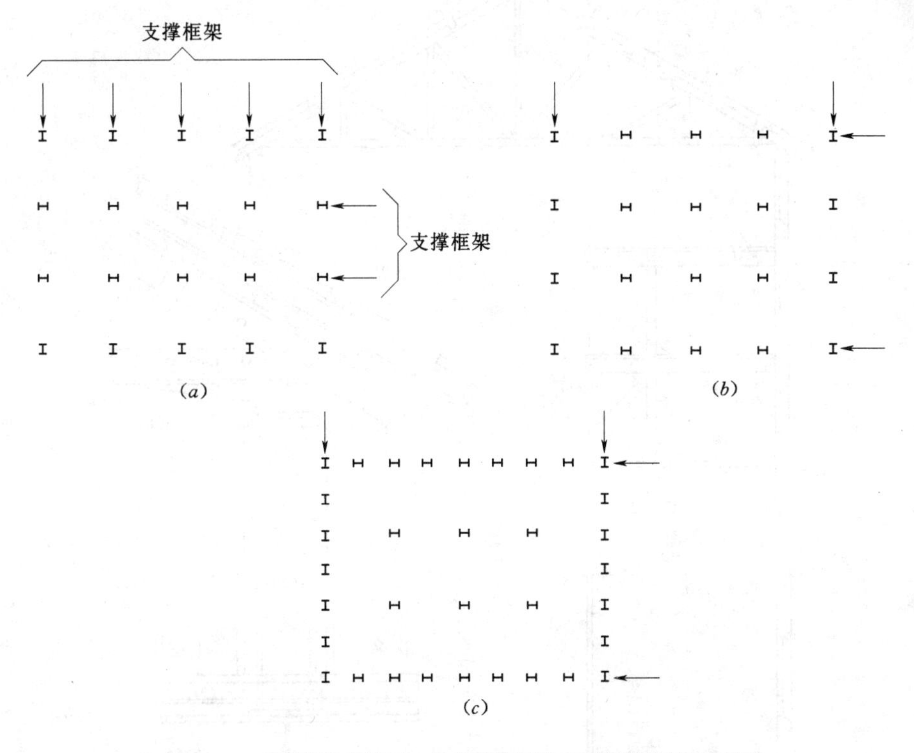

图 11.32 建筑设计实例三：构成刚性框架 W 型钢柱的优化布置

在需要更强［且更重和（或）更大］的柱情况下，加上抗弯连接，刚性框架支撑提供了显著的建筑平面优势，消除了实心剪力墙或墙中桁架斜杆，但是必须限制框架的侧向变形（即侧移），以防止损坏非结构构造。

提示 本书第 3.4 节和第 7 章论述了刚性框架。

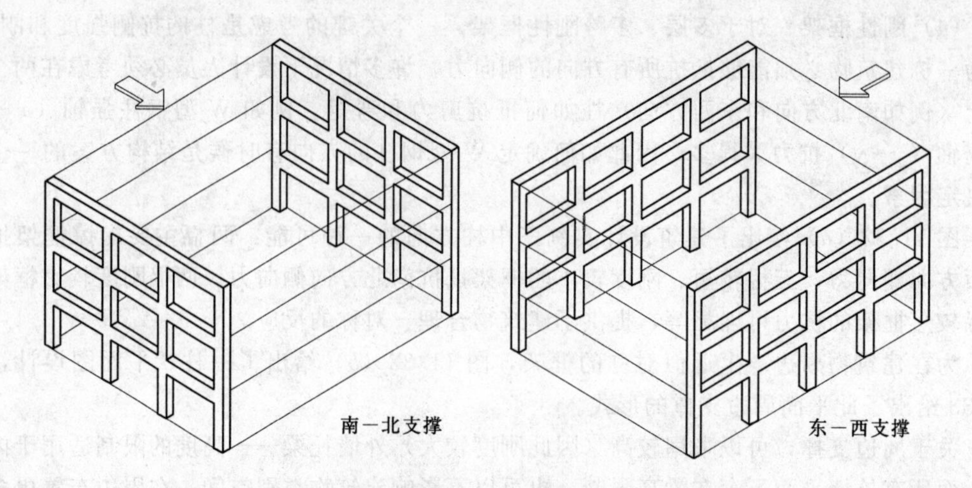

图 11.33 建筑设计实例三：周边框架支撑体系的形式

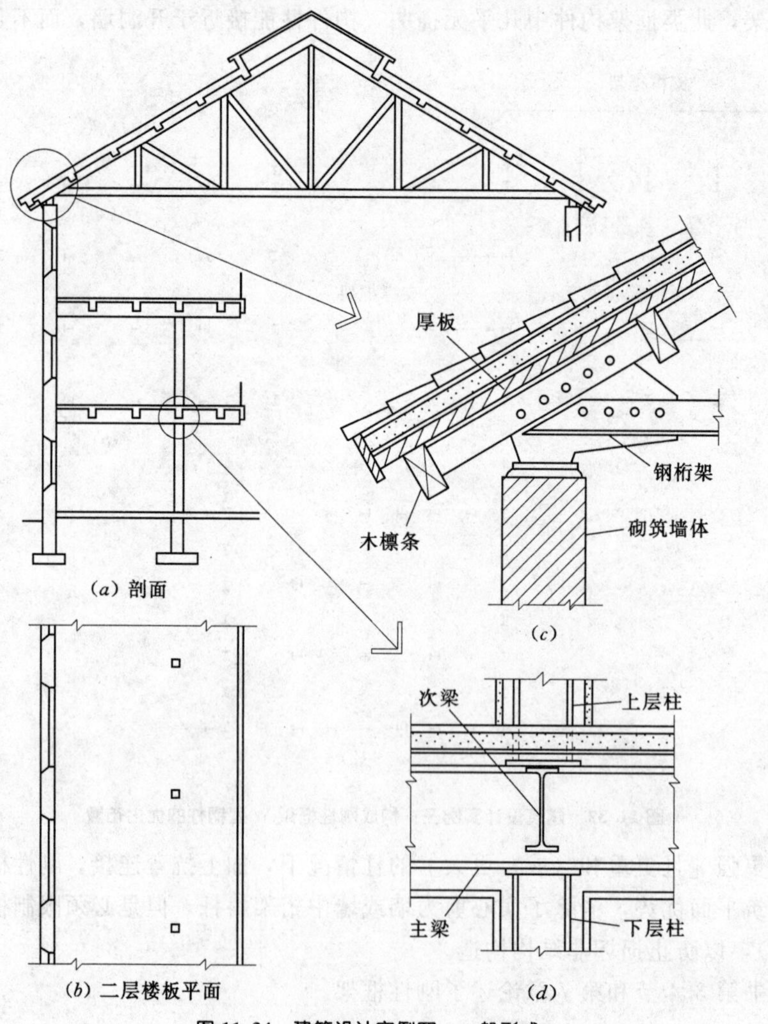

(*a*) 剖面 (*b*) 二层楼板平面 (*c*) (*d*)

图 11.34 建筑设计实例四：一般形式

11.6 建筑设计实例四

图 11.34 为建筑设计实例三改成厂房结构（17 世纪形成，厂房结构由重型砖石墙和内框架结构构成——通常由木材制成，但后来对于楼面和屋面采用钢铁材料）。建筑物内部中心包括一个很高的开敞空间，由地面延伸至屋架的净跨。较高楼面板为环形，每侧各排列一列内柱。在悬臂阳台上形成一个开口走廊，阳台环绕着开阔空间。

1. 钢楼面和柱

图 11.35 是建筑设计实例四上部楼层的局部框架平面图。内柱中心间距 16ft——与外部砖石结构处的结构柱相匹配，支承悬臂钢主梁，主梁支承 8ft 宽阳台，垂直于主梁的是钢次梁，次梁支承混凝土填充的钢楼面板。

与建筑设计实例三相仿，对于整个楼盖设计钢次梁和楼面板体系活载至少为 100psf，考虑将来重新布置和利用空间，因此，唯一永久的结构构件是钢柱和封闭楼梯、电梯、休息室和竖向立管的构件。如在建筑设计实例三所确定，假定楼面板总恒载为 60psf（包括除钢桁梁、柱之外的所有构件重量）。

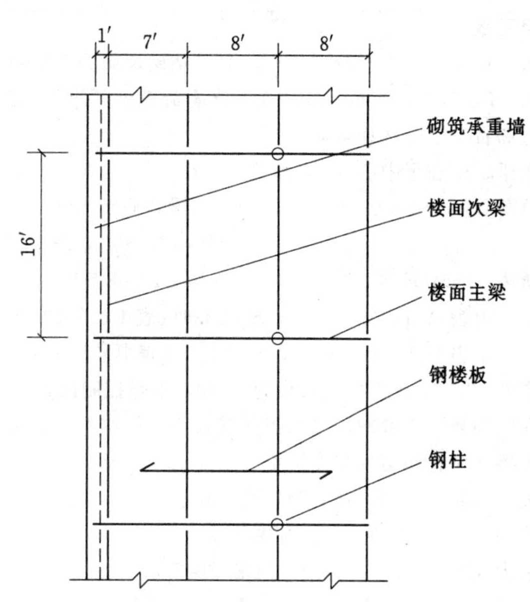

图 11.35 建筑设计实例四：上部楼层的局部框架平面图

可以选择与建筑设计实例三相同的楼面板——钢板肋高 1.5in，钢板单元上方填充混凝土高 2.5in。当彼此连接安全可靠时，楼板单元形成一个连续楼板；当楼板焊接于钢次梁上方时，楼板单元有助于形成侧向荷载作用下必要的横隔楼板作用。内部次梁承担 8ft 宽板带荷载，而外墙及阳台边缘的次梁承担 4ft 宽的板带荷载。因为在外墙内侧的次梁阻止了墙直接承担楼板荷载，所以仅有通过主梁传递至外墙的荷载。W 型钢用作内部次梁，C 形钢（或槽钢）用作边缘次梁。

对于内部次梁，板带荷载为

$$w=8\times(100+60)=1280\text{ plf }(1.28\text{kip/ft})$$

且最大弯矩为

$$M=\frac{wL^2}{8}=\frac{1.28\times16^2}{8}=40.96\text{ kip}\cdot\text{ft}$$

附录表 B.1 表明对于跨度相当小的次梁可以选择一个比较合适的类型——选择 M14×18、W12×19 或 W10×22。较高的次梁重量较轻，但腹板很薄，因此要仔细考虑次梁端部与桁梁的连接构造［见图 10.9 (*e*)、(*f*)］。

取弯曲应力限值为 22 ksi（对于非对称截面类型），槽钢所需截面模量为

$$S=\frac{M}{F_b}=\frac{40.96\times 12}{22}=22.34\ \text{in}^3$$

AISC 手册表明可以采用 C12×25，其 S 值为 24.1in³。**注意**：尽管承担荷载较小，但是此构件实际上比 W 型钢内部次梁要重，证明了 W 型钢构件的截面有效性。

当选择次梁时，设计人员必须将个人喜好和楼面板、顶棚构造和其他事项协调起来，以确保钢结构防火要求。

图 11.36 总结了主梁和柱设计。要注意主梁的控制弯矩在悬臂处，此控制弯矩对于静力和动力（振动）变形也是最重要的。16in 高主梁可能对于静力变形和弯矩已经足够满足要求，但额外的高度将进一步使悬臂梁变刚，减小阳台的振动（如果午餐人群想要利用阳台作为通行线，可能应该至少采用 27in 高主梁构件）。

楼面板

假定钢楼面板用混凝土填充，取总楼层恒载为 50 psf（与建筑设计实例三相同）。

取 LL=100psf，办公室荷载＋分隔荷载＝75 psf，走廊＝100 psf。走廊可以设在楼层任何位置，从制造商目录单中选择楼面板。

次梁：中心至中心 8 ft，跨度 16 ft

总荷载/ft＝8×150＝1200 lb/ft ＋ 梁，假定 1230 lb/ft 或 1.23k/ft。

$$M=wL^2/8=1.23\times 16^2/8=39.36\ \text{kip}\cdot\text{ft}$$

所需 $S=M/F_b$＝（39.36×12）/24＝19.68 in³

由表 A.1：W12×26，S=33.4（表中最轻的）

由表 B.1：W12×19，S=21.3（表中最轻的）

图 6.12，16 ft 跨次梁变形为 12 in，不是控制因素。

在墙和悬臂边缘的次梁承担荷载较小，但次梁可以采用与内部同一类型（AISC 等级最小的）。

主梁：荷载和跨度如图所示

被支承面积＝24×16＝384 ft²

取 80％LL，次梁总荷载如图所示。

最大 M=72 kip·ft，最小所需 S=36in³

由表 A.1：W14×30 或 W16×36

由表 B.1：W16×26，但 Lc 和 Lu 均小于 8 ft，W16×31 即可满足。

（**注意**：AISC 表明 W14×30 和 W16×31 均可满足，为减小悬臂梁的振动，取 16in 的次梁。）

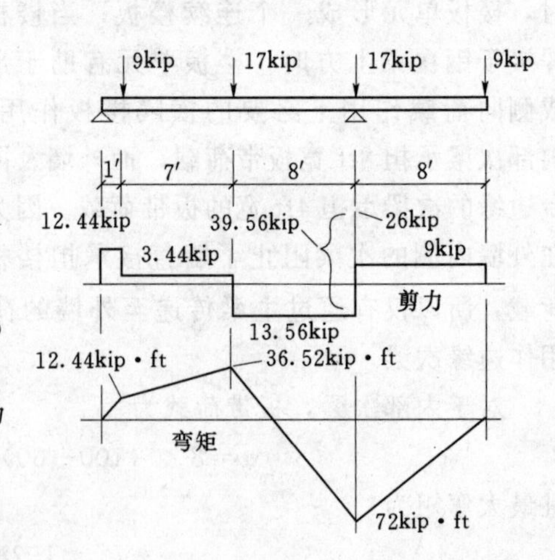

柱

第二层：至主梁底高 11⅔ ft，假设 12 ft。荷载约为 40 kip。

圆管：表 7.3，额定直径 6 in

方管：表 7.4，4×4×3/16

W 型钢：表 7.2，W5×16，W6×15，W8×24

第一层：至主梁底高 13⅔′，假设 14 ft。荷载约为 80 kip。

圆管：额定直径 6 in

方管：5×5×5/16

W 型钢：W6×25 或 W8×24

图 11.36 建筑设计实例四：钢结构设计总结

在砖石柱处的悬臂主梁在第二层引起一个问题：通常钢柱是连续的，次梁位于柱两侧，但建筑设计实例四的主梁是连续的，柱是断开的［见图 11.34（*d*）］，因此，设计人员必须特别注意主梁腹板处的竖向压力（见第 5.8 节）。

为了防止主梁翼缘弯曲和主梁腹板竖向屈曲，开口 U 形截面增加一块厚板，U 形截面面积由主梁翼缘和主梁两侧的腹板来定义［见图 11.34（*d*）］，然后使各层柱段适应柱上部、底部的承压板，安装时承压板与主梁通过螺栓连接，在适当的位置固定框架。

2. 钢屋架

屋顶结构采用 60ft 跨桁架，保证顶层内部是无柱自由空间。图 11.34（*c*）详图表明了所采用的钢桁架：上弦杆由结构 T 形钢（实际上将 W 型钢劈开）构成，内部构件由双角钢构成，节点由角钢端部直接焊接于 T 形弦杆腹板构成。为便于安装，这种桁架在支座处需要特殊的节点；如果不能将桁架整体运往现场，在任意现场拼接处需要特殊节点。

图 11.37 给出了单位荷载下上弦杆节点的重力荷载值，将此重力荷载值乘以真正的单位荷载值（由最终的施工详图确定），就得到桁架杆件的内力值。

屋顶表面通常由檩条形成，檩条跨越桁架之间且支承屋面板。如果檩条将端部反力荷载传递至桁架上弦节点，就不需要采用重型上弦杆。尽管这样设计略显复杂，在檩条端部位置造成连接困难，但有经验的钢大样设计人员能够处理此问题。将檩条放置于弦杆顶上能够简化交点，但对于倾斜的檩条造成倾覆稳定问题。

图 11.38 给出了基于 UBC 准则的风荷载值，荷载形式以屋面坡度和屋顶最小风压 20 psf 为基础。

表 11.6 总结了图 11.37、图 11.38 研究的结果。已知屋顶表面坡度，关键的荷载组合如下：

（1）恒载加活载。

（2）当构件中的风荷载与恒载同号时（受拉或受压），恒载加风荷载。

（3）当重力荷载单独作用产生的内力与最后内力符号相反时，恒载加风荷载。

完整的分析表明风荷载不是此结构的控制因素，因此可以仅计算重力荷载来设计桁架杆件和连接。

表 11.7 总结了表 11.6 荷载作用下桁架杆件的设计。当选择构件时，设计人员必须考虑以下因素：

表 11.6　　　　桁架设计力　　　　单位：lb

构件（见图 11.37）	单位重力荷载	恒载（3.6×单位）	活载（1.8×单位）	风荷载	*DD*+*LL*
1	4860C	17496C	8748C	3790T	26244C
2	3887C	13994C	6997C	2450T	20990C
3	4167T	15000T	7500T	1960T/5600C	22500T
4	3333T	12000T	6000T	3170C	18000T
5	（所有荷载作用下，力为零）				
6	500T	1800T	900T	820T/1460C	2700T
7	2000T	7200T	3600T	1310C	10800T
8	970C	3492C	1746C	1590C/2830T	5238C
9	1302C	4688C	2344C	2130C/3800T	7031C

表 11.7 桁架杆件设计

桁架杆件			构件选型（均为双角钢）
编号	力（kip）	长度（ft）	
1	26.3C	11.7	压弯构件 $6\times4\times\frac{1}{2}$
2	21C	11.7	最大 $L/r=200$，最小 $r=0.7$ $6\times4\times\frac{1}{2}$
3	22.5T	10	最大 $L/r=240$，最小 $r=0.5$ $3\times2\frac{1}{2}\times\frac{3}{8}$
4	18T	10	$3\times2\frac{1}{2}\times\frac{3}{8}$
5	0	6	$2\frac{1}{2}\times2\frac{1}{2}\times\frac{3}{8}$
6	2.7T	12	最大 $L/r=240$，最小 $r=0.6$ $2\frac{1}{2}\times2\frac{1}{2}\times\frac{3}{8}$
7	10.8T	18	最大 $L/r=240$，最小 $r=0.9$ $2\frac{1}{2}\times2\frac{1}{2}\times\frac{3}{8}$
8	5.24C	11.7	最大 $L/r=200$，最小 $r=0.7$ $2\frac{1}{2}\times2\frac{1}{2}\times\frac{3}{8}$
9	7.03C	15.6	最大 $L/r=200$，最小 $r=0.78$ $3\times2\frac{1}{2}\times\frac{3}{8}$

（1）内部角钢构件的最小厚度，以桁架节点采用的填角焊缝为根据（见第 10.6 节）。

（2）双角钢最小尺寸以最大容许 L/r 值（受压构件为 120，受拉构件为 200）为根据。

（3）桁架节点的布置，要避免节点处力的偏心以及为必要的焊接提供足够的尺寸。

经过试选构件后，设计人员必须按比例画出节点以校核结构的可行性，如果此时暴露出问题，可能需要考虑一些基本的体系。也许需要减少桁架间距以减小桁架荷载。或者必须重新考虑桁架杆件形式或节点形式，或者也许应该对定制的桁架进行修改。

3. 侧向力设计

已知结构如图 11.34 所示，最为可能的竖向支撑体系是外部结构砖石墙，同时钢楼面板和屋面板结构能起到水平横隔楼板作用。当斜坡屋面板可能被用作横隔板时，最有效的支撑可能是在桁架下弦杆高度处采用水平桁架。

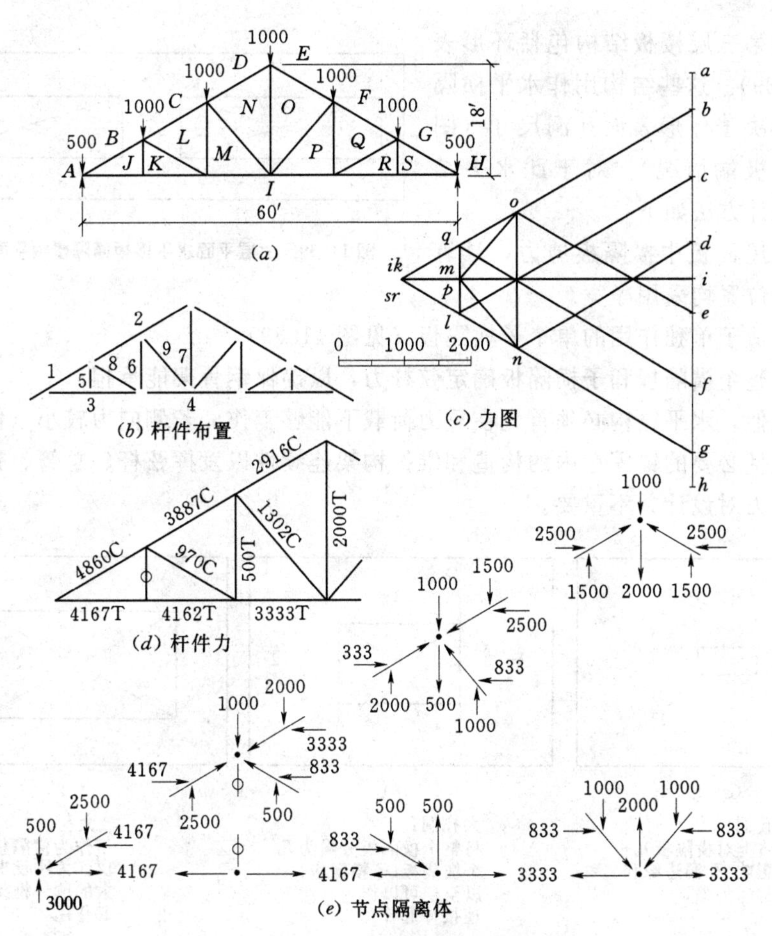

图 11.37 重力荷载下屋架的分析

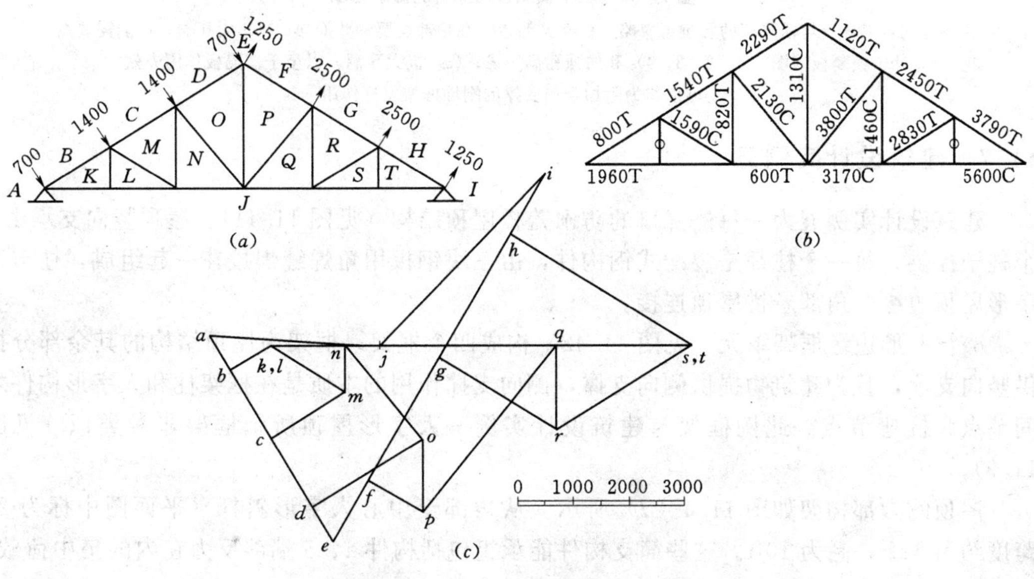

图 11.38 风荷载下屋架的分析

(a) 风荷载；(b) 杆件受力；(c) 受力图

第二层和第三层楼板结构包括环形表面（见图11.39）。这些结构用作水平横隔板，其性能取决于环形表面孔洞尺寸（图11.40给出了极端情况）。对于此水平结构，可能的设计方法如下：

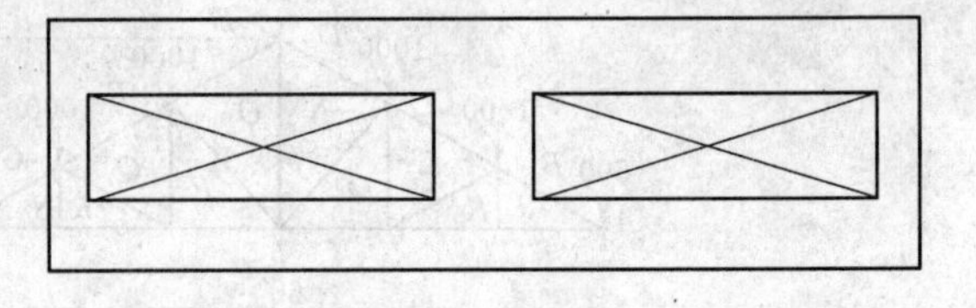

图11.39 上层平面水平楼板横隔楼板平面示意图

（1）设计屋面板中横隔板剪力，计算剪应力时每个位置均采用净宽。

（2）设计适于单独作用的单个子横隔板（见图11.39）。

（3）分析整个横隔板和子横隔板确定弦杆力，以确保钢骨架能承担。

与屋架类似，水平结构必须首先在重力荷载下能够工作。若侧向力较小（例如本例），除了为保证包括必要的锚固在内的构造和维护构架连续性以发挥弦杆、总管、拉杆及立管作用外，侧向力对设计并不重要。

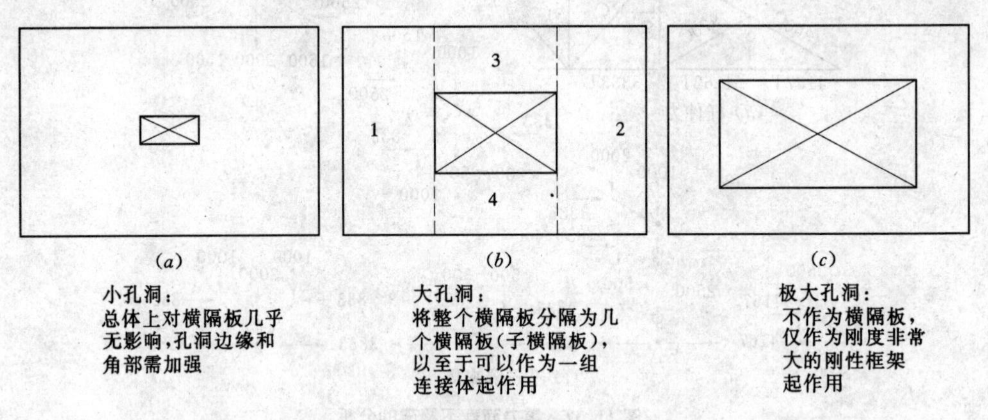

图11.40 水平横隔板内孔洞的影响范围

(*a*) 小孔洞：总体上对横隔板的影响可忽略，仅在孔洞边缘和角部需要一些加强；(*b*) 大孔洞，可能需要设计子横隔板（图中1、2、3、4）和加强孔洞边缘；(*c*) 极大孔洞，以至于横隔板作用失效，可以作为附加竖向支撑的刚性框架发挥作用

11.7 建筑设计实例五

建筑设计实例五为一每侧开口的防雨盖板屋顶结构（见图11.41）。屋顶竖向支承由8个柱子提供，每一个柱都是装配式钢构件，由三块钢板用角焊缝焊接在一起组成，柱与人字形屋顶边缘及角部悬挑屋顶连接。

8个T形边缘框架单元（见图11.42）构成四个框架，框架为屋顶结构的其余部分提供竖向支承，且为建筑物提供侧向支撑，侧向支撑作用的本质是在框架柱和人字形构件之间节点为抗弯节点。此例框架与建筑设计实例一人字形屋顶所示框架非常类似（见图11.9）。

屋顶的内部构架如图11.4（*d*）所示。从角部至中心人字形斜杆（平面图中标为2）跨度约为42ft，高为10ft。这些简支构件能承担包括构件4、5端部反力在内的集中荷载。角部的水平推力由边缘构件单元处拉力来抵抗。

构件3、4和构件5通常为承受均布荷载的简支梁，可在一定程度上改善承受三角形

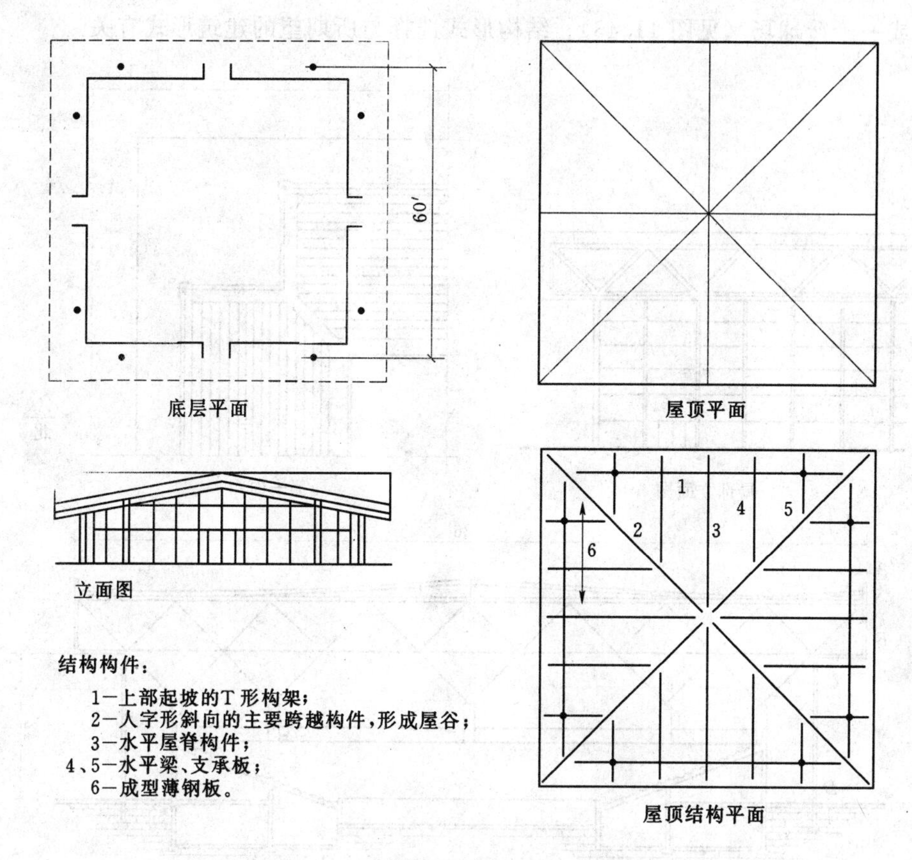

图 11.41　建筑设计实例五：一般形式

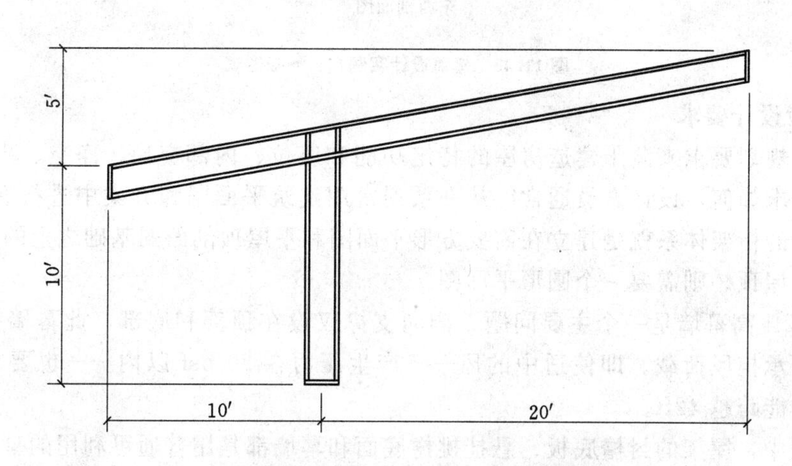

图 11.42　建筑设计实例五：单个刚性框架单元

荷载面积。尽管此结构必须设计一些特殊连接，但这并不少见。实际上可以简单地利用框架和焊接钢板制成特殊的构件使连接容易。

11.8　建筑设计实例六

本节给出了一些发展中的屋顶结构和外墙的可能形式，适用于中型运动场，足够大的游泳池或一个篮球场（见图 11.43）。结构形式选择与所期望的建筑形式有关。

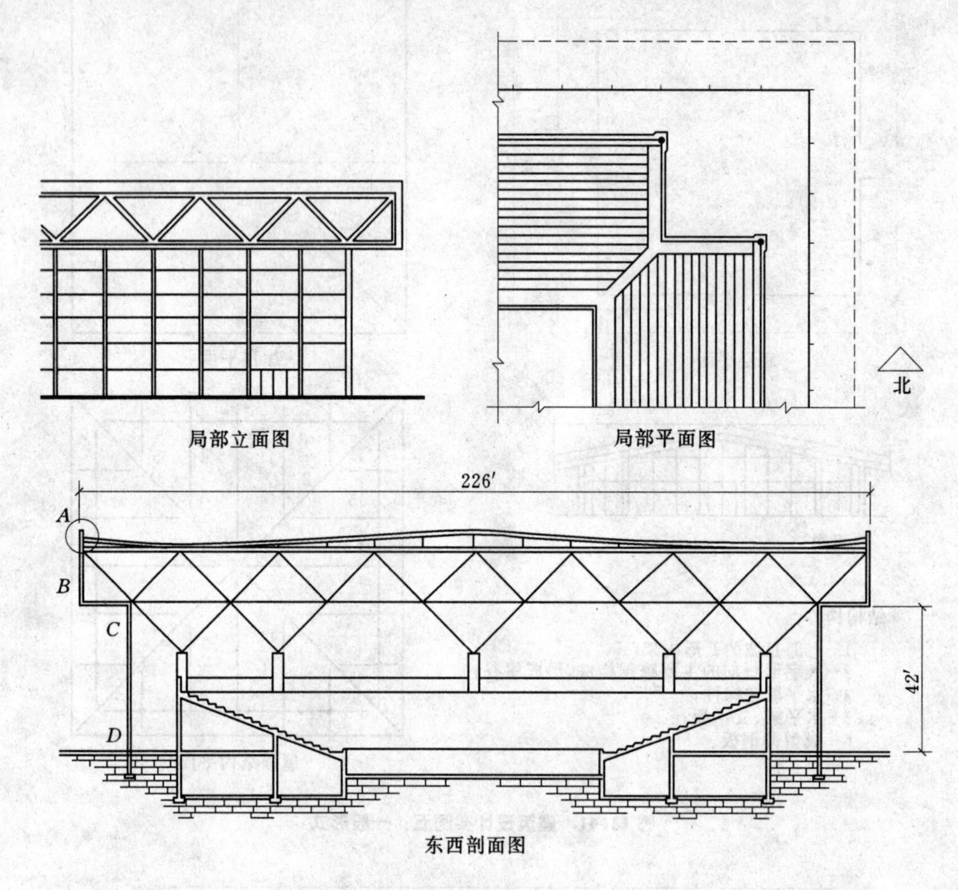

图 11.43 建筑设计实例六：一般形式

1. 一般设计要求

功能的规划要求来源于建造房屋的特定功能和座位、内部交通、净空、出口和入口。不论所有要求如何，设计人员通常能从一系列常用建筑平面图和方案中进行选择。例如，本节中讨论的桁架体系就是建立在需要方形平面图和平屋顶剖面图基础之上的。但另一方面，若为圆屋顶，则需要一个圆形平面图。

建成 42ft 高幕墙是一个主要问题。侧向支撑仅设在顶部和底部，此幕墙为一个跨越结构，必须承担风荷载。即使适中的风——产生压力在 20 psf 以内——也要求幕墙的主要竖框结构能跨越 42ft。

本实例中，屋架的封檐底板、悬挂挑檐底面和幕墙都是用普通可利用的幕墙构造制成的。高幕墙的竖向跨度采用了传统桁架跨越，桁架支撑按通常方法构成了主要竖框。

桁架体系是裸露结构，建筑物主要可见构件在内部。利用桁架杆件构成了有序的图案；同时，在桁架里面或下面还有许多其他的东西，例如：

(1) 包括落水管在内的屋面排水系统构件。

(2) HVAC 系统管道和记录器。

(3) 常用照明系统。

(4) 符号、记分牌等。

(5) 音频系统单元。

(6) 轻便梯。

为了保持某种设计顺序，设计人员尽力将这些东西与桁架几何图形和构造相联系。然而，不可能总是在建造完成之后匹配这些被安装或被修改的东西。

2. 结构方案之一

建筑设计实例六一般结构形式如图 11.44 所示，仅讨论较高玻璃幕墙和屋顶结构。

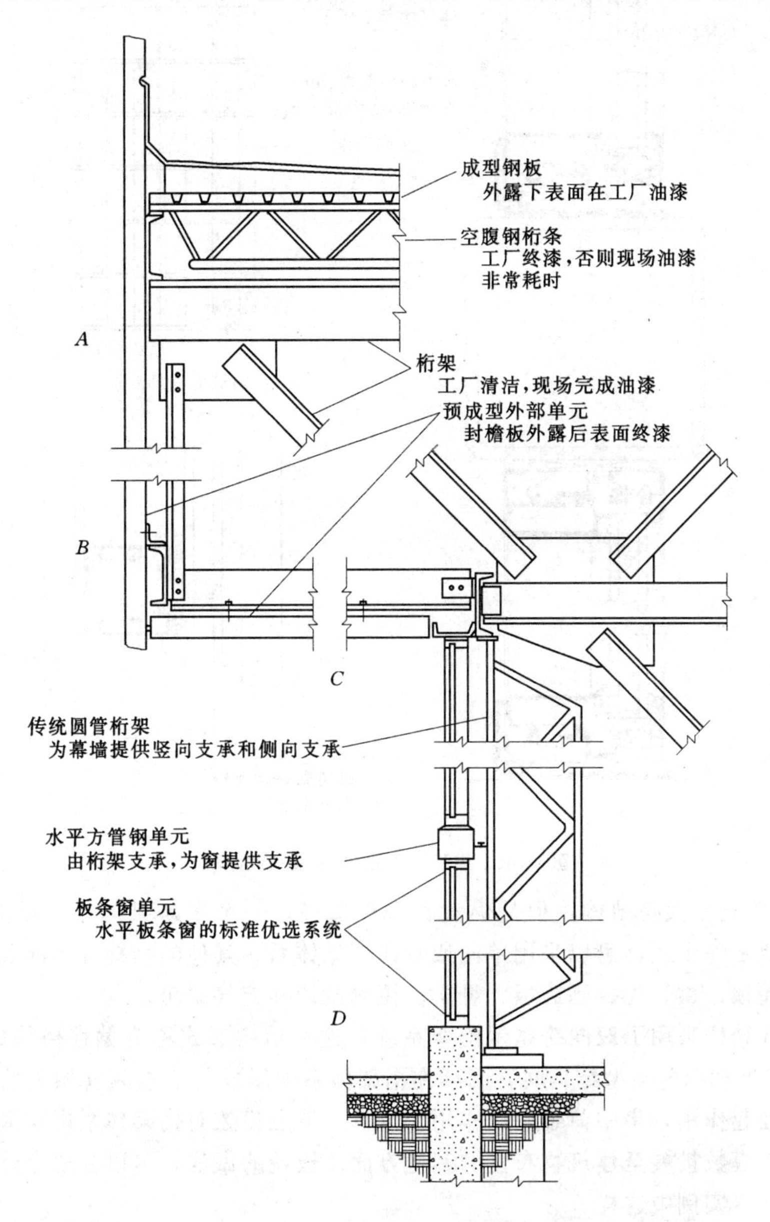

图 11.44 建筑设计实例六：常用施工详图

图 11.45 所示外墙详图给出了为形成墙表面，一种标准化专利窗墙体系的应用，图中

也给出了传统设计的钢支承结构的应用，此钢支承结构设在玻璃幕墙后面和建筑物里面，因此钢支承结构不受气候影响。注意：实际上，玻璃幕墙通常作为不受气候影响的建筑体系。

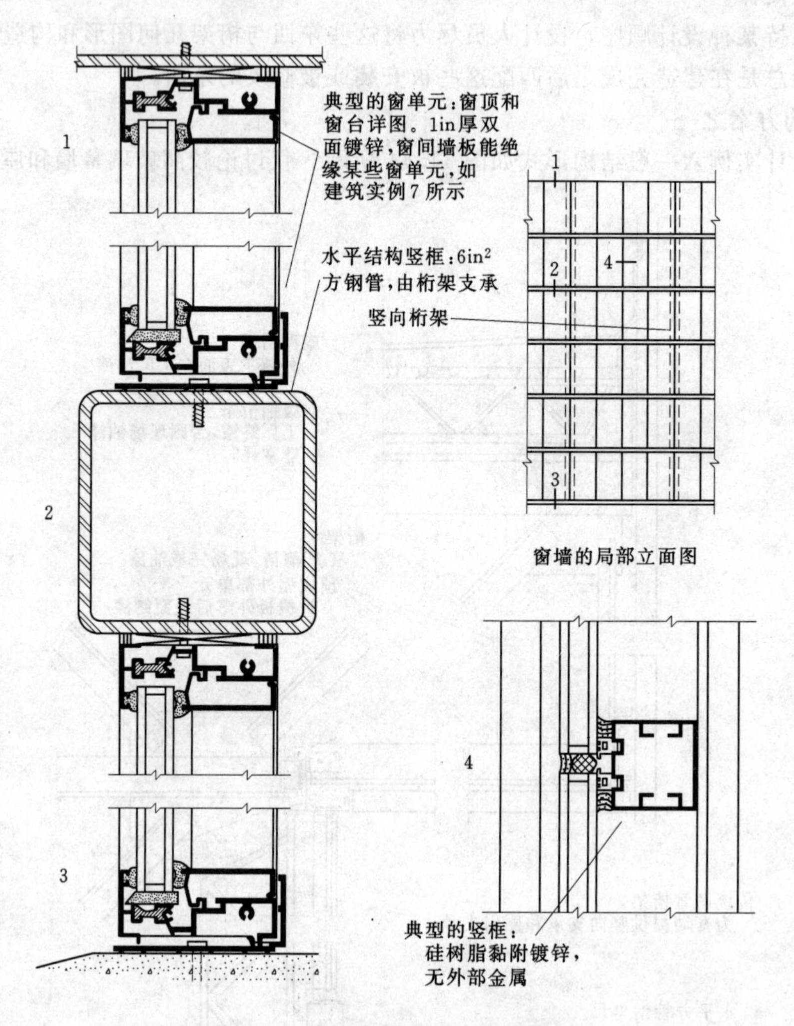

图11.45 建筑设计实例六：墙构造详图

168ft净跨属于大跨结构，但是仍然有多种选择。一个平跨梁体系不可能满足要求，但是如果想要平跨形式，可以采用单向或双向桁架体系。其他的结构方案涉及其他一些形式，包括圆屋顶、拱、壳、褶皱板、悬索、拉索系统和充气系统。

图11.43结构采用了双向跨越钢桁架系统，这种结构形式称为**偏移格构**(offset grid)(见图9.8)。当规划此类型结构时，必须在桁架体系中形成与节点频度相关的模数。桁架支承在节点处起作用，集中荷载应该作用于节点。节点模数对桁架体系影响最大，但设计人员能将节点模数扩展至建筑物布置的其他方面。极端的做法，可以在整个建筑物中利用模数——正如本实例中这样。

建筑设计实例六的基本模数是3.5ft（即42in），此基本尺寸的倍数或分数贯穿于整个建筑物中，无论平面或空间尺寸。例如，桁架节点模数为8X或28ft，外墙高度（地面至桁架底面）为 12X 或 42ft，等等。

尽管有众多实例存在，但建筑设计实例六不是一个普通的建筑物。除非选择复制一些已有结构，否则设计此类建筑物几乎总需要一些创新。尽管建筑设计实例六简单易懂，但本节列举的结构不能称为普通或标准建筑。

事实上，即使在独特的建筑中，设计人员也尽量尽可能多地采用标准化产品。在本例中，桁架上部的屋顶结构和外墙的幕墙体系采用现成的产品（见图 11.44 和图 11.45）。支承柱和一般座位结构也由传统结构构成。

3. 玻璃墙支承结构

玻璃墙体系由金属框架组成，金属框架由模数化单元通过玻璃窗插入构架开口装配而成。设计用来支承窗。玻璃的窗框是完全自支承的。当玻璃窗用于普通多层建筑时，尽管可能想稍微增加竖向竖框的强度，但此类型窗框只能跨越单层的净高（12～15ft）。

因为建筑设计实例六约有普通单层建筑的 3 倍高，所以墙体需要一些附加的支承来抵抗重力荷载和侧向力（尤其是风荷载，因为墙很轻）。图 11.44 和图 11.45 图解给出了此类支承体系的应用，由跨度 42ft 高，中心间距 14ft 的桁架和桁架间跨度 14ft，支承 7ft 高墙体竖向高度的钢管组成。

因为墙相对轻，竖向荷载由间距密集的竖向竖框承担。既然这样，水平钢管的主要作用是跨越桁架之间和抵抗作用于 14ft 墙体的风荷载。尽管在本例中钢管刚度可能比其弯曲应力更重要，但图中所示钢管强度足够。在地震期间或当风方向迅速改变时，墙结构应发生明显振动。

桁架形式可能是 Δ 桁架，两弦杆与另一杆相对（形成一个三角形横截面，像希腊大写字母 Δ），此桁架形式侧向稳定性非常好，因此可以利用三角形桁架而不需设十字剪刀撑。

4. 桁架体系

当设计类似建筑设计实例六的结构时，设计人员应首先尽量采用已有的桁架体系。此类结构的传统设计需要大量时间——必须研究和规划结构形式，研究节点构造以及分析高次超静定结构的结构性能。此外，装配和安装桁架也会造成其他重大设计问题。

如果项目值得花费精力，而且时间和金钱阔绰有余，那么项目结束后可能证明花费是有效的；否则，节省时间和金钱、利用已有的产品和体系。

方形平面图和建筑设计实例六的一般双轴对称平面图表明需要一个双向跨越体系。图 11.43 所示桁架体系形式称为**偏移格构**，该名称指上弦杆的正方形由下弦杆正方形偏移得到，因而上弦杆节点位于下弦杆正方形中心的上方，结构在桁架体系中没有竖向的腹杆或竖向的平面体系。

提示 在第 9.8 节中已论述了双向桁架。

为了得到如图 11.30 所示的一般建筑形式，可以从多种桁架体系中选择。在本节讨论了几种桁架体系，通常造价是控制设计人员决策最重要的因素。

（1）屋顶填充体系的设计。讨论的屋架方案包含在屋顶表面（桁架顶上）提供中心间距 28ft 的双向桁架弦杆网格。此网格提供了一个屋顶支承体系，而不是一个屋顶，因为屋顶需要一个表面能够防水的填充结构。

建筑设计实例六不要求采用一个富于想像力的双向跨越体系，可以采用较简单的体系填充 28ft 跨的空间。如图 11.46 那样，给出了一个非常简单的体系，由单跨空腹钢桁架和成型薄钢板组成。在这个最简单的结构中，支承桁架仅在一个方向采用桁架弦杆，除了有关连接详图外，对于双向体系这种非对称加载不影响形成更大的桁架体系。

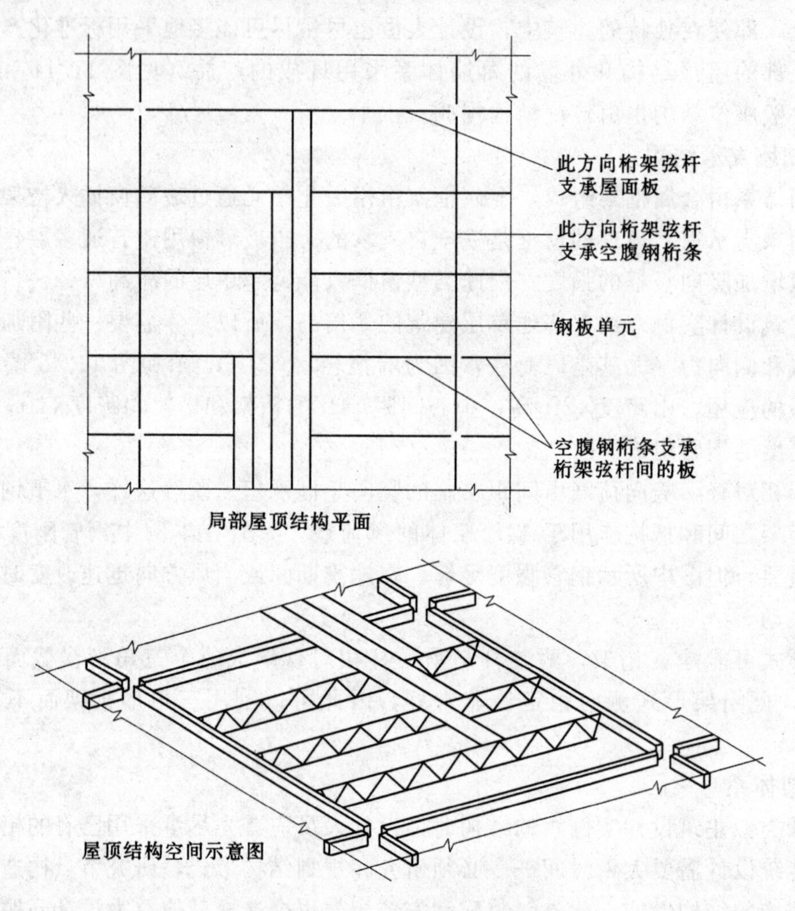

图 11.46 建筑设计实例六：屋顶填充结构

尽管钢板和空腹钢桁架可以暴露其底面，但为了特殊隔热、隔声要求需要在空腹钢桁架底部设置顶棚表面。

如果空腹钢桁架如图 11.46（一般安装）放置，为实现屋顶排水可能需要将双向桁架体系上弦杆做成一定坡度。实际上，可以在双向桁架和屋顶填充结构之间增加一些构件，允许双向体系上部平直，从而简化了桁架体系。

提示 此基本填充体系对于以下各方案都是合理的。

（2）方案一：偏移格构体系。图 11.47 和图 11.48 给出了一个偏移格构体系，要注意为提供支承在上弦杆节点下方是如何布置格构体系的。

图 11.43 表明在结构每一侧采用了 3 个柱子——桁架体系中共 12 个支承。为了利用柱上部和桁架体系下弦杆之间的 4 个支柱的棱锥的模数，在桁架下面柱上部下降，这样降低了桁架内部构件要求的最大剪力。实际上，整个重力荷载由 48 个桁架杆件承担。如果

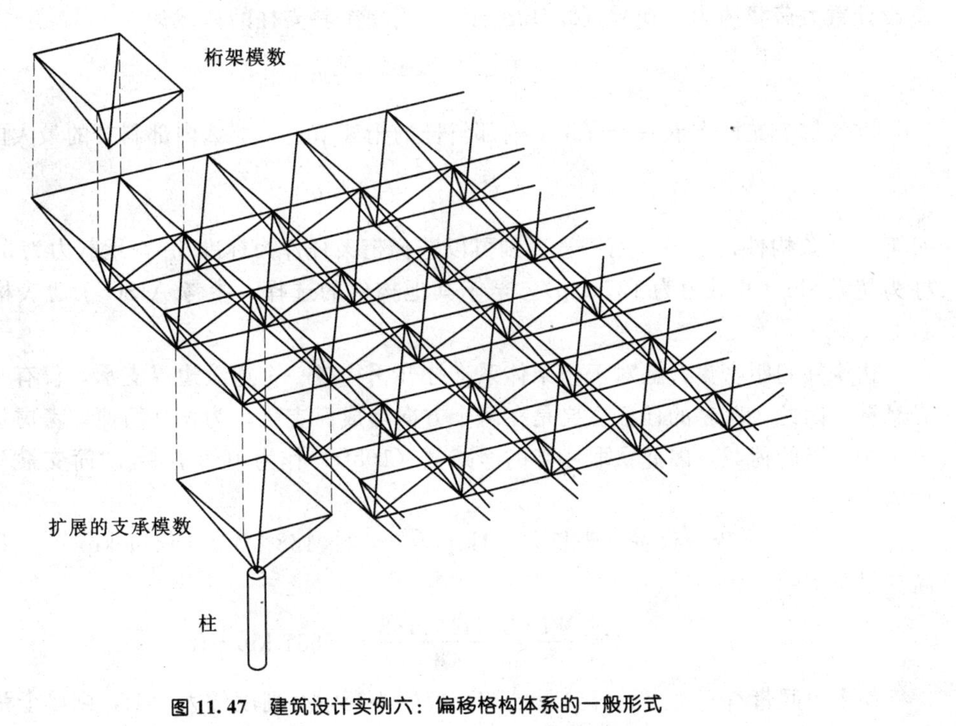

图 11.47 建筑设计实例六：偏移格构体系的一般形式

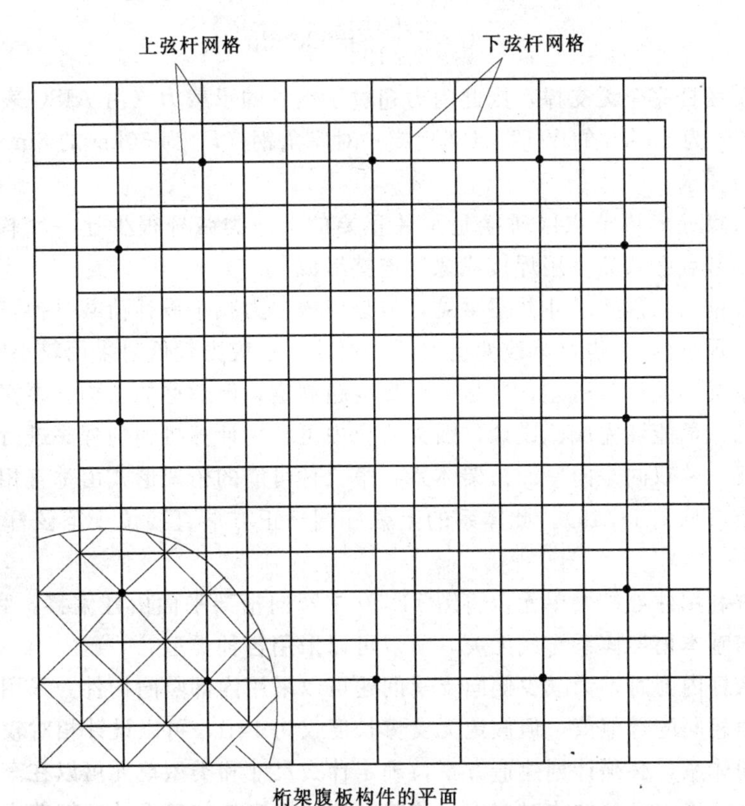

图 11.48 偏移格构系统的平面布置图

总设计重力荷载约为100psf（$0.1kip/ft^2$），则单个斜支柱的荷载为

$$C=\frac{226^2\times0.1}{48}=106\ \text{kip}$$

因为每个支柱支承一个有4个内部斜杆的桁架节点，那么内部斜杆的最大内力为

$$C=\frac{106}{4}=26\ \text{kip}$$

对于28ft长构件，如果采用钢管，则可以选择桁架杆件为标准6in（承载力为37 kip），支柱为超强8in（承载力为137 kip）。至于其他构件的选择，参考AISC手册表格（参考文献3）。

边缘柱间距密集，且对于桁架体系支柱几乎构成一个连续边界支承，仅有一小部分边界悬臂，因此，跨越的任务主要是在两个方向形成简支梁。为设计简便，考虑每个方向跨度承担一半的荷载，因此，取一半的净跨宽（168ft）作为中间梁带，“简支梁”设计总荷载为

$$W=\text{跨宽}\times\text{跨长}\times0.1\text{kip/ft}^2=84\times168\times0.1=1411\ \text{kip}$$

简支梁跨中弯矩为

$$M=\frac{WL}{8}=\frac{1411\times168}{8}=29631\ \text{kip}\cdot\text{ft}$$

如果中间带有三个上弦杆，且已知弦杆中心至中心高度约为19ft，则单个弦杆内力为

$$C=\frac{29631}{3\times19}=520\ \text{kip}$$

如果受压弦杆完全无支撑，则此内力超过了钢管的承载力（由AISC表最小值得到），但W型钢（F_y为50 ksi的W12×136）或一对厚角钢（F_y为50ksi的8in×8in×1in）可以满足承载力要求。

下弦杆节点处形成节点或拼接是至关重要的，该类弦杆很少比一个模数（28ft）要长，所以每个节点必须完全用焊接或螺栓连接形成。

对于大型钢结构这些尺寸并不罕见，但是应该尽力减小设计荷载（换言之，采用尽可能轻的一般屋顶结构）。也可能改变桁架杆件尺寸，在应力较低时采用较小的构件。

正如在本书其他章节所述，这是一个高度超静定，但对称的结构。事实上，大部分专业的结构设计人员能够完成此设计，因为研究中可利用计算机辅助程序进行设计。

（3）方案二：双向竖向平面桁架体系。第二种可能的桁架形式由垂直相交的两组竖向平面桁架组成（见图11.49）。此体系的上弦杆网格正方形直接位于下弦杆网格正方形的上方。

为了容许利用柱处扩展单元，将图11.50中竖向桁架平面由柱偏移。和方案一一样，此扩展单元与基本桁架体系形式无关，所以可以采用各种类型。

当计算弦杆内力时，为减少侧向支承问题可以采用内部竖向构件。采用与前述实例确定的弦杆内力相同的近似值，但假定无支撑长度仅为14ft，可以设计相对较小的构件。

对于双向体系，必须计划建造方案，确定什么尺寸和类型单元可以在车间装配且运输至现场，也必须确定必要的临时支承。这些构造可能影响如何设计桁架节点构造。

（4）方案三：单向竖向平面桁架体系。如图11.51所示，体系采用一组单向的平面桁

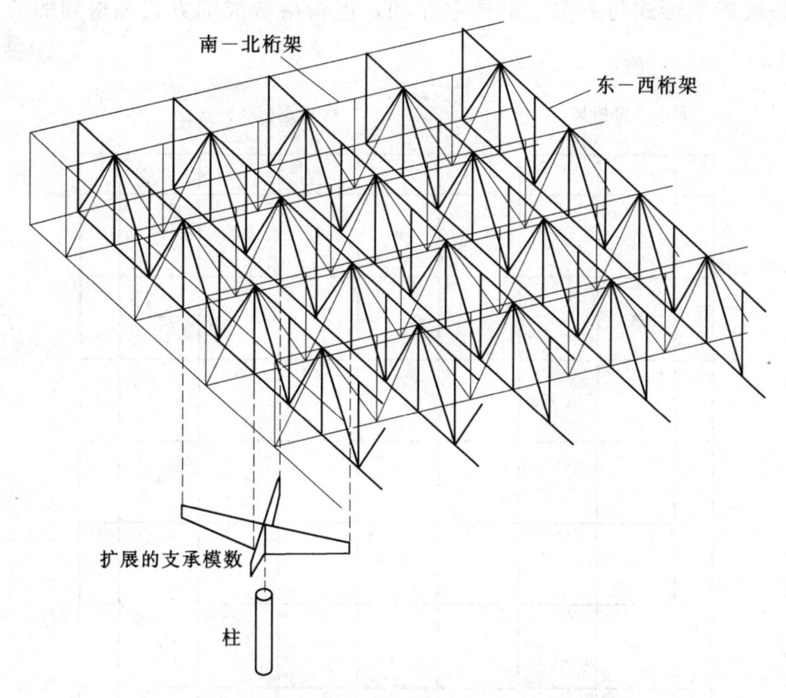

图 11.49 有竖向平面桁架的双向桁架体系的一般形式

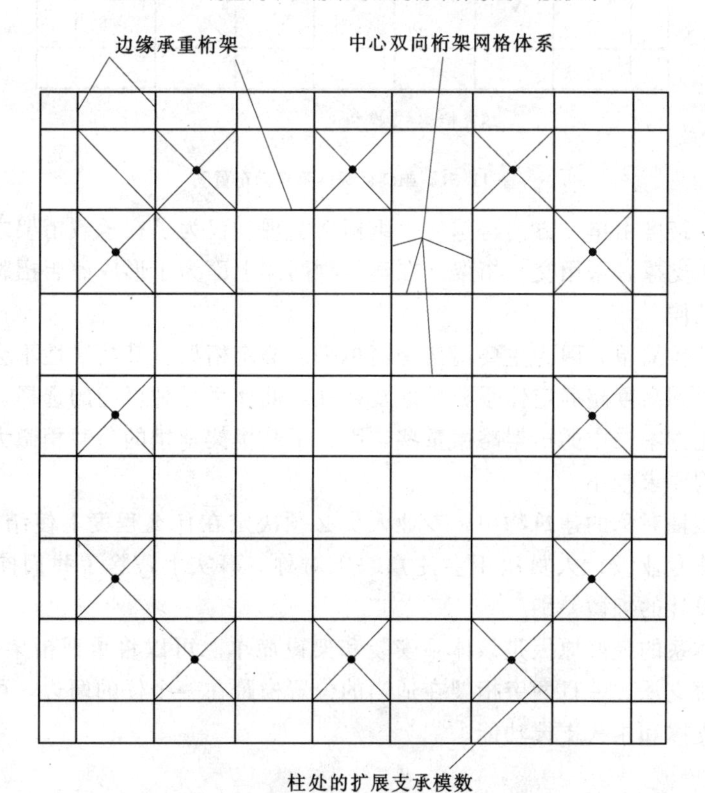

图 11.50 竖向平面桁架体系的平面布置图

架。此体系一般桁架形式与方案二的体系相同，但桁架构成的方式和得到的节点与方案二不同。

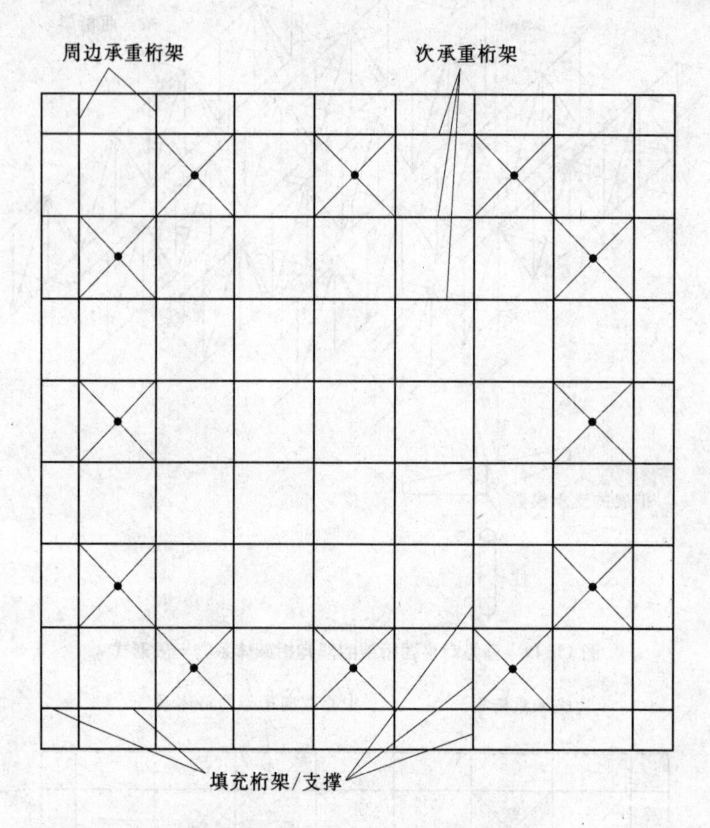

图 11.51 单向桁架体系平面布置图

在本例中，跨度由单一方向跨越的一组桁架实现。仅为了在承载桁架之间跨越和为了给体系提供侧向支撑，采用交叉桁架。在建筑物两侧上面为了形成商店招牌和拱腹，也将交叉桁架向外悬伸。

此体系设计较简单，因为主要桁架是简单平面静定桁架。其简洁性不会迫使你选择此方案，而是考虑到高度超静定体系分析的复杂性，此体系是种可能的选择。

承载桁架比方案二中的桁架略微重些，因为承载桁架承担的荷载稍微大些，但是交叉桁架体系的结构要求较小。

在一个非双轴对称的建筑物中，专业人员必须决定在什么程度上使结构对称。然而，实际上大多数非专业设计人员决不会注意缺乏对称。事实上，除了我们同行专业人员以外，难以认识设计的细微差别。

钟情于此体系的最好原因是该体系安装和架设简单。可以将承载桁架架设成一整片，基本上不需临时支承。一旦两旁桁架在适当的位置横跨在一个柱的两边，可以构成交叉桁架，提供临时支撑和永久支撑功能。

附录 A

型 材 特 性

此附录包括结构构件横截面特性数据。

A.1 常用几何形状的特性

图 A.1 给出了各种几何形状的公式。尽管在木结构或混凝土结构截面中更为常见，但钢结构中有时也采用实心横截面。许多设计人员通过弯曲和焊接钢构件，例如，用钢板和角钢来预制横截面开口或中空的构件。

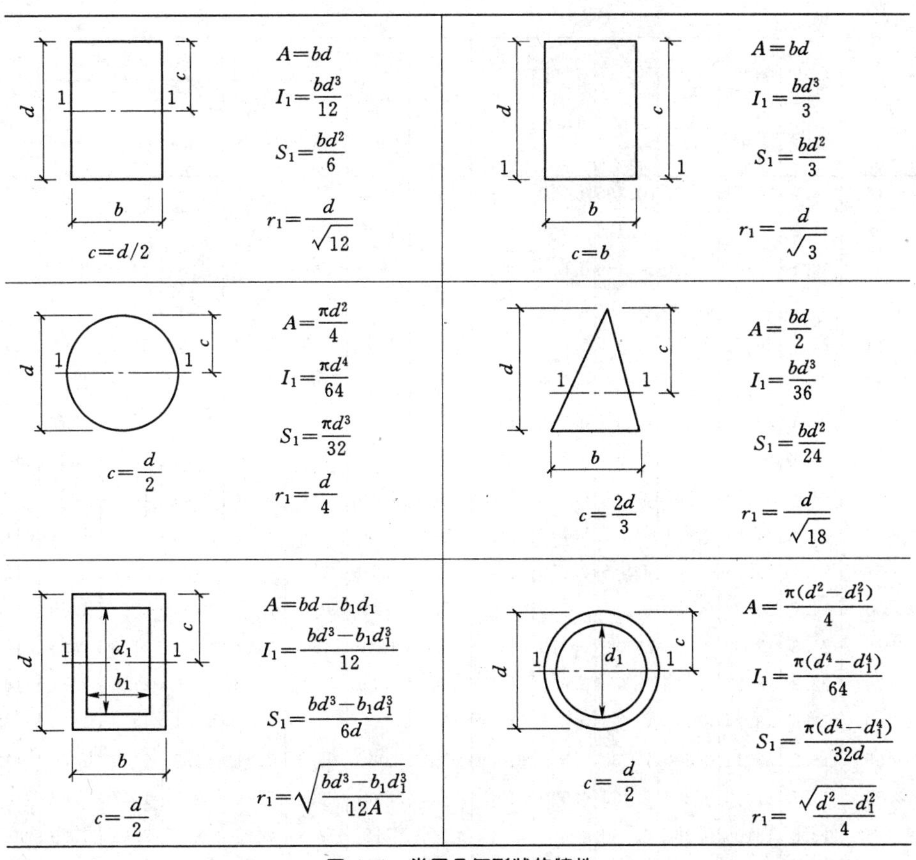

图 A.1 常用几何形状的特性

A=面积；I=惯性矩；S=截面模量=$\frac{I}{c}$；r=回转半径=$\sqrt{\frac{I}{A}}$

A.2　轧制型钢的特性

最常用的结构构件是热轧型钢，在第 2.3 节中进行了论述。表 A.1～A.3 包括已选型钢数据，表 A.4 包括钢管截面特性。

这些数据摘自 AISC 手册内容丰富的表格且经过出版商和美国钢结构学会许可。提供这些数据是为了在设计实例计算中应用，此外提供这些表格以便于读者熟悉 AISC 手册中各种表格。

表 A.1　　**W 型钢截面特性**

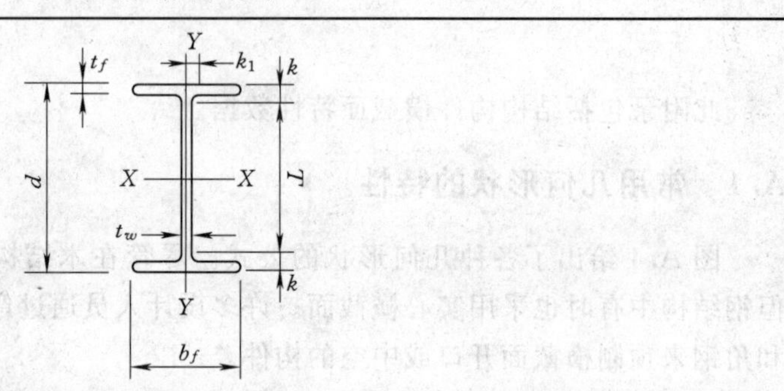

识别			尺寸					弹性特性						塑性模量	
								X-X 轴			Y-Y 轴				
名称	面积 A (in^2)	高度 d (in)	t_w (in)	b_f (in)	t_f (in)	k (in)	k_1 (in)	I (in^4)	S (in^3)	r (in)	I (in^4)	S (in^3)	r (in)	Z_x (in^3)	Z_y (in^3)
W 30×116	34.2	30.01	0.565	10.495	0.850	$1\frac{5}{8}$	1	4930	329	12.0	164	31.3	2.19	378	49.2
×108	31.7	29.83	0.545	10.475	0.760	$1\frac{9}{16}$	1	4470	299	11.9	146	27.9	2.15	346	43.9
×99	29.1	29.65	0.520	10.450	0.670	$1\frac{7}{16}$	1	3990	269	11.7	128	24.5	2.10	312	38.6
W 27×94	27.7	26.92	0.490	9.990	0.745	$1\frac{7}{16}$	$\frac{15}{16}$	3270	243	10.9	124	24.8	2.12	278	38.8
×84	24.8	26.71	0.460	9.960	0.640	$1\frac{3}{8}$	$\frac{15}{16}$	2850	213	10.7	106	21.2	2.07	244	33.2
W 24×84	24.7	24.10	0.470	9.020	0.770	$1\frac{9}{16}$	$\frac{15}{16}$	2370	196	9.79	94.4	20.9	1.95	224	32.6
×76	22.4	23.92	0.440	8.990	0.680	$1\frac{7}{16}$	$\frac{15}{16}$	2100	176	9.69	82.5	18.4	1.92	200	28.6
×68	20.1	23.73	0.415	8.965	0.585	$1\frac{3}{8}$	$\frac{15}{16}$	1830	154	9.55	70.4	15.7	1.87	177	24.5
W 21×83	24.3	21.43	0.515	8.355	0.835	$1\frac{9}{16}$	$\frac{15}{16}$	1830	171	8.67	81.4	19.5	1.83	196	30.5
×73	21.5	21.24	0.455	8.295	0.740	$1\frac{1}{2}$	$\frac{15}{16}$	1600	151	8.64	70.6	17.0	1.81	172	26.6
×57	16.7	21.06	0.405	6.555	0.650	$1\frac{3}{8}$	$\frac{7}{8}$	1170	111	8.36	30.6	9.35	1.35	129	14.8
×50	14.7	20.83	0.380	6.530	0.535	$1\frac{5}{16}$	$\frac{7}{8}$	984	94.5	8.18	24.9	7.64	1.30	110	12.2
W 18×86	25.3	18.39	0.480	11.090	0.770	$1\frac{7}{16}$	$\frac{7}{8}$	1530	166	7.77	175	31.6	2.63	186	48.4
×76	22.3	18.21	0.425	11.035	0.680	$1\frac{3}{8}$	$\frac{13}{16}$	1330	146	7.73	152	27.6	2.61	163	42.2
W 18×60	17.6	18.24	0.415	7.555	0.695	$1\frac{3}{8}$	$\frac{13}{16}$	984	108	7.47	50.1	13.3	1.69	123	20.6
×55	16.2	18.11	0.390	7.530	0.630	$1\frac{5}{16}$	$\frac{13}{16}$	890	98.3	7.41	44.9	11.9	1.67	112	18.5
×50	14.7	17.99	0.355	7.495	0.570	$1\frac{1}{4}$	$\frac{13}{16}$	800	88.9	7.38	40.1	10.7	1.65	101	16.6
W 18×46	13.5	18.06	0.360	6.060	0.605	$1\frac{1}{4}$	$\frac{13}{16}$	712	78.8	7.25	22.5	7.43	1.29	90.7	11.7
×40	11.8	17.90	0.315	6.015	0.525	$1\frac{3}{16}$	$\frac{13}{16}$	612	68.4	7.21	19.1	6.35	1.27	78.4	9.95
W 16×50	14.7	16.26	0.380	7.070	0.630	$1\frac{5}{16}$	$\frac{13}{16}$	659	81.0	6.68	37.2	10.5	1.59	92.0	16.3

续表

识别			尺寸					弹性特性						塑性模量	
								X-X 轴			Y-Y 轴				
名称	面积 A (in^2)	高度 d (in)	t_w (in)	b_f (in)	t_f (in)	k (in)	k_1 (in)	I (in^4)	S (in^3)	r (in)	I (in^4)	S (in^3)	r (in)	Z_x (in^3)	Z_y (in^3)
×45	13.3	16.13	0.345	7.035	0.565	$1\frac{1}{4}$	$\frac{13}{16}$	586	72.7	6.65	32.8	9.34	1.57	82.3	14.5
×40	11.8	16.01	0.305	6.995	0.505	$1\frac{3}{16}$	$\frac{13}{16}$	518	64.7	6.63	28.9	8.25	1.57	72.9	12.7
×36	10.6	15.86	0.295	6.985	0.430	$1\frac{1}{8}$	$\frac{3}{4}$	448	56.5	6.51	24.5	7.00	1.52	64.0	10.8
W 14×216	62.0	15.72	0.980	15.800	1.560	$2\frac{1}{4}$	$1\frac{1}{8}$	2660	338	6.55	1030	130	4.07	390	198
×176	51.8	15.22	0.830	15.650	1.310	2	$1\frac{1}{16}$	2140	281	6.43	838	107	4.02	320	163
W 14×132	38.8	14.66	0.645	14.725	1.030	$1\frac{11}{16}$	$\frac{15}{16}$	1530	209	6.28	548	74.5	3.76	234	113
×120	35.3	14.48	0.590	14.670	0.940	$1\frac{5}{8}$	$\frac{15}{16}$	1380	190	6.24	495	67.5	3.74	212	102
W 14×74	21.8	14.17	0.450	10.070	0.785	$1\frac{9}{16}$	$\frac{15}{16}$	796	112	6.04	134	26.6	2.48	126	40.6
×68	20.0	14.04	0.415	10.035	0.720	$1\frac{1}{2}$	$\frac{15}{16}$	723	103	6.01	121	24.2	2.46	115	36.9
W 14×48	14.1	13.79	0.340	8.030	0.595	$1\frac{3}{8}$	$\frac{7}{8}$	485	70.3	5.85	51.4	12.8	1.91	78.4	19.6
×43	12.6	13.66	0.305	7.995	0.530	$1\frac{5}{16}$	$\frac{7}{8}$	428	62.7	5.82	45.2	11.3	1.89	69.6	17.4
W 14×34	10.0	13.98	0.285	6.745	0.455	1	$\frac{5}{8}$	340	48.6	5.83	23.3	6.91	1.53	54.6	10.6
×30	8.85	13.84	0.270	6.730	0.385	$\frac{15}{16}$	$\frac{5}{8}$	291	42.0	5.73	19.6	5.82	1.49	47.3	8.99
W 12×136	39.9	13.41	0.790	12.400	1.250	$1\frac{15}{16}$	1	1240	186	5.58	398	64.2	3.16	214	98.0
×120	35.3	13.12	0.710	12.320	1.105	$1\frac{13}{16}$	1	1070	163	5.51	345	56.0	3.13	186	85.4
W 12×72	21.1	12.25	0.430	12.040	0.670	$1\frac{3}{8}$	$\frac{7}{8}$	597	97.4	5.31	195	32.4	3.04	108	49.2
×65	19.1	12.12	0.390	12.000	0.605	$1\frac{5}{16}$	$\frac{13}{16}$	533	87.9	5.28	174	29.1	3.02	96.8	44.1
W 12×53	15.6	12.06	0.345	9.995	0.575	$1\frac{1}{4}$	$\frac{13}{16}$	425	70.6	5.23	95.8	19.2	2.48	77.9	29.1
W 12×45	13.2	12.06	0.335	8.045	0.575	$1\frac{1}{4}$	$\frac{13}{16}$	350	58.1	5.15	50.0	12.4	1.94	64.7	19.0
×40	11.8	11.94	0.295	8.005	0.515	$1\frac{1}{4}$	$\frac{3}{4}$	310	51.9	5.13	44.1	11.0	1.93	57.5	16.8
W 12×30	8.79	12.34	0.260	6.520	0.440	$\frac{15}{16}$	$\frac{1}{2}$	238	38.6	5.21	20.3	6.24	1.52	43.1	9.56
×26	7.65	12.22	0.230	6.490	0.380	$\frac{7}{8}$	$\frac{1}{2}$	204	33.4	5.17	17.3	5.34	1.51	37.2	8.17
W 10×88	25.9	10.84	0.605	10.265	0.990	$1\frac{5}{8}$	$\frac{13}{16}$	534	98.5	4.54	179	34.8	2.63	113	53.1
×77	22.6	10.60	0.530	10.190	0.870	$1\frac{1}{2}$	$\frac{13}{16}$	455	85.9	4.49	154	30.1	2.60	97.6	45.9
×49	14.4	9.98	0.340	10.000	0.560	$1\frac{3}{16}$	$\frac{11}{16}$	272	54.6	4.35	93.4	18.7	2.54	60.4	28.3
W 10×39	11.5	9.92	0.315	7.985	0.530	$1\frac{1}{8}$	$\frac{11}{16}$	209	42.1	4.27	45.0	11.3	1.98	46.8	17.2
×33	9.71	9.73	0.290	7.960	0.435	$1\frac{1}{16}$	$\frac{11}{16}$	170	35.0	4.19	36.6	9.20	1.94	38.8	14.0
W 10×19	5.62	10.24	0.250	4.020	0.395	$\frac{13}{16}$	$\frac{1}{2}$	96.3	18.8	4.14	4.29	2.14	0.874	21.6	3.35
×17	4.99	10.11	0.240	4.010	0.330	$\frac{3}{4}$	$\frac{1}{2}$	81.9	16.2	4.05	3.56	1.78	0.844	18.7	2.80

资料来源：摘自《钢结构手册》第8版，经出版商和美国钢结构学会许可。此表格是一套广泛的表格中的范本。

表 A.2　　　　　单角钢截面特性

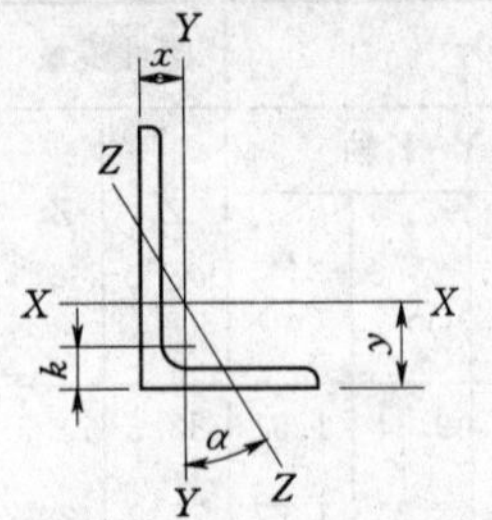

角钢
等肢和非等肢设计特性

尺寸和厚度	k	每 ft 重量	面积	X-X 轴				Y-Y 轴				Z-Z 轴	
				I	S	r	y	I	S	r	x	r	tanα
in	in	lb	in^2	in^4	in^3	in	in	in^4	in^3	in	in	in	
L8×8×1⅛	1¾	56.9	16.7	98.0	17.5	2.42	2.41	98.0	17.5	2.42	2.41	1.56	1.000
1	1⅝	51.0	15.0	89.0	15.8	2.44	2.37	89.0	15.8	2.44	2.37	1.56	1.000
L8×6×¾	1¼	33.8	9.94	63.4	11.7	2.53	2.56	30.7	6.92	1.76	1.56	1.29	0.551
½	1	23.0	6.75	44.3	8.02	2.56	2.47	21.7	4.79	1.79	1.47	1.30	0.558
												1	
L6×6×⅝	1⅛	24.2	7.11	24.2	5.66	1.84	1.73	24.2	5.66	1.84	1.73	1.18	1.000
½	1	19.6	5.75	19.9	4.61	1.86	1.68	19.9	4.61	1.86	1.68	1.18	1.000
L6×4×⅝	1⅛	20.0	5.86	21.1	5.31	1.90	2.03	7.52	2.54	1.13	1.03	0.864	0.435
½	1	16.2	4.75	17.4	4.33	1.91	1.99	6.27	2.08	1.15	0.987	0.870	0.440
⅜	⅞	12.3	3.61	13.5	3.32	1.93	1.94	4.90	1.60	1.17	0.941	0.877	0.446
L5×3½×½	1	13.6	4.00	9.99	2.99	1.58	1.66	4.05	1.56	1.01	0.906	0.755	0.479
⅜	⅞	10.4	3.05	7.78	2.29	1.60	1.61	3.18	1.21	1.02	0.861	0.762	0.486
L5×3×½	1	12.8	3.75	9.45	2.91	1.59	1.75	2.58	1.15	0.829	0.750	0.648	0.357
⅜	⅞	9.8	2.86	7.37	2.24	1.61	1.70	2.04	0.888	0.845	0.704	0.654	0.364
L4×4×½	⅞	12.8	3.75	5.56	1.97	1.22	1.18	5.56	1.97	1.22	1.18	0.782	1.000
⅜	¾	9.8	2.86	4.36	1.52	1.23	1.14	4.36	1.52	1.23	1.14	0.788	1.000
L4×3×½	15/16	11.1	3.25	5.05	1.89	1.25	1.33	2.42	1.12	0.864	0.827	0.639	0.543
⅜	13/16	8.5	2.48	3.96	1.46	1.26	1.28	1.92	0.866	0.879	0.782	0.644	0.551
5/16	¾	7.2	2.09	3.38	1.23	1.27	1.26	1.65	0.734	0.887	0.759	0.647	0.554
L3½×3½×⅜	¾	8.5	2.48	2.87	1.15	1.07	1.01	2.87	1.15	1.07	1.01	0.687	1.000
5/16	11/16	7.2	2.09	2.45	0.976	1.08	0.990	2.45	0.976	1.08	0.990	0.690	1.000
L3½×2½×⅜	13/16	7.2	2.11	2.56	1.09	1.10	1.16	1.09	0.592	0.719	0.660	0.537	0.296
5/16	¾	6.1	1.78	2.19	0.927	1.11	1.14	0.939	0.504	0.727	0.637	0.540	0.501
L3×3×⅜	11/16	7.2	2.11	1.76	0.833	0.913	0.888	1.76	0.833	0.913	0.888	0.587	1.000
5/16	⅝	6.1	1.78	1.51	0.707	0.922	0.865	1.51	0.707	0.922	0.865	0.589	1.000
L3×2½×⅜	¾	6.6	1.92	1.66	0.810	0.928	0.956	1.04	0.581	0.736	0.706	0.522	0.676
5/16	11/16	5.6	1.62	1.42	0.688	0.937	0.933	0.898	0.494	0.744	0.683	0.525	0.680
L3×2×⅜	11/16	5.9	1.73	1.53	0.781	0.940	1.04	0.543	0.371	0.559	0.539	0.430	0.428
5/16	⅝	5.0	1.46	1.32	0.664	0.948	1.02	0.470	0.317	0.567	0.516	0.432	0.435
L2½×2½×⅜	11/16	5.9	1.73	0.984	0.566	0.753	0.762	0.984	0.566	0.753	0.762	0.487	1.000
5/16	⅝	5.0	1.46	0.849	0.482	0.761	0.740	0.849	0.482	0.761	0.740	0.489	1.000
L2½×2×⅜	11/16	5.3	1.55	0.912	0.547	0.768	0.831	0.514	0.363	0.577	0.581	0.420	0.614
5/16	⅝	4.5	1.31	0.788	0.466	0.776	0.809	0.446	0.310	0.584	0.559	0.422	0.620

资料来源：摘自《钢结构手册》第 8 版，经出版商和美国钢结构学会许可。此表格是一套广泛的表格中的范本。

表 A.3　　长肢相并双角钢截面特性

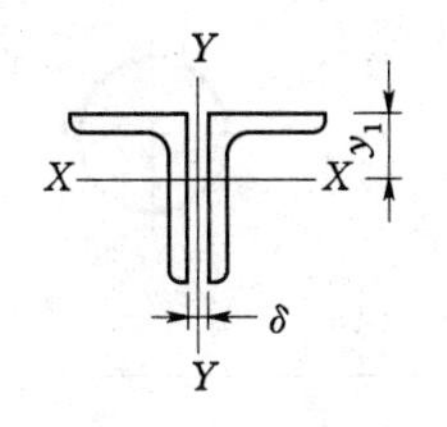

双角钢

两不等肢角钢截面特性

长肢背靠背

名　称	每 ft 2 角钢重量	2 角钢面积	X－X 轴				Y－Y 轴		
							回转半径		
			I	S	r	y	背靠背角钢（in）		
	lb	in^2	in^4	in^3	in	in	0	3/8	3/4
L8×6×1	88.4	26.0	161.0	30.2	2.49	2.65	2.39	2.52	2.66
¾	67.6	19.9	126.0	23.3	2.53	2.56	2.35	2.48	2.62
½	46.0	13.5	88.6	16.0	2.56	2.47	2.32	2.44	2.57
L6×4×¾	47.2	13.9	49.0	12.5	1.88	2.08	1.55	1.69	1.83
⅝	40.0	11.7	42.1	10.6	1.90	2.03	1.53	1.67	1.81
½	32.4	9.50	34.8	8.67	1.91	1.99	1.51	1.64	1.78
⅜	24.6	7.22	26.9	6.64	1.93	1.94	1.50	1.62	1.76
L5×3½×¾	39.6	11.6	27.8	8.55	1.55	1.75	1.40	1.53	1.68
½	27.2	8.00	20.0	5.97	1.58	1.66	1.35	1.49	1.63
⅜	20.8	6.09	15.6	4.59	1.60	1.61	1.34	1.46	1.60
L5×3×½	25.6	7.50	18.9	5.82	1.59	1.75	1.12	1.25	1.40
⅜	19.6	5.72	14.7	4.47	1.61	1.70	1.10	1.23	1.37
5/16	16.4	4.80	12.5	3.77	1.61	1.68	1.09	1.22	1.36
L4×3×½	22.2	6.50	10.1	3.78	1.25	1.33	1.20	1.33	1.48
⅜	17.0	4.97	7.93	2.92	1.26	1.28	1.18	1.31	1.45
5/16	14.4	4.18	6.76	2.47	1.27	1.26	1.17	1.30	1.44
L3½×2½×⅜	14.4	4.22	5.12	2.19	1.10	1.16	0.976	1.11	1.26
5/16	12.2	3.55	4.38	1.85	1.11	1.14	0.966	1.10	1.25
¼	9.8	2.88	3.60	1.51	1.12	1.11	0.958	1.09	1.23
L3×2×⅜	11.8	3.47	3.06	1.56	0.940	1.04	0.777	0.917	1.07
5/16	10.0	2.93	2.63	1.33	0.948	1.02	0.767	0.903	1.06
¼	8.2	2.38	2.17	1.08	0.957	0.993	0.757	0.891	1.04
L2½×2×⅜	10.6	3.09	1.82	1.09	0.768	0.831	0.819	0.961	1.12
5/16	9.0	2.62	1.58	0.932	0.776	0.809	0.809	0.948	1.10
¼	7.2	2.13	1.31	0.763	0.784	0.787	0.799	0.935	1.09

资料来源：摘自《钢结构手册》第 8 版，经出版商和美国钢结构学会许可。此表格是一套广泛的表格中的范本。

表 A.4 **标准重量钢管的截面特性**

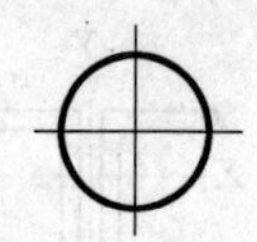

钢管
尺寸和截面特性

尺寸				平管口每 ft 重量 (lb)	截面特性				清单号
名义直径 (in)	外直径 (in)	内直径 (in)	壁厚 (in)		A (in^2)	I (in^4)	S (in^3)	r (in)	
标准重量									
½	0.840	0.622	0.109	0.85	0.250	0.017	0.041	0.261	40
¾	1.050	0.824	0.113	1.13	0.333	0.037	0.071	0.334	40
1	1.315	1.049	0.133	1.68	0.494	0.087	0.133	0.421	40
1¼	1.660	1.380	0.140	2.27	0.669	0.195	0.235	0.540	40
1½	1.900	1.610	0.145	2.72	0.799	0.310	0.326	0.623	40
2	2.375	2.067	0.154	3.65	1.07	0.666	0.561	0.787	40
2½	2.875	2.469	0.203	5.79	1.70	1.53	1.06	0.947	40
3	3.500	3.068	0.216	7.58	2.23	3.02	1.72	1.16	40
3½	4.000	3.548	0.226	9.11	2.68	4.79	2.39	1.34	40
4	4.500	4.026	0.237	10.79	3.17	7.23	3.21	1.51	40
5	5.563	5.047	0.258	14.62	4.30	15.2	5.45	1.88	40
6	6.625	6.065	0.280	18.97	5.58	28.1	8.50	2.25	40
8	8.625	7.981	0.322	28.55	8.40	72.5	16.8	2.94	40
10	10.750	10.020	0.365	40.48	11.9	161	29.9	3.67	40
12	12.750	12.000	0.375	49.56	14.6	279	43.8	4.38	—

所列截面由 ASTM 规范 A43 等级 B 或 A501 得到，该规范还给出了其他截面特性
选用时可咨询钢管制造商或经销商

提示 两种较重钢管也可以应用。

资料来源：摘自《钢结构手册》第 8 版，经出版商和美国钢结构学会许可。此表格是一套广泛的表格中的范本。

附录 B

梁设计参考资料

此附录包括有助于设计人员设计钢梁的材料。设计人员可利用表 B.1 快速选择与最大弯矩对应的截面。表中所列截面类型按照关于主弯曲轴截面模量递减排列：即关于 $X—X$ 轴 S_x 递减次序排列表格。表格还列出了相应于 S_x 值的安全使用荷载弯矩和以屈服应力 36ksi 为基础建立的容许应力值（注意：AISC 手册也有一个表格，表中所列弯矩值以屈服应力为 50ksi 为基础）。表中截面类型是成组的，重量最小构件排于每一组首位（粗体列出），即没有其他强度同样的梁重量会更小。此表格也给出了侧向无支撑长度 L_c 和 L_u 的限值。

从图 B.1 所示两个表格中，能确定给定最大弯矩组合及侧向无支撑长度的容许梁类型。第 5.5 节解释了如何利用这些表格。

表 B.1　　不同类型梁截面的容许应力设计

S_x	型　钢	$F_y=36\text{ksi}$			S_x	型　钢	$F_y=36\text{ksi}$		
		L_c	L_u	M_R			L_c	L_u	M_R
in³		ft	ft	kip·ft	in³		ft	ft	kip·ft
1110	**W36×300**	**17.6**	**35.3**	**2220**	487	W33×152	12.2	16.9	974
1030	**W36×280**	**17.5**	**33.1**	**2060**	455	W27×161	14.8	25.4	910
953	**W36×260**	**17.5**	**30.5**	**1910**	**448**	**W33×141**	**12.2**	**15.4**	**896**
895	**W36×245**	**17.4**	**28.6**	**1790**	**439**	**W36×135**	**12.3**	**13.0**	**878**
837	W36×230	17.4	26.8	1670	414	W24×162	13.7	29.3	828
829	W33×241	16.7	30.1	1660	411	W27×146	14.7	23.0	822
757	**W33×221**	**16.7**	**27.6**	**1510**	**406**	**W33×130**	**12.1**	**13.8**	**812**
719	**W36×210**	**12.9**	**20.9**	**1440**	380	W30×132	11.1	16.1	760
684	**W33×201**	**16.6**	**24.9**	**1370**	371	W24×146	13.6	26.3	742
664	**W36×194**	**12.8**	**19.4**	**1330**	**359**	**W33×118**	**12.0**	**12.6**	**718**
663	W30×211	15.9	29.7	1330	355	W30×124	11.1	15.0	710
623	**W36×182**	**12.7**	**18.2**	**1250**	**329**	**W30×116**	**11.1**	**13.8**	**658**
598	W30×191	15.9	26.9	1200	329	W24×131	13.6	23.4	658
580	**W36×170**	**12.7**	**17.0**	**1160**	329	W21×147	13.2	30.3	658
542	**W36×160**	**12.7**	**15.7**	**1080**	**299**	**W30×108**	**11.1**	**12.3**	**598**
539	W30×173	15.8	24.2	1080	299	W27×114	10.6	15.9	598
504	**W36×150**	**12.6**	**14.6**	**1010**	295	W21×132	13.1	27.2	590
502	W27×178	14.9	27.9	1000	291	W24×117	13.5	20.8	582

续表

S_x	型钢	$F_y=36$ksi			S_x	型钢	$F_y=36$ksi		
		L_c	L_u	M_R			L_c	L_u	M_R
in³		ft	ft	kip·ft	in³		ft	ft	kip·ft
273	W21×122	13.1	25.4	546	**114**	**W24×55**	**7.0**	**7.5**	**228**
269	**W30×99**	**10.9**	**11.4**	**538**	112	W14×74	10.6	25.9	224
267	W27×102	10.6	14.2	534	111	W21×57	6.9	9.4	222
258	W24×104	13.5	18.4	516	108	W18×60	8.0	13.3	216
249	W21×111	13.0	23.3	498	107	W12×79	12.8	33.3	214
243	**W27×94**	**10.5**	**12.8**	**486**	103	W14×68	10.6	23.9	206
231	W18×119	11.9	29.1	462	**98.3**	**W18×55**	**7.9**	**12.1**	**197**
227	W21×101	13.0	21.3	454	97.4	W12×72	12.7	30.5	195
222	**W24×94**	**9.6**	**15.1**	**444**	**94.5**	**W21×50**	**6.9**	**7.8**	**189**
213	**W27×84**	**10.5**	**11.0**	**426**	92.2	W16×57	7.5	14.3	184
204	W18×106	11.8	26.0	408	92.2	W14×61	10.6	21.5	184
196	**W24×84**	**9.5**	**13.3**	**392**	**88.9**	**W18×50**	**7.9**	**11.0**	**178**
192	W21×93	8.9	16.8	384	87.9	**W12×65**	**12.7**	**27.7**	176
190	W14×120	15.5	44.1	380	**81.6**	W21×44	6.6	7.0	**163**
188	W18×97	11.8	24.1	376	81.0	W16×50	7.5	12.7	162
176	**W24×76**	**9.5**	**11.8**	**352**	78.8	W18×46	6.4	9.4	158
175	W16×100	11.0	28.1	350	78.0	W12×58	10.6	24.4	156
173	W14×109	15.4	40.6	346	77.8	W14×53	8.5	17.7	156
171	W21×83	8.8	15.1	342	72.7	W16×45	7.4	11.4	145
166	W18×86	11.7	21.5	332	70.6	W12×53	10.6	22.0	141
157	W14×99	15.4	37.0	314	70.3	W14×48	8.5	16.0	141
155	W16×89	10.9	25.0	310	**68.4**	**W18×40**	**6.3**	**8.2**	**137**
154	**W24×68**	**9.5**	**10.2**	**308**	66.7	W10×60	10.6	31.1	133
151	W21×73	8.8	13.4	302	**64.7**	**W16×40**	**7.4**	**10.2**	**129**
146	W18×76	11.6	19.1	292	**64.7**	W12×50	8.5	19.6	129
143	W14×90	15.3	34.0	286	62.7	W14×43	8.4	14.4	125
140	**W21×68**	**8.7**	**12.4**	**280**	60.0	W10×54	10.6	28.2	120
134	W16×77	10.9	21.9	268	58.1	W12×45	8.5	17.7	116
131	**W24×62**	**7.4**	**8.1**	**262**	**57.6**	**W18×35**	**6.3**	**6.7**	**115**
127	**W21×62**	**8.7**	**11.2**	**254**	56.5	W16×36	7.4	8.8	113
127	W18×71	8.1	15.5	254	54.6	W14×38	7.1	11.5	109
123	W14×82	10.7	28.1	246	54.6	W10×49	10.6	26.0	109
118	W12×87	12.8	36.2	236	51.9	W12×40	8.4	16.0	104
117	W18×65	8.0	14.4	234	49.1	W10×45	8.5	22.8	98
117	W16×67	10.8	19.3	234	**48.6**	**W14×34**	**7.1**	**10.2**	**97**

续表

S_x	型 钢	F_y=36ksi			S_x	型 钢	F_y=36ksi		
		L_c	L_u	M_R			L_c	L_u	M_R
in³		ft	ft	kip·ft	in³		ft	ft	kip·ft
47.2	**W16×31**	**5.8**	**7.1**	**94**	16.2	W10×17	4.2	7.1	32
45.6	W12×35	6.9	12.6	91	15.2	W 8×18	5.5	9.9	30
42.1	W10×39	8.4	19.8	84	**14.9**	**W12×14**	**3.5**	**4.2**	**30**
42.0	**W14×30**	**7.1**	**8.7**	**84**	13.8	W10×15	4.2	5.0	28
38.6	**W12×30**	**6.9**	**10.8**	**77**	13.4	W 6×20	6.4	16.4	27
38.4	**W16×26**	**5.6**	**6.0**	**77**	13.0	M6×20	6.3	17.4	26
35.3	**W14×26**	**5.3**	**7.0**	**71**	**12.0**	**M12×11.8**	**2.7**	**3.0**	**24**
35.0	W10×33	8.4	16.5	70	11.8	W 8×15	4.2	7.2	24
33.4	**W12×26**	**6.9**	**9.4**	**67**	10.9	W10×12	3.9	4.3	22
32.4	W10×30	6.1	13.1	65	10.2	W 6×16	4.3	12.0	20
31.2	W 8×35	8.5	22.6	62	10.2	W 5×19	5.3	19.5	20
29.0	**W14×22**	**5.3**	**5.6**	**58**	9.91	W 8×13	4.2	5.9	20
27.9	W10×26	6.1	11.4	56	9.72	W 6×15	6.3	12.0	19
27.5	W 8×31	8.4	20.1	55	9.63	M 5×18.9	5.3	19.3	19
25.4	**W12×22**	4.3	6.4	51	8.51	W 5×16	5.3	16.7	17
24.3	W 8×28	6.9	17.5	49	**7.81**	**W 8×10**	**4.2**	**4.7**	**16**
23.2	**W10×22**	**6.1**	**9.4**	**46**	**7.76**	**M10×9**	**2.6**	**2.7**	**16**
21.3	**W12×19**	**4.2**	**5.3**	**43**	7.31	W 6×12	4.2	8.6	15
21.1	**M14×18**	**3.6**	**4.0**	**42**	**5.56**	**W 6×9**	**4.2**	**6.7**	**11**
20.9	W 8×24	6.9	15.2	42	5.46	W 4×13	4.3	15.6	11
18.8	W10×19	4.2	7.2	38	5.24	M 4×13	4.2	16.9	10
18.2	W 8×21	5.6	11.8	36	**4.62**	**M 8×6.5**	**2.4**	**2.5**	**9**
17.1	**W12×16**	**4.1**	**4.3**	**34**	**2.40**	**M 6×4.4**	**1.9**	**2.4**	**5**
16.7	W 6×25	6.4	20.0	33					

资料来源：摘自《钢结构手册》第8版，经出版商和美国钢结构学会许可。此表格是一套广泛的表格中的范本。

图B.2给出了10个梁荷载和支承图，给出了确定反力、最大剪力、最大变形和某些情况下最大变形的公式，在第5.7节中阐述了如何应用ETL值。

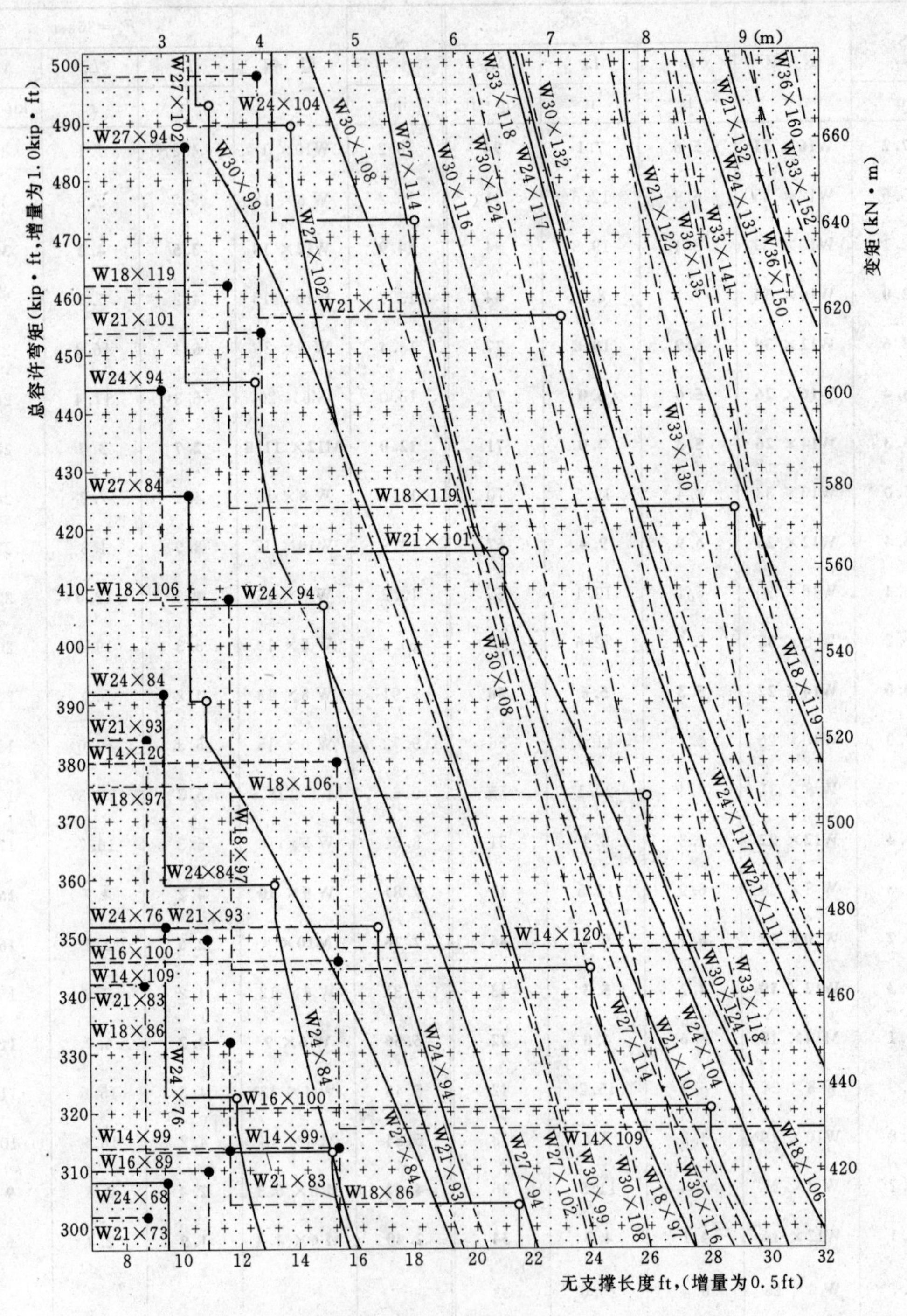

图 B.1 多种侧向无支撑长度下梁的容许弯矩 ($C_b=1$, $F_y=36ksi$)

(摘自《钢结构手册》: 容许应力设计, 第 8 版, 经出版商和美国钢结构学会许可。

此图是一套大表格的一个范本)

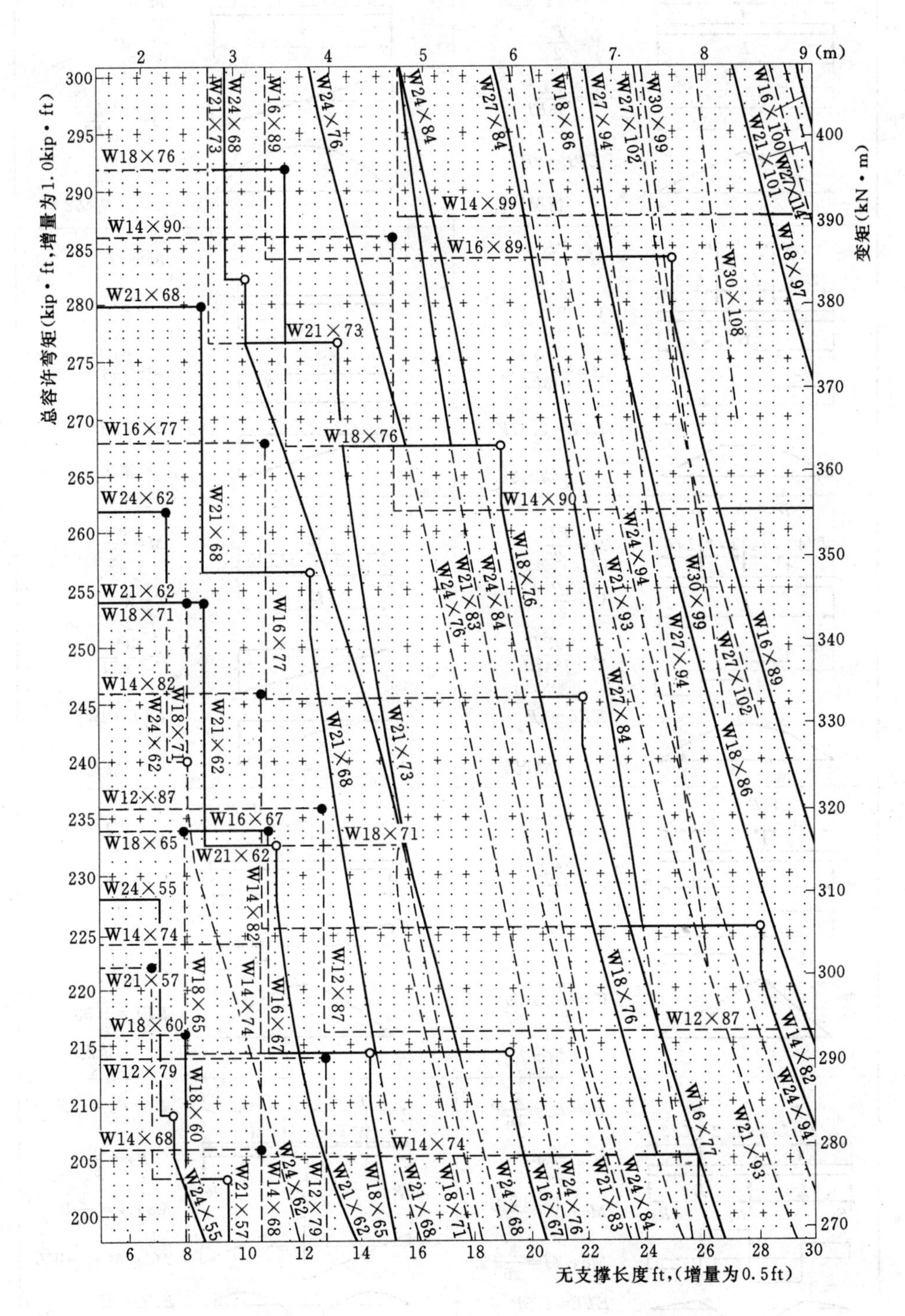

2
3
4
5
6
7
8
9 (m)
总容许弯矩(kip·ft,增量为1.0kip·ft)
变矩(kN·m)
无支撑长度ft,(增量为0.5ft)
300
295
290
285
280
275
270
265
260
255
250
245
240
235
230
225
220
215
210
205
200
400
390
380
370
360
350
340
330
320
310
300
290
280
270
6
8
10
12
14
16
18
20
22
24
26
28
30
W18×76
W14×90
W21×68
W16×77
W24×62
W21×62
W18×71
W14×82
W12×87
W18×65
W24×55
W14×74
W21×57
W18×60
W12×79
W14×68
W21×73
W24×68
W16×89
W24×76
W24×84
W27×84
W18×86
W27×94
W27×102
W30×99
W16×100
W21×101
W27×114
W18×97
W14×99
W30×108
W24×94
W21×93
W27×94
W16×89
W18×76
W21×83
W24×84
W24×76
W30×99
W27×102
W18×86
W27×84
W16×77
W21×73
W21×68
W16×67
W16×77
W12×87
W14×82
W24×94
W21×93
W14×74
W24×62
W14×68
W12×79
W21×62
W18×65
W21×68
W18×71
W24×68
W16×67
W24×76
W21×83
W24×84
W24×55
W21×57

图 B.1　续

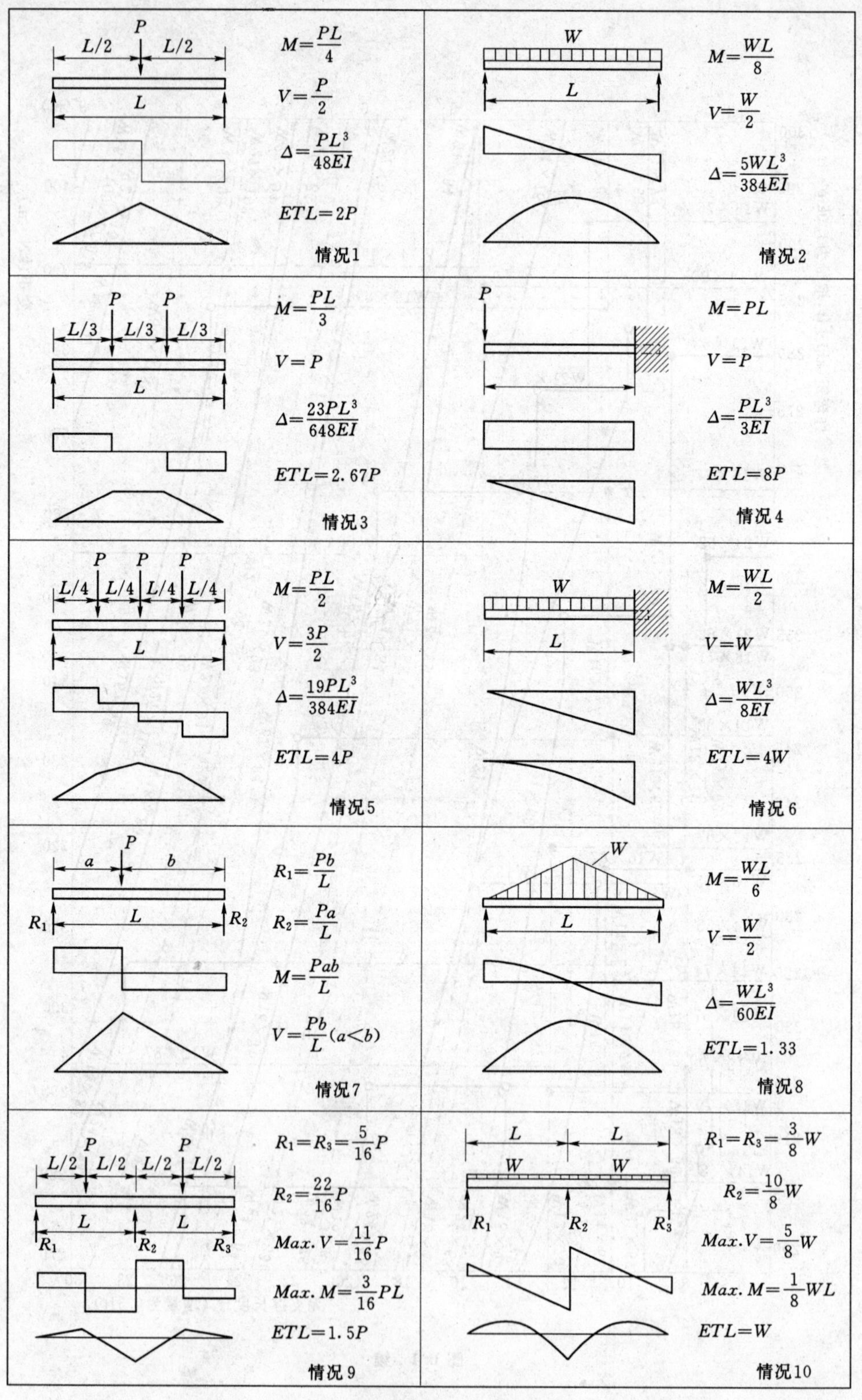

图 B.2 典型梁荷载作用下各反应值

学 习 指 南

通过本章材料，读者可以衡量他们对此书的理解程度。建议读过各章后，回顾这里所列的各章术语，然后完成各章的自我检测。

术语

回顾以下术语，理解术语的含义比机械地记忆定义要重要。

绪论

AISC 美国钢结构学会

ASD 容许应力设计

ASTM 美国试验材料学会

Cold - forming 冷成型

Hot - rolling 热轧

LRFD 荷载抗力系数设计

Miscellaneous metals 混合金属

Service load 使用荷载

Structure steel 结构钢

第1章

Allowable stress 容许应力

Ductility 延性

Modulus of elasticity 弹性模量

Plastic range 塑性范围

Rolled shapes 辊轧成型

Stiffness 刚度

Strain hardening 应变硬化

Ultimate limit 极限状态

Yield point 屈服点

第2章

Deformation limits 变形极限

Field assemblage 现场装配

Shop assemblage 车间装配

Stability 稳定性

第4章

Combined load 组合荷载

Continuous beam 连续梁

Cut section 分割区

Deformed shape 变形的型钢

Factored load 极限设计荷载

Free - body diagram 自由体图

Moment - resistive joint 抗弯矩节点

Resistance factor 抗力系数

Rigid frame 刚性框架

Safety 安全性

Strength reduction factor 强度折减系数

Structural investigation 结构分析

第5章

Bearing 承压

Deck 板

Deflection 变形

Elastic buckling 弹性屈曲

Equivalent uniform load（EUL） 等效均布荷载

Formed sheet steel deck 成型薄钢板

Framing：system，layout，plan 框架：系统，布置，平面图

Inelastic buckling 非弹性屈曲

Joist girder 主次梁

Lateral buckling 侧向屈曲

Lateral unsupported length 侧向无支撑长度

Lightest section 最轻截面

Open - web steel joist 腹板开口梁

Plastic hinge 塑性铰

Safe load 安全荷载

Shear center 剪切中心

Steel joist（truss form） 钢次桁架（桁架构成）

Superimposed load 叠加荷载

Torsional buckling 扭转屈曲

Web crippling 梁腹压屈

Web stiffener 梁腹加劲件

Wide - flange beam 宽翼缘梁

第6章

Bending factor 弯曲系数

Column interacion 柱相互作用

Double-angle 双角钢

Effective column buckling length 柱有效屈曲长度

P-delta effect $P-\Delta$ 效应

Radius of gyration 回转半径

Slenderness (L/r) ration 长细比

Strut 支撑，撑杆

第7章

Bent 排架

Captive column 受约束柱

Eccentric bracing 偏心支撑

Rigid - frame bent 刚性构架

Sidesway 侧移

Trussed bent 桁构排架

第8章

Composite structural element 组合结构构件

Flitched beam 组合梁

Net section 净截面

第9章

Chord member 弦杆

Maxwell diagram 麦克斯韦图

Method of joints 连接方法

Truss panel 桁架节间

Two - way spanning structure 双跨结构

第10章

Boxing 箱式

Butt joint 对接接头

Double shear 双面受剪

Edge distance 边距

Effective area（in tension） 有效面积（受拉）

Effective length（of weld） 有效长度（焊接）

Fastener 紧固件

Fillet weld 填角焊接

Framed beam connection 框架梁连接

Gage（for angles） 等级（角钢）

Groove weld 坡口焊

Lap joint 搭接节点

Penetration（of weld）焊透

Pitch 间距

Plug weld 塞焊

Single shear 单面受剪

Slot weld 切口焊缝

Tearing 撕裂

Tee joint（weld） T形接头（焊接）

Throat（of weld） （焊缝）喉部

Unfinished bolts（A307） 粗制螺栓

Upset end 螺旋轴端

第11章

Building code 建筑规范

Dead load 恒载
Live load 活载
Live load reduction 活载折减率

自我检测题

习题

提示 解答在最后一个习题之后。

第1～3章

1. 对于辊轧结构钢，为什么钢的屈服点比其极限强度重要？
2. W型钢名称中，为什么采用高度作为名义尺寸（例如W12×36中的12in）？
3. 钢暴露在环境中易受损坏，此时设计师主要应考虑什么？

第4章

1. 举例说明以下概念：
   a. 自由体图
   b. 断面

第5章

1. 梁横截面的什么特性最能预测其抗弯强度？
2. L_c 和 L_u 有什么重要意义？
3. 对于A36类型钢梁，为什么一定跨度下所有相同高度梁在极限荷载作用下的变形相同？
4. 细长、无支撑梁的基本屈曲形式有哪些？
5. 当荷载不作用于梁横截面剪切中心时会发生什么？
6. 防止W型钢梁扭转最常用的方法是什么？
7. 在W型钢梁中，对抵抗腹板屈曲最关键的是横截面什么特性？

第6章

1. 当简单估计柱轴向抗压承载力时，有重要意义的钢柱横截面特性是什么？
2. 什么时候必须考虑屈曲对W形钢柱两轴的影响？
3. 端部支承条件如何影响柱屈曲？
4. 什么是 $P-\Delta$ 效应？

第7章

1. 刚性框架构件之间的什么相互作用是必需的？
2. 当结构框架和结构墙相互作用时，为什么结构墙倾向于承担大部分荷载？
3. 设计单个结构构件时为什么风荷载并不总是关键因素？
4. 关于刚性框架的变形，框架构件的相对刚度有什么重要意义？

第9章

1. 为什么桁架荷载仅应该作用于其节间节点上？

第10章

1. 当采用高强度螺栓连接钢构件时，节点处什么基本作用形成初始荷载抗力？
2. 在螺栓连接中，抵抗撕裂的应力组合是什么？
3. 除了间距和边距外，在框架梁连接中什么主要尺寸限制了所采用的螺栓的数量？
4. 为什么钢梁与其支承的梁的高度不能相同？
5. 为什么在填角焊缝中喉部尺寸有重要意义？
6. 节点中环焊有什么结构优势？

第11章

1. 什么是设计恒载？
2. 什么因素对活载折减率影响最大？

解答

第1～3章

1. 一个结构的实际限制通常是其延性反应中的变形能力，所以可接受的性能基于屈服点。
2. 大多数情况下，型钢的真实高度不是名义高度。

3. 锈蚀和抗火。

第4章

1. a. 荷载和反力，即稳定所需的一般外部荷载。

   b. 内力作用、应力和局部变形。

第5章

1. 截面模量。
2. 它们表明了侧向无支承条件的限制。
3. 应变与应力成正比，应力与荷载大小成正比；对于相同高度，变形与应力成正比。因此，如果应力（最大容许）为常量，相同高度的所有梁的变形相同。
4. 在柱作用中，梁受压一侧侧向（侧移）屈曲；跨中或端部转动（扭转）屈曲。
5. 扭转，梁段扭矩。
6. 支撑梁。
7. 梁腹板厚度。

第6章

1. 面积、回转半径。
2. 当两轴有效屈曲长度（KL）不相同时。
3. 他们可以改变柱的有效长度，有效长度形成屈曲轮廓，因此改变了柱的屈曲抗力。
4. $P-\Delta$ 效应是产生更大变形（即附加变形增量）的弯矩（P 乘以柱变形），变形又导致更大的 $P-\Delta$ 效应，如此循环。

第8章

1. 传递弯矩（通过连接）。
2. 在抵抗侧向力时结构墙比框架刚度大很多。
3. 风荷载采用较低的安全系数，可能导致风荷载和重力荷载组合时的设计荷载低于重力荷载单独作用时的设计荷载，因为这个原因，设计时风荷载不是关键因素。
4. 如果某些构件相对特别刚或柔，可能引起框架不同于一般的变形。

第9章

1. 为了防止桁架弦杆受剪和受弯。

第10章

1. 受拉螺栓夹紧（挤紧）作用产生的被连接部分之间的摩擦力。
2. 剪力和拉力。
3. 梁高度。
4. 因为为了实现连接，必须消减被支承梁两翼缘（见图 11.13），这样做导致端部抗剪承载力明显减小。
5. 对于剪应力，它定义了关键的焊缝横截面，因而也就定义了焊缝强度。
6. 增大了抵抗扭转作用对焊接节点产生撕裂的能力。

第11章

1. 建筑结构的重量和永久附在建筑上的重量。
2. 结构构件所支承的屋面面积或楼面面积。

习题答案

第4章

4.4.A　R = 10kip，向上；且 110kip・ft，逆时针

4.4.B　R = 5 kip，向上；且 24 kip・ft，逆时针

4.4.C　R = 6 kip，向左；且 72 kip・ft，逆时针

4.4.D　左边 R = 4.5 kip，向上；右边 R = 4.5 kip，向下且 12 kip 向右

4.4.E　左边 R = 4.5 kip，向下且 6 kip 向左；右边 R = 4.5 kip，向上且 6 kip 向左

第5章

5.2.A　W10×19 或 W12×19

5.2.B　W12×22 或 W14×22

5.2.C　W10×19 或 W12×19

5.2.D　W24×55

5.2.E　W12×26（美制的）；W14×22（公制的）

5.2.F　W16×31

5.2.G　W10×19 或 W12×19

5.2.H　W12×22 或 W14×22

5.2.I　W14×22

5.2.J　W16×26

5.2.K　13.6%

5.2.L　51.5%

5.4.A　0.80 in

5.4.B　0.69 in

5.4.C　0.83 in

5.5.A　a）W30×90，b）W30×99，c）W21×111

5.5.B　a）W21×68，b）W24×68，c）W24×76

5.9.A　42.4 kip

5.9.B　可能，端部支承计算承载力仅为 48.5 kip

5.10.A　B = 15 in，t = 1 in

5.11.A　24K9

5.11.B　26K9

5.11.C　a）24K4，b）20K7

5.11.D　a）20K3，b）16K6

5.12.A　WR20

5.12.B　WR18

5.12.C　IR22 或 WR22

第6章

6.5.A　430 kip (1912 kN)

6.5.B　278 kip (1237 kN)

6.5.C　375 kip (1669 kN)

6.7.A　W8×31

6.7.B　W12×58

6.7.C　W12×79

6.8.A　4 in

6.8.B　5 in

6.8.C　6 in

6.8.D　8 in

6.10.A　78 kip

6.10.B　$4\times3\times\frac{5}{16}$或$3\frac{1}{2}\times2\frac{1}{2}\times\frac{3}{8}$

6.11.A　W12×58

6.11.B W14×120

6.13.A 15 in×16 in×1¼ in（需要 t = 1.235 in）

6.13.B 10in×12in×1in（需要 t = 0.89in）

第8章

8.2.A 21.2 kip

8.3.A 反力：V = 5 kip，H = 12.5 kip；索拉力为13.46 kip

8.3.B 左支座：V = 6.67 kip，H = 6.67 kip；右支座：V =3.33 kip，H = 6.67 kip；索最大拉力为9.43 kip

第9章

9.4.A 样本值：CI = 2000C，IJ = 812.5T，JG = 1250T

9.4.B 样本值：CJ = 2828C，JK = 1118T，KH = 1500T

9.4.C 与习题9.4.A相同

9.4.D 与习题9.4.B相同

第10章

10.4.A 外侧板：⅝in，中间板：¾in

10.4.B 与习题10.4.A相同

10.6.A 舍入成整数，可用 L_1 = 11 in，L_2 = 5 in

10.6.B 每侧焊缝最小长4.5 in

参 考 文 献

1. *Uniform Building Code*, Vol. 2, *Structural Engineering Provisions*, 1994 ed., International Conference of Building Officials (ICBO), Whittier, CA, 1994. (Known as the UBC.)
2. *Minimum Design Loads for Buildings and Other Structures* ANSI/ASCE 7-88, American Society of Civil Engineers (ASCE), New York, 1990. revision of ANSI A58. 1-1982, a publication by American National Standards Institute (ANSI).
3. *Manual of Steel Construction: Allowable Stress Design*, 9th ed., American Institute of Steel Construction (AISC), Chicago, 1989. (Known as the AISC Manual.)
4. *Manual of Steel Construction: Load and Resistance Factor Design*, American Institute of Steel Construction (AISC), Chicago, 1986.
5. *Steel Buildings: Analysis and Design*, 4th ed., Stanley W. Crawley and Robert M. Dillon, John Wiley and Sons, New York, 1993.
6. *Structural Steel Design: LRFD Method*, Jack C. McCormac, Harper Collins, New York, 1995.
7. *Standard Specifications, Load Tables, and Weight Tables for Steel Joists and Joist Girders*, Steel Joist Institute (SJI), Myrtle Beach, SC, 1989.
8. *Steel Deck Institute Design Manual for Composite Decks. Form Decks, and Roof Decks*, Steel Deck Institute, St. Louis, MO, 1982.
9. *Simplified Building Design for Wind and Earthquake Forces*, 3rd ed., James Ambrose and Dimitry Vergun, John Wiley and Sons, New York, 1995.
10. *Architectural Graphic Standards*, 9th ed., Charles G. Ramsey and Harold R. Sleeper, John Wiley and Sons, New York, 1994.
11. *Fundamentals of Building Construction: Materials and Methods*, 2nd ed., Edward Allen, John Wiley and Sons, New York, 1990.
12. *Standard Handbook of Structural Details for Building Construction*, 2nd ed., Morton Newman, McGraw-Hill, New York, 1993.
13. *Construction Revisited*, James Ambrose, John Wiley & Sons, New York, 1993.
14. *Design of Building Trusses*, James Ambrose, John Wiley and Sons, New York, 1994.

译 后 记

2005年暑假来临，让我得以集中精力对《钢结构简化设计》(《SIMPLIFIED DESIGN OF STEEL STRUCTURES》)一书译稿清样作最后的校对润色，随着厚厚的清样被特快专递发往出版社，一种如释重负的感觉油然而生，一项心愿终于完成了！

该书是“帕克/安布罗斯简化设计丛书”(PAPKER-AMBROSE SERIES OF SIMPLIFED DESIGN GUIDES)中的一本。引进翻译“帕克/安布罗斯简化设计指南丛书”(PARKER-AMBROSE SERIES OF SIMPLIFED DESIGN GUIDES)是我2002年初给北京城市节奏科技发展有限公司(中国水利水电出版社和知识产权出版社联合成立的以图书策划出版为主的科技公司)提出的建议，主要起因是我发现“帕克/安布罗斯简化设计丛书”非常畅销，丛书中各分册不断再版，最多已达第九版；其内容包括了建筑设计的各个方面，编著者均是具有丰富设计、研究经验的著名专家；而且难能可贵的是，作者力图用通俗易懂的语言将有关设计的关键问题明白晓畅地表达出来，便于不同层次的读者学习。相比之下，我国还找不到类似的图书，而我国蓬勃发展的建筑业急需此类图书，以满足业主、开发商、设计人员、施工人员和在校学生等大量对设计感兴趣的人员学习了解设计有关知识的需要。公司的阳森总经理、张宝林总编辑对所提的建议高度重视，及时与丛书出版商国际著名的“JOHN WILEY & SONS，INC”取得了联系，经过多次洽谈，终于在2003年6月达成了引进翻译出版合同。北京城市节奏科技发展有限公司随即委托南京工业大学组织力量进行翻译，并从2003年底分期分批将译稿交到了出版社。

能顺利完成本书的翻译、及时交出高质量的电子文档和打印稿，我的研究生夏冰青、吴建霞付出了辛勤的劳动，是她俩完成了原书的初译并将译稿全部录入电脑，并交换校对，并由夏冰青对译稿进行了初步统稿，使我得以集中精力在译文的准确性、可读性上下功夫，并最终可以提交给出版社完整的电子文档，减少了后续排版过程出错的可能性。我的其他研究生如贾照远、张雪姣、王士琦、于雷等在文字校对、复印、邮寄等方面做了大量工作，其他几名研究生如肖军利、鼓雅珮、周丰富等也参加了部分工作。在清样校对中，研究生邓华东花费了大量心血，细致地阅读了全稿，找出了多处可能存在问题的地方。总之，没有大家的齐心协力，完成本书翻译是不可能的，在此我衷心地感谢他们。

感谢出版社阳森女士和张宝林先生自始至终对本书翻译的关注和大力支持，感谢编辑董拯民先生和兰国钰先生在文字编辑方面的出色工作。

虽然我已尽了自己的努力，但由于学识和能力所限，译稿中一定还有诸多值得商榷改进之处，诚挚希望读者诸君能不吝赐教。

2005 年 7 月 30 日

于南京工业大学新型钢结构研究所

简化设计丛书

《混凝土结构简化设计》原第 7 版

《钢结构简化设计》原第 7 版

《砌体结构简化设计》

《木结构简化设计》原第 5 版

《建筑基础简化设计》原第 2 版

《建筑师和承包商用简化设计》原第 9 版

《建筑物在风及地震作用下的简化设计》原第 3 版

《材料力学与强度简化分析》原第 6 版

《建设场地简化分析》原第 2 版